一流本科专业一流本科课程建设系列教材

工程制图基础教程

主　编　姚春东　李大龙
副主编　宋剑锋　单彦霞　梁瑛娜
参　编　李兴东　董永刚　朱　虹
　　　　张树存　于晓霞　孙秀荣
主　审　贾春玉

机 械 工 业 出 版 社

本书贯彻党的二十大精神，以教育部高等学校工程图学教学指导分委员会制定的《高等学校工程图学课程教学基本要求》为依据，在结合高等学校应用型人才的培养目标和特点，总结编者多年的教学经验并结合CDIO教学改革的实践成果的基础上编写而成。

本书共11章，内容包括：绪论，工程制图的基本知识与技能，点、直线、平面的投影，立体及其表面交线的投影，组合体，机件常用的表达方法，工程中的标准件和常用件，零件图，装配图，CAXA二维计算机绘图基础，SolidWorks三维建模基础。

由李兴东、宋剑锋主编的《工程制图基础教程习题集》与本书配套使用。

本书配有电子课件、例题讲解视频、三维动画视频等多媒体教学资源，既可用于学生自学或课外辅导，又可用于教师在多媒体教室授课，更适合线上线下混合式教学。

本书可作为高等工科院校非机械类和近机械类各专业的工程制图教材，也可供其他类型学校的相关专业选用。

图书在版编目（CIP）数据

工程制图基础教程/姚春东，李大龙主编. —北京：机械工业出版社，2023.10（2024.7重印）
一流本科专业一流本科课程建设系列教材
ISBN 978-7-111-73814-5

Ⅰ.①工… Ⅱ.①姚… ②李… Ⅲ.①工程制图-高等学校-教材 Ⅳ.①TB23

中国国家版本馆CIP数据核字（2023）第170887号

机械工业出版社（北京市百万庄大街22号　邮政编码100037）
策划编辑：段晓雅　　责任编辑：段晓雅　章承林
责任校对：樊钟英　梁　静　　封面设计：王　旭
责任印制：单爱军
保定市中画美凯印刷有限公司印刷
2024年7月第1版第2次印刷
184mm×260mm · 18.75印张 · 462千字
标准书号：ISBN 978-7-111-73814-5
定价：62.00元

电话服务　　网络服务
客服电话：010-88361066　　机　工　官　网：www.cmpbook.com
010-88379833　　机　工　官　博：weibo.com/cmp1952
010-68326294　　金　　书　　网：www.golden-book.com
封底无防伪标均为盗版　　机工教育服务网：www.cmpedu.com

前　言

本书是在习近平新时代中国特色社会主义思想指引下，以教育部高等学校工程图学教学指导分委员会制定的《高等学校工程图学课程教学基本要求》为依据，在结合高等学校应用型人才的培养目标和特点，总结编者多年的教学经验并结合CDIO教学改革的实践成果的基础上编写而成的。

本书的编写贯彻党的二十大报告中提出的“推进教育数字化，建设全民终身学习的学习型社会、学习型大国”的精神，高度重视教育数字化，努力打造“处处能学、时时可学”的数字资源，在培养工科类学生工程意识的同时，也着重培养学生执着专注、精益求精、一丝不苟、追求卓越的工匠精神，激发学生科技报国的家国情怀和使命担当。本书在内容的编排上，融入中国精神，增添了图学思想及其发展史，使学生在学习专业知识之余，通过对比国内外的设计思想，能更加了解图学的发展历程，增强民族自豪感和使命感。

本书突出应用性，从满足社会发展对新工科人才的需要出发，在课程结构以及教学内容编排上进行了有意义的探索和改进。全书叙述由浅入深，内容循序渐进，文字简练，通俗易懂，结构紧凑，图文并茂，而且突出了其实用性和先进性。本书所有标准全部采用国家颁布的现行标准，充分体现工程图学学科的发展。

本书注重以学生能力产出为导向的教学理念，强化案例式教学，重视认知实践环节。为了激发学生的学习兴趣，构建以学生为主体、教师为主导，集理论教学、项目实施、实践教学有机融合的一体化培养模式和课程体系，本书在每章的开头安排了“本章学习要点”和一个与该章内容相关的案例或者应用实例作为“引例”，使学生能够形象地了解所学知识的有用之处，从而形成兴趣、引领学习。为便于实施项目式教学，在相关章节设置了“综合实训”和“课外拓展训练”等内容，强化学生的感性认识，培养学生的创新能力和团队协作能力。随着计算机技术的飞速发展，企业广泛应用二维绘图软件及三维设计技术，为了满足人才市场的需求，书中引入了CAXA二维计算机绘图基础及SolidWorks三维建模基础的内容，可使学生掌握多种绘图手段，提高工程实现能力。

全书共11章，内容包括：绪论，工程制图的基本知识与技能，点、直线、平面的投影，立体及其表面交线的投影，组合体，机件常用的表达方法，工程中的标准件和常用件，零件图，装配图，CAXA二维计算机绘图基础，SolidWorks三维建模基础，书后附有相关附录。

本书可读性强，为了化解教学难点，配有大量形象生动的三维动画演示视频，学生可以多角度观察立体的内外结构，有助于对难点的理解。同时还配备例题讲解视频等多媒体教学资源，用微信扫描书中的二维码即可观看，方便学生课前预习和课后复习，更适合线上线下混合式教学。

本书由燕山大学的姚春东、李大龙担任主编并统稿，由宋剑锋、单彦霞、梁瑛娜担任副主编。燕山大学的李兴东、董永刚、朱虹、张树存、于晓霞和河北环境工程学院的孙秀荣也参与了本书的编写和整理工作。燕山大学图学部具有丰富教学经验的贾春玉教授担任主审。贾春玉教授对本书的编写提出了宝贵意见。

由李兴东、宋剑锋主编的《工程制图基础教程习题集》与本书配套使用。

本书的编写得到了燕山大学机械工程学院图学部领导及教师的大力支持，在此致以诚挚的谢意。本书的编写参考了一些国内外的同类教材，特向有关作者表示感谢。

限于编者的经验和水平，书中不当之处在所难免，敬请各位读者批评指正。

编　者

目 录

第1章 绪 论

本章学习要点

初步认识工程图样，了解本课程的主要任务及学习方法，了解各种投影法，掌握平行投影法的主要特性。

引例

在机械生产中，工程图样是“工程界进行技术交流的语言”，将所生产的机器及其零部件等复杂的空间立体结构用图形表达出来的能力（绘图和读图）是合格的工程技术人员必须具备的素质。例如：拟定生产机器部件油杯轴承装配立体图（图 1-1），工程技术人员想象机器部件的空间立体结构，绘制油杯轴承装配图（图 1-2）以及非标准的零件图，如装配图中序号 4 的轴承盖零件图（图 1-3），并依据工程图样安排生产。

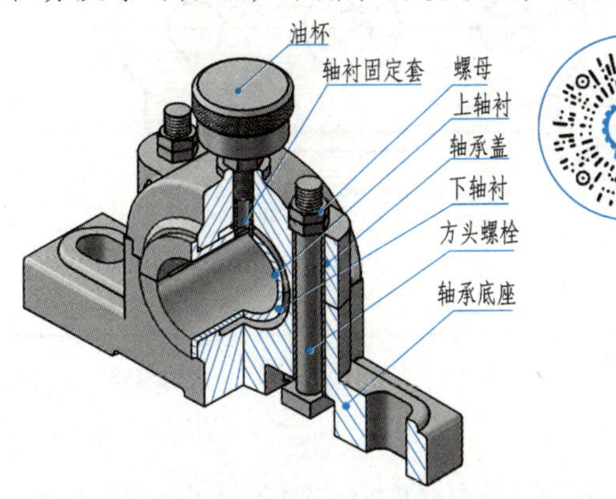

图 1-1 油杯轴承装配立体图

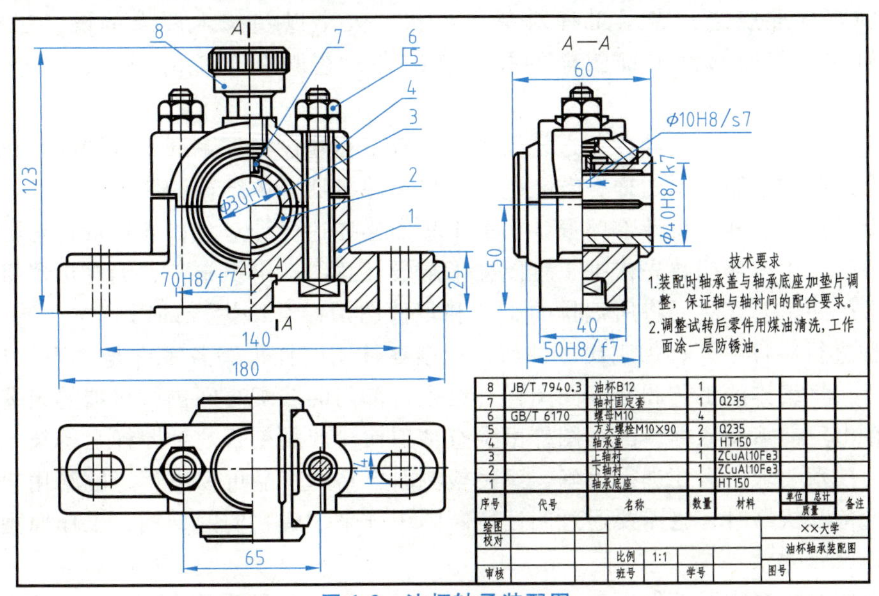

8	JB/T 7940.3	油杯B12	1				
7		轴衬固定套	1	Q235			
6	GB/T 6170	螺母M10	4				
5		方头螺栓M10×90	2	Q235			
4		轴承盖	1	HT150			
3		上轴衬	1	ZCuAl10Fe3			
2		下轴衬	1	ZCuAl10Fe3			
1		轴承底座	1	HT150			
序号	代号	名称	数量	材料	单位 质量	总计 质量	备注

绘图				××大学
校对				油杯轴承装配图
		比例	1:1	
审核		班号	学号	图号

图 1-2 油杯轴承装配图

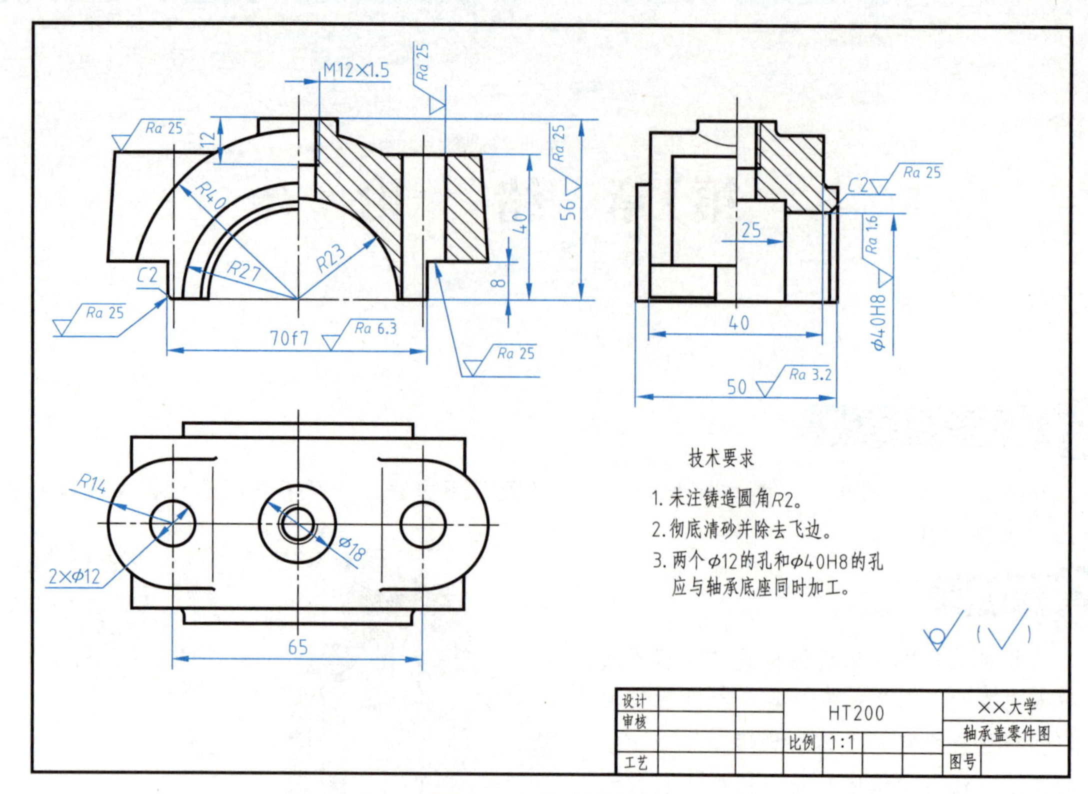

图 1-3　轴承盖零件图

1.1　本课程的研究对象及学习目的

工程制图课程的研究对象是工程图样。“工程图样”指的是在工程技术中，根据投影原理及国家标准规定，表示工程对象的形状、大小以及技术要求的图。工程制图课程是一门研究绘制和阅读工程图样的技术基础课，它既有系统的理论，又有较强的实践性和技术性。

在现代工业生产中，设计和制造机器以及所有工程建设都离不开工程图样。机器在加工制造前由设计部门绘制工程图样，首先是设计出反映机器总体结构的装配图图样，再依据装配图绘制出零件图图样。设计部门设计出的工程图样描述设计对象，表达设计意图，完成后交给生产部门；生产部门首先依据工程图样了解设计意图，组织施工，编排机器组装工艺以及零部件生产的工艺，然后将所编排的工艺和零件图图样交给生产部门“车、铣、刨、磨、镗”等工种进行零件生产；加工出零件后，依据零件图图样检验各零件是否满足技术要求，零件合格后，将编排的工艺和装配图图样交给生产部门的装配车间进行机器的组装；组装成为机器后在出厂前需要依据装配图图样由检查部门检测产品是否达到图样上的技术要求，如果没有达到技术要求，需要进行返修，经过检测后合格的产品可以出厂运输给用户。用户在使用这些设备和机器时，也需要通过阅读装配图图样来了解它们的结构、工作原理、工作性能以及维护保养要求。

通过上述对机器或者部件生产流程的简介可以知道：工程图样是工程界的技术语言，从设计、生产到检查部门都需要依据工程图样的技术要求进行生产和检测，因此工程图样是表达和交流技术思想不可缺少的重要工具，是现代工业生产中不可缺少的技术文件。每位工程技术人员和工程管理人员都必须掌握这种技术语言，否则就无法从事技术工作。

学习本课程的目的是掌握正确绘制和读懂工程图样的方法和知识点，力争学习完本课程后能够具备熟练绘制工程图样的能力以及读懂其他人所绘制的工程图样的能力，为将来成为合格的工程技术人员做技术储备。

1.2　本课程的主要任务及学习方法

1.2.1　本课程的主要任务

本课程能够为培养学生空间想象力和创造性思维能力打下必要的基础，同时，对于学习后续课程是不可或缺的，是一门既有系统理论又有较强实践性的专业基础课。

本课程的主要任务包括以下几方面：

1）学习正投影法的基本理论及其应用。

2）培养空间想象力和思维能力以及几何构型设计的基本能力。

3）培养零、部件的表达能力及阅读能力。

4）培养徒手绘图、尺规绘图及计算机绘图的综合能力。

5）学习贯彻国家标准《技术制图》和《机械制图》，培养查阅有关设计资料和标准的能力。

6）培养学生认真负责的工作态度和严谨的工作作风，使学生的动手能力、工程意识、创新能力等方面得以全面提高。

1.2.2　本课程的学习方法

工程图样的绘制是以投影法为依据的，工程制图课程是一门系统地研究物体在空间和平面之间相互转换规律，并根据投影规律来绘制和阅读工程图样的学科。

在学习工程制图课程的过程中，需要进行三维空间立体结构与二维平面图形之间的转换。所谓读图，就是根据二维的平面图形想象出空间三维立体的内外结构、形状；所谓画图，就是根据想象出的空间三维立体结构形状或给定的三维实体机件，用国家标准规定的、正确的表达方法将其内外结构形状表达清楚。

具体的学习方法有如下几方面的建议：

1）首先必须认真学好投影理论，按照点、线、面、体的认知规律循序渐进，运用形体分析法和线面分析法，由浅入深地进行绘图和读图实践，多画、多读、多想，反复地由物画图，由图想物，逐步提高空间想象能力和空间分析能力，这是学好本课程的关键。

2）在学习本课程时，应注重基本功的训练，在认真听课并掌握课上讲解基本理论的同时，课下必须按规定及时完成一系列作图实践训练，通过大量做题，消化吸收课上的基本理论，日积月累达到熟能生巧的效果。

3）注重学习习惯的培养，严谨认真是学习工程制图课程必备的学习态度。由于工程图样在生产和施工中起着重要的作用，绘图和读图的差错都会给生产带来损失，甚至负有法律责任，所以在完成绘图作业过程中，必须要做到精益求精，一丝不苟。

4）工程图样是工程界进行技术交流的语言，为了扫清与同行进行技术交流的障碍，工程图样的绘制以及标注都要符合国家标准《技术制图》和《机械制图》的有关规定，同时还要清晰美观。在绘图学习过程中要注重树立严格遵守国家标准的理念，贯彻执行国家标准。

5）工程制图课程研究的是根据实际情况抽象出的“工程图样”，因此工程制图课程的难点在于其抽象性。为了有效化解难点，本书及配套习题集中配有大量的立体动画视频和习题，学生可以充分利用网络资源，通过扫描课本及习题集上的二维码，课前课后自主学习，不断提高绘图和读图能力。

1.3 投影法简介

工程上常用的投影方法有中心投影法和平行投影法。

1. 中心投影法

在日常生活中，物体在阳光或灯光照射下，会在墙上或地面出现物体的影子，人们根据这种自然现象，在预设的平面上绘制被投射物体图形的方法，称为中心投影法。

图 1-4 所示为抽象出的中心投影法示意图，*S* 为投射中心，将投射中心 *S* 所发出的光线 *SB*、*SC*、*SD* 称为投射线，物体 *BCD* 的影子 *bcd* 称为投影，物体影子所投射平面 *P* 称为投影面。

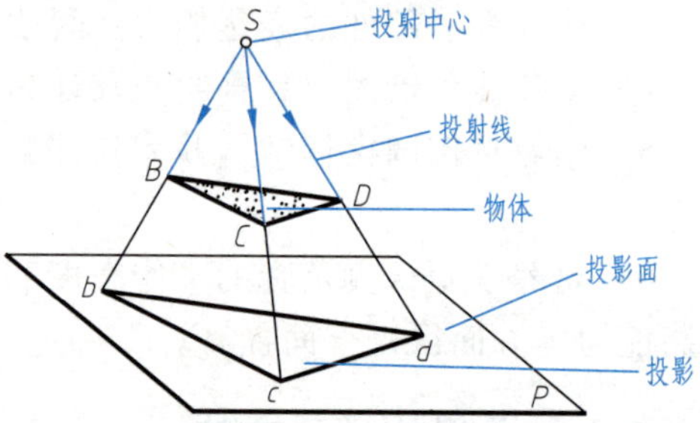

一般情况下，中心投影法中的投影不能反映物体真实形状和大小，投影和物体之间形状和大小的相互关系不易确定。

图 1-4 中心投影法

中心投影法的投影特性：投射中心、物体、投影面三者之间的相对距离发生变化时，对投影的大小有影响。因此中心投影法的度量性较差。

2. 平行投影法

如果将中心投影法的投射中心 *S* 移动到投影面 *P* 的无穷远处，那么可以将投射线 *SB*、*SC*、*SD* 看作相互平行，将投射线相互平行的投影方法称为平行投影法。在平行投影中，投射线 *SB*、*SC*、*SD* 与投影面 *P* 相倾斜，称为斜投影法，如图 1-5 所示；投射线 *SB*、*SC*、*SD* 与投影面 *P* 垂直，称为正投影法，如图 1-6 所示。

一般情况下，平行投影法由于投射线相互平行，投影和物体之间形状及大小的相互关系容易确定。平行投影法中的正投影法能准确地表达物体真实形状和大小，投影不随物体与投影面的距离不同而改变，并且画图方便。

3. 平行投影法的主要特性

投影特性是指投影法中空间形状与平面图形之间具有规律性的关系。平行投影法的主要特性包括以下几方面：

（1）从属性　如图 1-7 所示，若点 *C* 属于直线 *AB*，则点 *C* 的投影 *c* 必定属于直线的投影 *ab*。

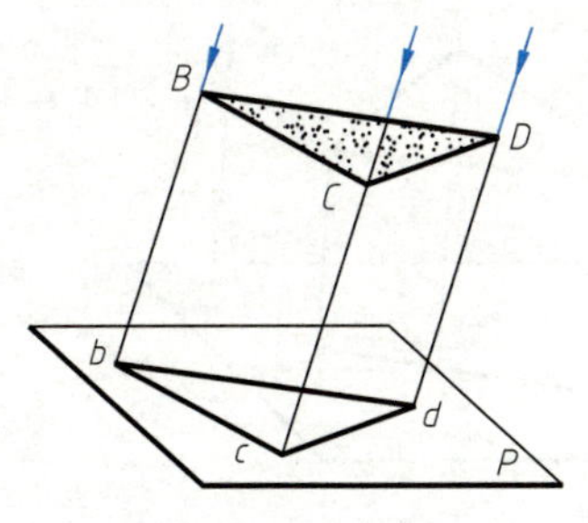

图 1-5　斜投影法

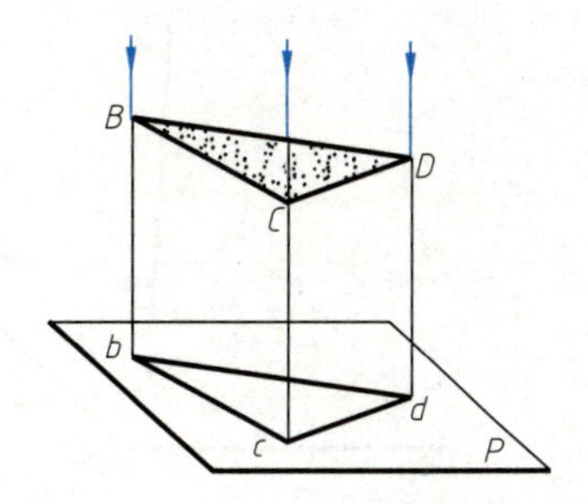

图 1-6　正投影法

（2）等比性　如图 1-8 所示，若点 C 在直线 AB 上，且点 C 分直线段 AB 为 AC 和 CB 两部分，则 AC 和 CB 的投影 ac 和 cb 之比与两条直线段 AC 和 CB 之比相等，即 $AC : CB = ac : cb$。

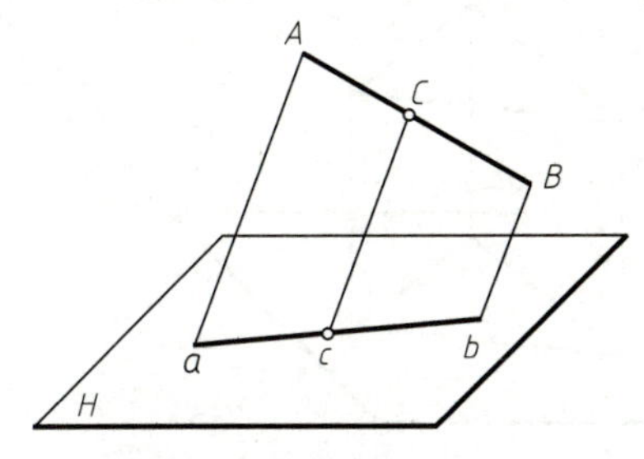

图 1-7　平行投影的从属性

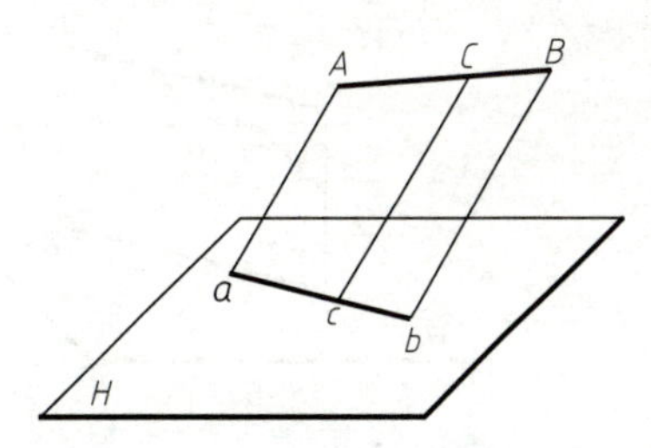

图 1-8　平行投影的等比性

（3）平行性　如图 1-9 所示，若空间两条直线 $AB//CD$，则 AB 和 CD 在各投影面上的投影仍保持平行，即 $ab//cd$。

（4）类似性　一般情况下，平面图形的投影都要发生变形，但其投影形状总与原形相类似（注意：类似形不是相似形），即平面投影后，表现为投影形状与原形的边数相同、平行性相同、凸凹性相同及边的直线或曲线性质不变。

如图 1-10 所示，倾斜于投影面的三角形 ABC 的投影仍然是三角形 abc，三角形 abc 是小于原形 ABC 的类似形；倾斜于投影面的平面八边形 $ABCDEFGH$ 的投影必是八边形 $abcdefgh$，投影的凸凹形和原形的凸凹形相同，空间平行的边在投影中仍然保持平行。

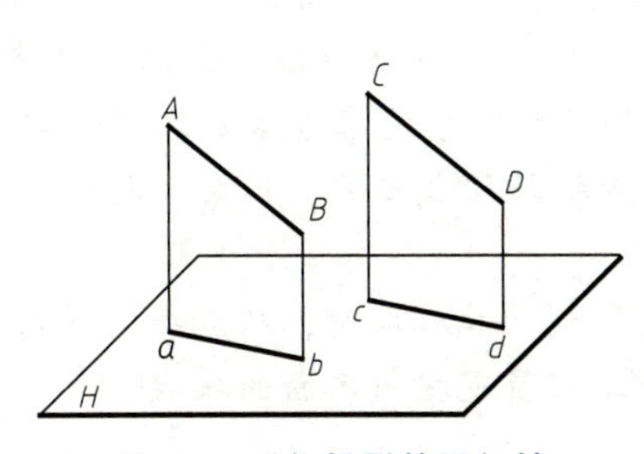

图 1-9　平行投影的平行性

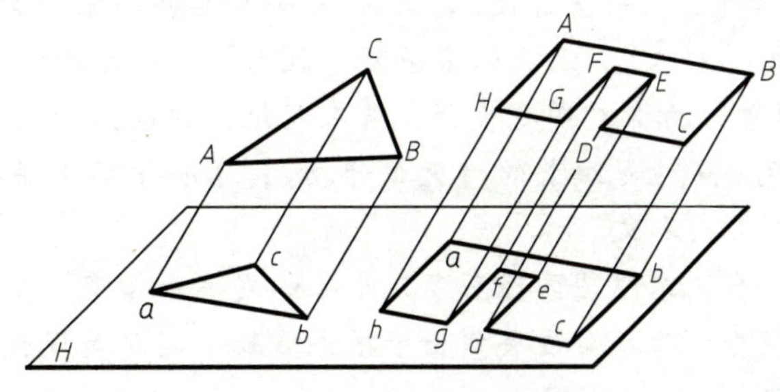

图 1-10　平行投影的类似性

（5）积聚性　如图 1-11 所示，当直线 AB 平行于投投射方向 S 时，则直线 AB 在 H 面上的投影积聚为点 $a(b)$；当平面 ABC 平行于投射方向 S 时，则平面 ABC 在 H 面上的投影积聚为直线 acb。

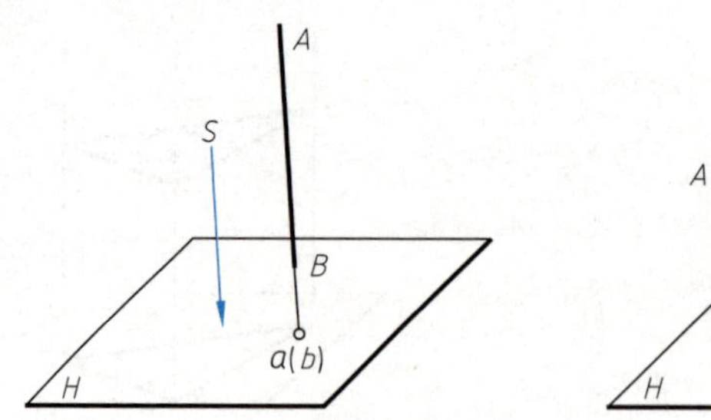

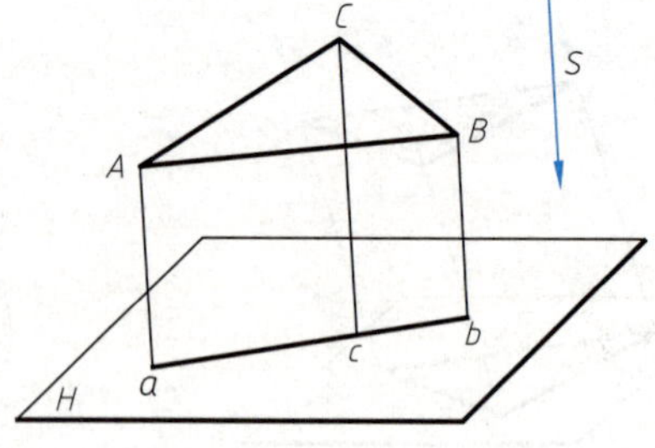

图 1-11　平行投影的积聚性

（6）实形性　如图 1-12 所示，若直线 *AB* 平行于投影面 *H*，则直线 *AB* 在投影面 *H* 上的投影 *ab* 必定反映实长。若平面 *ABC* 平行于投影面 *H*，则该平面在投影面 *H* 上的投影 *abc* 必定反映原形的实形。

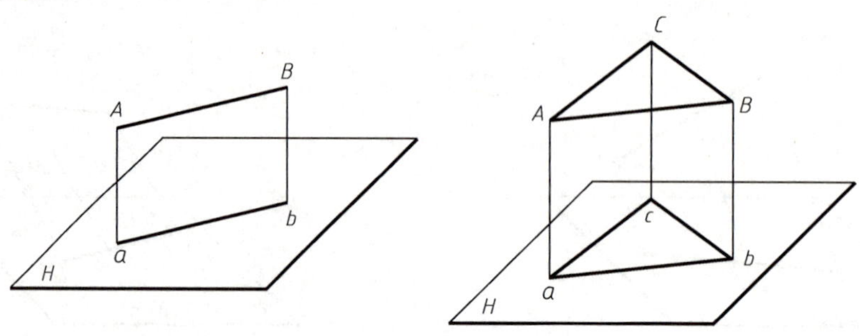

图 1-12　平行投影的实形性

工程图样多数采用正投影法绘制，因此，工程制图课程主要研究正投影的投影规律和投影方法。

我国工程图学的历史演变

图学是科学技术发展到一定阶段的产物，也是科学研究的重要组成部分，它不仅记录、存储科学技术的信息，加工和传达工程技术的信息，而且还指导着人们的生产实践，它是一切工程施工的依据，也是科学技术普及的重要手段。

在我国古代的历史文献中，以图作为科学技术专著以及志书的重要内容由来已久。《世本》所录“史皇作图”，是关于图学起源的最早记录；先秦两汉史载“图籍”；隋唐之际，名之“样式”；及至两宋多称“图样”；元代编类，以为“图谱”；明代以后，都以“图说”“图考”为名。图之名称，虽有变化，但以图为主要内容编写的科学技术专著及志书已蔚成大观。宋应星编著的《天工开物》，于明崇祯十年初刊，后被转译成日文、俄文、英文、德文、意大利文。

我国工程图学经历了几千年的发展和演变，从手工绘图到计算机成图，从二维图样到三维模型，为社会发展作出了很大贡献，同时对现代工程技术人员也提出了新的挑战。

课外拓展训练

在模型室以小组为单位，观察减速箱或传动器、旋塞阀等装配体，将其拆卸成零件，分析讨论它是由哪些零件组成的，这些零件所起的作用以及制作材料是什么。壳体零件和轴类零件表面有何不同？从感官上认识机器和零件。

第2章　工程制图的基本知识与技能

本章学习要点

学习《技术制图》与《机械制图》国家标准中对图纸幅面和格式、比例、字体、图线、尺寸注法等的要求；掌握常用绘图工具的使用方法，以及常用图形的几何作图方法；掌握平面图形的分析及绘制方法。

引例

工程图样是现代工业生产中必不可少的技术资料，是交流技术思想的语言，必须遵循统一的规定。绪论中图1-2是工程上常用的油杯轴承的装配图，图1-3是组成油杯轴承的一个零件——轴承盖的零件图，这些工程图样均是按照制图的相应规则和规定绘制的，即制图的基本理论和国家标准。

本章将主要介绍国家标准有关制图方面的一些规定，在学习工程制图的过程中，必须重视国家标准的贯彻和制图基本技能的训练，学会正确使用绘图工具和仪器，掌握基本的绘图方法和徒手绘图的技能，培养耐心细致的工作作风和严肃认真的工程意识。

2.1　国家标准《技术制图》与《机械制图》摘录

技术制图国家标准是我国颁布的重要技术标准，对各类技术图样和有关技术文件做出了一些共同适用的统一规定；我国还按科学技术和生产建设发展的需要，分别发布了不同技术部门只适用于自身的、更明确和细化的制图标准，如机械制图国家标准等。本节摘录了技术制图和机械制图国家标准中对图纸幅面和格式、比例、字体、图线、尺寸注法等的有关规定，在绘制工程图样时，必须严格遵守。国家标准编号说明：如GB/T 14689—2008，“GB/T”表示该国家标准为推荐性标准，“14689”为标准编号，“2008”为该标准发布年代号。

2.1.1　图纸幅面和格式（GB/T 14689—2008、GB/T 10609.1—2008、GB/T 10609.2—2009）

1. 图纸幅面

在绘制图样时，应优先选用表2-1中规定的图纸幅面尺寸。幅面代号有A0、A1、A2、A3、A4五种。

表 2-1　图纸幅面　（单位：mm）

幅面代号	A0	A1	A2	A3	A4
B×*L*	841×1189	594×841	420×594	297×420	210×297
e	20		10		
c	10			5	
a	25				

必要时，可以按规定加长图纸的幅面。加长幅面的尺寸由基本幅面的短边成整数倍增加后得出，如图 2-1 所示。图中粗实线为第一选择的基本幅面，细实线为第二选择的加长幅面，细虚线为第三选择的加长幅面。

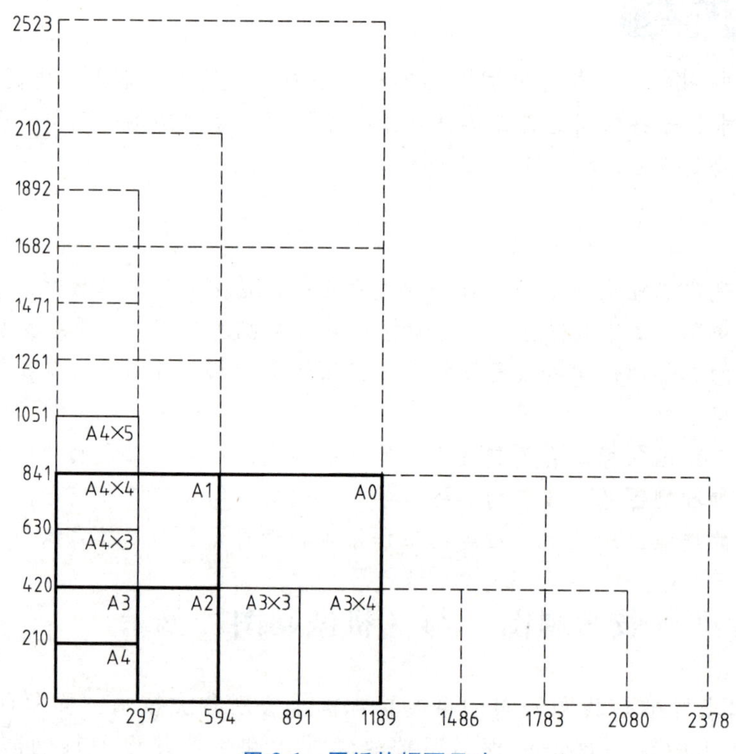

图 2-1　图纸的幅面尺寸

2. 图框格式

在图纸上必须用粗实线画出图框，图样必须绘制在图框内部。其格式分为不留装订边和留有装订边两种，如图 2-2 所示，其尺寸规定见表 2-1，同一产品的图样只能采用一种格式。

当标题栏（下文介绍）的长边置于水平方向且和图纸的长边平行时，构成图纸横放，如图 2-2a、c 所示；当标题栏的长边和图纸的长边垂直时，构成图纸竖放，如图 2-2b、d 所示。

图纸的看图方向应与看标题栏的方向一致。有时为了充分利用已印刷好的图纸，允许改变位置使用，但必须用方向符号指示看图方向。方向符号是用细实线绘制的等边三角形，放置在图纸下端对中符号处，如图 2-3 所示。此时，标题栏的填写方法仍按常规处理，与图样的尺寸标注、文字说明无确定的直接关系。

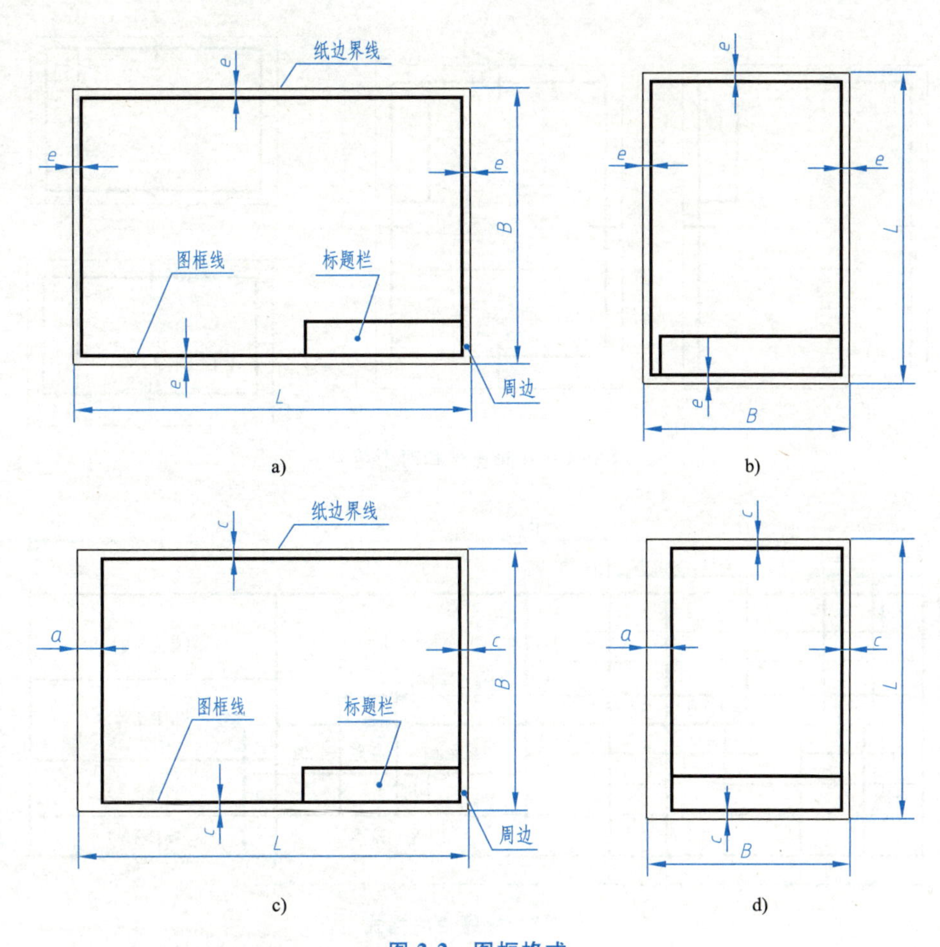

图 2-2　图框格式

a）不留装订边横放　b）不留装订边竖放　c）留装订边横放　d）留装订边竖放

为了使图样复制或微缩摄影时定位方便，应在图纸各边中点处用粗实线绘制对中符号。线宽度不小于 0.5mm，长度自纸边界伸入图框内约 5mm；当对中符号处在标题栏范围内时，则伸入标题栏部分省略不画，如图 2-4 所示。

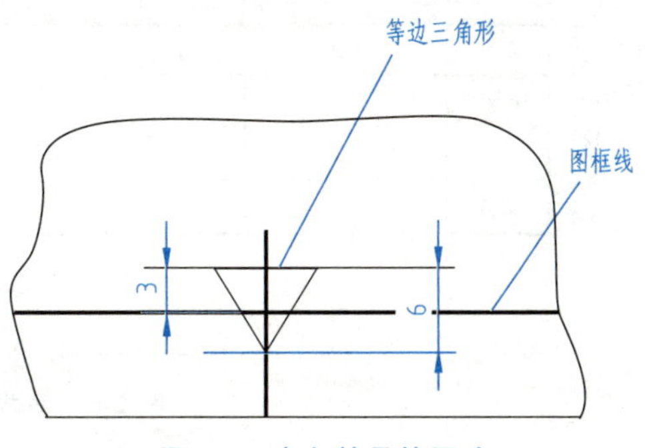

图 2-3　方向符号的画法

3. 标题栏

标题栏是由名称及代号区、签字区、更改区和其他区组成的栏目，每张图纸上都必须画出标题栏。标题栏位于图纸的右下角，其格式和尺寸要遵守国家标准 GB/T 10609.1—2008 的规定，如图 2-5 所示。

教学中可使用简化的标题栏格式，如图 2-6 所示。

4. 明细栏

装配图中应画有明细栏，其格式和尺寸遵守国家标准 GB/T 10609.2—2009 的规定，如图 2-7 所示。

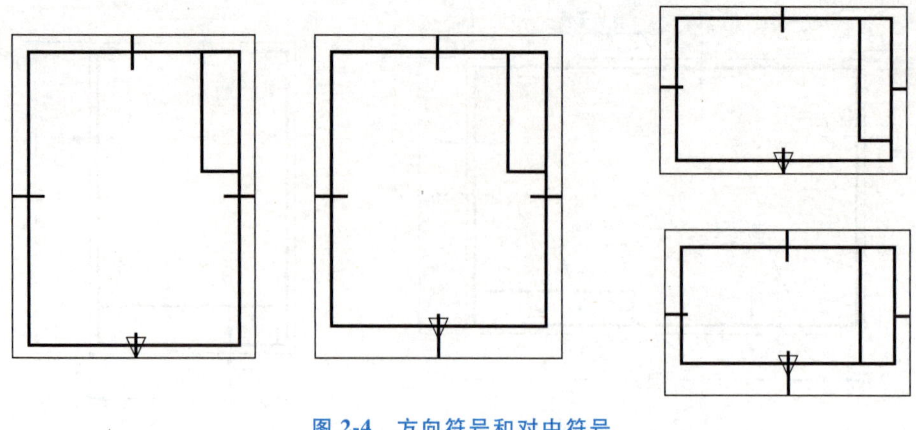

图 2-4 方向符号和对中符号

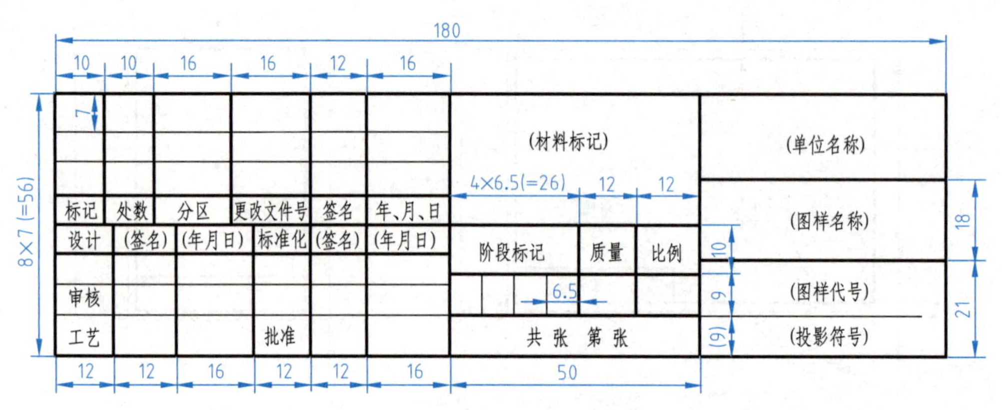

图 2-5 标题栏的格式

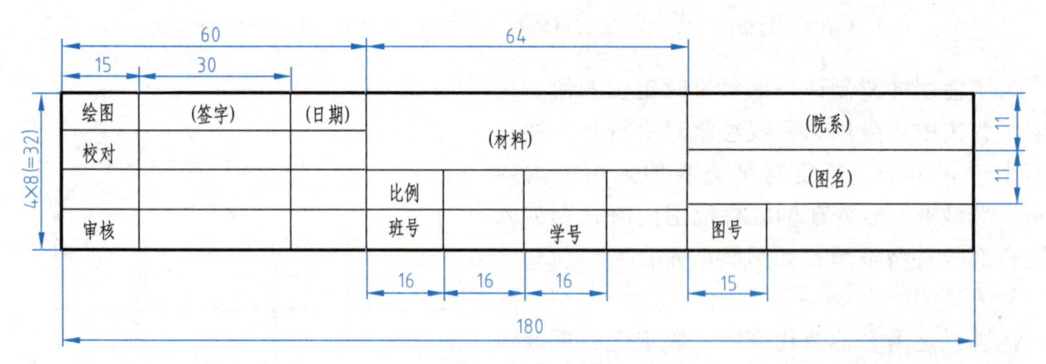

图 2-6 教学中采用的标题栏格式

2.1.2 比例（GB/T 14690—1993）

比例是指图中图形与其实物相应要素的线性尺寸之比。

比例分为原值比例、放大比例和缩小比例三种。绘制图样时，应根据实际需要按表 2-2 中规定的系列选取适当的比例。一般应尽量按机件的实际大小（1∶1）画图，以便能直接从图样上看出机件的真实大小。

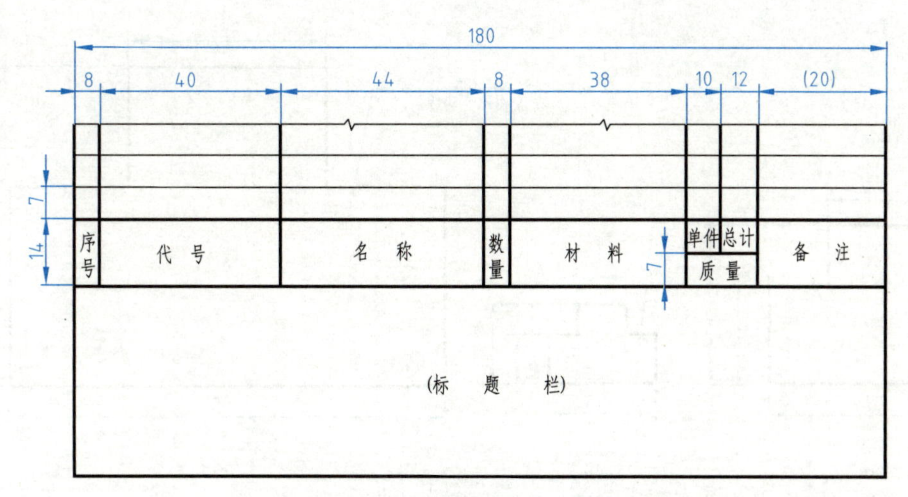

图 2-7　装配图中明细栏的格式

表 2-2　比例

种类	使用选择	比 例				
原值比例	优先使用	1 : 1				
放大比例	优先使用	5 : 1 5×10^n : 1	2 : 1 2×10^n : 1	 1×10^n : 1		
	可使用	4 : 1 4×10^n : 1	2.5 : 1 2.5×10^n : 1			
缩小比例	优先使用	1 : 2 1 : 2×10^n	1 : 5 1 : 5×10^n	1 : 10 1 : 1×10^n		
	可使用	1 : 1.5 1 : 1.5×10^n	1 : 2.5 1 : 2.5×10^n	1 : 3 1 : 3×10^n	1 : 4 1 : 4×10^n	1 : 6 1 : 6×10^n

注：n 为正整数。

绘制同一机件的各个视图应采用相同的比例，并在标题栏的比例一栏中标明。当某个视图需要采用不同的比例时，必须另行标注。应注意，不论采用何种比例绘图，尺寸数值均按原值注出，如图 2-8 所示。

2.1.3　字体（GB/T 14691—1993）

在工程图样上，除了表示机件形状的图形外，还要用文字和数字来说明机件的大小、技术要求和其他内容。

在图样中书写的字体必须做到：字体工整、笔画清楚、间隔均匀、排列整齐。

字体高度（用 h 表示，单位为 mm）的公称尺寸系列为：1.8，2.5，3.5，5，7，10，14，20。若需要书写更大的字，其字体高度应按$\sqrt{2}$的比率递增，字体高度代表字的号数。

1. 汉字

汉字应写成长仿宋体字，并应采用中华人民共和国国务院正式公布推行的《汉字简化方案》中规定的简化字。汉字的高度 h 不应小于 3.5mm，其字宽一般为 $h/\sqrt{2}$。

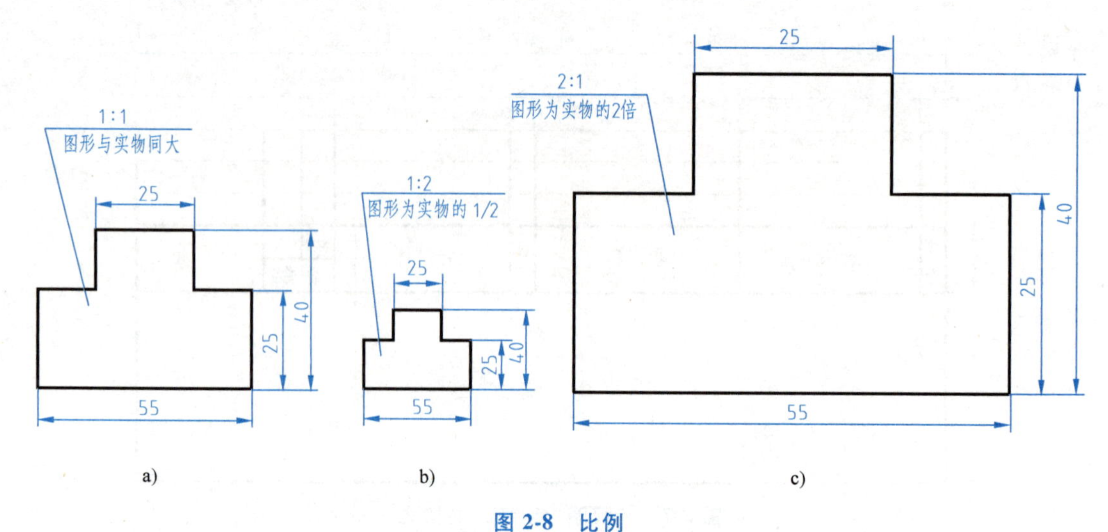

图 2-8 比例

a）原值比例 b）缩小比例 c）放大比例

长仿宋体汉字的书写要领是：横平竖直、注意起落、结构匀称、填满方格。其基本笔画有点、横、竖、撇、捺、挑、勾、折。长仿宋体汉字的基本笔画见表 2-3，字体示例如图 2-9 所示。

表 2-3 长仿宋体汉字的基本笔画

基本笔画	点	横	竖	撇	捺	挑	勾	折
形状	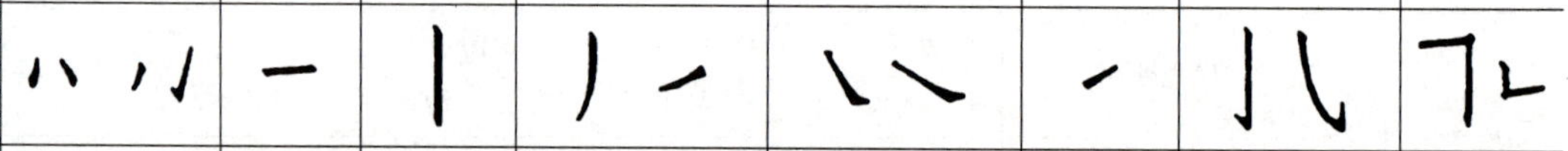							
写法	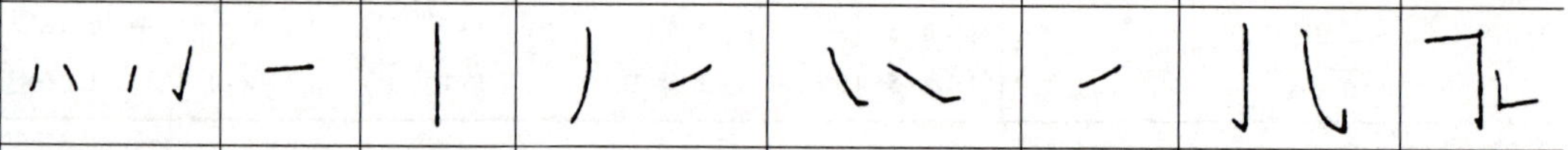							
字例	点溢	王	中	厂千	分建	均	才戈	国出

10号字

字体工整 笔画清楚 间隔均匀 排列整齐

7号字

横平竖直 注意起落 结构均匀 填满方格

5号字

技术制图机械电子汽车航空船舶土木建筑矿山井坑港口纺织服装

3.5号字

螺纹齿轮端子接线飞行指导驾驶舱位挖填施工引水通风闸阀坝棉麻化纤

图 2-9 长仿宋体汉字示例

2. 数字和字母

数字和字母分 A 型和 B 型，A 型字体的笔画宽度（d）为字高（h）的 1/14，B 型字体的笔画宽度（d）为字高（h）的 1/10。数字和字母可写成斜体或直体，常用斜体。斜体字字头向右倾斜，与水平基准线成 75°。在同一张图样上，只允许选用一种型式的字体。

用作指数、分数、极限偏差、注脚等的数字及字母，一般应采用小一号的字体。数字、字母及综合应用示例如图 2-10 所示。

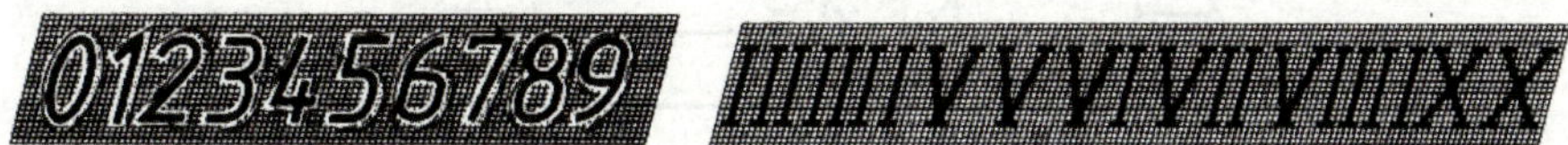

0123456789
I II III IV V VI VII VIII IX X
a)
b)
ABCDEFGHIJKLMN OPQRSTUVWXYZ
c)
abcdefghijklmn opqrstuvwxyz
d)
10³ S⁻¹ D₁ T_d Φ20+0.010 −0.023 7°+1° −2° 3/5 Φ25 H6/m5 II/2:1 A/5:1
10JS5(±0.003) M24−6h R8 5% 220V 380kPa 460r/min
e)

图 2-10 数字、字母及综合应用示例

a）A 型斜体阿拉伯数字及其书写笔序 b）A 型斜体罗马数字 c）A 型斜体大写拉丁字母 d）A 型斜体小写拉丁字母 e）综合应用

2.1.4 图线（GB/T 17450—1998、GB/T 4457.4—2002）

国家标准规定了技术制图所用图线的名称、型式、结构、标记及画法规则。它适用于各种技术图样，如机械、电气、建筑和土木工程图样等。

按 GB/T 4457.4—2002 规定，在机械图样中采用粗、细两种线宽，它们之间的比例为 2∶1，设粗线的线宽为 d，d 应在 0.25mm、0.35mm、0.5mm、0.7mm、1mm、1.4mm、2mm 中根据图样的类型、尺寸、比例和微缩复制的要求确定，优先采用的线宽是 0.5mm 或 0.7mm。不连续线的独立部分，如点、长度不同的画和间隔称为线素。常用图线的用途示例如图 2-11 所示。各种图线的名称、线型、线宽和主要用途见表 2-4。

同一张图样中，相同线型的宽度应一致，如有特殊需要，线宽应按$\sqrt{2}$的级数派生。

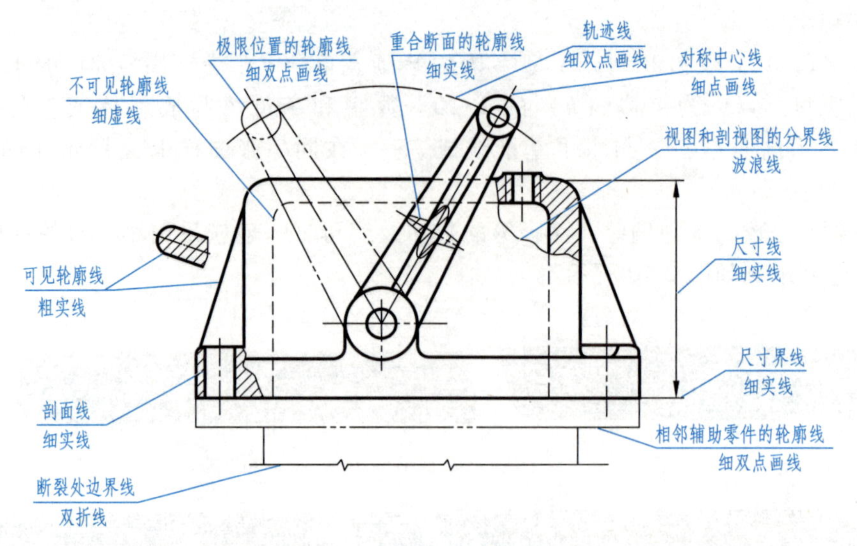

图 2-11 常用图线的用途示例

表 2-4 各种图线的名称、线型、线宽和主要用途

图线名称	线型	线宽	主要用途
细实线		0.5d	过渡线、尺寸线、尺寸界线、指引线和基准线、剖面线、重合断面的轮廓线等
波浪线		0.5d	断裂处边界线、视图与剖视图的分界线。在一张图样上一般采用一种线型，即采用波浪线或双折线
双折线		0.5d	
粗实线		d	可见棱边线、可见轮廓线、相贯线等
细虚线	1 4	0.5d	不可见棱边线、不可见轮廓线等
粗虚线		d	允许表面处理的表示线
细点画线	15 3	0.5d	轴线、对称中心线等
粗点画线		d	限定范围表示线（例如：限定测量热处理表面的范围）
细双点画线	15 5	0.5d	相邻辅助零件的轮廓线、可动零件的极限位置的轮廓线、成形前轮廓线、剖切面前的结构轮廓线、轨迹线、中断线等

如图 2-12 所示，绘图时还应注意：

1）虚线、点画线及双点画线的线段长度和间隔应各自大致相等，在图样中要显得匀称协调。

2）点画线和双点画线的首末两端，应是长画而不是点，且应超出图形轮廓线 2~5mm。

3）绘制圆的中心线时，圆心应为长画的交点；在较小的图形上绘制点画线和双点画线有困难时，可用细实线代替。

4）虚线、点画线、双点画线应恰当地交于线段处，而不是点或间隔处。

5）当虚线处于粗实线的延长线上时，粗实线应画到分界点，而虚线应留有空隙；当虚线圆弧和实线相切时，虚线圆弧应留有空隙。

6）考虑微缩制图的需要，两条平行线之间的距离不应小于粗线线宽的两倍，其最小距离不得小于0.7mm。

7）当不同图线互相重叠时，应按粗实线、虚线、点画线的优先顺序只画前一种图线。

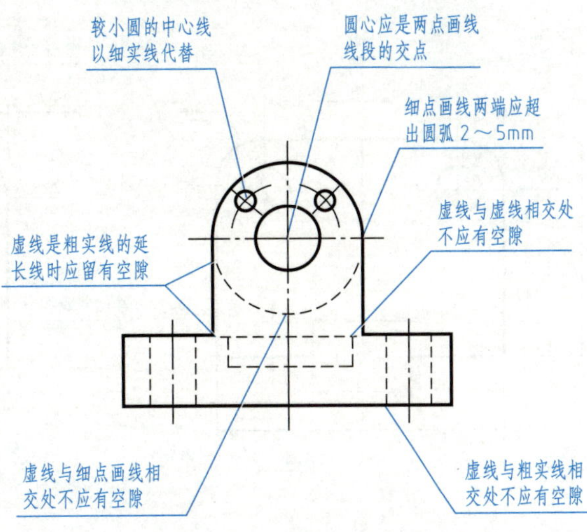

图 2-12　图线画法示例

2.1.5　尺寸注法（GB/T 16675.2—2012、GB/T 4458.4—2003）

图形只能表达机件的形状，而机件的大小则由标注的尺寸确定。尺寸标注是否正确、合理，会直接影响图样的质量。国家标准GB/T 4458.4—2003对尺寸标注的基本方法作了一系列规定，在绘图过程中必须严格遵守。

1. 基本规则

1）机件的真实大小应以图样上所注的尺寸数值为依据，与图形的大小及绘图的准确度无关。

2）图样中（包括技术要求和其他说明）的尺寸，以mm为单位时，不需标注计量单位的符号或名称，如采用其他单位，则必须注明相应的计量单位的符号或名称。

3）图样中所标注的尺寸，为该图样所示机件的最后完工尺寸，否则应另加说明。

4）机件的每一尺寸，一般只标注一次，并应标注在反映该结构最清晰的图形上。

2. 尺寸要素

如图2-13a所示，一个完整的尺寸一般应包括尺寸界线、尺寸线、尺寸线终端和尺寸数字。

（1）尺寸界线　尺寸界线表示所注尺寸的起始和终止位置，用细实线绘制，并应由图形的轮廓线、轴线或对称中心线处引出，也可以直接利用轮廓线、轴线或对称中心线等作为尺寸界线。尺寸界线应超出尺寸线约2mm（图2-13a）。尺寸界线一般应与尺寸线垂直，必要时才允许倾斜（如表2-6中“光滑过渡处的尺寸”）。

（2）尺寸线　尺寸线用细实线绘制。标注线性尺寸时，尺寸线必须与所标注的线段平行，相同方向的各尺寸线之间的距离要均匀，间隔应为5~10mm。尺寸线不能用图上的其他图线代替，也不能与其他图线重合或画在其延长线上，并应尽量避免与其他的尺寸线或尺寸界线相交（图2-13b）。

（3）尺寸线终端　可以有以下两种形式：

1）箭头。箭头适合于各类图样，如图2-14a所示，d为粗实线宽度，箭头尖端与尺寸界线接触，不得超出或离开。机械图样中的尺寸线终端一般都采用这种形式。

2）斜线。斜线用细实线绘制，如图2-14b所示，h为字体高度。当尺寸线的终端采用斜线时，尺寸线与尺寸界线必须垂直。

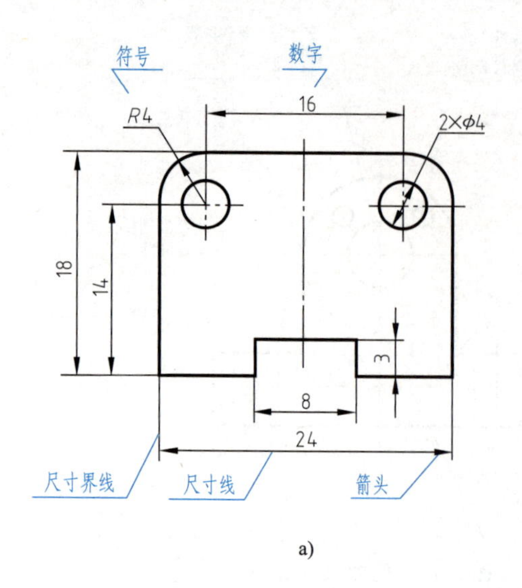

a)

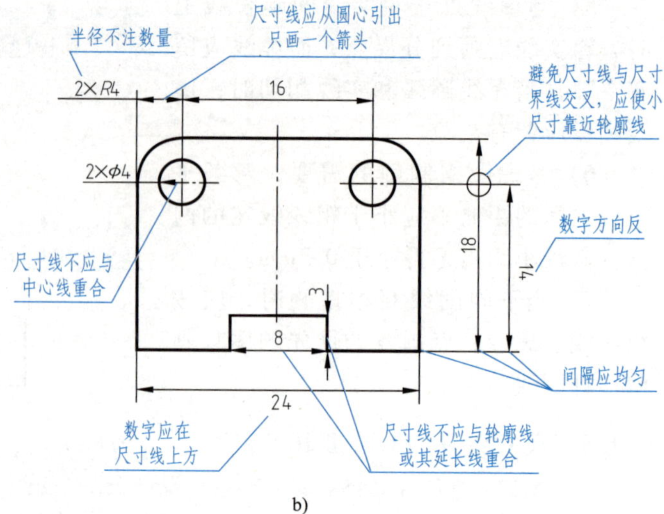

b)

图 2-13 尺寸注法

a）正确的注法 b）错误的注法

同一张图样中一般采用一种尺寸线终端形式。当采用箭头时，在位置不够的情况下，允许用圆点或斜线代替箭头（见表 2-6 中“小尺寸”）。

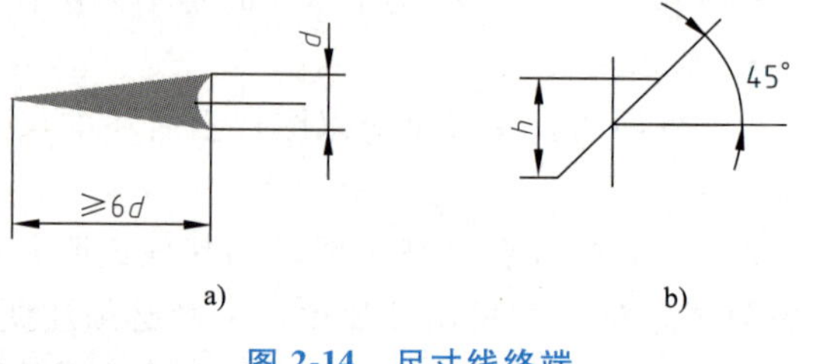

a) b)

图 2-14 尺寸线终端

（4）尺寸数字 线性尺寸的数字一般注写在尺寸线的上方，也允许注写在尺寸线的中断处。同一张图样中应尽量使用同一种注法。线性尺寸数字的方向一般应按表 2-6 中第一项（线性尺寸的数字方向）所示进行注写。

不同类型的尺寸需在尺寸数字前用符号区分，尺寸的符号或缩写词及其含义见表 2-5。

尺寸数字不能被任何图线通过，无法避免时应断开图线。若断开图线影响图形表达时，应调整尺寸标注位置。

表 2-5 尺寸的符号或缩写词及其含义

符号或缩写词	含义	符号或缩写词	含义
ϕ	直径	□	正方形
R	半径	↧	深度
$S\phi$	球直径	⌴	沉孔或锪平
SR	球半径	∨	埋头孔
t	厚度	⌒	弧长
EQS	均布	∠	斜度
C	45°倒角	◁	锥度

3. 尺寸注法示例

GB/T 4458.4—2003 规定的一些尺寸注法示例见表 2-6。

表 2-6　尺寸注法示例

标注内容	示例	说　明
线性尺寸的数字方向	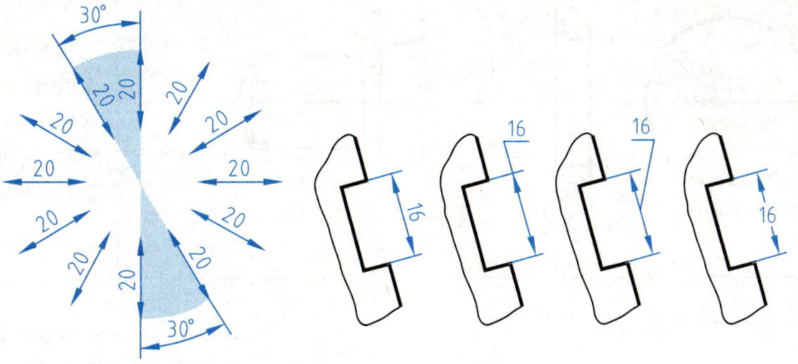	尺寸数字应按左图所示方向注写，并尽可能避免在图示 30° 范围内标注尺寸。当无法避免时，可按右图左起第一图所示的方向标注；也可按第二、三图所示，用引出标注；还可按非水平方向的尺寸注法将尺寸数字水平地写在尺寸线的中断处，如右图的最右一个图所示
角度	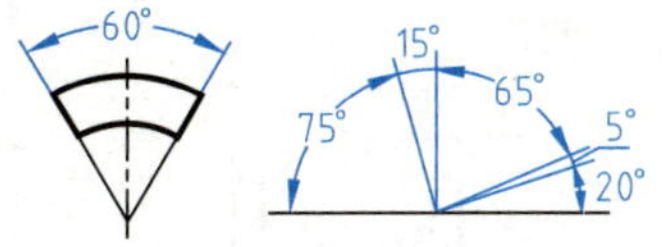	尺寸界线应沿径向引出，尺寸线画成圆弧，圆心是该角的顶点。尺寸数字一律水平书写，一般注在尺寸线的中断处，必要时也可如右图标注在尺寸线的外侧或上方，还可引出标注
圆的直径	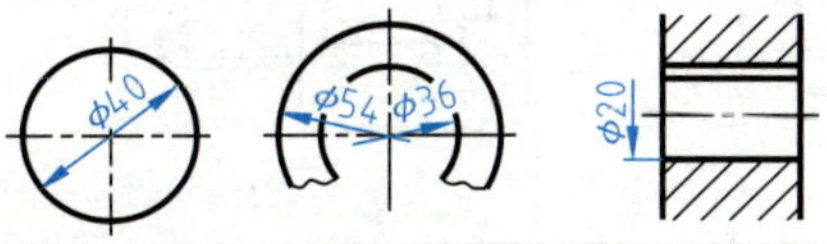	圆的直径尺寸一般应按这三个示例图标注
圆弧的半径	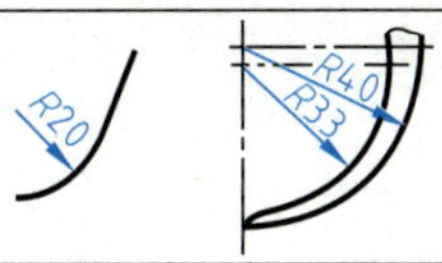	圆弧的半径尺寸一般应按这两个示例图标注
	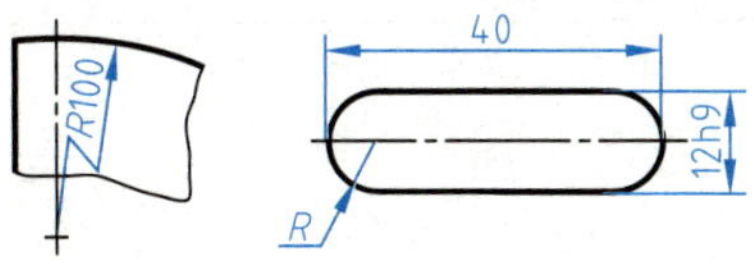	当圆弧的半径过大，在图样范围内无法标出圆心位置时，可按左图标注；当需要指明半径尺寸是由其他尺寸所确定时，应用尺寸线和符号 *R* 标出，但不要注写尺寸数字，如右图所示
小尺寸	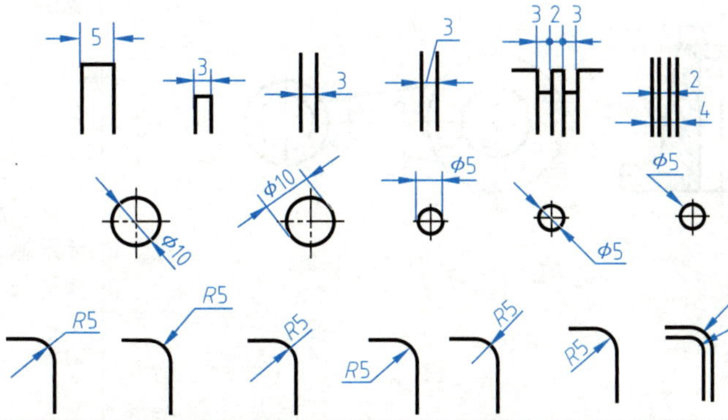	如上排示例图所示，没有足够位置时，箭头可画在外面，或用小圆点或斜线代替两个箭头；尺寸数字也可写在外面或引出标注。圆和圆弧的小尺寸，可按下两排示例图标注

（续）

标注内容	示例	说　明
球面	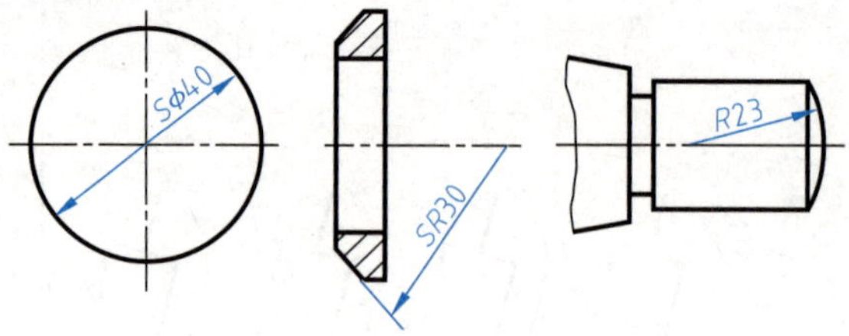 SΦ40　SR30　R23	标注球面的尺寸如左侧两图所示，应在 ϕ 或 R 前加注 S；在不致引起误解时，则可省略符号 S，如右图中的右端球面
对称机件	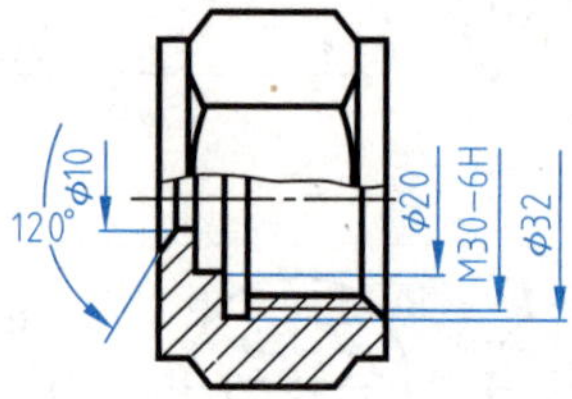 t2　54　R3　40　Φ15　4×Φ6　26　76　120°　Φ10　Φ20　M30-6H　Φ32	当对称机件只画出一半或略大于一半时，尺寸线应略超过对称中心线或断裂处的边界线，此时仅在尺寸线的一端画出箭头。左图在对称中心线两端分别画出的两条与其垂直的平行细实线是对称符号
板状零件	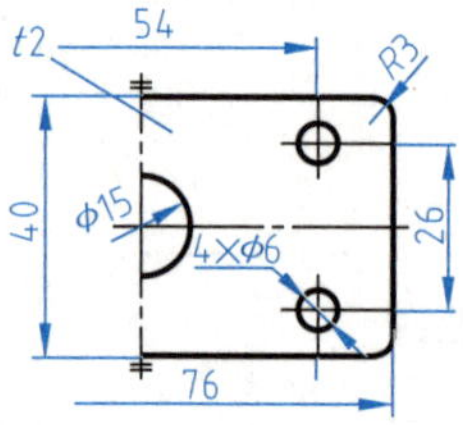	标注板状零件的厚度尺寸时，可如左图所示，在尺寸数字前加注符号“t”
尺寸相同的孔、槽等要素		如左图所示，相同直径的圆孔只要在一个圆孔上标注直径尺寸，并在其前加注“个数×”
光滑过渡处的尺寸	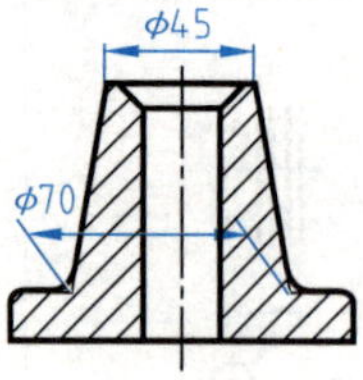 Φ45　Φ70　20　10	如示例图所示，在光滑过渡处，必须用细实线将轮廓线延长，并从它们的交点引出尺寸界线
允许尺寸界线倾斜	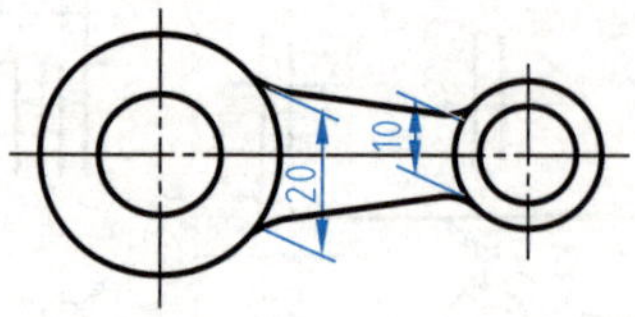	尺寸界线一般应与尺寸线垂直，必要时允许倾斜，如示例图所示

（续）

标注内容	示例	说　明
正方形结构		如示例图所示，标注机件的剖面为正方形结构的尺寸时，可在边长尺寸数字前加注符号“□”（边长等于字高，线宽是字高的 1/10），或用“$B\times B$”（B 为正方形的对边距离）标注，例如这里用“14×14”代替“□14”。图中相交的两条细实线是平面符号（当图形不能充分表达平面时，可用这个符号表示平面）
图线通过尺寸数字时的处理		尺寸数字不可被任何图线通过。当尺寸数字无法避免被图线通过时，图线必须断开，如示例图所示

2.2　常用绘图工具的使用及几何作图

尺规绘图是指以铅笔、丁字尺、三角板、圆规等为主要工具绘制图样。虽然目前技术图样已广泛使用计算机绘制，但尺规绘图仍然是工程技术人员应掌握的基本技能。

2.2.1　常用绘图工具及其使用方法

1. 铅笔

画图时常采用 B、HB、H、2H 绘图铅笔。铅芯的软硬用 B 和 H 表示，B 前的数值越大表示铅芯越软（黑），H 前的数值越大表示铅芯越硬（浅）。应根据不同的需求使用硬度不同的铅笔，如图 2-15a 所示。画细线或写字时铅芯应磨成圆锥状，画粗线时可磨成四棱柱状，如图 2-15b 所示。

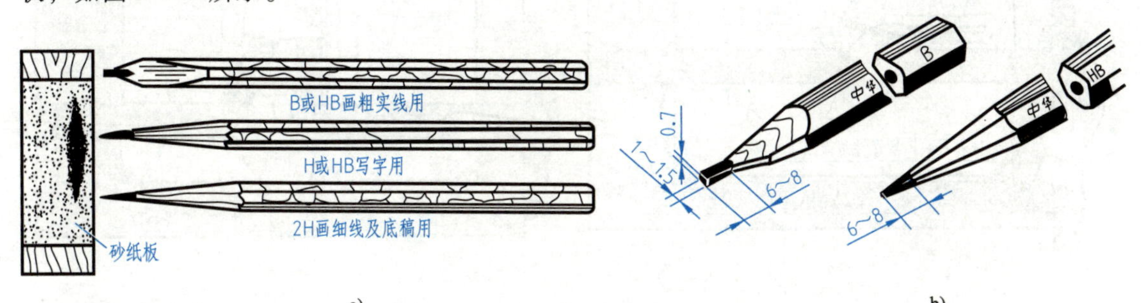

图 2-15　铅笔的选用及铅芯的形状

画线时，铅笔可略向画线前进方向倾斜，尽量让铅笔靠近尺面，位于垂直于图纸的平面内，如图 2-16 所示。当画粗实线时，因用力较大，倾斜角度可小一些。画线时用力要均匀，匀速前进。

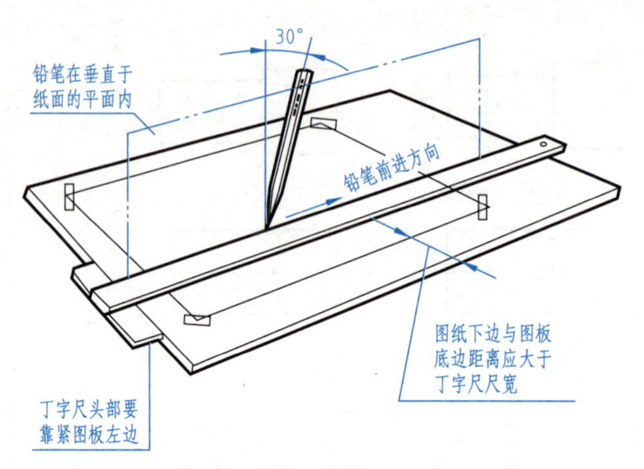

图 2-16　图板与图纸

2. 图板

图板是用来铺贴图纸的，其上表面应平滑光洁。图板的左侧边为丁字尺的导边，应该平直光滑。图纸用胶带纸固定在图板上，当图纸较小时，应将图纸铺贴在图板靠近左下方的位置，如图 2-16 所示。

3. 丁字尺和三角板

丁字尺由尺头和尺身两部分组成。使用时，左手握住尺头使其内侧边紧靠图板左侧导边，按需在图板和图纸上上下移动，用尺身上边自左向右画水平线（图 2-17a）。

三角板分 45°和 30°(60°）两块，可配合丁字尺画竖直线（图 2-17b）和 15°倍角的斜线（图 2-17c）；也可用两块三角板配合画任意倾斜角度的平行线。

4. 圆规和分规

圆规用来画圆或圆弧。常用的大圆规结构如图 2-18a 所示。使用前，应调整针脚，圆心脚用有圆管端的针尖，并使针尖略长于铅芯（图 2-18b）。画细线圆时，用 H 或 HB 的铅笔

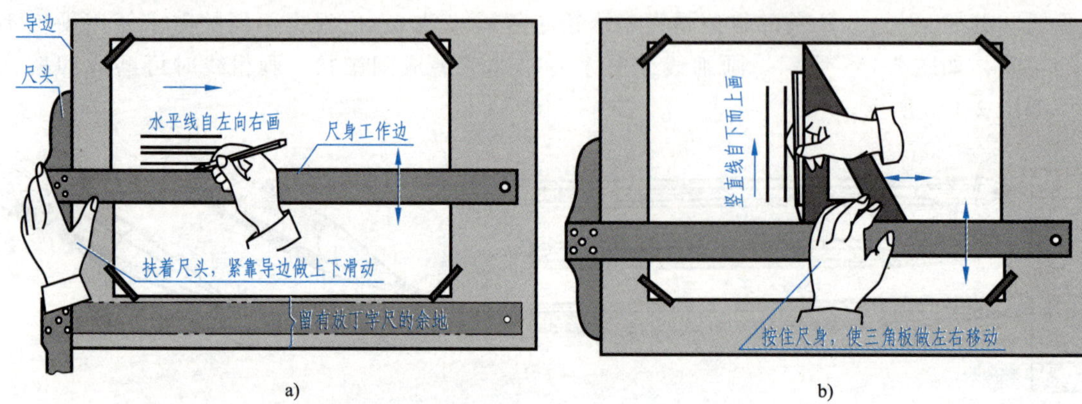

图 2-17　丁字尺和三角板的配合使用

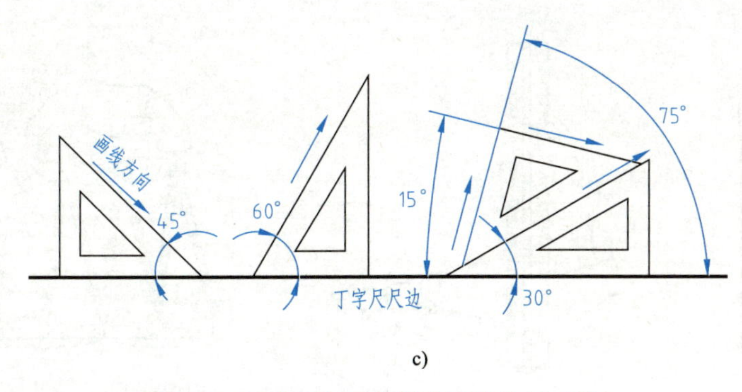

c)

图 2-17　丁字尺和三角板的配合使用（续）

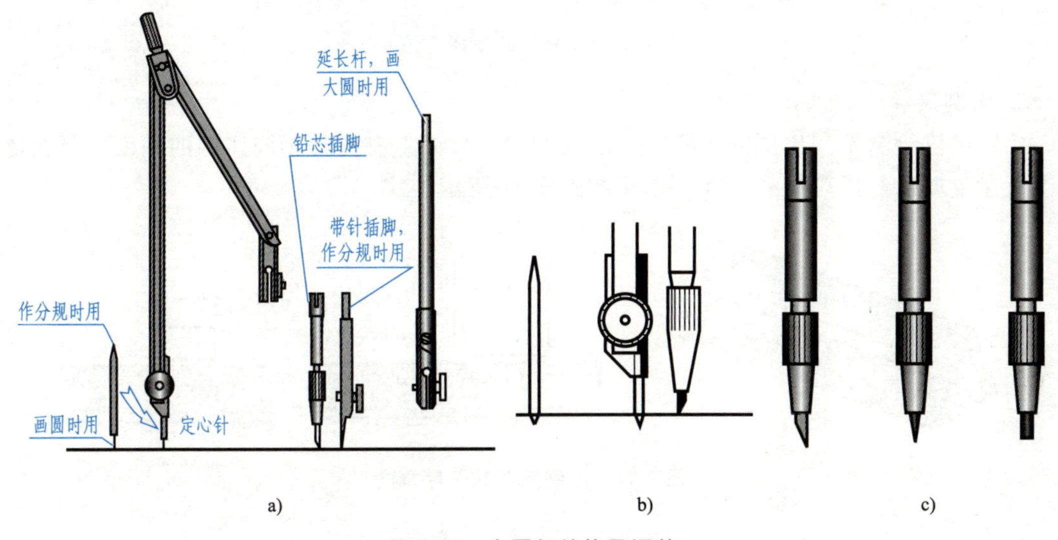

a)　　b)　　c)

图 2-18　大圆规结构及调整

芯并磨成铲形；画粗线圆时，用 2B 或 B 的铅笔芯并磨成矩形（图 2-18c）。

画圆时，用有圆管端的针尖扎向圆心，使圆心脚垂直纸面，并将圆规向前进方向适当倾斜，做匀速运动（图 2-19a）；画半径较大的圆时，应使圆规两脚都垂直纸面（图 2-19b）；画半径很大的圆时，应在铅芯插脚上部加装延长杆来扩大所画圆的半径（图 2-19c）。

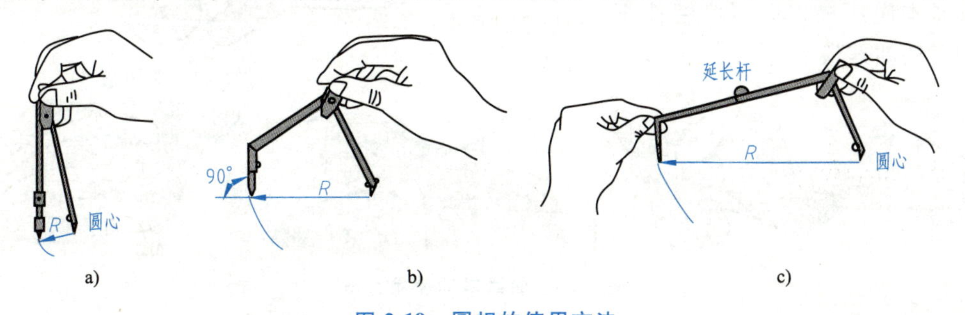

a)　　b)　　c)

图 2-19　圆规的使用方法

分规用来量取尺寸和等分线段。分规的两个脚都是针尖脚，两脚针尖并拢后应能对齐（图 2-20a）。从比例尺上量取长度时，针尖不要正对尺面，应与尺面保持倾斜（图 2-20b）。用分规等分线段时，通常采用试分法，用法如图 2-20c 所示。

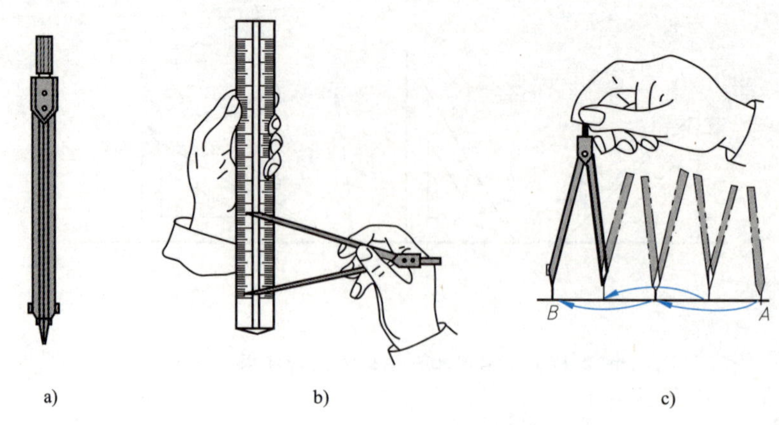

图 2-20　分规的使用方法

5. 比例尺

比例尺供绘制不同比例的图样时量取尺寸用，尺面上有各种不同比例的刻度。可在比例尺上直接量取已经折算过的尺寸，用法如图 2-21 所示。

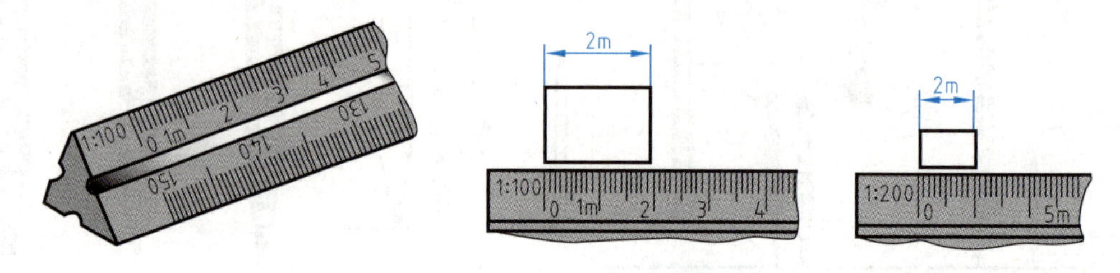

图 2-21　比例尺及其使用方法

6. 曲线板

曲线板用来画非圆曲线，结构如图 2-22 所示。曲线板的使用方法如图 2-23 所示，根据若干个已知点，选择曲线板合适的弧段，每次至少要吻合四个点（三段线）。前一段重复上次所描，中间段是本次所描，后一段留待下次描，分段描绘出圆滑的曲线段。

图 2-22　曲线板

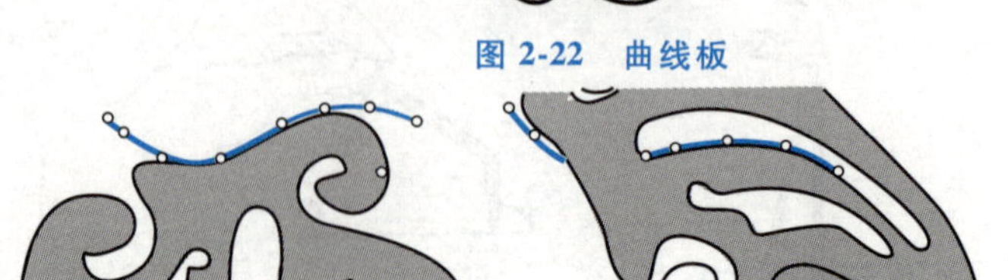

图 2-23　曲线板的使用方法

2.2.2　常用图形的几何作图

1. 正六边形

正六边形是一种重要的几何图形，常用在螺纹连接的螺栓和螺母上。其作图方法是将圆周六等分，然后按顺序连接六等分点，如图 2-24 所示。将圆六等分常用以下两种方法：

（1）圆规六等分法　作图方法如图 2-24a、b 所示。先以 R 为半径用圆规画一个圆并画出圆的中心线，然后分别以 1、4 点为圆心、以 R 为半径画弧，得到 2、3、5、6 点，最后用直尺或三角板按顺序连接六等分点，即可得正六边形。

（2）60°三角板六等分法　作图方法如图 2-24c 所示。先用 60°三角板自 2 起作弦 21，然后右移至 5 作弦 45，翻转三角板作 23、65 两弦，再用直尺或丁字尺连接 16、34，即可得正六边形。

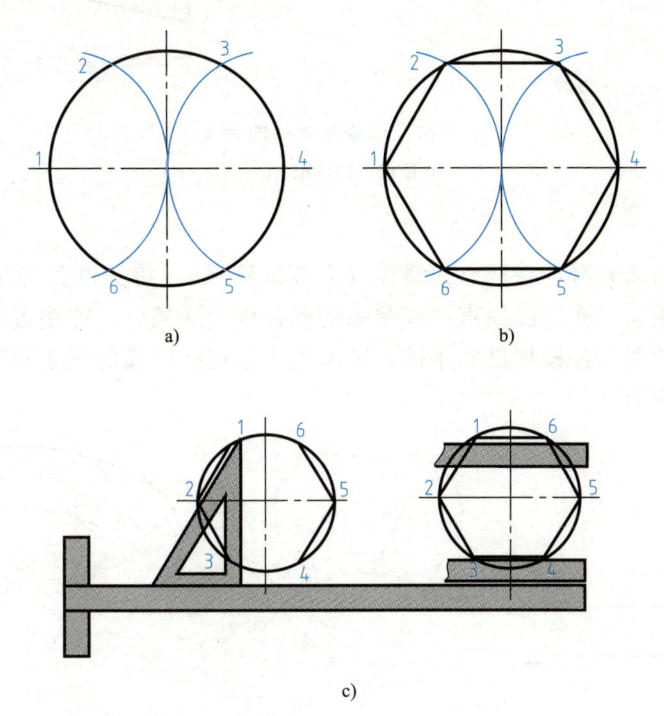

图 2-24　圆周六等分

2. 斜度和锥度

（1）斜度　斜度是指一直线或平面相对另一直线或平面的倾斜程度。其大小用倾斜角的正切值表示，并把比值写成 1∶n 的形式，即斜度 = tan α = H∶L = 1∶n。斜度符号的斜线方向应与斜度方向一致，如图 2-25 所示。斜度的作图方法如图 2-26 所示。

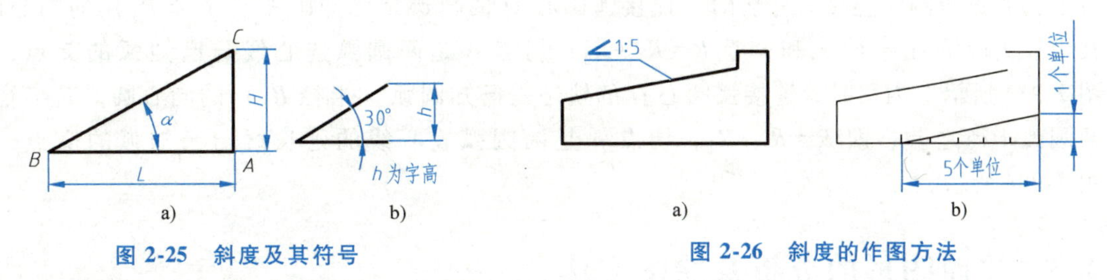

图 2-25　斜度及其符号

图 2-26　斜度的作图方法

（2）锥度　锥度是正圆锥底圆直径与圆锥高度之比或正圆锥台两底圆直径之差与圆锥台高度之比，即锥度 = 2tan（$\alpha/2$）= D∶L =（$D-d$）∶l，也写成 1∶n 的形式。锥度符号的方向应与锥度方向一致。锥度及其作图方法如图 2-27 所示。

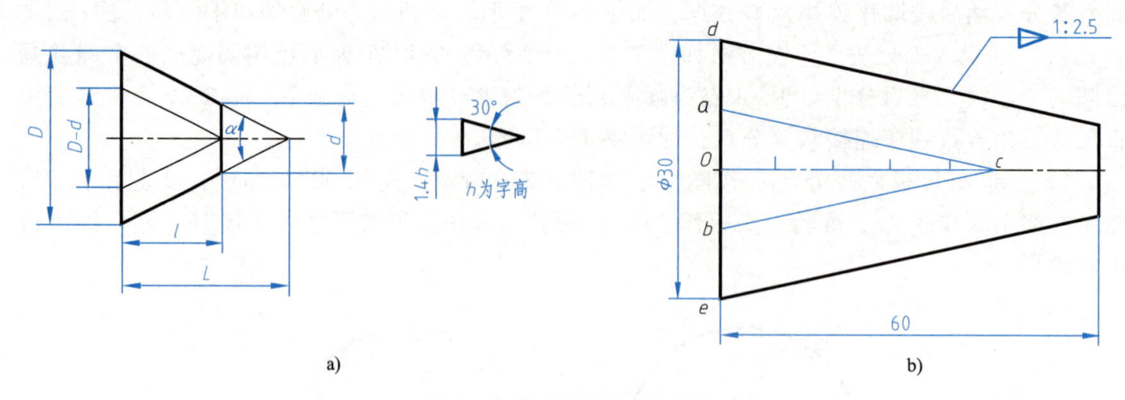

图 2-27 锥度及其作图方法

a）锥度 b）作图方法

3. 圆弧连接

用已知半径的圆弧光滑连接两已知线段（直线或圆弧），称为圆弧连接。所谓光滑连接就是平面几何中的相切。连接已知直线或圆弧的圆弧称为连接弧，连接点就是切点。

圆弧连接的作图要点：根据已知条件，准确地求出连接圆弧的圆心和切点。圆弧连接的作图原理如图 2-28 所示。

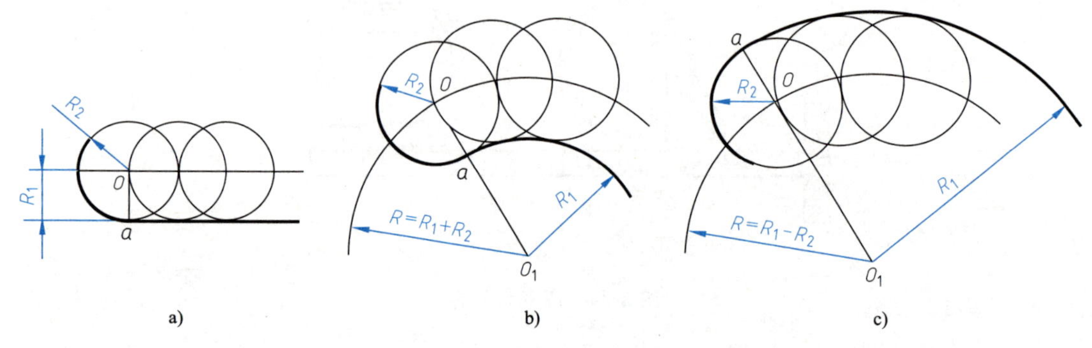

图 2-28 圆弧连接的作图原理

图 2-28a 所示为圆弧与直线连接。其连接弧圆心 O 的轨迹是与已知直线相距 R_1 且平行于已知直线的一条直线；切点 a 是过圆心 O 垂直于已知直线的垂足（即交点）。图 2-28b、c 所示为圆弧与圆弧连接。外切时，连接弧圆心 O 的轨迹是已知圆弧（半径 R_1）的同心圆，其半径为两圆弧半径之和，即 $R=R_1+R_2$；切点 a 是两圆弧连心线与已知弧的交点，如图 2-28b 所示。内切时，连接弧圆心 O 的轨迹是已知圆弧（半径 R_1）的同心圆，其半径为两圆弧半径之差，即 $R=R_1-R_2$；切点 a 是两圆弧连心线的延长线与已知弧的交点，如图 2-28c 所示。

2.3 平面图形的分析及绘图方法

平面图形由若干线段（直线或曲线）连接而成，这些线段之间的相对位置和连接关系根据给定的尺寸来确定。在平面图形中，有些线段的尺寸已完全给定，可以直接画出，而有些线段要按照圆弧连接的关系画出。因此，画图前应对所要绘制的图形进行分析，从而确定正确的作图方法和步骤。下面对图 2-29 所示的手柄进行尺寸分析和线段分析并作图。

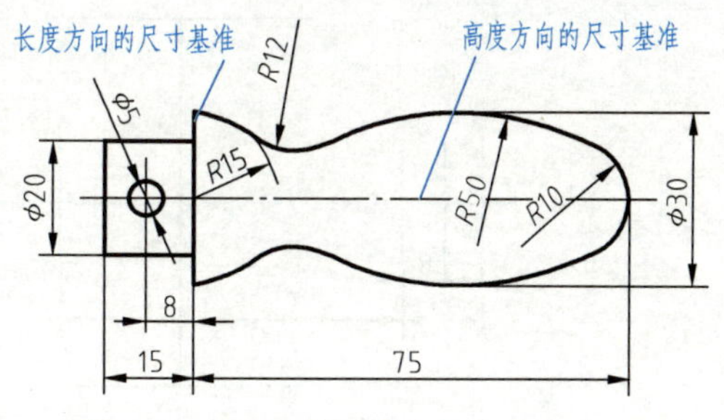

图 2-29　手柄的尺寸分析与线段分析

2.3.1　平面图形的尺寸分析

对平面图形的尺寸进行分析，可以检查尺寸的完整性，确定各线段及圆弧的作图顺序。尺寸按其在平面图形中所起的作用，可分为定形尺寸和定位尺寸两类。要想确定平面图形中线段上下、左右的相对位置，必须引入基准的概念。

（1）尺寸基准　确定平面图形尺寸位置的几何元素（点、直线）称为尺寸基准，简称基准。平面图形中常用作基准的有：对称中心线、圆或圆弧的圆心、重要的轮廓线。一个平面图形至少有两个基准。图 2-29 所示的手柄是以水平的对称中心线作为高度（Z）方向的尺寸基准，以较长的竖直线作为长度（X）方向的尺寸基准。

（2）定形尺寸　确定平面图形上各线段形状大小的尺寸称为定形尺寸，如直线的长度、圆及圆弧的直径或半径、角度大小等。一般情况下，确定平面图形所需定形尺寸的个数是一定的，如矩形的定形尺寸是长和宽、圆和圆弧的定形尺寸是直径和半径等。图 2-29 中的 $\phi20$、$\phi5$、$R15$、$R12$、$R50$、$R10$、15、$\phi30$ 均为定形尺寸。

（3）定位尺寸　确定平面图形上的线段或线框间相对位置的尺寸称为定位尺寸，定位尺寸一般应与尺寸基准相联系。如图 2-29 中确定 $\phi5$ 小圆位置的尺寸 8 和确定 $R10$ 位置的尺寸 75 均为定位尺寸。

2.3.2　平面图形的线段分析

平面图形是根据给定的尺寸绘制而成的，图形中常见的有直线、圆弧和圆，通常可按所注尺寸的多少将其分为已知线段、中间线段和连接线段。

（1）已知线段　定形尺寸和定位尺寸齐全，可直接画出的线段、圆弧或矩形。如图 2-29 中 $\phi20\times15$ 的矩形、$\phi5$ 的圆、$R15$ 和 $R10$ 的两圆弧。

（2）中间线段　只有定形尺寸，定位尺寸不全，需要根据与其他线段或圆弧的连接关系画出的线段或圆弧。如图 2-29 中 $R50$ 的圆弧。

（3）连接线段　只有定形尺寸，没有定位尺寸，只能在已知线段和中间线段画出后，根据连接关系画出的线段或圆弧。如图 2-29 中 $R12$ 的圆弧。

2.3.3　平面图形的画图步骤

通过以上对平面图形的线段分析可将画平面图形的步骤归纳如下：先画已知线段，再画中间线段，最后画连接线段。图 2-30 给出了图 2-29 所示手柄的作图步骤：

1）画出基准线，并根据各个封闭线框的定位尺寸画出定位线，如图 2-30a 所示。

2）画出已知线段，如图 2-30b 所示。

3）画出中间线段，依据尺寸 $\phi30$ 可知，圆弧 $R50$ 的圆心在距高度尺寸基准 35mm 的平

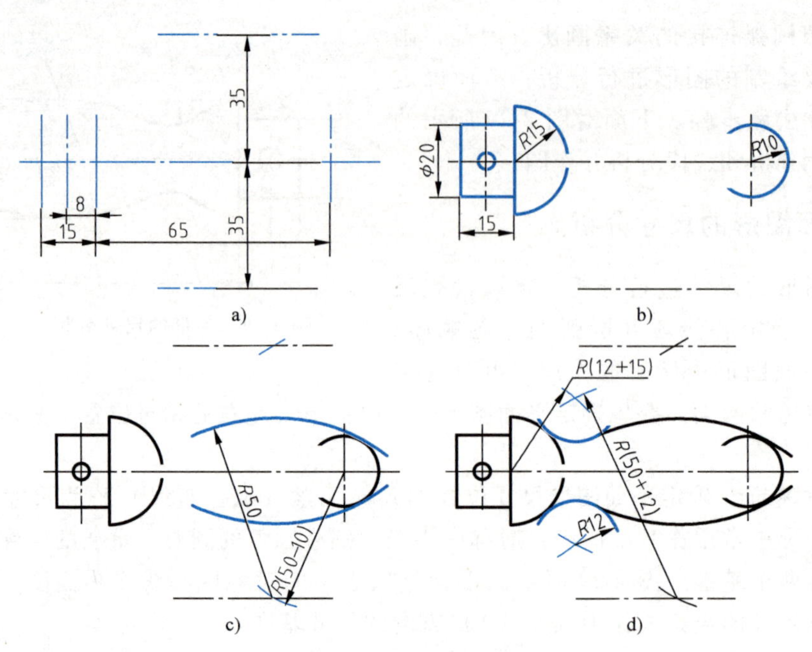

图 2-30　手柄的作图步骤

行线上，且与 $R10$ 的圆弧内切。内切两圆弧的圆心距为二者半径差值，如图 2-30c 所示。

4）画出连接线段，$R12$ 的圆弧同时与圆弧 $R15$ 及圆弧 $R50$ 外切，外切两圆弧圆心距为二者半径之和，如图 2-30d 所示。

5）擦去多余线，描粗图 2-29 所示的外轮廓线。

制图国家标准的发展历程

制图标准化是工业标准化的基础，我国政府和各有关部门都十分重视制图标准化工作。1959 年中华人民共和国科学技术委员会（现已更名为中华人民共和国科学技术部）批准颁发了我国第一个《机械制图》国家标准，基本起到了统一“工程技术语言”的作用，结束了新中国成立前我国德、美、法、日等国标准共用的混乱局面。

为适应经济和科学技术发展的需要，1974 年原第一机械工业部机械研究院和几所高校对 1959 年颁发的国家标准《机械制图》进行了较大修订。为加强我国与世界各国的技术交流和进一步提高标准化水平，1984 年原国家标准局批准发布了采用国际标准化组织（ISO）标准的国家标准《机械制图》。1993 年以来，我国国家标准《机械制图》的修订工作逐步常规化，到 2003 年底，1985 年实施的 17 项制图标准已有 14 项被取代。

在制图标准化发展的过程中，出现了各专业制图范围内基础部分重复和矛盾的现象。自 1988 年起，我国遵循国际标准化组织确定的对各类制图基础和通用部分的统一准则，陆续将需要统一的制图基础通用标准订为国家标准《技术制图》，而一些专业画法、注法、代号、符号等，则作为专业制图标准发布，如机械制图、建筑制图、电气制图等。

课外拓展训练

观察圆规、三角板、图板、丁字尺等绘图工具，了解其正确的使用方法。

第3章　点、直线、平面的投影

本章学习要点

掌握正投影体系、点的投影规律、点的坐标、各种位置点的投影、两点的相对位置及重影点；重点掌握各种位置的直线及其投影特性、直线上的点、空间中两直线的相对位置；重点掌握各种位置的平面及其投影特性、平面上的点和直线的作图方法。

引例

图 3-1a 所示为平面的立体图，图 3-1b 所示为平面的投影图，该图是按照什么投影方法形成的？图中的点、线有什么投影特性？它们的位置关系是怎样的？通过本章的学习，将能够对这些问题予以解答。

从几何的观点，一切有形物体都可以看作是由点、线（直线和曲线）、面（平面和曲面）等基本几何元素构成的。因此，要能够正确、迅速地绘制物体的投影图，必须先掌握这些基本几何元素的投影特性。

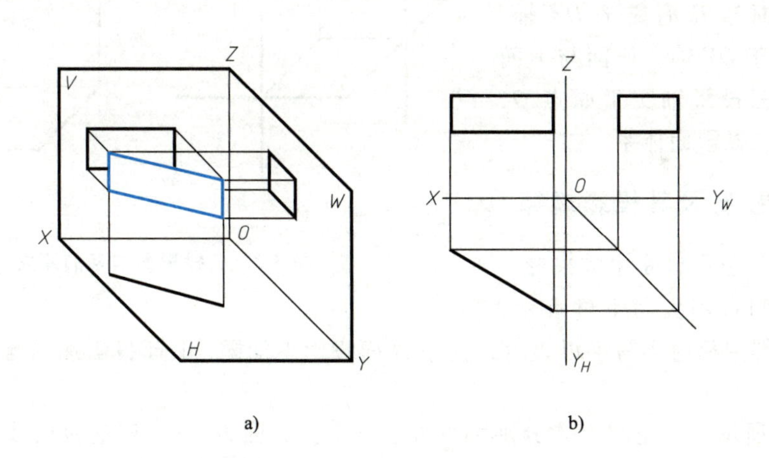

图 3-1　平面的立体图和投影图

3.1　点的投影

点是最基本的几何元素，下面首先来探寻点的投影规律。

3.1.1 三投影面体系的建立

如图 3-2a 所示，由空间点 *A* 作垂直于投影面 *P* 的投射线，与投影面 *P* 交得唯一的投影 *a*。反之，由空间点 *B* 的一个投影 *b*，不能唯一确定点 *B* 的空间位置（图 3-2b）。因此，需要建立多投影面体系，以确定空间点与投影的唯一对应关系（图 3-2c）。

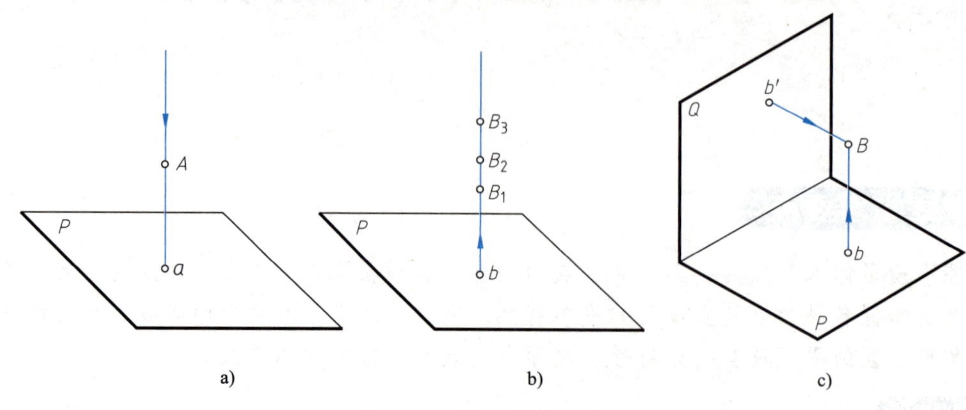

图 3-2 点与投影的关系

三个互相垂直相交的投影面将空间分为八个区域，每个区域称为一个分角，并按顺序编号，如图 3-3a 所示。

我国和欧洲国家多采用第一分角绘制工程图样，如图 3-3b 所示。

三个投影面分别称为水平投影面（*H* 面）、正立投影面（*V* 面）和侧立投影面（*W* 面）。两投影面的交线称为投影轴，*V* 面与 *H* 面交于 *OX* 轴，*H* 面与 *W* 面交于 *OY* 轴，*W* 面与 *V* 面交于 *OZ* 轴。三投影轴交于原点 *O*，这样就构成了三投影面体系。

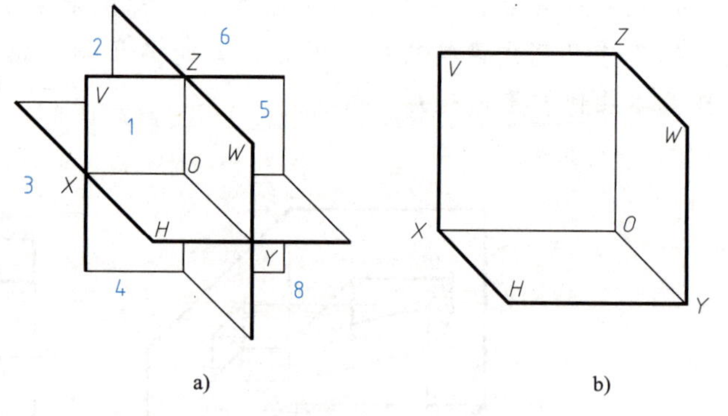

图 3-3 三投影面体系的建立

3.1.2 点的投影及其投影规律

1. 点在三投影面体系中的投影

规定：空间点用大写字母表示，点的三个投影都用相应小写字母表示，其中 *H* 面投影不加撇，*V* 面投影加一撇，*W* 面投影加两撇。

如图 3-4a 所示，由空间点 *A* 分别引垂直于三个投影面 *H*、*V*、*W* 的投射线，与投影面相交，得到点 *A* 的三个投影 *a*、*a*′、*a*″。其在 *H* 面上的投影 *a*，称为点 *A* 的水平投影；在 *V* 面上的投影 *a*′，称为点 *A* 的正面投影；在 *W* 面上的投影 *a*″，称为点 *A* 的侧面投影。

将点的三个投影展开到一个平面上：保持 *V* 面不动，将 *H* 面绕 *OX* 轴向下旋转 90°与 *V* 面共面；将 *W* 面绕 *OZ* 轴向右旋转 90°与 *V* 面共面。在展开的过程中，*OY* 轴被“一分为二”，一支随 *H* 面向下，记作 OY_H，一支随 *W* 面向右，记作 OY_W。

图 3-4b 所示是展开后点 *A* 的正投影图。在投射时，投影面的大小不受限制，因此，作

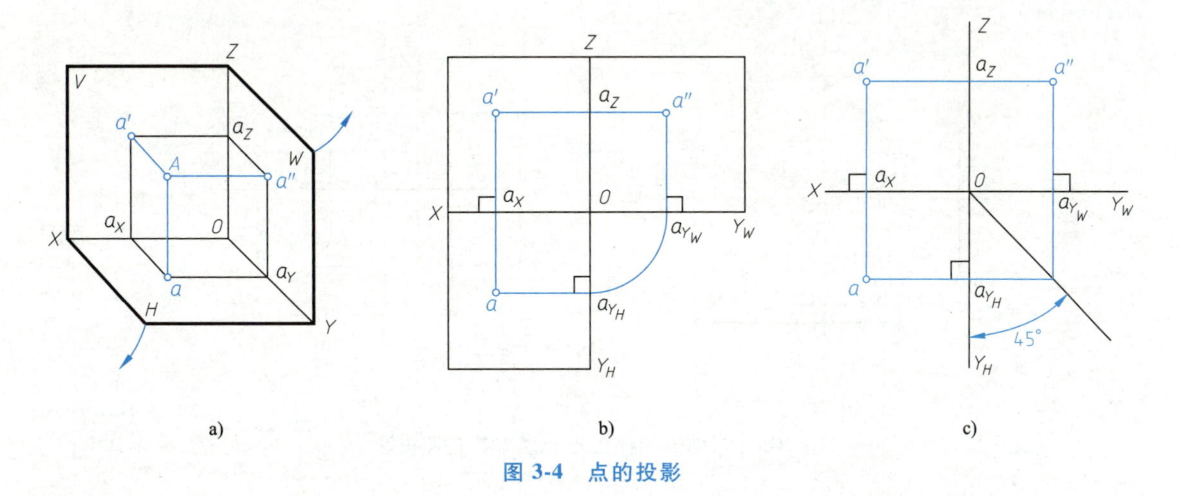

图 3-4 点的投影

图时不必画出投影面的边框，如图 3-4c 所示。

2. 点的投影规律

由图 3-4 可见，投射线 $Aa \perp H$ 面、$Aa' \perp V$ 面，所以由投射线 Aa 和 Aa' 组成的平面 Aaa_Xa' 既垂直于 H 面又垂直于 V 面，同时垂直于 OX 轴。因此，$aa_X \perp OX$ 轴，$a'a_X \perp OX$ 轴。当投影体系展开后，a'、a_X、a 三点位于同一投影连线上，故有 $a'a \perp OX$ 轴。同样方法可以证明 $a'a'' \perp OZ$ 轴。

由此可以得出点的三面投影规律：

1）点的正面投影和水平投影的连线垂直于 OX 轴，即 $a'a \perp OX$ 轴。

2）点的正面投影和侧面投影的连线垂直于 OZ 轴，即 $a'a'' \perp OZ$ 轴。

3）点的水平投影到 OX 轴的距离等于点的侧面投影到 OZ 轴的距离，即 $aa_X = a''a_Z$。

以上三条投影规律是画图和看图的理论基础，作图时必须严格遵守。为保证 $aa_X = a''a_Z$，可用以 O 点为圆心、以 aa_X 为半径画圆弧的方法实现这种关系（图 3-4b），或用过 O 点作与水平方向成 45°角的辅助直线的方法实现这种关系（图 3-4c）。

根据点的投影规律，如果已知一点的两面投影，即可利用点的投影规律求出该点的第三面投影。

例 3-1 如图 3-5a 所示，已知点 A、B、C 的两面投影，求作各点的第三面投影。

作图步骤（图 3-5b）如下：

1）过 a' 作线 $\perp OZ$ 轴。

2）过 a 作线 $\perp OY_H$ 轴，与过 O 点的 45°辅助线相交，过交点作线 $\perp OY_W$ 轴，与步骤 1）中所作图线的交点即为点 A 的侧面投影 a''。

3）过 b 作线 $\perp OX$ 轴。

4）过 b'' 作线 $\perp OZ$ 轴，两作图线的交点即为点 B 的正面投影 b'。

5）过 c' 作线 $\perp OX$ 轴。

6）过 c'' 作线 $\perp OY_W$ 轴，与过 O 点的 45°辅助线相交，过交点作线 $\perp OY_H$ 轴，与步骤 5）中所作图线的交点即为点 C 的水平投影 c。

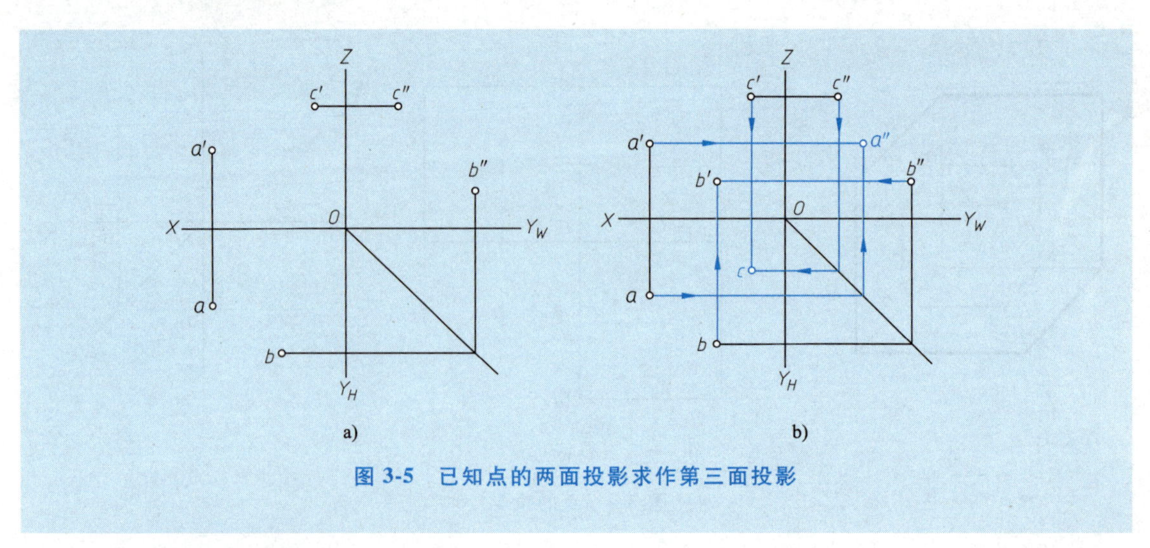

图 3-5　已知点的两面投影求作第三面投影

3. 点的投影与坐标

在工程中，有时也用坐标法来确定点的空间位置。将投影面当作坐标面，投影轴当作坐标轴，O 点即为坐标原点。规定 OX 轴从 O 点向左为正，OY 轴从 O 点向前为正，OZ 轴从 O 点向上为正，反之为负。

如图 3-6 所示，点的投影与坐标的关系如下：

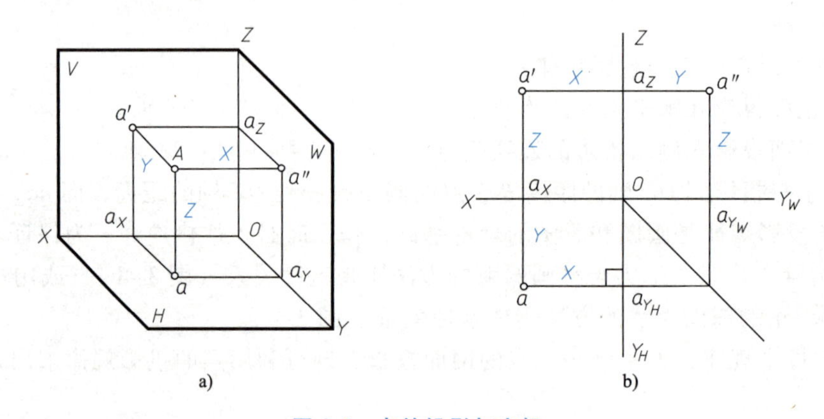

图 3-6　点的投影与坐标

a）立体图　b）投影图

1）点 A 的 x 坐标 $x_A=Oa_X=Aa''$=点 A 到 W 面的距离。

2）点 A 的 y 坐标 $y_A=Oa_Y=Aa'$=点 A 到 V 面的距离。

3）点 A 的 z 坐标 $z_A=Oa_Z=Aa$=点 A 到 H 面的距离。

因此，若已知一点的坐标（x，y，z），它的投影就可据此确定。

4. 各种位置点的投影

（1）一般位置点　当空间点的三个坐标值 x、y、z 均不为零时，称该点为一般位置点。图 3-6 中的点 A 即为一般位置点。

（2）特殊位置点　当空间点的坐标值有一个为零时，则该点位于投影面上。如图 3-7 所示，点 B 的 y 坐标为零，即点 B 距 V 面的距离为零，故点 B 位于 V 面上；点 C 的 z 坐标为零，即点 C 距 H 面的距离为零，故点 C 位于 H 面上。投影面上点的投影特点是：该点所在的投影面上的投影与该点的空间位置重合，而另外两个投影位于相应的投影轴上。

当空间点的坐标值有两个为零时，则该点位于投影轴上。图 3-7 中点 D 的 y 坐标和 z 坐标均为零，即点 D 距 V 面和 H 面的距离均为零，故点 D 位于 OX 轴上。投影轴上点的投影特点是：两个投影均位于投影轴上，并与空间点重合，而另外一个投影则与原点 O 重合。

当空间点的三个坐标值皆为零时，则该点与原点 O 重合，其三个投影也重合在原点 O 处。

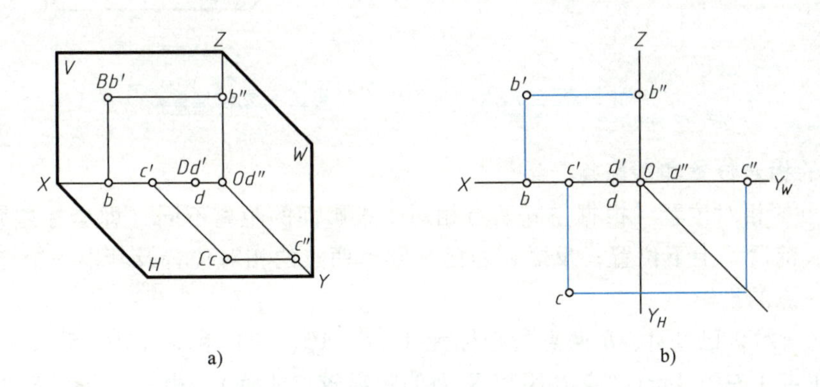

图 3-7　特殊位置点

a）立体图　b）投影图

例 3-2　已知空间点 A（15，10，20）、B（25，15，0）、C（10，0，0），求作它们的投影图及立体图。

分析：点 A 的三个坐标值 x、y、z 均不为零，故点 A 为一般位置点；点 B 的 z 坐标为零，故点 B 位于 H 面上；点 C 的 y 坐标和 z 坐标均为零，故点 C 位于 OX 轴上。

作图步骤（图 3-8a、b）如下：

1）沿 OX 轴向左量取 15mm，得到 a_X。

2）过 a_X 作垂直于 OX 轴的投影连线，自 a_X 向前量取 10mm 得到点 A 的水平投影 a，自 a_X 向上量取 20mm 得到正面投影 a'。

3）根据投影关系，利用 a、a' 作出侧面投影 a''。

4）沿 OX 轴向左量取 25mm，得到点 B 的正面投影 b'，b' 位于 OX 轴上。

5）过 b' 作垂直于 OX 轴的投影连线，自 b' 向前量取 15mm 得到水平投影 b，b 与点 B 的空间位置重合。

6）根据投影关系，利用 b、b' 作出侧面投影 b''，b'' 位于 OY_W 轴上。

7）沿 OX 轴向左量取 10mm，得到点 C 的水平投影 c 和正面投影 c'，c、c' 均与点 C 的空间位置重合。

8）根据投影关系，利用 c、c' 作出侧面投影 c''，c'' 与原点 O 重合。

9）根据各点的坐标，作出各点的立体图，如图 3-8b 所示。

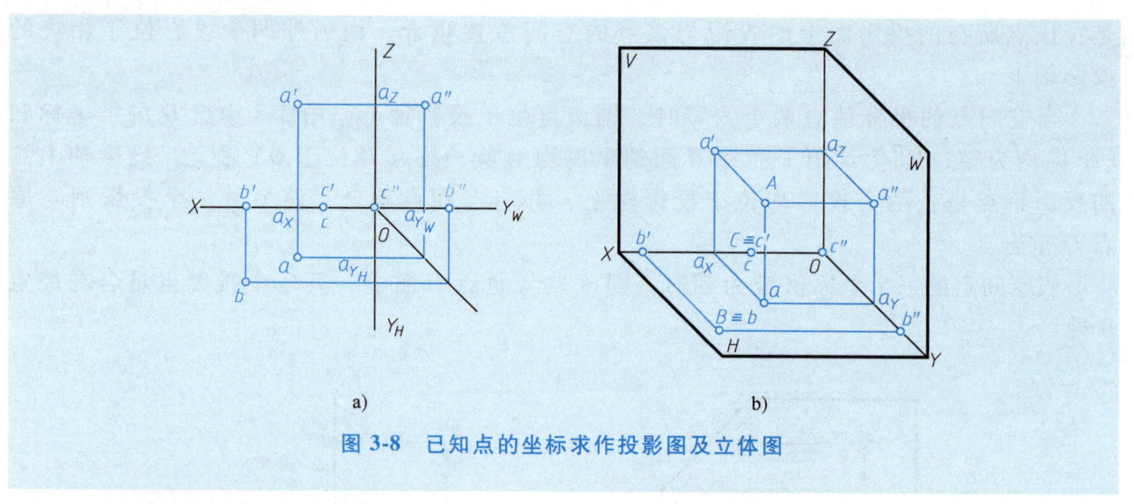

a) b)

图 3-8 已知点的坐标求作投影图及立体图

5. 两点的相对位置和重影点

（1）两点的相对位置 根据空间两点相对于投影面的距离不同（即坐标差），可以确定两点的左右、前后、上下位置；反之，若已知空间两点的相对位置及其中一个点的投影，也能作出另外一点的投影。

如图 3-9 所示，已知 A、B 两点的坐标为 A（6，10，12）和 B（10，5，5），由 $x_B-x_A=4$ 可知点 B 在点 A 左方 4mm（点 B 距离 W 面的距离较点 A 远），由 $y_B-y_A=-5$ 可知点 B 在点 A 后方 5mm（点 B 距离 V 面的距离较点 A 近），由 $z_B-z_A=-7$ 可知点 B 在点 A 下方 7mm（点 B 距离 H 面的距离较点 A 近）。

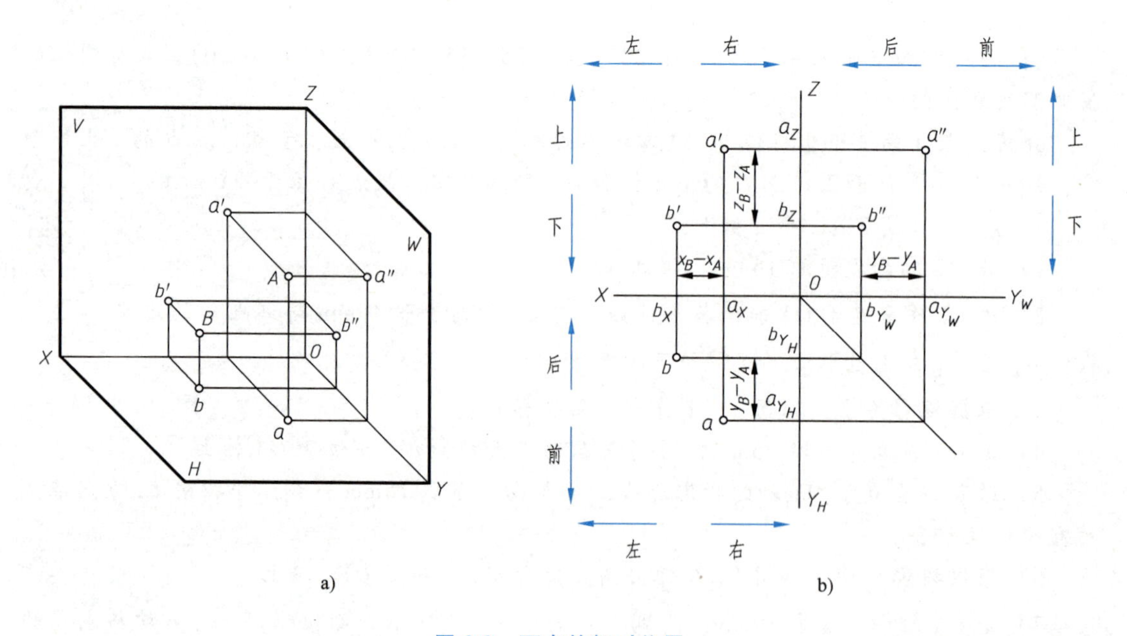

a) b)

图 3-9 两点的相对位置

a）立体图 b）投影图

通过以上分析可知，由已知两点各自的三面投影判断其空间相对位置时，可根据正面投影或侧面投影判断上下位置；根据正面投影或水平投影判断左右位置；根据水平投影或侧面投影判断前后位置。

例 3-3　如图 3-10a 所示，已知点 A 的三面投影，另一点 B 在点 A 上方 8mm，左方 12mm，前方 10mm 处，求作点 B 的三面投影。

作图步骤（图 3-10b）如下：

1）在 a' 左方 12mm、上方 8mm 处确定 b'。

2）作 $bb' \perp OX$ 轴，且在 a 前方 10mm 处确定 b。

3）根据投影关系确定 b''。

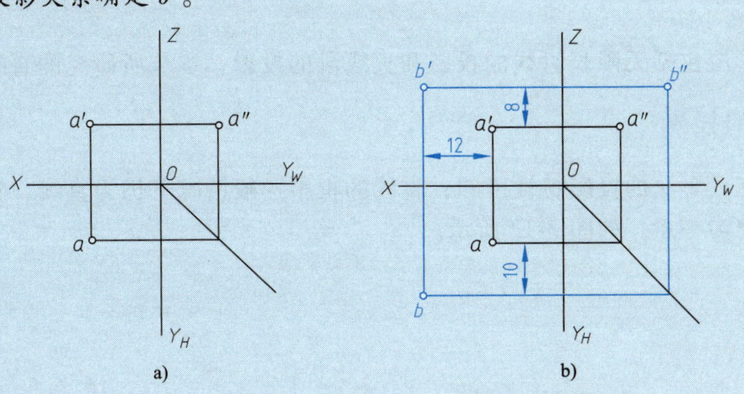

图 3-10　两点的相对位置图

（2）重影点及其可见性　当空间两点位于对某投影面的同一条投射线上时，这两点在该投影面上的投影重合，这两点就称为对该投影面的重影点。如图 3-11 所示，点 A、B 位于对 H 面的同一条投射线上，它们在 H 面上的投影重合，是对 H 面的重影点；而点 A、C 位于对 W 面的同一条投射线上，它们在 W 面上的投影重合，是对 W 面的重影点。

由此可见，重影点必有两个坐标值相等，而其第三个坐标值不等。如 A、B 两点的 x、y 坐标值相等，而 z 坐标值不等；A、C 两点的 y、z 坐标值相等，而 x 坐标值不等。

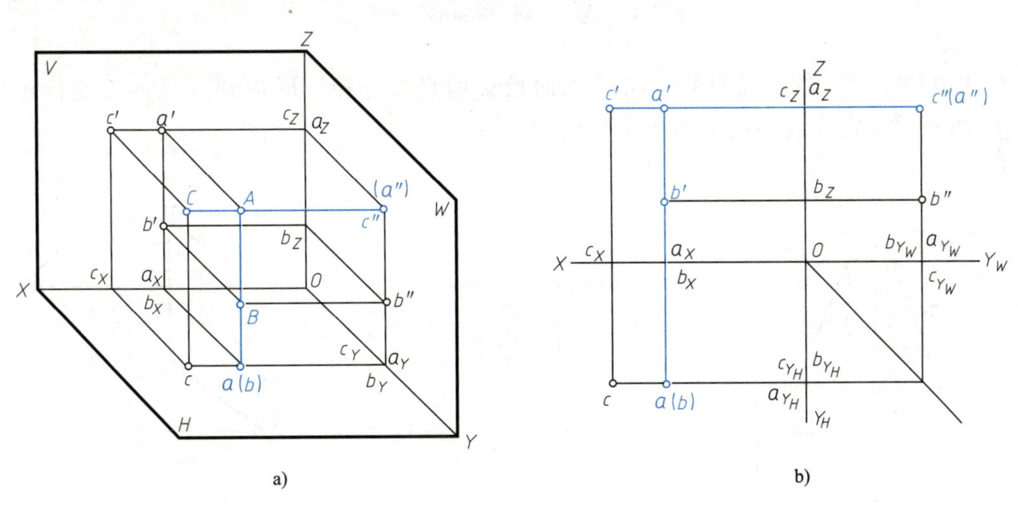

图 3-11　重影点

a）立体图　b）投影图

重影点分为可见点和不可见点。规定按投射方向观察判别可见性：对 H 面的重影点，

从上向下观察，z 坐标值大者可见；对 V 面的重影点，从前向后观察，y 坐标值大者可见；对 W 面的重影点，从左向右观察，x 坐标值大者可见，反之为不可见，即“上遮下，前遮后，左遮右”。图 3-11 中，点 A 在点 B 的上方，即点 A 可见，点 B 不可见。对于不可见点的投影，在标记时，加括号表示，即 a（b）。同理，点 C 可见，点 A 不可见，投影标记为 c''（a''）。

3.2 直线的投影

直线的投影应包括无限长直线的投影和直线段的投影，本节所研究的直线仅指后者。

3.2.1 直线的投影

根据前述正投影法的投影特性可知：直线的投影一般情况下仍为直线，特殊情况下，直线的投影可积聚为一点，如图 3-12 所示。

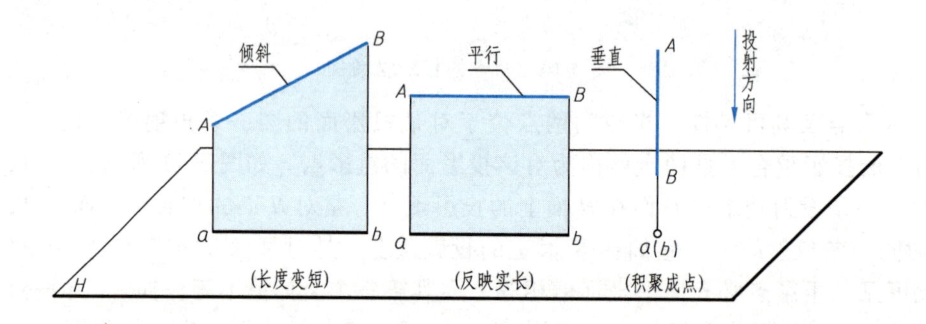

图 3-12 直线对投影面的三种位置

作出直线上两点的三面投影，将其同面投影用直线连接，即得到直线的三面投影，如图 3-13 所示。规定直线的投影用粗实线绘制。

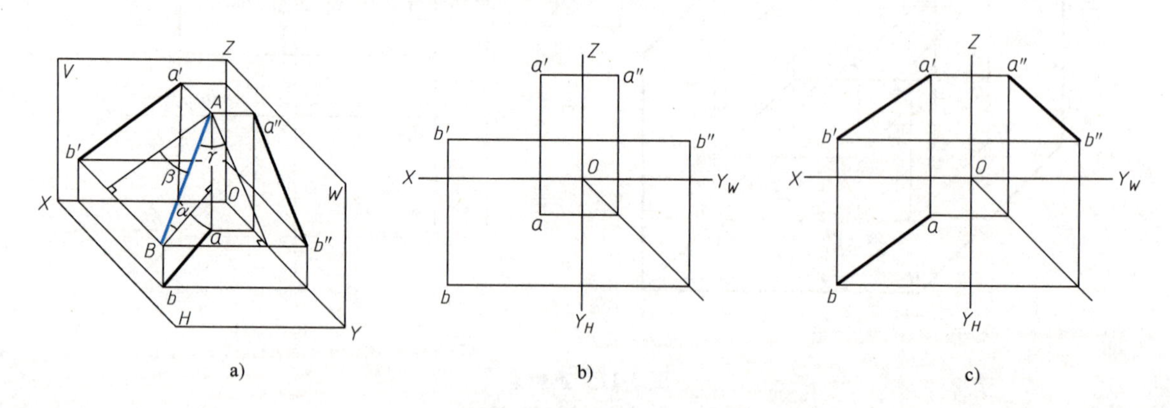

图 3-13 一般位置直线

a）直线立体图 b）两点投影图 c）直线投影图

3.2.2　各种位置直线

在三投影面体系中，直线根据其对投影面的相对位置可分为以下三类。

1）一般位置直线：直线与三个投影面都倾斜。

2）投影面平行线：直线只与一个投影面平行，而与另外两个投影面倾斜。

3）投影面垂直线：直线与一个投影面垂直，同时与另外两个投影面平行。

后两种直线又统称为特殊位置直线。

1. 一般位置直线

图3-13所示为一条一般位置直线，直线与其在投影面上的投影所形成的锐角，称为直线对该投影面的倾角，直线AB与H、V、W面的倾角分别用α、β、γ表示。

由图3-13可见，一般位置直线的投影特性如下：三个投影的长度均小于直线段本身的实长，三个投影与各投影轴的夹角均不反映直线与投影面的倾角。

2. 投影面平行线

根据其所平行的投影面不同，投影面平行线可分为水平线（只平行于H面）、正平线（只平行于V面）、侧平线（只平行于W面）。三种投影面平行线的投影特点和性质见表3-1。下面以水平线为例，具体说明其投影特性。

水平线AB平行于H面，水平投影ab反映直线段的实长；ab与OX轴的夹角反映该直线与V面的倾角β，ab与OY_H轴的夹角反映该直线与W面的倾角γ。水平线AB上的所有点与H面的距离均相等，因此，它的正面投影$a'b'$平行于OX轴，侧面投影$a''b''$平行于OY_W轴，且都小于实长。

正平线和侧平线有类似的投影特性。

表3-1　投影面平行线

名称	水平线	正平线	侧平线
立体图	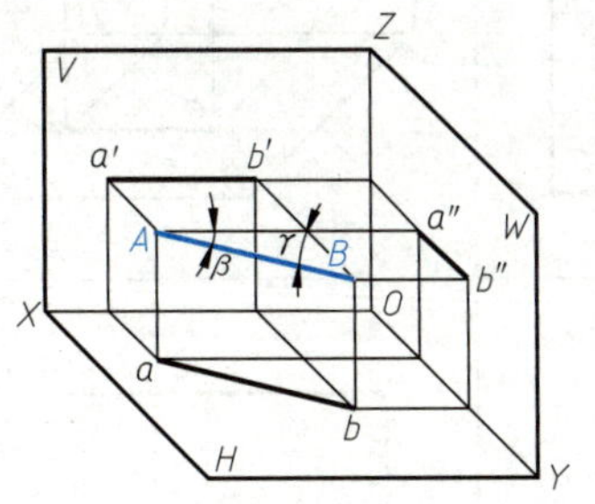	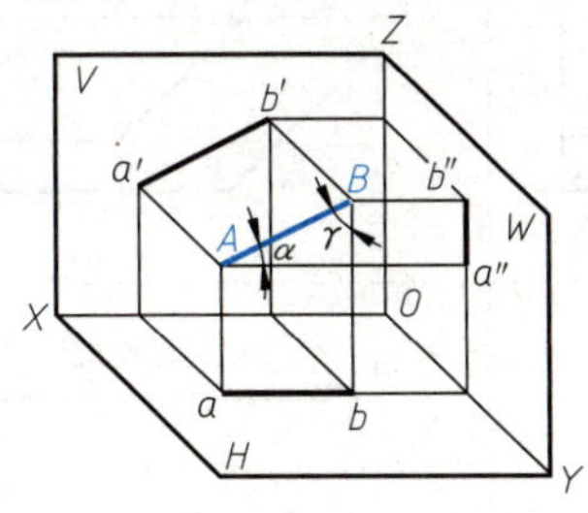	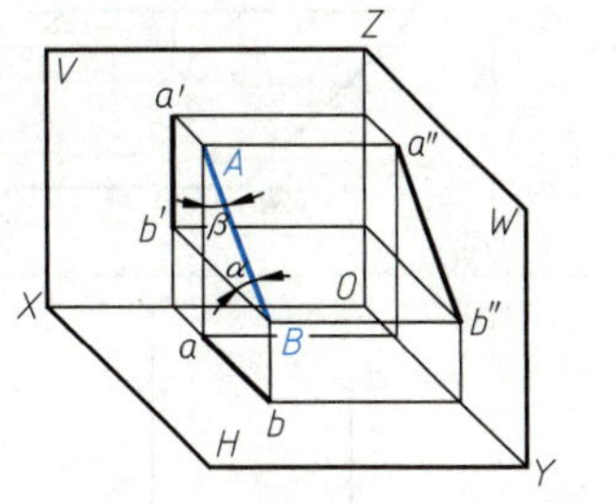
投影图	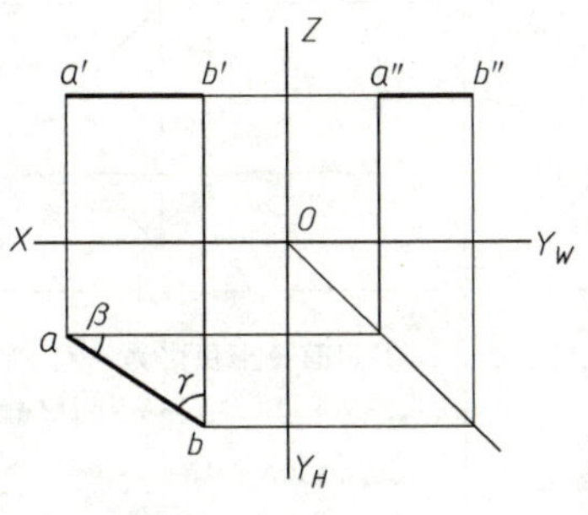	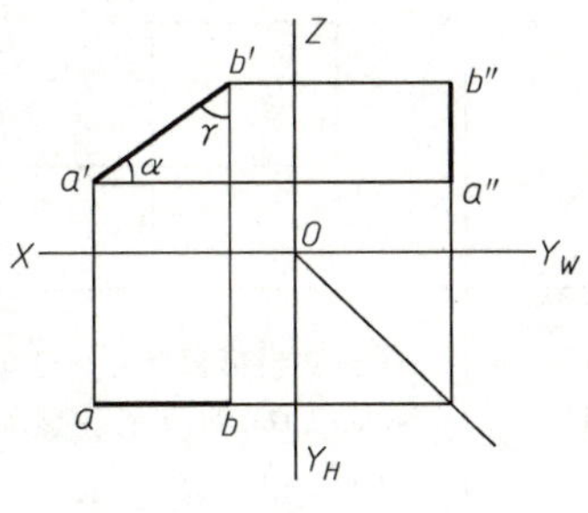	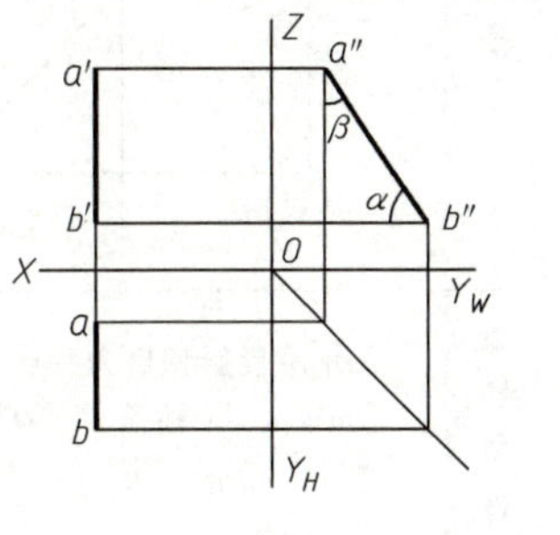

（续）

名称	水平线	正平线	侧平线
投影特性	①$ab=AB$ ②反映倾角β、γ的大小 ③$a'b'/\!/OX$轴，$a''b''/\!/OY_W$轴，且都小于实长	①$a'b'=AB$ ②反映倾角α、γ的大小 ③$ab/\!/OX$轴，$a''b''/\!/OZ$轴，且都小于实长	①$a''b''=AB$ ②反映倾角α、β的大小 ③$ab/\!/OY_H$轴，$a'b'/\!/OZ$轴，且都小于实长

由表3-1可知，投影面平行线的投影特性如下：

1）直线在其所平行的投影面上的投影反映直线段实长及其与另两个投影面的倾角。

2）直线在另外两个投影面上的投影分别平行于相应的投影轴，且小于直线段实长。

3. 投影面垂直线

根据其所垂直的投影面不同，投影面垂直线可分为铅垂线（垂直于H面）、正垂线（垂直于V面）、侧垂线（垂直于W面）。三种投影面垂直线的投影特点和性质见表3-2。下面以铅垂线为例，具体说明其投影特性。

铅垂线AB垂直于H面，水平投影积聚为一点$a(b)$。铅垂线AB的正面投影$a'b'$垂直于OX轴，侧面投影$a''b''$垂直于OY_W轴；铅垂线AB平行于V面、W面，故其正面投影$a'b'$、侧面投影$a''b''$均反映实长。

正垂线和侧垂线有类似的投影特性。

表3-2 投影面垂直线

名称	铅垂线	正垂线	侧垂线
立体图	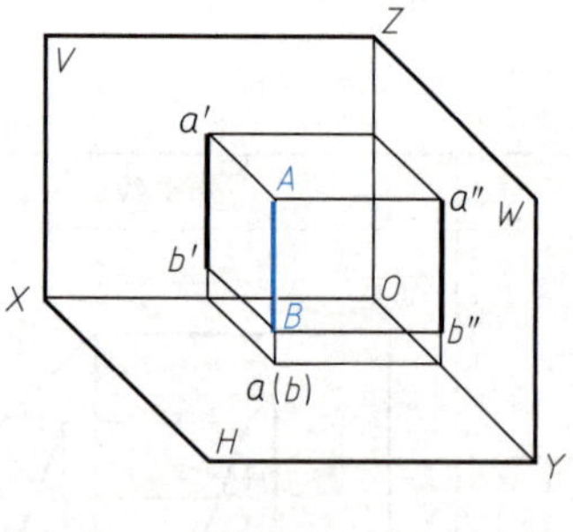	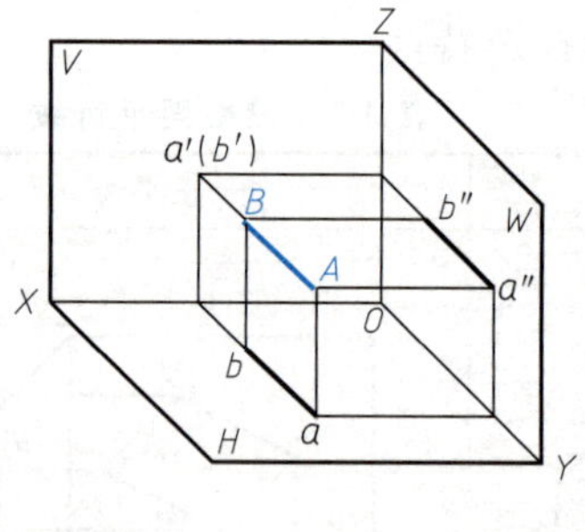	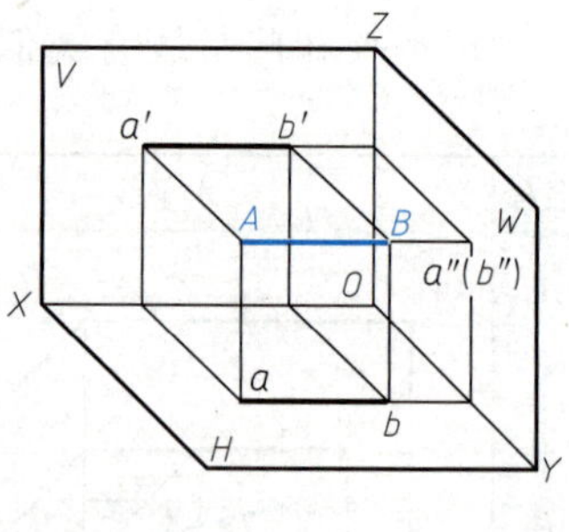
投影图	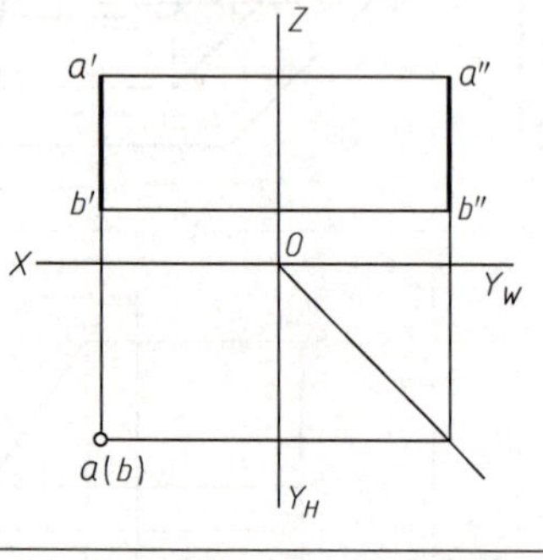	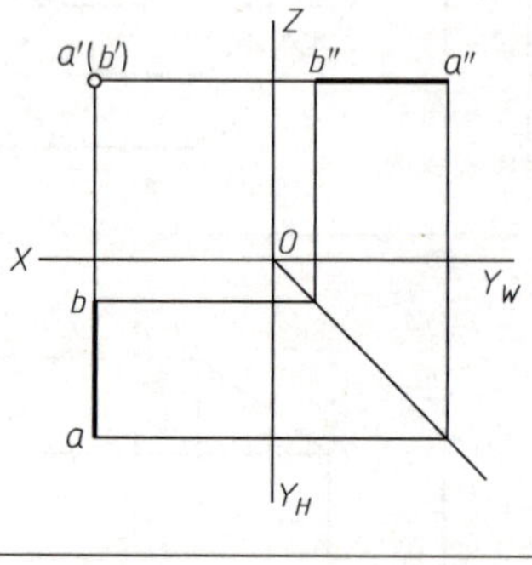	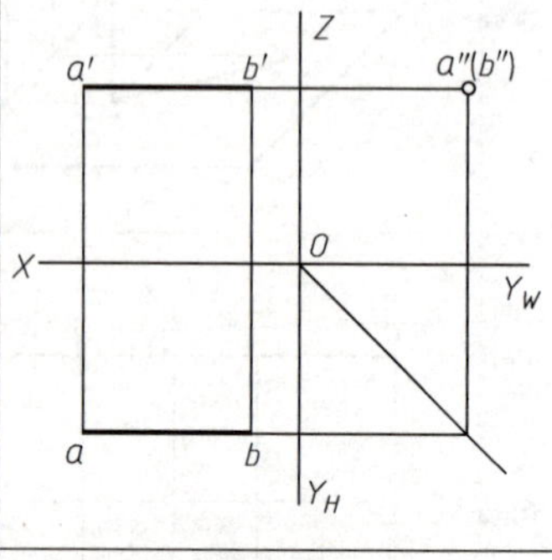
投影特性	①水平投影积聚为一点$a(b)$ ②$a'b'\perp OX$轴，$a''b''\perp OY_W$轴 ③$a'b'=a''b''=AB$	①正面投影积聚为一点$a'(b')$ ②$ab\perp OX$轴，$a''b''\perp OZ$轴 ③$ab=a''b''=AB$	①侧面投影积聚为一点$a''(b'')$ ②$ab\perp OY_H$轴，$a'b'\perp OZ$轴 ③$ab=a'b'=AB$

由表 3-2 可知，投影面垂直线的投影特性如下：

1）直线在其所垂直的投影面上的投影积聚为一点。

2）直线在另外两个投影面上的投影分别垂直于相应的投影轴，且反映直线段实长。

例 3-4　判断图 3-14 中平面立体上的直线 AB、CD 相对于投影面的位置。

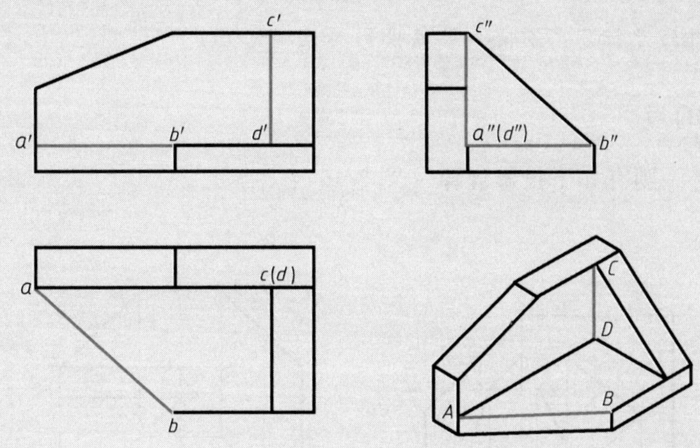

图 3-14　直线相对于投影面的位置

分析：

1）直线 AB 的水平投影 ab 反映实长，正面投影 $a'b'$ 和侧面投影 $a''b''$ 分别平行于 OX 轴和 OY_W 轴，故直线 AB 为水平线。

2）直线 CD 的水平投影 $c(d)$ 积聚为一点，正面投影 $c'd'$ 和侧面投影 $c''d''$ 分别垂直于 OX 轴和 OY_W 轴，故直线 CD 为铅垂线。

例 3-5　如图 3-15a 所示，已知点 A 的三面投影，过点 A 作侧垂线 AB，使 $AB=13$mm，且点 B 在点 A 右侧；过点 A 作侧平线 AD，使 $AD=16$mm，且 $\alpha=45°$。

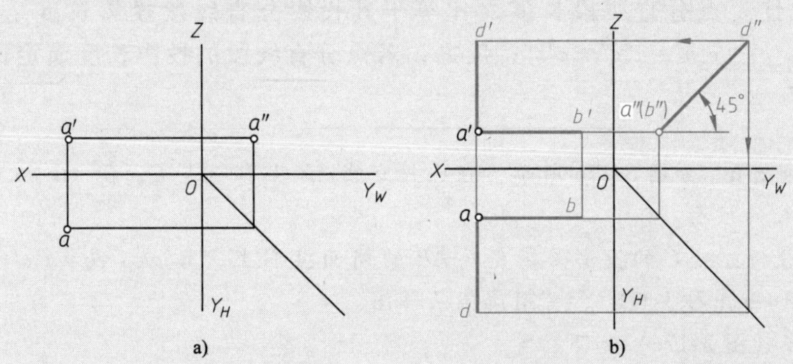

图 3-15　过已知点 A 作侧垂线和侧平线

作图步骤（图 3-15b）如下：

1）过点 a 向右作线平行于 OX 轴，并量取 $ab=13$mm，确定 b。

2）过点 a' 向右作线平行于 OX 轴，并量取 $a'b'=13$mm，确定 b'。

3）由于 AB 为侧垂线，所以点 A、B 是对 W 面的重影点；又由于点 B 在点 A 右侧，

故 a''可见，b''不可见。

4）过点 a''作线与 OY_W 轴夹角为 45°，并量取 $a''d''=16$mm，确定 d''（应有四解，根据本题的实际情况，只作出其中一解即可）。

5）过点 a 作线平行于 OY_H 轴，根据投影关系确定 d。

6）过点 a'作线平行于 OZ 轴，根据投影关系确定 d'。

3.2.3 直线上的点

若点在直线上，则有如下投影规律（图 3-16）：

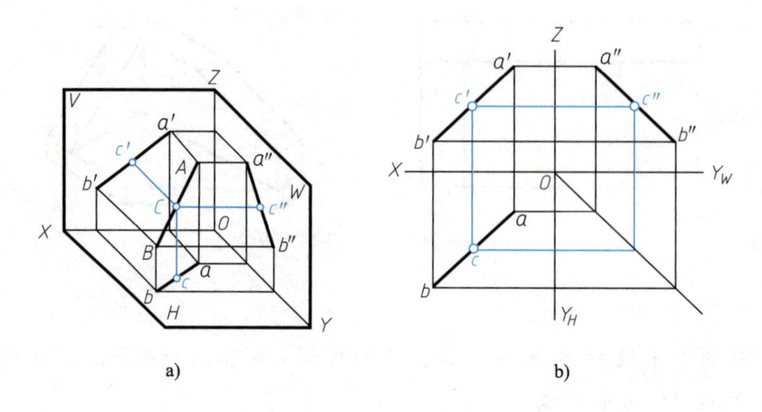

图 3-16 直线上的点

a）立体图 b）投影图

（1）从属性 点的各个投影必在直线的同面投影上，即 $c\in ab$，$c'\in a'b'$，$c''\in a''b''$；反之，若点的各个投影均在直线的同面投影上，则点必在该直线上。

（2）等比性 点分直线段长度之比等于其投影分直线段投影长度之比，即 $AC:CB=ac:cb=a'c':c'b'=a''c'':c''b''$；反之，若点分直线段的投影长度成定比，则点必在该直线上。

例 3-6 如图 3-17a 所示，在已知直线 AB 上取一点 C，使 $AC:CB=2:3$，求作点 C 的投影。

分析：点 C 的投影必在直线 AB 的同面投影上，且 $ac:cb=a'c':c'b'=AC:CB=2:3$（图 3-17b），可用比例法作图。

作图步骤（图 3-17c）如下：

1）过 a（或 b）任作一辅助直线。

2）以任意长在辅助线上截取相等的 5 段，取第 2 段端点为 C_0，第 5 段端点为 B_0。

3）连接 bB_0。

4）过 C_0 作 $cC_0/\!/bB_0$，与 ab 交于点 c。

5）过 c 作 OX 轴的垂线，与 $a'b'$交于 c'，则 c、c'即为点 C 的两面投影。

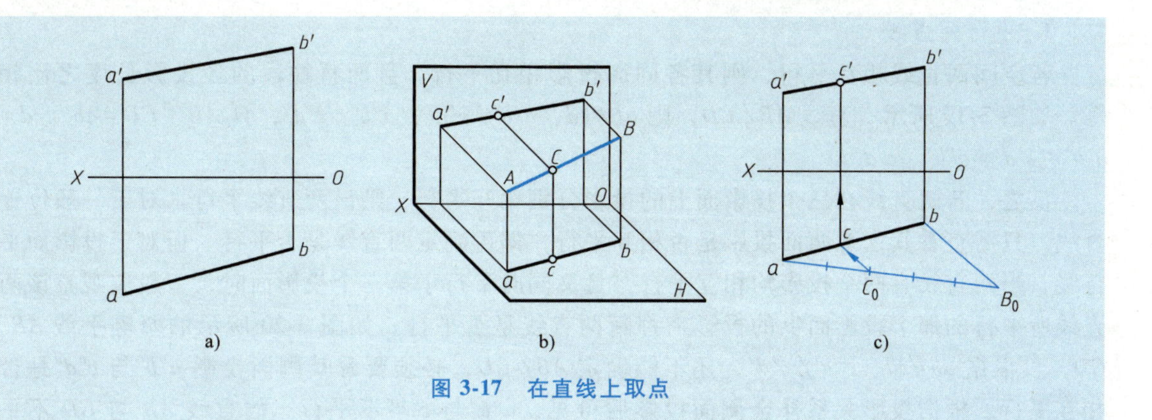

图 3-17 在直线上取点

例 3-7 如图 3-18a 所示，已知直线 AB 及点 K 的两面投影，判断点 K 是否在直线 AB 上。

分析：对于一般位置直线，根据任意两面投影就可以判断点是否在直线上。但对于特殊位置直线，如投影面平行线，还须查看直线所平行的那个投影面上的投影才能判断点是否在直线上，或利用点分割直线段成定比的特性来判断。

方法一作图步骤（图 3-18b）如下：

1）根据投影关系作出直线 AB 及点 K 的侧面投影。

2）根据侧面投影可判断 k'' 不在 $a''b''$ 上，因此，点 K 不在直线 AB 上。

方法二作图步骤（图 3-18c）如下：

1）过 a（或 b）任作一辅助直线。

2）在辅助线上截取 $ak_0=a'k'$，$k_0b_0=k'b'$。

3）连接 bb_0 和 kk_0，由于 bb_0 和 kk_0 不平行，即 $ak:kb\neq a'k':k'b'$，因此，点 K 不在直线 AB 上。

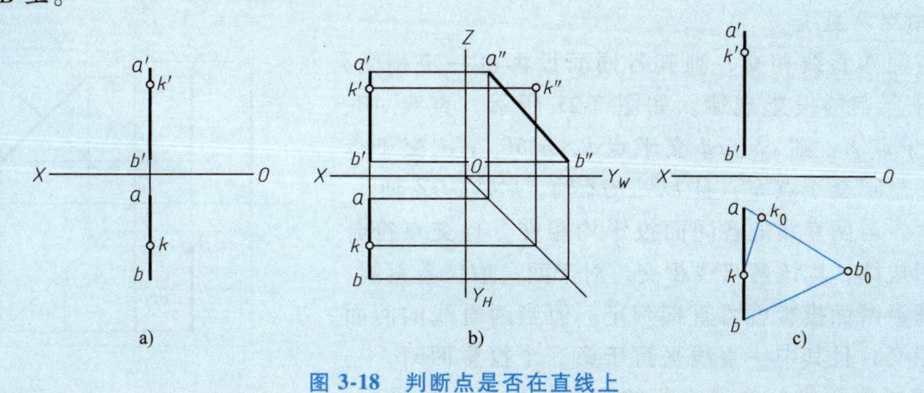

图 3-18 判断点是否在直线上

3.2.4 空间两直线的相对位置

空间两直线的相对位置可分为三种：平行、相交和交叉。其中平行、相交的两直线是共面直线，交叉的两直线是异面直线。

1. 平行两直线

若空间两直线相互平行，则其各同面投影相互平行，且两直线段的各投影长度之比相等。如图 3-19 所示，直线 $AB /\!/ CD$，则 $ab /\!/ cd$，$a'b' /\!/ c'd'$，$a''b'' /\!/ c''d''$，且 $AB : CD = ab : cd = a'b' : c'd' = a''b'' : c''d''$。

反之，若两直线在三个投影面上的投影分别相互平行，则该两直线平行。对于一般位置直线，只需查看其任意两面投影是否相互平行，即可确定两直线是否平行。但对于投影面平行线，当两直线有两个投影均相互平行，且又同时平行于第三个投影面时，一般应观察该两直线所平行的那个投影面上的投影来判断两直线是否平行。如图 3-20 所示的两侧平线 AB、CD，仅根据 $ab /\!/ cd$、$a'b' /\!/ c'd'$，还不能确定 $AB /\!/ CD$，必须要看其侧面投影 $a''b''$与 $c''d''$是否相互平行。根据投影关系补全侧面投影后可见，$a''b''$与 $c''d''$不平行，故直线 AB 与 CD 不平行。此外，还可根据两侧平线 AB、CD 的水平投影和正面投影之比是否相等，判断两直线是否平行。请读者采用比例法自行作图判定。

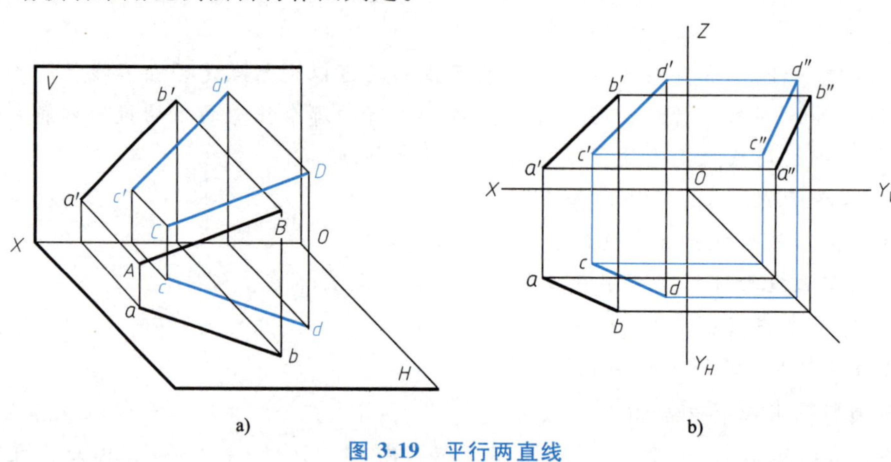

图 3-19 平行两直线

a）立体图 b）投影图

2. 相交两直线

若空间两直线相交，则其各同面投影也一定相交，且交点符合点的投影规律。如图 3-21 所示，直线 AB、CD 相交于点 K，则 ab、cd 交于点 k，$a'b'$、$c'd'$交于点 k'，$a''b''$、$c''d''$交于点 k''，且 $kk' \perp OX$ 轴，$k'k'' \perp OZ$ 轴。

反之，若两直线的各同面投影均相交，且交点符合点的投影规律，则该两直线相交。对于两一般位置直线，根据其任意两面投影就可直接判定。但当两直线的两面投影均相交，且其中一直线平行于第三个投影面时，一般应观察投影面平行线所平行的那个投影面上的投影，或按线上点的等比关系，来判断两直线是否相交。如图 3-22a 所示，虽然 ab、cd 交于点 1，$a'b'$、$c'd'$交于点 1′，且 $11' \perp OX$ 轴，但因直线 AB 是侧平线，尽管 $a''b''$与 $c''d''$相交，但三个投影的交点不符合一个点的投影规律，故直线 AB 与 CD 不相交。还可采用比例法作图判断（图 3-22b）：由于 $c'1' : 1'd' \neq c1 : 1d$，所以点 Ⅰ 不在直线 CD 上，故直线 AB 与 CD 不相交。

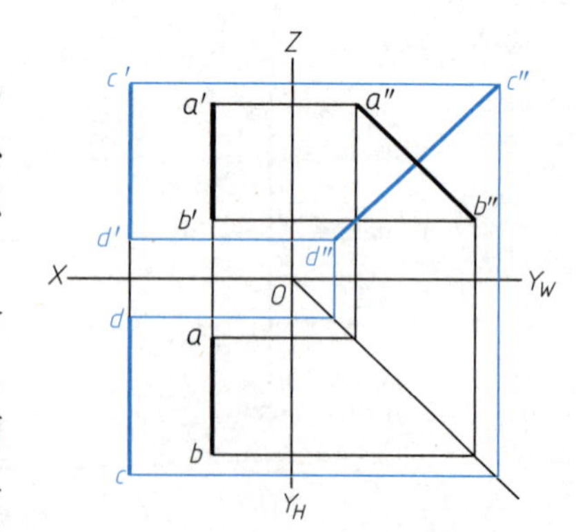

图 3-20 判断两直线是否平行

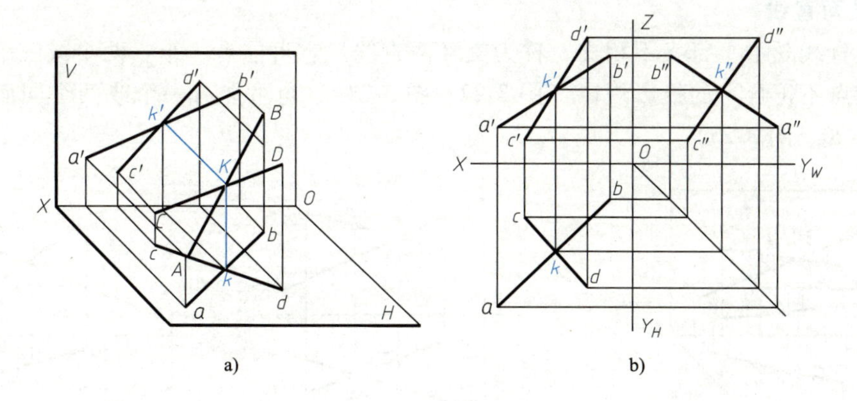

图 3-21　相交两直线

a）立体图　b）投影图

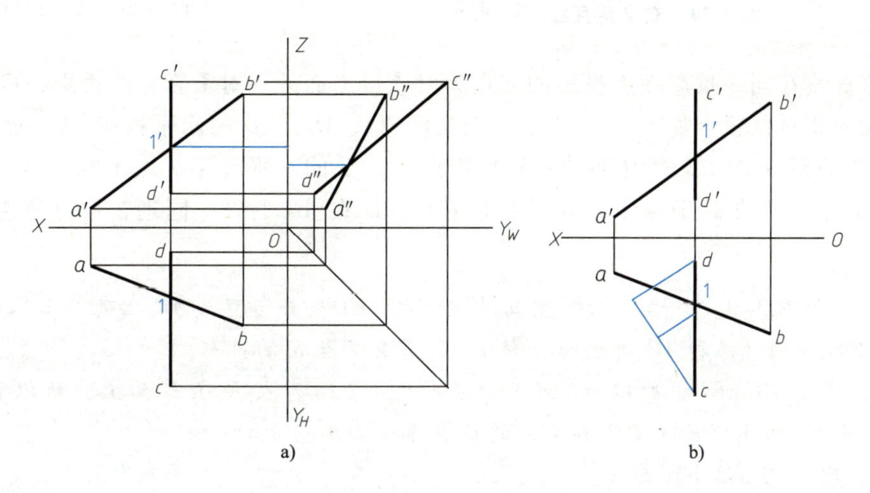

图 3-22　判断两直线是否相交

例 3-8　如图 3-23 所示，已知两相交直线 AB 和 CD 的水平投影 ab、cd，直线 AB 和点 C 的正面投影 $a'b'$、c'，求直线 CD 的正面投影。

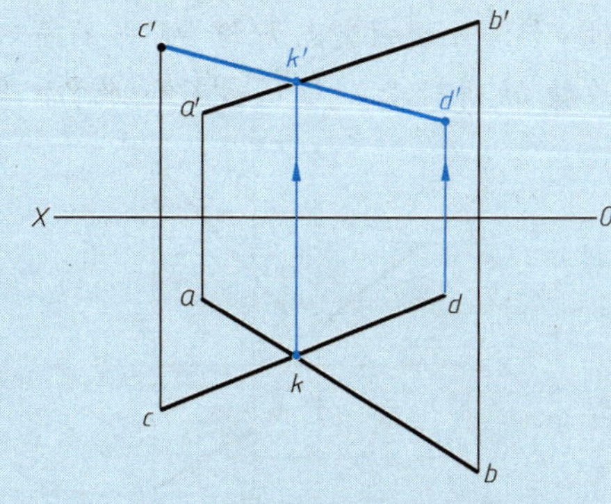

图 3-23　求相交直线的正面投影

分析：若空间两直线相交，则其各同面投影也一定相交，且交点符合点的投影规律。直线 AB、CD 相交于点 K，则 ab、cd 交于点 k，$a'b'$、$c'd'$ 交于点 k'，且 $kk' \perp OX$ 轴。

作图步骤如下：

1）过 ab 和 cd 的交点 k，作垂直于 OX 轴的投影连线，与 $a'b'$ 相交于 k'。

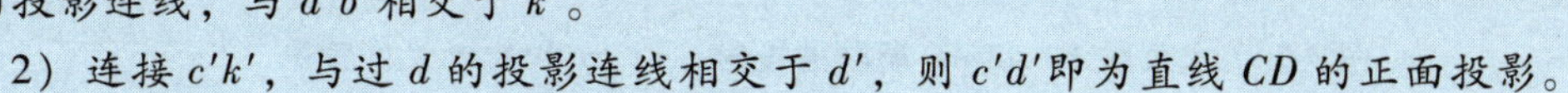

2）连接 $c'k'$，与过 d 的投影连线相交于 d'，则 $c'd'$ 即为直线 CD 的正面投影。

3. 交叉两直线

空间两直线既不平行又不相交，称为交叉两直线。它可能有一个、两个或三个同面投影相交，但交点不符合点的投影规律（图 3-22、图 3-24）；也可能有一个或两个同面投影相互平行（图 3-20、图 3-25）。

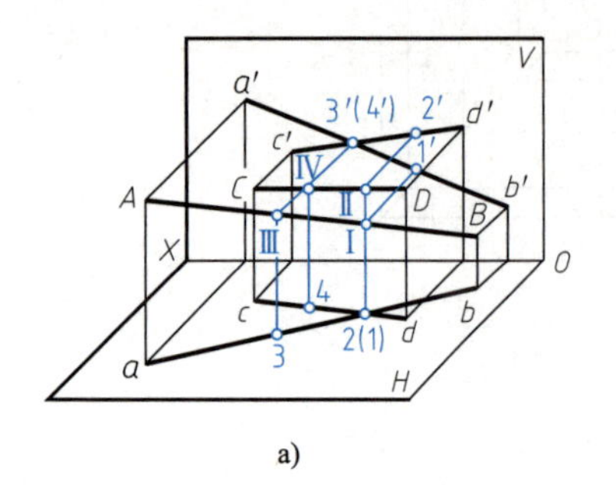

a)

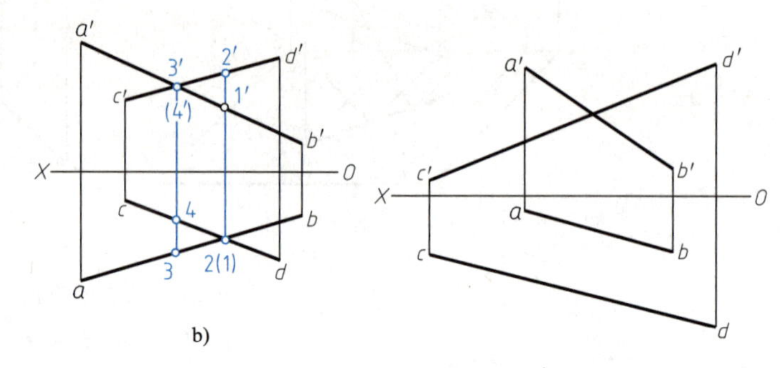

b)

图 3-24　交叉两直线（一）

图 3-25　交叉两直线（二）

交叉两直线在同一投影面上投影的交点为对该投影面的一对重影点的投影，可利用它来判断两直线的相对位置。如图 3-24 所示，交叉两直线 *AB*、*CD* 的水平投影 *ab*、*cd* 交于一点 2（1），即为直线 *AB*、*CD* 对 *H* 面的一对重影点Ⅰ、Ⅱ的水平投影。点Ⅰ在直线 *AB* 上，点Ⅱ在直线 *CD* 上，点Ⅱ高于点Ⅰ，故可判定直线 *CD* 在 *AB* 上方。同理，可判定直线 *AB* 在 *CD* 前方。

例 3-9　如图 3-26a 所示，已知直线 *EF* 平行于 *CD*，并与直线 *AB* 相交，又知点 *F* 在 *H* 面上，求图中直线 *EF* 和 *AB* 所缺的投影 *a*、*f*、*f′* 及交点 *K* 的投影。

分析：因为 *EF*//*CD*，所以 *ef*//*cd*，*e′f′*//*c′d′*，又因为点 *F* 在 *H* 面上，所以 *f′* 必定在 *OX* 轴上。由于 *AB* 与 *EF* 相交，则交点的投影连线必垂直于 *OX* 轴。

作图步骤（图 3-26b）如下：

1）过 *e′* 作 *e′f′*//*c′d′* 并交 *OX* 轴于 *f′*。

2）过 *e* 作 *ef*//*cd*，并使连线 *ff′* 垂直于 *OX* 轴。

3）过 *e′f′* 与 *a′b′* 的交点 *k′* 作 *OX* 轴的垂线交 *ef* 于 *k*。

4）连接 *bk* 并延长，与 *a′* 对 *OX* 轴的垂线相交得 *a*。

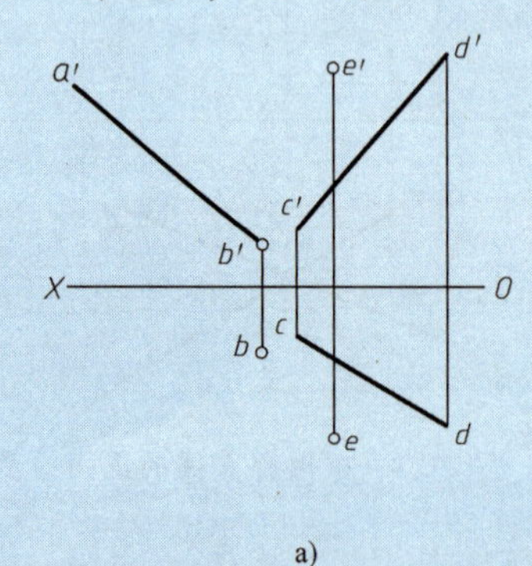

a)

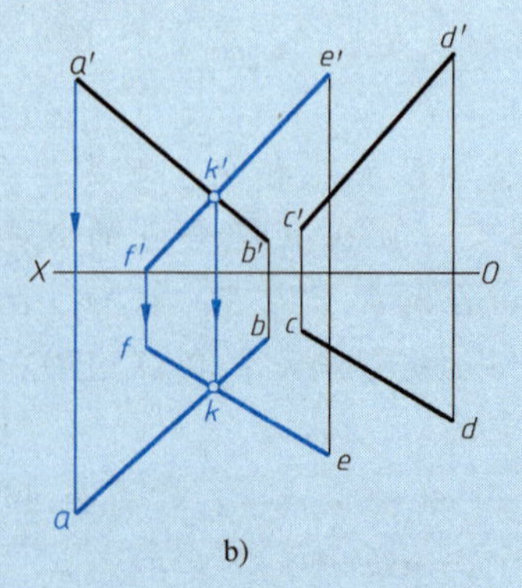

b)

图 3-26　求直线 *EF* 和 *AB* 所缺的投影 *a*、*f*、*f′* 和交点 *K* 的投影

3.3　平面的投影

3.3.1　平面的表示法

1. 几何元素表示法

平面可用下列任何一组几何元素确定。

1）不在同一直线上的三点（图 3-27a）。

2）一直线和该直线外一点（图 3-27b）。

3）相交两直线（图 3-27c）。

4）平行两直线（图 3-27d）。

5）任意平面图形［如三角形（图 3-27e）、圆形或其他平面图形］。

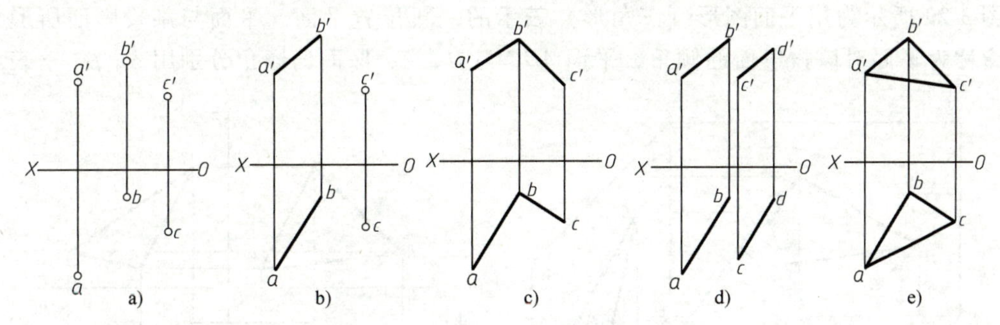

图 3-27　平面的几何元素表示法

如图 3-27 所示的五种表示方法之间是可以相互转换的。但是同一平面无论其表示形式如何演变，平面在空间的位置始终不会改变。

2. 迹线表示法

平面和投影面的交线称为平面的迹线。平面和 H 面的交线称为水平迹线，平面和 V 面的交线称为正面迹线，平面和 W 面的交线称为侧面迹线。如图 3-28 所示，平面 P 的水平迹线、正面迹线和侧面迹线分别用 P_H、P_V、P_W 标记。平面的迹线如果相交，其交点必在投影轴上，平面 P 与三投影轴的交点，分别用 P_X、P_Y、P_Z 标记。

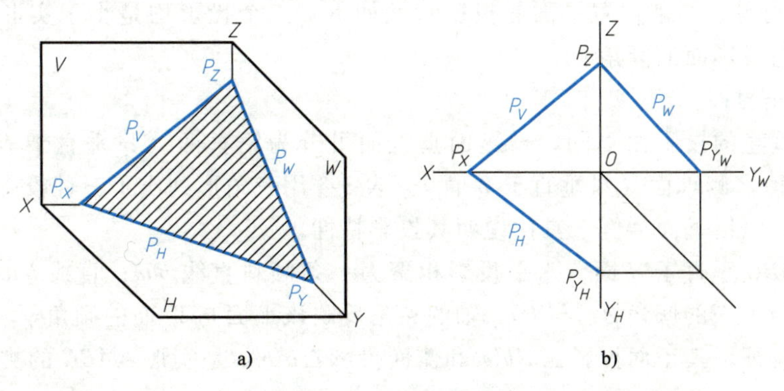

图 3-28　平面的迹线表示法

a）立体图　b）投影图

由于平面的迹线是投影面上的直线，所以它的一个投影和其本身重合，另外两个投影与相应的投影轴重合。如水平迹线 P_H，其水平投影和它本身重合，正面投影和侧面投影分别与 OX 轴和 OY 轴重合。在投影图上表示迹线，通常只将迹线与自身重合的那个投影用粗实线画出，并用相应符号标注，而和投影轴重合的投影不加标注，如图 3-28b 所示。

3.3.2 各种位置平面

在三投影面体系中，平面根据其对投影面的相对位置可分为三类。

1）一般位置平面：平面与三个投影面都倾斜。

2）投影面垂直面：平面只与一个投影面垂直，而与另外两个投影面倾斜。

3）投影面平行面：平面与一个投影面平行，同时与另外两个投影面垂直。

后两种平面又统称为特殊位置平面。

1. 一般位置平面

图 3-29 所示为用平面图形（三角形）表示的一般位置平面，平面与某投影面所形成的锐角，称为平面对该投影面的倾角，平面 ABC 与 H、V、W 面的倾角分别用 α、β、γ 表示。

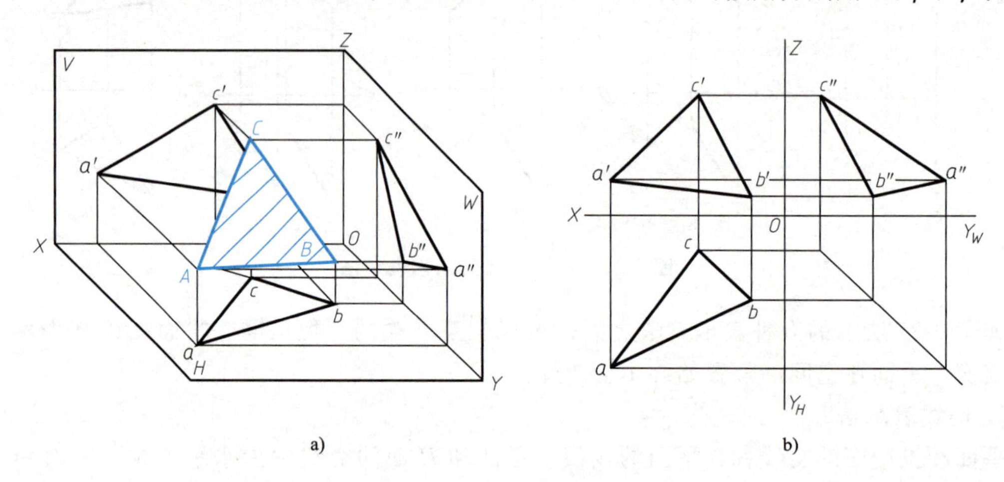

图 3-29 一般位置平面

a）立体图 b）投影图

由图 3-29 可见，一般位置平面的投影特性如下：三个投影均是小于实形的类似形，且均不反映平面与投影面的倾角。

2. 投影面垂直面

根据其所垂直的投影面不同，投影面垂直面可分为铅垂面（只垂直于 H 面）、正垂面（只垂直于 V 面）、侧垂面（只垂直于 W 面）。表 3-3 用三角形列出了三种投影面垂直面及其投影特性。下面以铅垂面为例，具体说明其投影特性。

铅垂面△ABC 垂直于 H 面，水平投影积聚为一条倾斜直线 bac；直线 bac 与 OX 轴的夹角反映该平面与 V 面的倾角 β，与 OY_H 轴的夹角反映该平面与 W 面的倾角 γ，这是识别铅垂面的一个投影特征。其正面投影△$a'b'c'$ 和侧面投影△$a''b''c''$ 是实形△ABC 的类似形，且小于实形。

正垂面和侧垂面有类似的投影特性。

由表 3-3 可知，投影面垂直面的投影特性如下：

1）平面在其所垂直的投影面上的投影积聚为一倾斜直线，该斜线与投影轴的夹角反映该平面与相应投影面的倾角。

2）平面在另外两个投影面上的投影是小于实形的类似形。

表 3-3　投影面垂直面

名称	铅垂面	正垂面	侧垂面
立体图	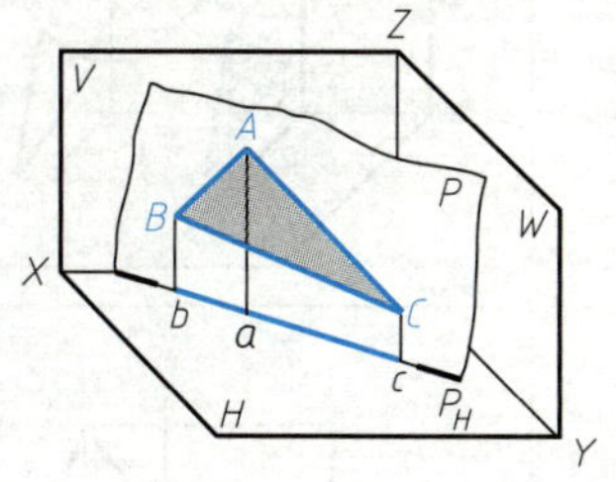	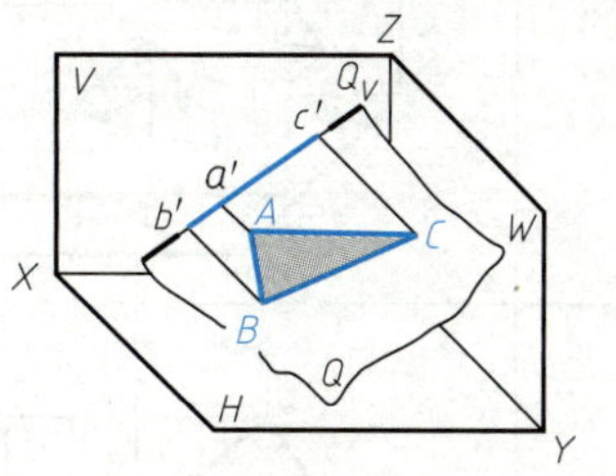	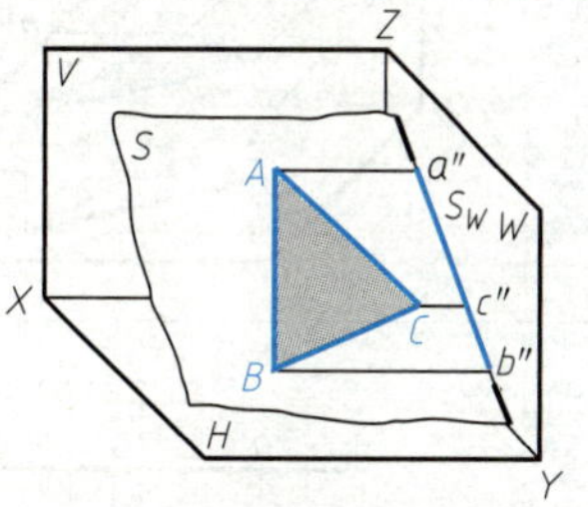
投影图	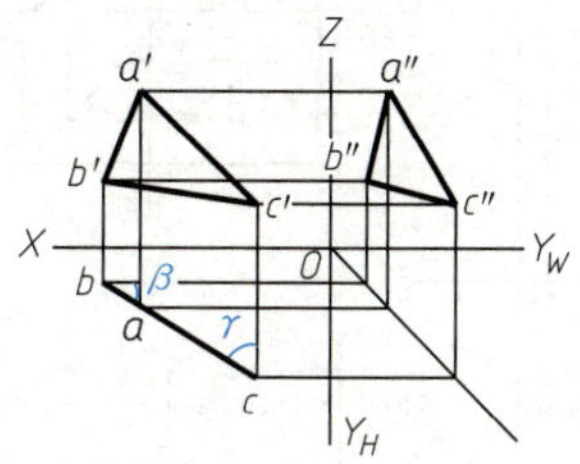	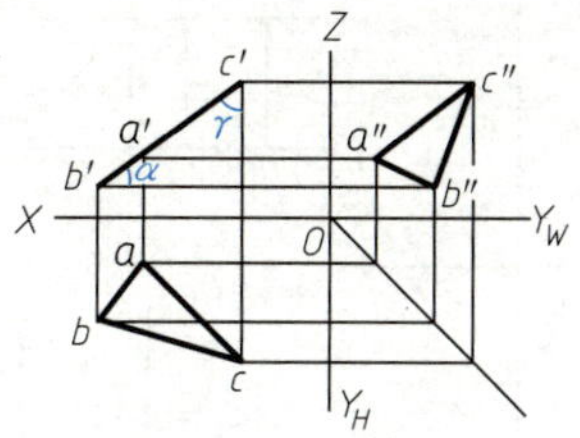	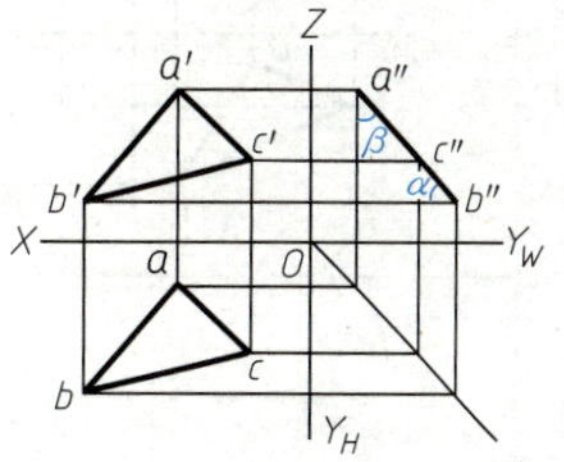
迹线表示	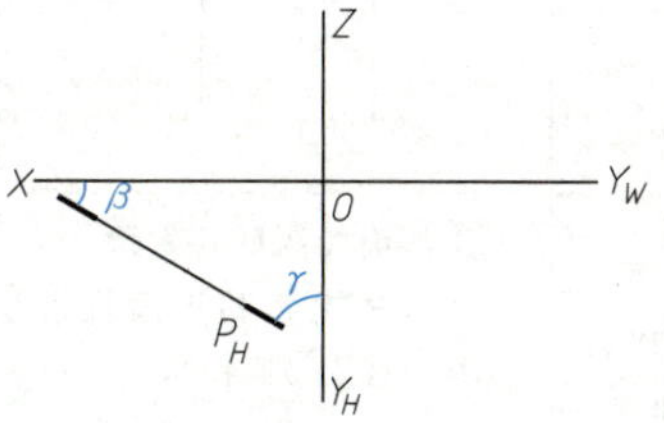	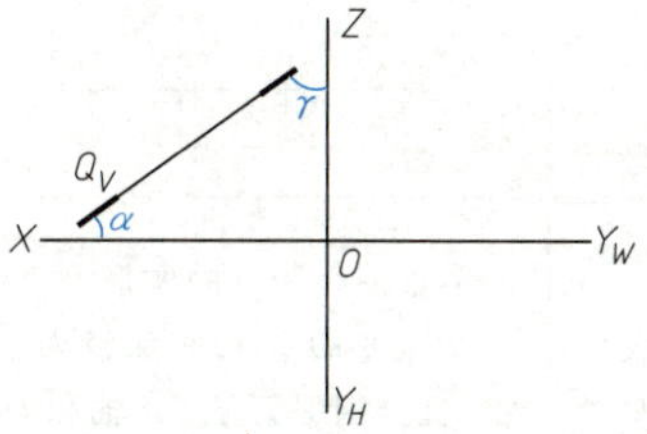	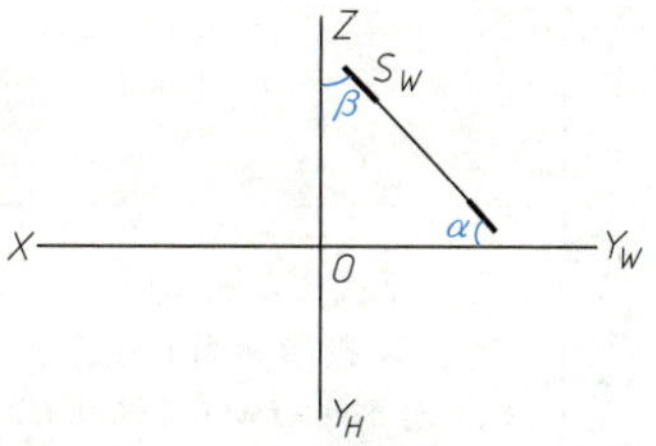
投影特性	①水平投影积聚为一倾斜直线，且反映倾角 β、γ 的大小 ②正面投影和侧面投影为实形的类似形	①正面投影积聚为一倾斜直线，且反映倾角 α、γ 的大小 ②水平投影和侧面投影为实形的类似形	①侧面投影积聚为一倾斜直线，且反映倾角 α、β 的大小 ②水平投影和正面投影为实形的类似形

3. 投影面平行面

根据其所平行的投影面不同，投影面平行面可分为水平面（平行于 H 面）、正平面（平行于 V 面）、侧平面（平行于 W 面）。表 3-4 用三角形列出了三种投影面平行面。下面以水平面为例，具体说明其投影特性。

水平面 $\triangle ABC$ 平行于 H 面，水平投影 $\triangle abc$ 反映平面图形 $\triangle ABC$ 的实形。水平面 $\triangle ABC$ 垂直于 V、W 面，故其正面投影和侧面投影积聚成直线 $b'a'c'$ 和 $a''b''c''$，且分别平行于 OX 轴和 OY_W 轴，这是识别水平面的投影特征。

正平面和侧平面有类似的投影特性。

由表 3-4 可知，投影面平行面的投影特性如下：

1）平面在其所平行的投影面上的投影反映平面图形的实形。

2）平面在另外两个投影面上的投影积聚成直线，且分别平行于相应的投影轴。

表 3-4 投影面平行面

名称	水平面	正平面	侧平面
立体图			
投影图			
迹线表示			
投影特性	①水平投影反映实形 ②正面投影和侧面投影积聚成直线，且分别平行于 OX 轴和 OY_W 轴	①正面投影反映实形 ②水平投影和侧面投影积聚成直线，且分别平行于 OX 轴和 OZ 轴	①侧面投影反映实形 ②水平投影和正面投影积聚成直线，且分别平行于 OY_H 轴和 OZ 轴

例 3-10 判断图 3-30 中平面立体上的平面 A、B、C、D、E、F、G 相对于投影面的位置。

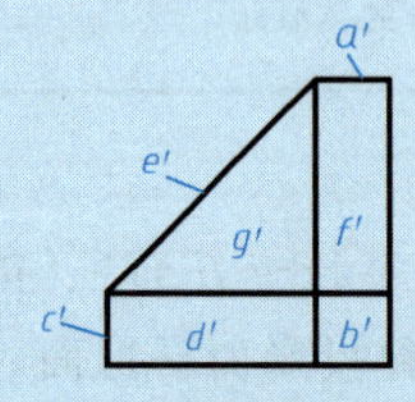

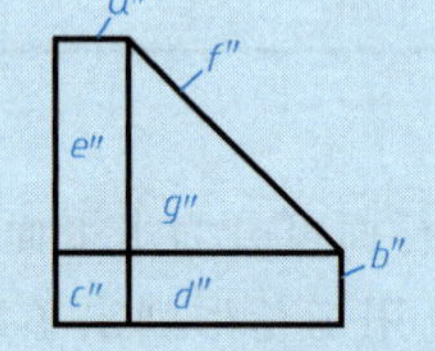

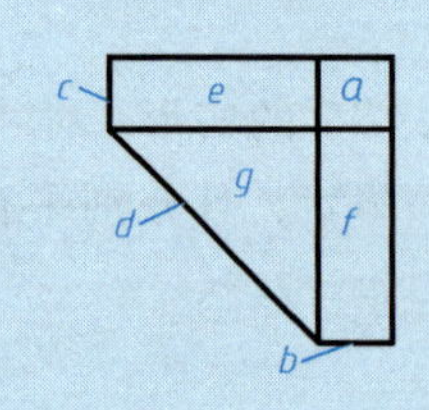

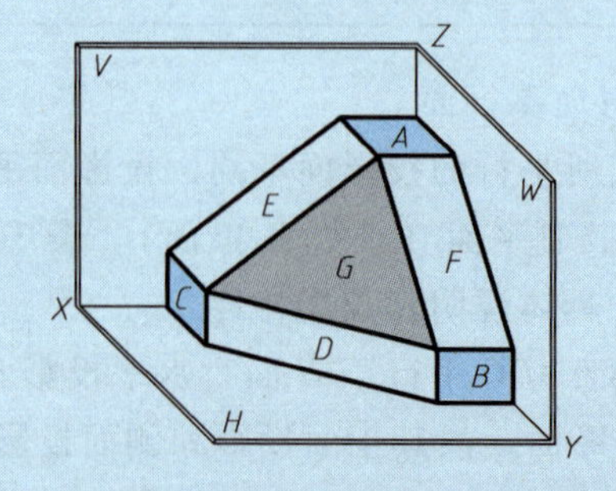

图 3-30 平面相对于投影面的位置

分析：

1）平面 A 的水平投影 a 反映实形，正面投影 a' 和侧面投影 a'' 都积聚为直线且分别平行于 OX 轴和 OY_W 轴，故平面 A 为水平面。

2）平面 B 的正面投影 b' 反映实形，水平投影 b 和侧面投影 b'' 积聚为直线且分别平行于 OX 轴和 OZ 轴，故平面 B 为正平面。

3）平面 C 的侧面投影 c'' 反映实形，水平投影 c 和正面投影 c' 积聚为直线且分别平行于 OY_H 轴和 OZ 轴，故平面 C 为侧平面。

4）平面 D 的水平投影 d 积聚为一条倾斜直线，正面投影 d' 和侧面投影 d'' 均为实形的类似形，故平面 D 为铅垂面。

5）平面 E 的正面投影 e' 积聚为一条倾斜直线，水平投影 e 和侧面投影 e'' 均为实形的类似形，故平面 E 为正垂面。

6）平面 F 的侧面投影 f'' 积聚为一条倾斜直线，水平投影 f 和正面投影 f' 均为实形的类似形，故平面 F 为侧垂面。

7）平面 G 的水平投影 g、正面投影 g' 和侧面投影 g'' 均为实形的类似形，故平面 G 为一般位置平面。

3.3.3 平面上的点和直线

1. 平面上的点

点在平面上的条件：如果点在平面上的某一直线上，则此点必在该平面上；反之亦然。

如图 3-31a 所示，相交两直线 AB、BC 确定一平面，点 D 在直线 AB 上，而直线 AB 在平面 ABC 上，所以点 D 在平面 ABC 上；同理点 E 也在平面 ABC 上。图 3-31b 为其投影图。

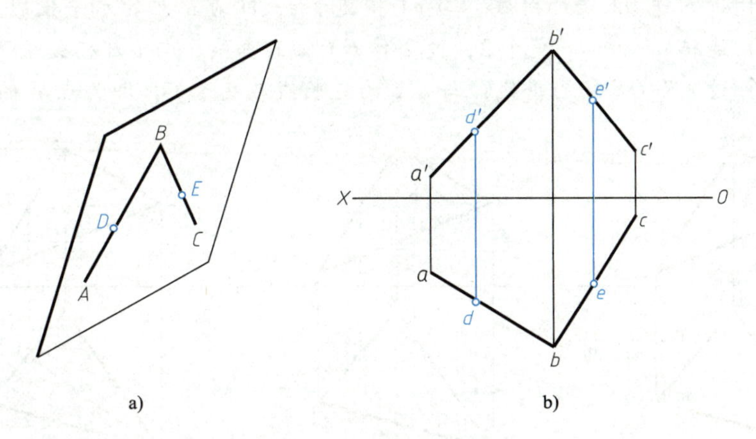

图 3-31 平面上的点

2. 平面上的直线

直线在平面上的条件：直线通过平面上的两个点，或通过平面上的一个点且平行于平面上的一条直线；反之亦然。

如图 3-32a 所示，点 D、E 分别在直线 AB、BC 上，则点 D、E 是平面 ABC 上的点，所以直线 DE 在平面 ABC 上。如图 3-32b 所示，直线 CF 过平面上的一点 C，且平行于平面上

的一条直线 AB，所以直线 CF 在平面 ABC 上。图 3-32c 为其投影图。

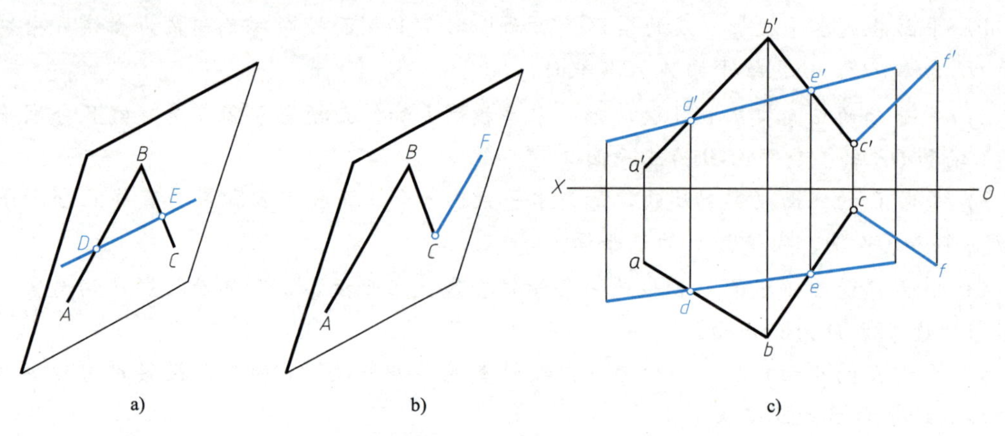

图 3-32 平面上的直线

例 3-11 已知△ABC 平面上点 E 的正面投影 e'和点 F 的水平投影 f，试求它们的另一面投影（图 3-33a）。

分析：因为点 E、F 在△ABC 平面上，故过点 E、F 在△ABC 平面上各作一条直线，则点 E、F 的两个投影必在相应直线的同面投影上（即过已知点先在平面上取直线，再在该线上取点）。

作图步骤（图 3-33b、c）如下：

1）连接 $a'e'$并延长，与 $b'c'$交于 $1'$，过 $1'$作 OX 轴的垂线，与 bc 相交于 1，连接 $a1$。

2）过 e'作 OX 轴的垂线，与 $a1$ 相交于 e，即为点 E 的水平投影。

3）连接 af，与 bc 交于 2，过 2 作 OX 轴的垂线，与 $b'c'$相交于 $2'$，连接 $a'2'$。

4）过 f 作 OX 轴的垂线，与 $a'2'$的延长线相交于 f'，即为点 F 的正面投影。

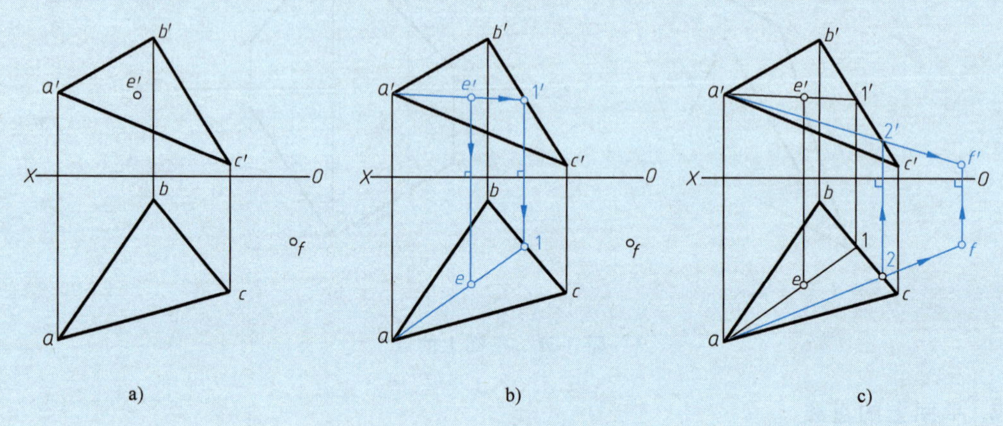

图 3-33 求平面上的点的投影

例 3-12 如图 3-34a 所示，已知平面四边形 $ABCD$ 的水平投影 $abcd$ 和正面投影 $a'b'c'$，试完成其正面投影。

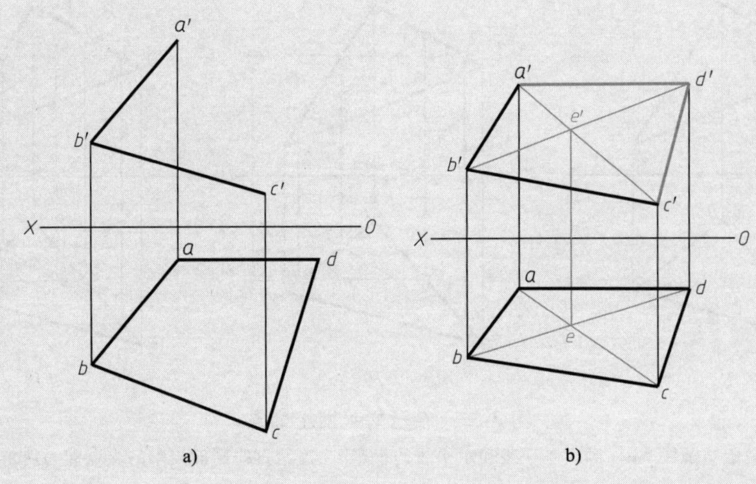

图 3-34　完成平面四边形的投影

分析：A、B、C 三点的水平投影和正面投影均为已知，因此平面四边形 ABCD 所在的平面即为已知。完成平面四边形 ABCD 的正面投影，实际上就是已知平面 ABC 上一点 D 的水平投影 d，求作其正面投影 d'。

作图步骤（图 3-34b）如下：

1）连接 ac 和 a'c'，得辅助线 AC 的两面投影。

2）连接 bd，与 ac 相交于 e。

3）过 e 作垂直于 OX 轴的投影连线，与 a'c'相交于 e'。

4）连接 b'e'，与过 d 的投影连线相交于 d'。

5）粗实线连接 a'd'和 c'd'，即为所求。

例 3-13　如图 3-35a 所示，已知△ABC 的两面投影，在其上取一点 K，使点 K 距离 V 面 14mm，距离 H 面 16mm。

分析：可先在△ABC 上取位于 V 面之前 14mm 的正平线ⅠⅡ，再在△ABC 上取位于 H 面之上 16mm 的水平线ⅢⅣ，ⅠⅡ与ⅢⅣ的交点即为点 K。

平面上的投影面平行线既具有表 3-1 所述投影面平行线的投影性质，又与所属平面保持从属关系，属于一般位置平面的投影面平行线，且平行于该平面的相应迹线。

作图步骤（图 3-35b、c）如下：

1）在 OX 轴之前 14mm 处，作 12//OX 轴，与 bc、ab 分别交于 1、2。

2）分别过 1、2 作垂直于 OX 轴的投影连线，与 b'c'、a'b'相交于 1'、2'，连接 1'2'。

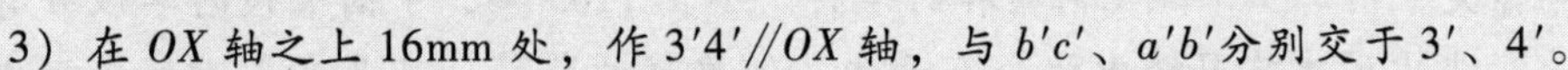

3）在 OX 轴之上 16mm 处，作 3'4'//OX 轴，与 b'c'、a'b'分别交于 3'、4'。

4）分别过 3'、4'作垂直于 OX 轴的投影连线，与 bc、ab 相交于 3、4，连接 34。

5）12 与 34 相交于 k，1'2'与 3'4'相交于 k'，kk'必垂直于 OX 轴，k、k'即为点 K 的两面投影。

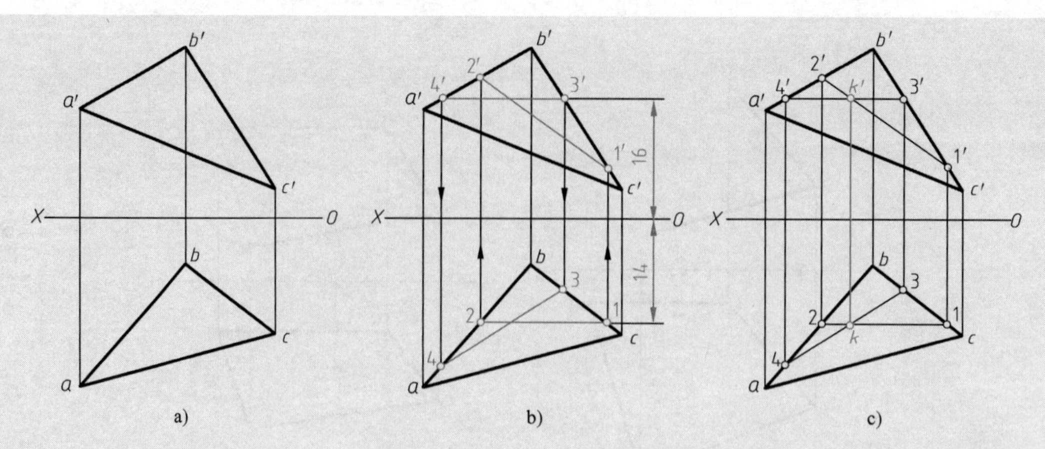

图 3-35　在已知平面上取点

a）已知条件　b）画出正平线和水平线的投影　c）两直线同面投影的交点即为所求

例 3-14　如图 3-36 所示，已知△*ABC* 上的直线 *EF* 的正面投影 *e'f'*，求水平投影 *ef*。

分析：直线 *EF* 在△*ABC* 平面内，延长 *EF*，可与△*ABC* 的边线 *AB*、*BC* 分别交于 *M*、*N*，则直线 *EF* 是△*ABC* 上直线 *MN* 的一部分，它的投影必属于直线 *MN* 的同面投影。

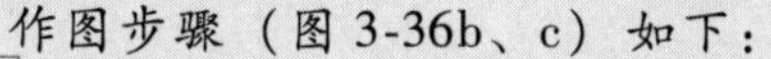

作图步骤（图 3-36b、c）如下：

1）延长 *e'f'*，交 *a'b'* 于 *m'*、交 *b'c'* 于 *n'*，由 *m'*、*n'* 作 *OX* 轴的垂线，交 *ab* 于 *m*、交 *bc* 于 *n*，求得 *m*、*n* 并作连线。

2）过 *e'*、*f'* 分别作 *OX* 轴的垂线，交 *mn* 于 *e*、*f*，用粗实线连接 *ef* 即为所求。

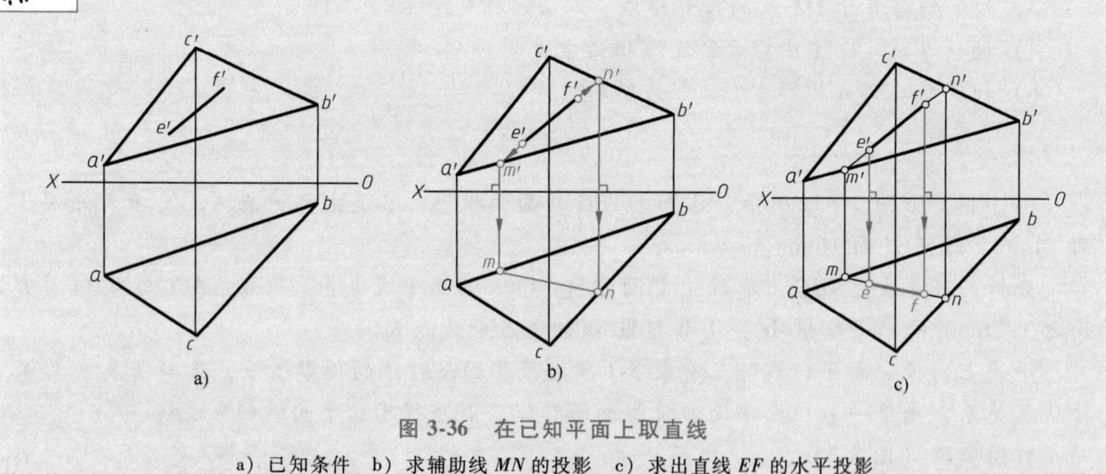

图 3-36　在已知平面上取直线

a）已知条件　b）求辅助线 *MN* 的投影　c）求出直线 *EF* 的水平投影

画法几何学的创立

画法几何学是一门真正体现几何精神的学科。早在 1103 年，中国宋代的李诫著有《营造法式》一书，书中的建筑图样中就含有画法几何思想的萌芽，只是在当时还未形成画法几何的理论体系。真正的画法几何是由法国科学家加斯帕尔·蒙日（Gaspard Monge，1746—1818），在整理、简化、加深和扩大已有的几何学知识的基础上创立的。其主要内容是二投影面正投影法，即把三维空间里的几何元素投射在两个正交的二维投影平面上，并将它们展开成一个平面，得到由两个二维投影组成的正投影综合图来表达这些几何元素。《画法几何学》系统而简明地介绍了二投影面正投影法的原理和对图解空间几何问题的创见，并在阴影、透视原理部分，介绍了斜投影和中心投影。蒙日的成就不仅在于他发展了画法几何学的理论原理，而使其成为完整的科学体系，更重要的是他使这门学科应用于各种工程领域成为可能。

课外拓展训练

3-1 将自己手中的笔等直线工具分别放置成各种位置直线，并总结各种位置直线的投影特性。

3-2 将自己手中的三角板等平面工具分别放置成各种位置平面，并总结各种位置平面的投影特性。

第4章　立体及其表面交线的投影

本章学习要点

掌握立体三面投影的画法及其表面上取点、取线的方法；重点掌握平面与立体表面相交产生的截交线的求法，以及立体与立体表面相交产生的相贯线的求法。

引例

工程中常把单一的几何形体称为基本体，将其他较复杂形体看成是由基本体组合而成。根据基本体表面几何形状的不同，可将其分为平面立体和曲面立体。表面均由平面围成的立体称为平面立体，如棱柱、棱锥等；表面由曲面或曲面和平面围成的立体，称为曲面立体，如圆柱、圆锥、圆球等。

在零件表面上常会遇到平面与立体和立体与立体相交的情况，图 4-1 所示为带交线的零件。在画图时为了准确地表达它们的形状，必须画出它们所产生的交线的投影。本章将介绍求解立体及其表面交线的投影的基本方法。

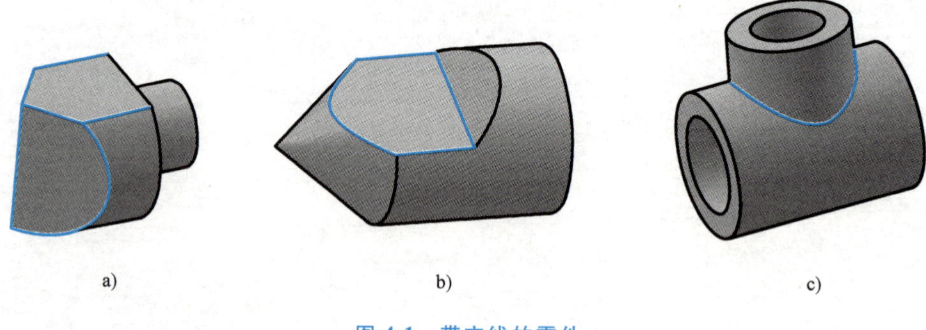

图 4-1　带交线的零件

a）切刀　b）顶尖　c）三通管

4.1　平面立体的投影及其与平面相交

4.1.1　平面立体

画平面立体的投影就是把组成它的棱面和棱线画出来，并判断可见性。可见的棱线投影画成粗实线，不可见的棱线投影画成虚线，粗实线与虚线重合时，画成粗实线。

1. 棱柱

（1）棱柱的投影　以正六棱柱为例。图 4-2 所示为正六棱柱的直观图和投影图，由于立体投影的形状以及投影之间的联系与投影轴无关，所以在以后的作图中不画投影轴，但是要遵循任意两点的水平投影和侧面投影保持宽度相等和前后对应关系。

六棱柱由六个棱面和顶面、底面组成。顶面和底面均为水平面，其水平投影重合并反映实形，正面投影和侧面投影分别积聚成一直线段。前、后两个棱面都是正平面，其正面投影反映实形，水平投影和侧面投影均积聚成直线段。棱柱的另外四个棱面都是铅垂面，因此其水平投影分别积聚为一直线段，正面和侧面投影为四边形，但不反映棱面实形。棱面与棱面的交线为棱线，正六棱柱的各棱线为铅垂线，其水平投影均积聚成一点，正面投影和侧面投影均反映实长。

（2）棱柱表面取点　在平面立体表面上取点和直线，其原理和方法与在平面上取点和直线相同。点所在的表面投影可见，点的投影也可见；表面的投影不可见，点的投影也不可见；表面的投影有积聚性，点的投影视为可见。

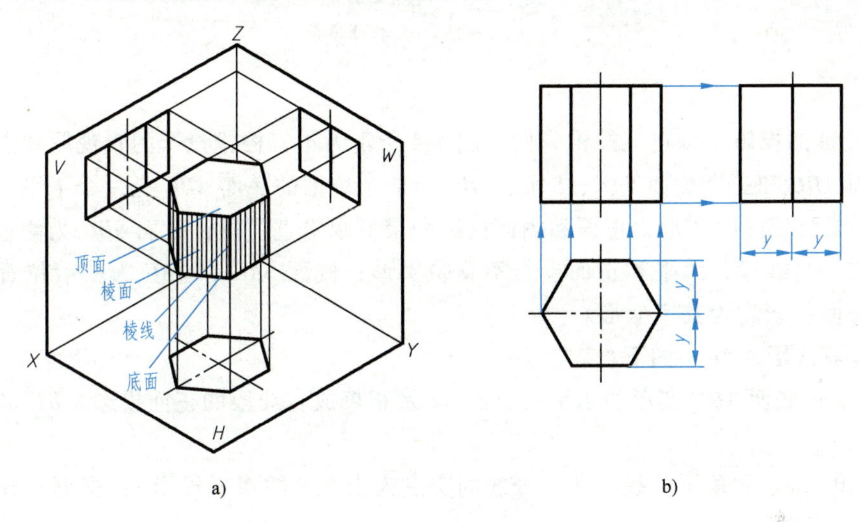

图 4-2　正六棱柱

a）直观图　b）投影图

例 4-1　如图 4-3a 所示，已知正六棱柱表面上三点 A、B、C 的正面投影 a'、b'、c'，求另两面投影并判断可见性。

分析：由于 a'可见，故点 A 位于正六棱柱左前侧棱面上；由于 b'不可见，故点 B 位于正六棱柱右后侧棱面上。两棱面都是铅垂面，其水平投影均有积聚性，因此，点 A 和点 B 的水平投影必在六棱柱水平投影的直线段上。点 C 位于最右边的棱线（铅垂线）上，棱线的水平投影积聚为一点，故水平投影 c 与该点重合。

作图步骤（图 4-3b）如下：

1）过 a'作竖直的投影连线可求得 a，过 a'作水平连线，量取 y 坐标值得 a''。

2）过 b'作竖直的投影连线可求得 b，过 b'作水平连线，量取 y_1 坐标值得 b''。

3）过c'作竖直的投影连线可求得c，过c'作水平连线可求出c''。

4）判别可见性。a、a''、b和c均可见，b''、c''不可见。

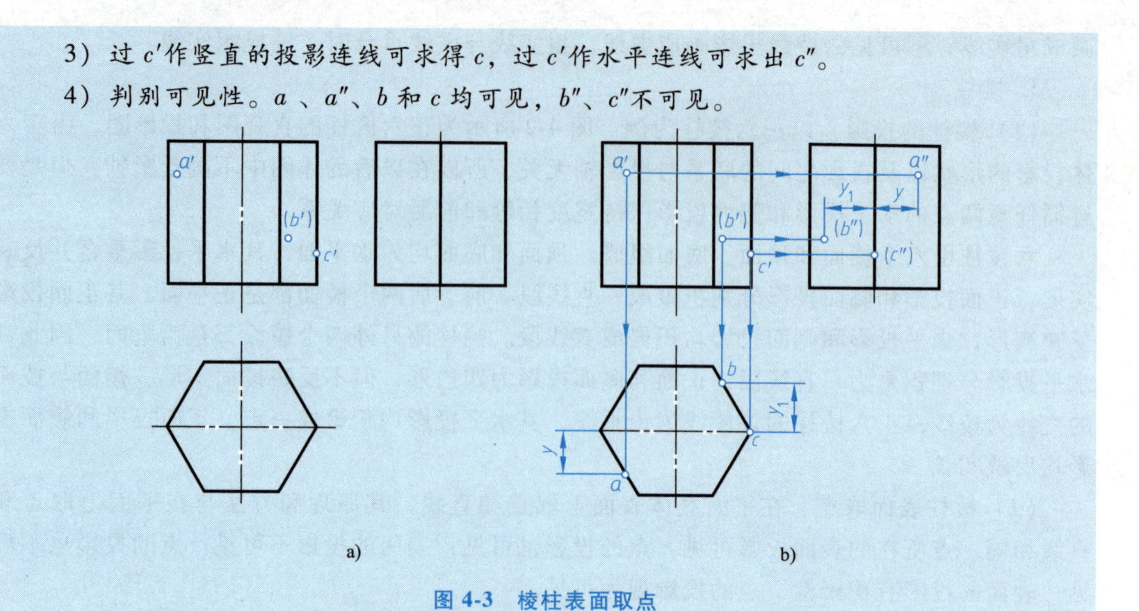

图4-3　棱柱表面取点

a）已知条件　b）作图过程

2. 棱锥

（1）棱锥的投影　以正三棱锥为例。图4-4所示为正三棱锥投影的直观图和投影图，三棱锥由底面ABC和三个棱面SAB、SAC、SBC组成。棱锥的底面ABC是一个水平面，它的水平投影abc反映该面的实形，正面和侧面投影积聚成水平直线段；棱面SBC为侧垂面，侧面投影积聚成一直线段，水平和正面投影不反映实形；棱面SAB和SAC为一般位置平面，该两平面的三面投影均为其类似形。

作图步骤（图4-4b）如下：

1）画反映底面ABC实形的水平投影$\triangle abc$及积聚成直线段的正面投影$a'b'c'$和侧面投影$a''b''c''$。

2）作出$\triangle abc$的角平分线，角平分线的交点为锥顶S的水平投影s；根据三棱锥的高度

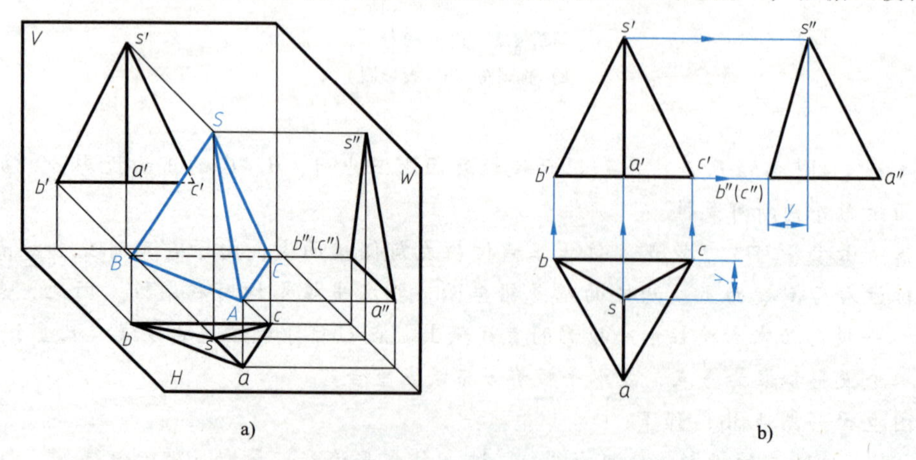

图4-4　正三棱锥投影

a）直观图　b）投影图

和对应水平投影 *s*，可作出其正面投影 *s′*及侧面投影 *s″*。

3）将锥顶 *S* 与各顶点 *ABC* 的同面投影相连，即得到该三棱锥的三面投影图。

（2）棱锥表面取点　组成棱锥的表面既有特殊位置平面，也有一般位置平面。特殊位置平面上的点的投影，可利用平面的积聚性求得；一般位置平面上的点的投影，可在立体表面上过已知点选取适当的辅助线求得。

在棱锥表面取点，一般常用两种作辅助线的方法：

1）作已知点与锥顶的连线。

2）过已知点作底边的平行线。

例 4-2　如图 4-5a 所示，已知三棱锥表面点 *E* 的正面投影 *e′*，求出它的水平投影 *e* 和侧面投影 *e″*。

分析：由于在正面投影中 *e′*可见，可确定点 *E* 位于前棱面 *SAB* 上。因为△*SAB* 为一般位置平面，可由上述作辅助线方法之一求出 *e*。

作图步骤如下。

方法一：如图 4-5c 所示，将点 *E* 与锥顶 *S* 相连。连 *s′e′*并延长交 *a′b′*于 1′；由 1′求得 1，连接 *s*1，在 *s*1 上求得 *e*；再根据投影对应关系，求得 *e″*。

方法二：如图 4-5d 所示，过 *e′*作 *AB* 的平行线ⅡⅢ的正面投影 2′3′，求得水平投影 23，在 23 上求得点 *e*，再根据投影对应关系，求得 *e″*。

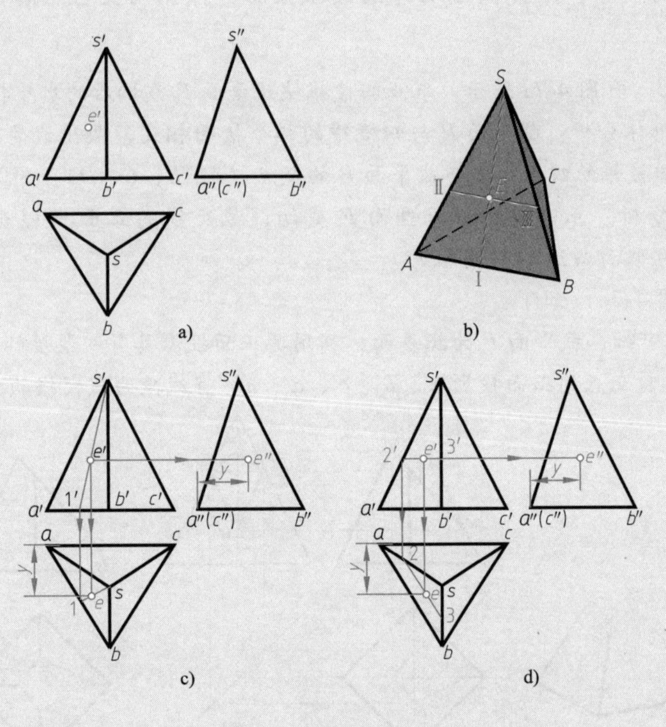

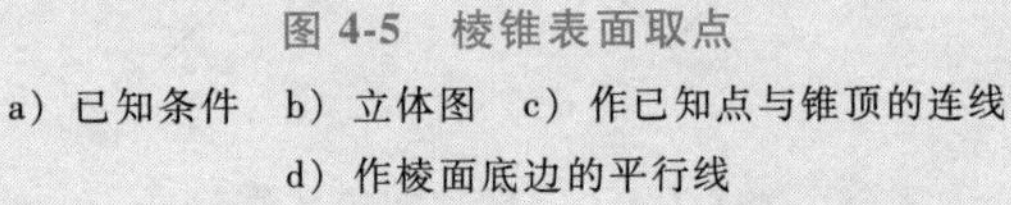

图 4-5　棱锥表面取点

a）已知条件　b）立体图　c）作已知点与锥顶的连线

d）作棱面底边的平行线

4.1.2 平面与平面立体相交

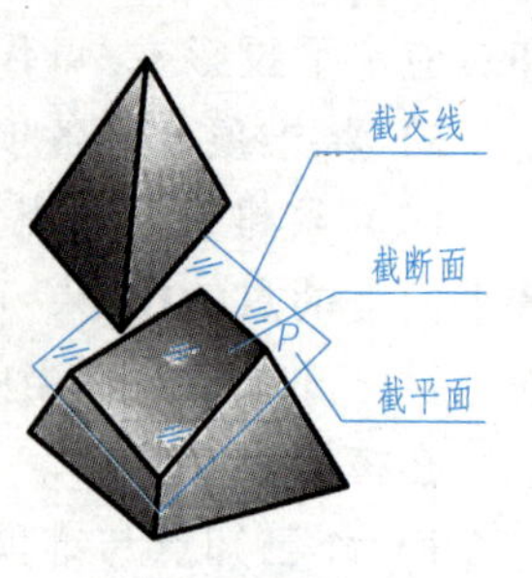

图 4-6 平面与平面立体相交

平面与平面立体相交，其表面产生的交线称为截交线，该平面通常称为截平面，由截交线所围成的平面图形称为截断面，如图 4-6 所示。从图中可以看出，截交线既属于截平面，又属于立体表面，因此截交线上的每个点都是截平面和立体表面的共有点。这些共有点的连线就是截交线。求截交线的投影，就是求截交线上一系列共有点的投影，并按一定顺序连接为线。由于立体具有一定的大小和范围，所以截交线是封闭的平面图形。

平面与平面立体相交时，截交线是平面多边形，多边形的各边是截平面与立体各相关表面的交线，多边形的各顶点一般是立体的棱线与截平面的交点。因此，求平面立体截交线的问题，可以归结为求两平面的交线和求直线与平面交点的问题。

求截交线的一般步骤：

1）空间形体分析。分析截平面与立体的相对位置，以确定截交线的形状。

2）投影分析。分析截平面与投影面的相对位置，以确定截交线的投影特点。

3）画出截交线的投影。分别求出截平面与棱面的交线，判断可见性，并连接成多边形。

4）完成棱线的投影。擦掉被截切掉的棱线投影，依据可见性，补画未切除部分的棱线，并加深轮廓线。

例 4-3 如图 4-7a 所示，求正四棱锥被正垂面 P 截切后的水平投影和侧面投影。

空间形体分析：截平面 P 与四棱锥的四个棱面相交，截交线为平面四边形，其四个顶点即四棱锥的四条棱线与截平面 P 的交点（A、B、C、D），如图 4-7b 所示。

投影分析：正四棱锥被正垂面 P 截切，截交线的正面投影积聚为线，水平投影和侧面投影均为平面四边形的类似形。

作图步骤（图 4-7c）如下：

1）由图 4-7a 可知，截平面 P 为正垂面，利用其正面投影具有积聚性的特点，可直接得到棱线与平面 P 相交时交点的正面投影 a'、b'、c'、d'，$a'c'$ 直线段为截交线的正面投影。

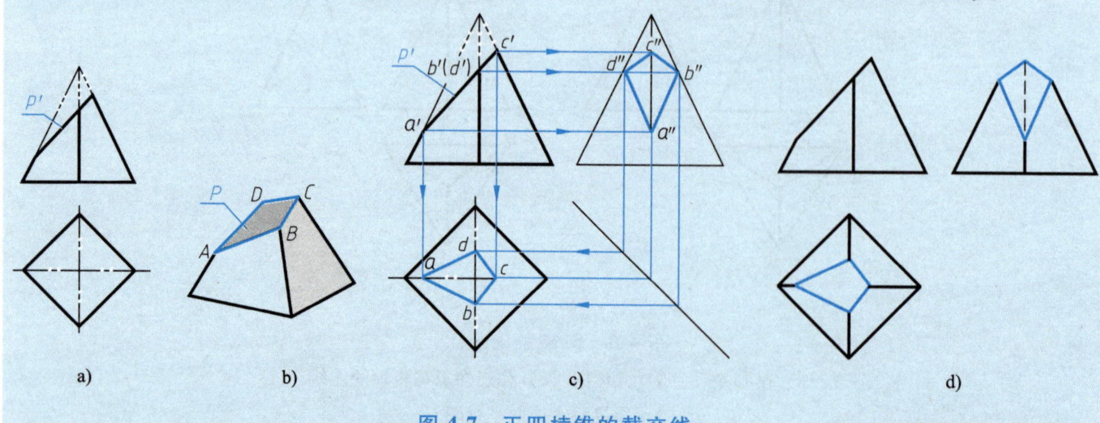

图 4-7 正四棱锥的截交线

a）已知条件 b）立体图 c）画四棱锥侧面投影和截交线的投影 d）判别可见性，整理轮廓线并描深

2）画出四棱锥的侧面投影，由正面投影求得相应的侧面投影 a''、b''、c''、d''和水平投影 a、b、c、d，依次连接同一个棱面内各点的投影，即得截交线的水平投影和侧面投影。

3）完成棱线的投影。四棱锥从点 A、B、C、D 以上的棱线被截切，水平投影中 a、b、c、d 至锥顶的轮廓线被切，侧面投影中 a''、b''、c''、d''向上至锥顶的轮廓线被切，都应擦除。右侧棱线未切部分不可见，画成细虚线，最后加深轮廓线，如图 4-7d 所示。

例 4-4　求图 4-8a 中所示五棱柱被截切后的正面投影。

分析：当立体被两个或两个以上的截平面截切时，首先要确定每个截平面与立体表面的截交线，同时还要考虑截平面之间有无交线。本题中，五棱柱两截切面分别为侧垂面 P 和正平面 Q，所以五棱柱的表面与 P 平面的交线为四段线，与 Q 平面的交线为三段线，P、Q 两截平面的交线为侧垂线。

作图步骤如下：

1）画出五棱柱的正面投影，确定 P、Q 两平面的交线 $b'g'$。

2）在五棱柱的正面投影中，画出 P 平面与各棱线的交点 c'、d'、e'并连线。

3）在五棱柱的正面投影中，画出 Q 平面与五棱柱交线的正面投影 $a'b'$和 $f'g'$。

4）判断棱线的可见性，擦去多余图线，整理全图，结果如图 4-8b 所示，图 4-8c 所示为其立体图。

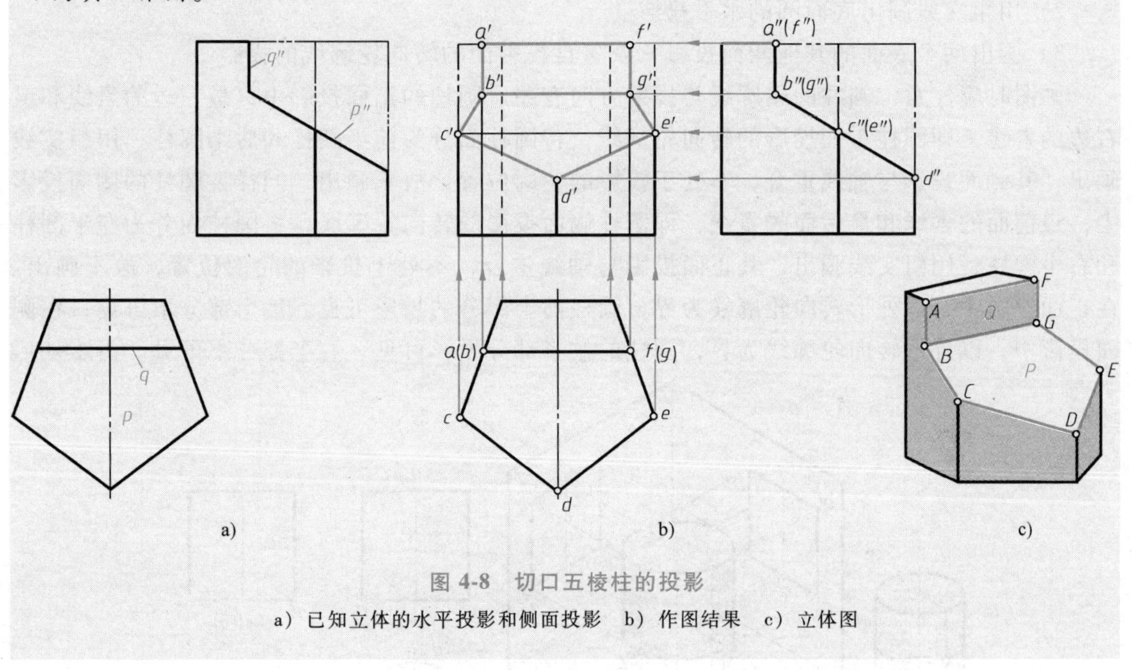

图 4-8　切口五棱柱的投影

a）已知立体的水平投影和侧面投影　b）作图结果　c）立体图

4.2　曲面立体的投影及其与平面相交

由曲面围成的立体或者由曲面和平面围成的立体都称为曲面立体。工程中常见的曲面立体是回转体，如圆柱、圆锥、球、圆环等。回转体由回转面或回转面和平面组成，回转面是一动线绕一条定直线回转一周所形成的曲面，这条定直线称为回转面的轴线，动线称为回转面的母线，母线在回转面上的某一位置称为素线。

4.2.1 圆柱

如图 4-9a 所示，以直线 MM_0 为母线，绕与它平行的轴线 OO_0 回转一周所形成的曲面称为圆柱面。圆柱面和两端平面围成圆柱体，简称圆柱。由圆柱的形成可知，圆柱表面有平行于轴线的直线，如果母线 MM_0 上有一个点 N，则这个点会随着母线 MM_0 旋转而画一个垂直于轴线的圆，因此，圆柱表面上有垂直于轴线的圆。

1. 圆柱的投影

图 4-9b 所示为一轴线铅垂放置的圆柱。从图中看出，圆柱最左边的素线 AA_0 和最右边的素线 CC_0 处于正面投射方向的外形轮廓位置，称为正面投影的转向轮廓线；最前面的素线 BB_0 和最后面的素线 DD_0 处于侧面投射方向的外形轮廓位置，称为侧面投影的转向轮廓线。由于圆柱轴线垂直于水平投影面，所以圆柱的水平投影积聚为一个圆，同时此投影也是圆柱两底面的投影；在正投影面和侧投影面上，圆柱的两底面及其轮廓的投影是大小相同的两个矩形。

作图过程（图 4-9c）如下：

1）用细点画线画出轴线的正面投影和侧面投影，并画出圆柱水平投影的对称中心线。

2）用粗实线画出底面圆的水平投影。

3）画出两个底面的其他两面投影，及各自投影面的转向轮廓线的投影。

画图时应注意，圆柱的轮廓线与投射方向有关。圆柱的正面投影中，最左边的素线和最右边的素线，即圆柱正面投影的转向轮廓线，将圆柱面分为前半圆柱和后半圆柱，用粗实线画出，其侧面投影与轴线重合，不处于投影的轮廓位置，故不画出。同样，圆柱的侧面投影中，最前面的素线和最后面的素线，即圆柱侧面投影的转向轮廓线，将圆柱面分为左半圆柱和右半圆柱，用粗实线画出，其正面投影与轴线重合，不处于投影的轮廓位置，故不画出。在正面投影中，以外形转向轮廓线为界，圆柱前半部分的投影可见，后半部分不可见；在侧面投影中，以外形转向轮廓线为界，圆柱的左半部分投影可见，右半部分不可见。由于外形

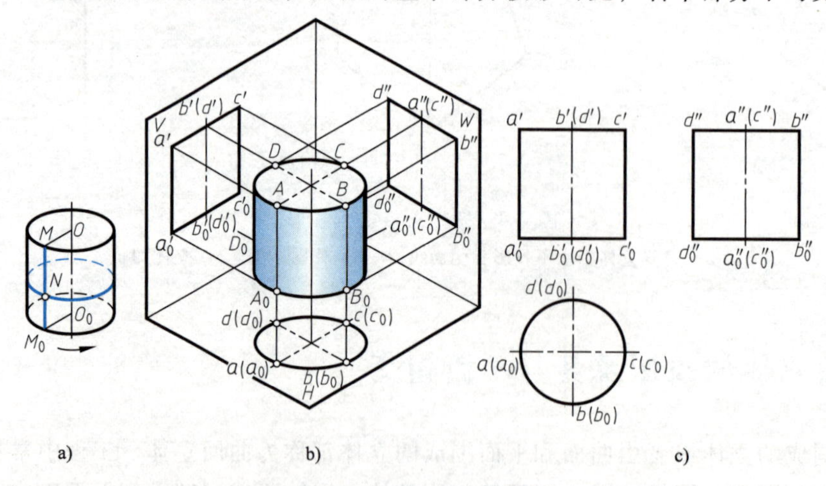

图 4-9 圆柱的三面投影

a）圆柱面的形成 b）三面投影的生成 c）三面投影

转向轮廓线是圆柱投影可见与不可见的分界线，因此圆柱面上点或线的可见性可据此判断。

2. 圆柱表面取点、取线

圆柱表面的水平投影积聚为圆，凡是在圆柱表面上的点和线，一定在此圆周上，然后根据点的两面投影求出其第三面投影，最后根据点在圆柱上的位置判断其可见性。

如果在已知圆柱上取一般线，应先在线的已知投影上适当取若干点，这些点要包括处于圆柱转向轮廓线上的特殊点、线的端点和一般位置点（简称一般点）；分别求出这些点的三面投影后，再根据各点可见与否，顺次光滑连成实线或虚线。

例 4-5　已知圆柱表面的点 A 和线 EF 的一面投影，求点 A 和线 EF 的其他两面投影，如图 4-10a 所示。

分析：因为点 A 的正面投影 a' 可见，点 A 位于右前圆柱面上，其侧面投影不可见。圆柱表面上的曲线 EB 在前半圆柱面上，其正面投影可见；曲线 BF 在后半圆柱面上，其正面投影不可见。曲线 EF 的水平投影都积聚在圆上。

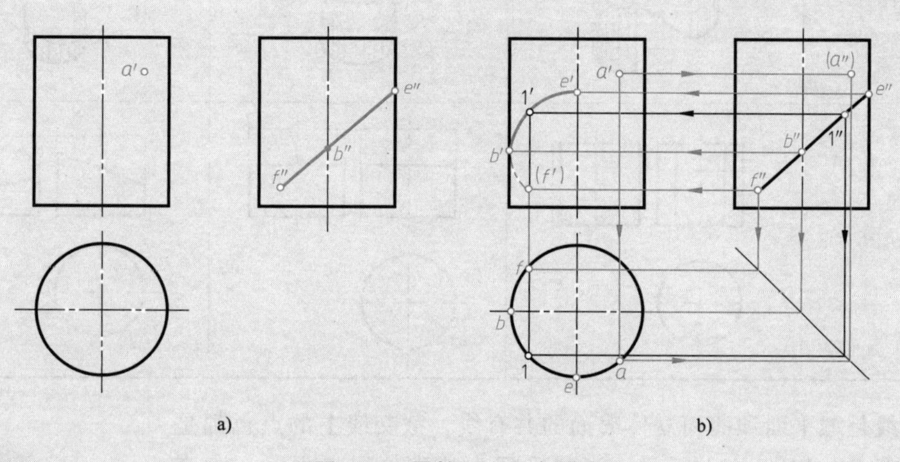

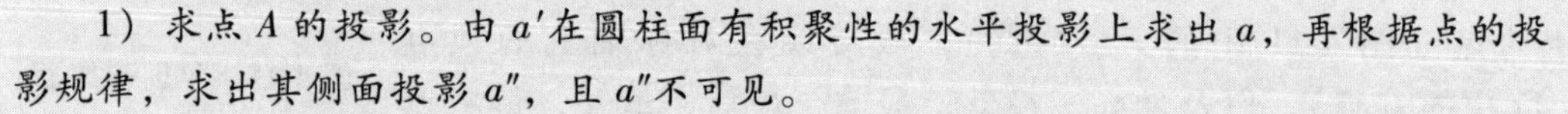

图 4-10　圆柱面上取点取线

a）已知条件　b）作图过程及结果

作图步骤（图 4-10b）如下：

1）求点 A 的投影。由 a' 在圆柱面有积聚性的水平投影上求出 a，再根据点的投影规律，求出其侧面投影 a''，且 a'' 不可见。

2）求曲线在转向轮廓线上点 B 和点 E 的投影。点 B 和点 E 分别在正面投影和侧面投影的转向轮廓线上，通过 b'' 和 e'' 作投影连线可直接求出点 B 和点 E 的正面投影 b'、e' 和水平投影 b、e。

3）求曲线端点 F 的投影。作法与求点 A 相同，但其正面投影 f' 不可见。

4）求适当数量的一般点。在已知曲线的侧面投影中取点 1″，然后求出其水平投影 1 和正面投影 1′，作法与求点 A 相同。

5）判别可见性，并连线。以转向轮廓线上的点 B 为分界点，曲线 EB 位于前半圆柱面上，其正面投影可见，画粗实线。曲线 BF 位于后半圆柱面上，其正面投影不可见，画虚线。曲线 EF 的水平投影积聚在圆上。

3. 平面与圆柱相交

曲面立体的截交线通常是一条封闭的平面曲线，也可能是由截平面上的曲线和直线所围成的平面图形或多边形。截交线的形状取决于曲面的几何性质以及截平面与曲面立体轴线的相对位置。

平面截切圆柱时，根据平面与圆柱轴线的相对位置不同，有下列三种基本形式（表 4-1）：截平面平行于圆柱轴线时，截交线为矩形；截平面垂直于圆柱轴线时，截交线为圆；截平面倾斜于圆柱轴线时，截交线为椭圆。

表 4-1　平面与圆柱相交的截交线形状

截平面的位置	与轴线平行	与轴线垂直	与轴线倾斜
截交线形状	矩形	圆	椭圆
立体图			
投影图			

截交线是截平面和曲面立体表面的共有线，截交线上的点也都是它们的共有点，如图 4-11 所示。当截平面为特殊位置平面时，截交线的投影就积聚在截平面有积聚性的同面投影上，可用在曲面立体上取点和取线的方法作截交线。

截交线上有一些能确定其形状和范围的特殊点，包括曲面转向轮廓线上的点（图 4-11 中的 *E*、*F* 点），截交线在对称轴上的顶点（图 4-11 中的 *G* 点），以及最高、最低、最前、最后、最左、最右点等，其他点都是一般点。

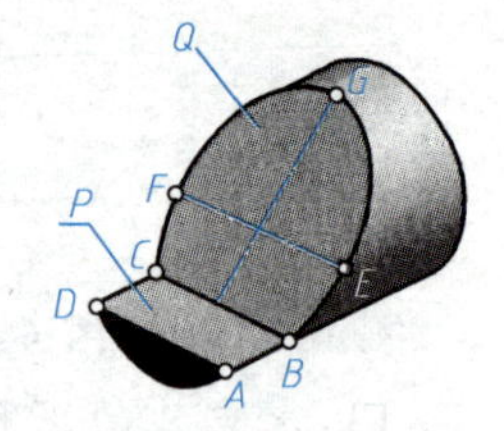

图 4-11　平面与曲面立体相交

求作曲面立体的截交线，一般步骤如下：

1）空间形体分析。分析回转体的表面性质、截平面的数量及截平面与曲面立体轴线的相对位置，以确定截交线的形状。

2）投影分析。分析各截平面与投影面的相对位置，以确定截交线的投影特点。

3）求共有点。先求特殊位置点（确定曲线范围的最高、最低、最前、最后、最左和最右点），后求若干个一般位置点。

4）完成截交线。判别可见性（截交线的可见性与所属曲面部位的可见性相同），依次光滑连接各点的同面投影，完成截交线的投影。

5）分析轮廓线，完善截切后曲面立体的投影。

例 4-6　如图 4-12a 所示，求圆柱被正垂面截切后的投影。

分析：该圆柱轴线是铅垂线，截平面是倾斜于轴线的正垂面，所以，截交线是一椭圆，其正面投影是直线段并与截平面重合，其水平投影位于圆柱面的积聚圆上，其侧面投影是椭圆，根据投影规律可由截交线的两面投影求得侧面投影。

作图步骤如下：

1）求特殊点。如图 4-12b 所示，画出完整圆柱体的侧面投影后先求特殊点。转向轮廓线上的点Ⅰ、Ⅱ、Ⅲ、Ⅳ，同时也是椭圆长、短轴的端点，根据它们已知的正面投影和水平投影，求得侧面投影 1″、2″、3″、4″。

2）求一般点。如图 4-12c 所示，先在截交线已知的正面投影上取两对重影点的投影 6′（5′）、7′（8′），由此再求得它们的水平投影和侧面投影。

3）判断可见性，完成截交线的投影。显然，截交线的侧面投影椭圆是可见的，用曲线光滑连接各点即可。

4）完成外轮廓线。回转体被平面切割，往往会使其外轮廓线的长度发生变化，在侧面投影中对侧面的转向轮廓线只剩下 3″、4″以下的一部分，如图 4-12d 所示。

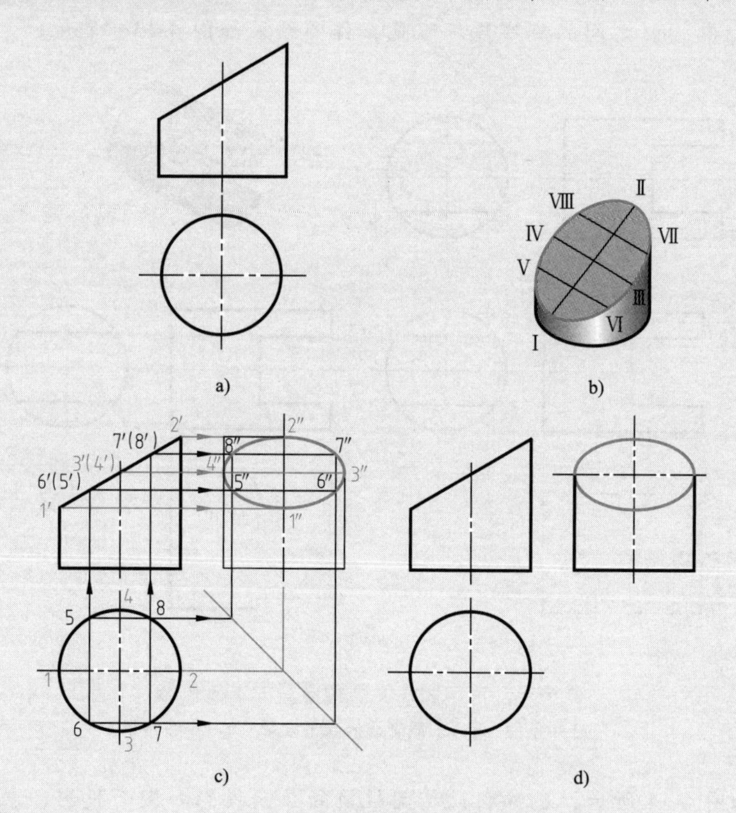

图 4-12　圆柱被正垂面截切

a）已知条件　b）立体图　c）画圆柱的侧面投影和截交线的投影

d）判别可见性，整理轮廓线并描深

例 4-7 如图 4-13a 所示，已知圆柱体被切槽后的正面投影和侧面投影，补画水平投影。

分析：圆柱体被两个对称的平面 *P*（水平面）和一个平面 *Q*（侧平面）共同开了一个方槽，因其上下对称，只分析立体上半部分。如图 4-13b 所示，水平面 *P* 切割圆柱面的截交线是与圆柱轴线平行的直线，其正面投影 $a'c'$、$b'd'$ 重合在 p' 上；侧面投影 $a''c''$、$b''d''$ 重合在 p'' 与圆的交点上。侧平面 *Q* 垂直于圆柱体轴线，截交线是两段圆弧 *CE* 和 *DF*，它们的正面投影 $c'e'$、$d'f'$ 重合在 q' 上；侧面投影 $c''e''$、$d''f''$ 重合在圆上。

作图步骤如下：

1）求截交线的水平投影。如图 4-13b 所示，在补画出圆柱体完整的水平投影后，由截交线的正面投影 $a'c'$、$b'd'$ 和侧面投影 $a''c''$、$b''d''$，求出截交线的水平投影 *ac* 和 *bd*；求出两段截交线圆弧积聚为直线的水平投影 *ce* 和 *df*；*cd* 是两平面交线 *CD* 的水平投影，*cd* 重合在 *q* 上。

2）判断可见性，完成轮廓线。从正面投影可见，圆柱对水平投影面的两条转向轮廓线在 *Q* 平面的左边被切割，水平投影中对应左端的两段轮廓线不存在。由于 *P* 平面的遮挡，在水平投影中，*cd* 之间的直线段不可见，作图结果如图 4-13c 所示。

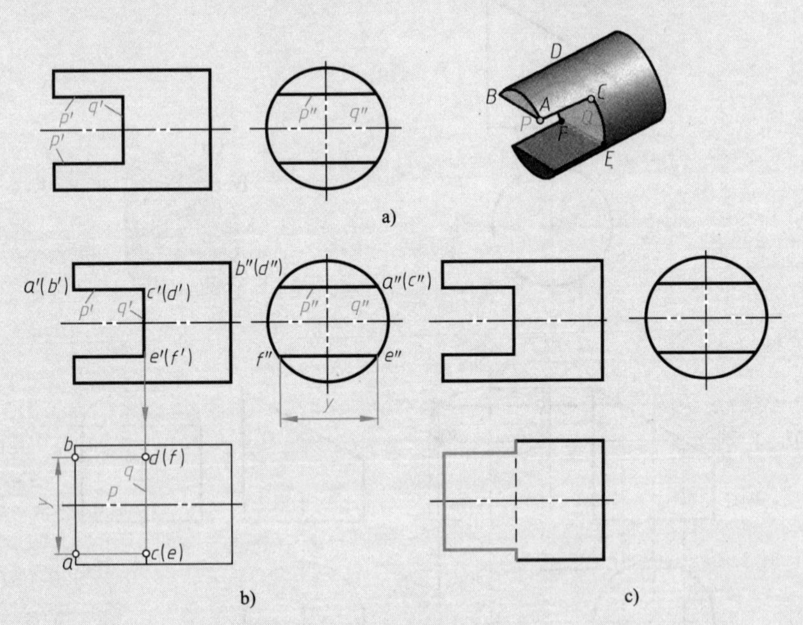

图 4-13 求作圆柱体被切槽后的水平投影

a）已知条件 b）求截交线的水平投影 c）作图结果

例 4-8 如图 4-14 所示，已知被切槽圆柱筒的正面投影和侧面投影，求作水平投影。

分析：本例与例 4-7 的区别仅在于所切割的立体是圆柱筒，因此对截交线分析的方法类似，不再重复。只是在分析和求作截交线时，可先考虑用截平面切割圆柱体外表面，再考虑用截平面切割圆柱孔的内表面。

作图步骤如下：

1）在画出圆柱筒完整的水平投影后，求作截平面 *P*、*Q* 切割圆柱体外表面产生的完整截交线，如图 4-14b、c 所示。

2）求作截平面 P、Q 切割圆柱孔内表面的截交线，如图 4-14d 所示。

3）判断可见性，完成转向轮廓线的投影，作图结果如图 4-14e 所示。

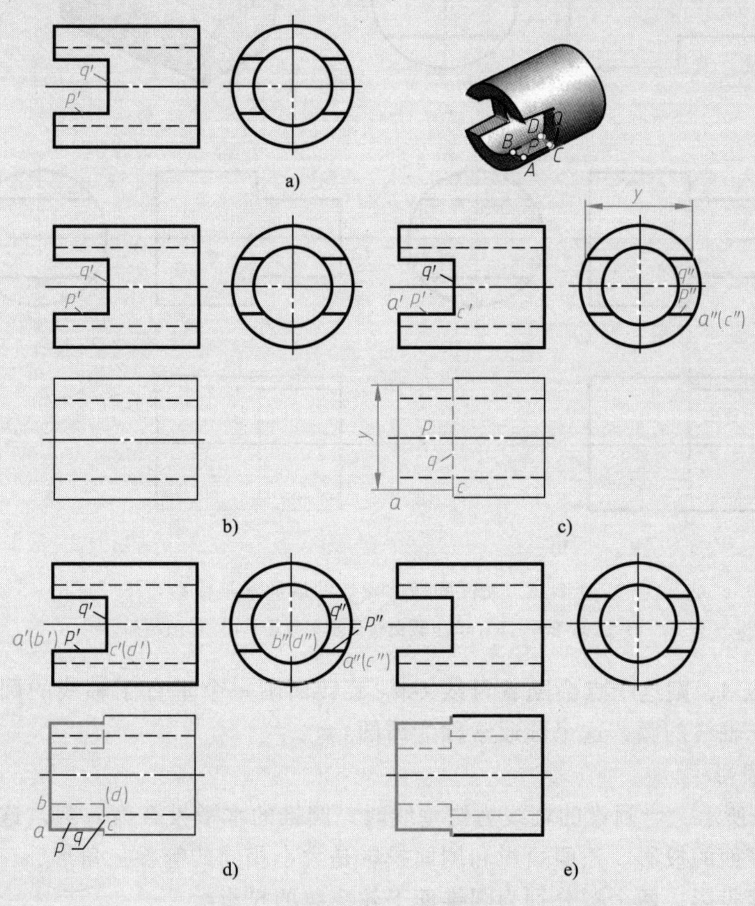

图 4-14　求作圆柱筒被切割后的水平投影

a）已知条件　b）补画出完整的水平投影　c）求与外圆柱面的交线及 P、Q 间交线
d）求与内圆柱面的交线　e）作图结果

圆柱切口、开槽、穿孔是机械零件中常见的结构，应熟练地掌握其投影的画法。图 4-13 和图 4-14 所示的圆柱均是在立体的中部开槽，在工程实际中也有在圆柱的两侧切口的，如图 4-15a 所示，圆柱的上下两侧均被切去小部分柱面。

对于该圆柱而言，圆柱的最前和最后的轮廓线没有被切掉，圆柱的最上和最下的轮廓线被切掉，切平面与圆柱的交线分别由矩形和圆弧组成，水平投影反映矩形的实形（不与轮廓相交），侧面投影反映圆弧的实形。作图结果如图 4-15c 所示。

4.2.2　圆锥

圆锥由底面和圆锥面围成。如图 4-16a 所示，圆锥面可看作由直线的母线 OM_0 绕与它相交的轴线 OO_0 旋转而成的。由圆锥的形成可知，圆锥表面有过锥顶的直线，如果母线

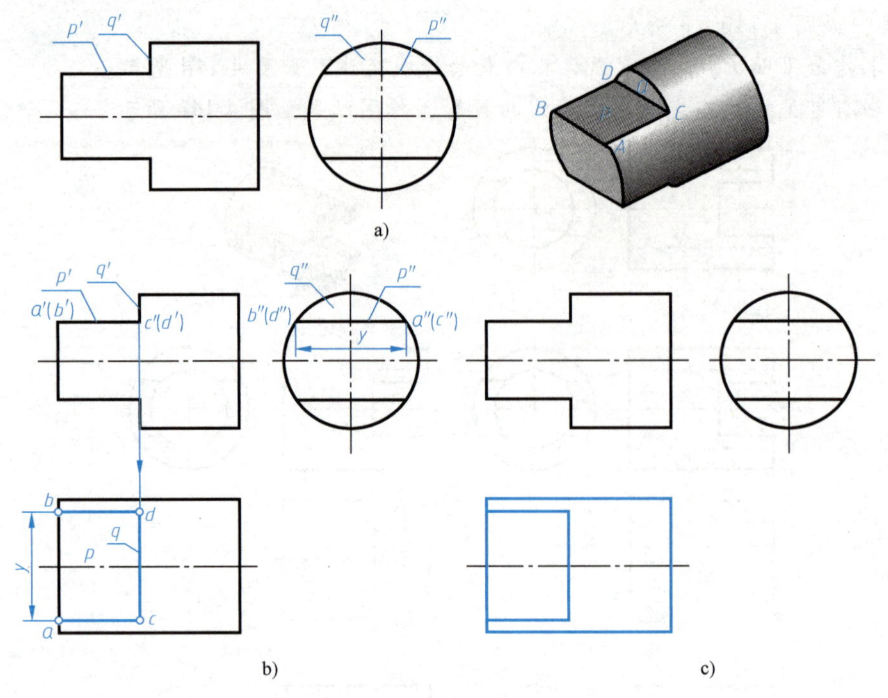

图 4-15　求作圆柱体被切割后的水平投影

a）已知条件　b）求作截交线的水平投影　c）作图结果

OM_0 上有一个点 A，则这个点会随着母线 OM_0 旋转而画一个垂直于轴线的圆，因此，圆锥表面上有垂直于轴线的圆，这个圆通常称为纬圆。

1. 圆锥的投影

如图 4-16b 所示，当圆锥的轴线为铅垂线时，圆锥的水平投影为一圆，这是圆锥底面的投影，也是圆锥面的投影。正面投影和侧面投影是大小相同的等腰三角形，三角形的底边是圆锥底面的积聚投影，两个腰分别为圆锥面上轮廓线的投影。

作图步骤（图 4-16c）如下：

1）在水平投影中，用细点画线画出对称中心线，并画出轴线的正面投影和侧面投影。

2）画圆锥体底面的各个投影。

3）根据圆锥的高度，画出锥顶的各个投影。

4）分别画出其外形轮廓线。

画图时应注意，圆锥的轮廓线与投射方向有关。圆锥的正面投影中，最左和最右两条素线的正面投影 $s'a'$ 和 $s'b'$，即圆锥正面投影的转向轮廓线，将圆锥面分为前半圆锥和后半圆锥，用粗实线画出，其侧面投影与轴线重合，不处于投影的轮廓位置，故不画出。同样，圆锥的侧面投影中，最前和最后两条素线的侧面投影 $s''c''$ 和 $s''d''$，即圆锥侧面投影的转向轮廓线，将圆锥面分为左半圆锥和右半圆锥，用粗实线画出，其正面投影与轴线重合，不处于投影的轮廓位置，故不画出。在正面投影中，以外形转向轮廓线为界，圆锥前半部分的投影可见，后半部分不可见；在侧面投影中，以外形转向轮廓线为界，圆锥的左半部分投影可见，右半部分不可见。由于外形转向轮廓线是圆锥投影可见与不可见的分界线，因此圆锥面上点或线的可见性可据此判断。

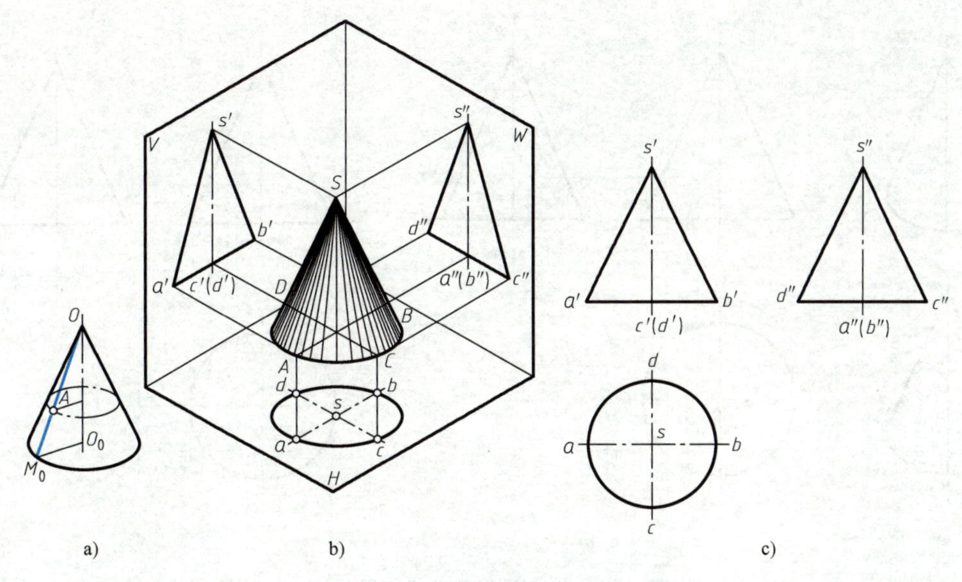

图 4-16　圆锥的三面投影

a）圆锥面的形成　b）三面投影的生成　c）三面投影

2. 圆锥表面上取点

圆锥表面上取点的作图原理与在平面上取点的作图原理相同，即过圆锥面上的点作一辅助线，点的投影必在辅助线的同面投影上。在圆锥面上可以作两种简单易画的辅助线，一种是过锥顶的素线，另一种是垂直于轴线的纬圆。

例 4-9　已知圆锥面上点 K 的正面投影 k'，求作该点的水平投影和侧面投影，如图 4-17 所示。

由点 K 的正面投影位置和投影的可见得知，点 K 位于右前圆锥面上。

方法一——素线法（图 4-17b）。

分析：将点 K 放置于过锥顶的素线 SG 上，求出 SG 的水平投影 sg，则 K 的水平投影 k 必在 sg 上。素线 SG 位于前半个圆锥面上，点 G 位于前半个底圆上。

作图步骤如下：

1）连接 s' 和 k' 并延长 $s'k'$，与底圆的正面投影交于 g'。

2）由 g' 根据点的投影规律在底圆上作出 g，连线 s 和 g，过 k' 点作投影规律线，在 sg 上作出 k。

3）由 k' 和 k，依据点的投影规律，求出点 K 的侧面投影 k''。

方法二——纬圆法（图 4-17c）。

分析：将点 K 放置于圆锥面上垂直于轴线的水平圆上，求出该水平圆的水平投影，则 K 的水平投影 k 就在这个圆上，再依据点的投影规律求出 K 的侧面投影 k''。

作图步骤如下：

1）过 k' 作垂直于轴线的直线，与转向轮廓线相交，两交点间的长度即为纬圆的直径。

2）根据直径，画出辅助圆的水平投影，并在其上求出 k。

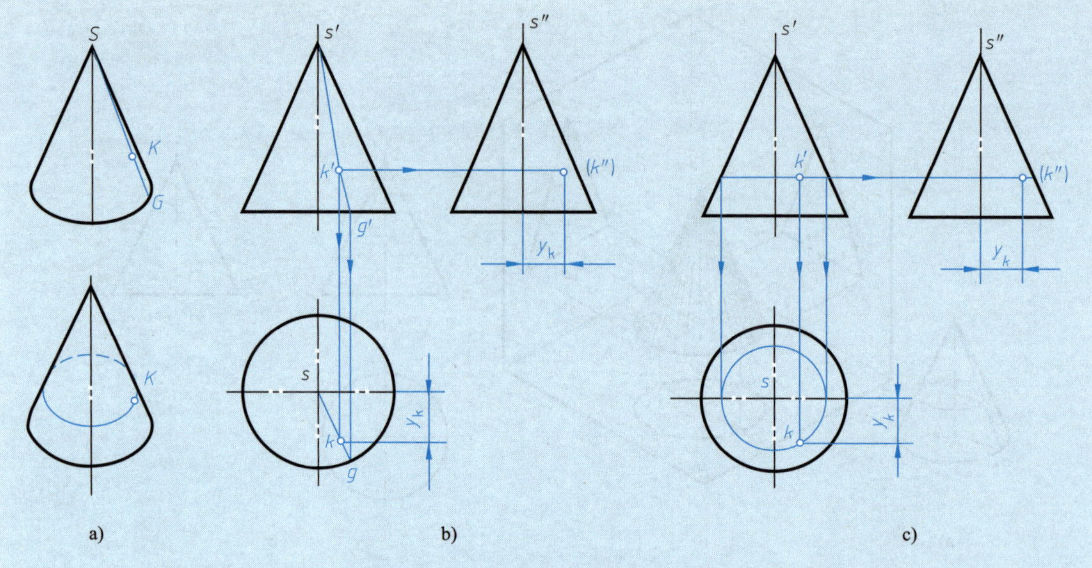

图 4-17 圆锥面上点 K 投影的求法

a）已知条件 b）辅助素线法求圆锥面上的点 c）辅助纬圆法求圆锥面上的点

3）依据点的投影规律由 k 和 k' 求出 k''。

由于圆锥面的水平投影可见，故点 K 的水平投影 k 可见。因 K 点在圆锥的右半面上，所以点 K 的侧面投影 k'' 不可见。

3. 平面与圆锥相交

平面与圆锥相交所形成的截交线，按两者相对位置的不同有五种情况：等腰三角形、圆、椭圆、抛物线加直线、双曲线加直线，见表 4-2。

表 4-2 圆锥面的截交线

截平面的位置	过锥顶	与轴线垂直 $\theta=90°$	与轴线倾斜 $\theta>\alpha$	平行于一条素线 $\theta=\alpha$	与轴线平行或 $\theta=0°$
截交线的形状	等腰三角形	圆	椭圆	抛物线加直线	双曲线加直线
交体图					
投影图		α θ	α θ	α θ	

因为圆锥面的各个投影均无积聚性，所以，求此类截交线上的点可在圆锥面上作辅助素线或辅助纬圆，求它们与截平面的交点，判断可见性，并用光滑的曲线连接即可。

例 4-10 圆锥被正垂面截切，补全水平投影并求出侧面投影，如图 4-18a 所示。

分析：圆锥被正垂面截切，截交线为椭圆，如图 4-18b 所示。其正面投影积聚为直线段（已知），求其水平投影和侧面投影（椭圆）即可。

作图步骤如下：

1）画出完整圆锥体的侧面投影后，先求椭圆上的特殊点。先求作圆锥转向轮廓线上的点，可利用截平面正面投影的积聚性，直接求出圆锥正面和侧面的转向轮廓线与截平面的交点Ⅰ、Ⅱ、Ⅲ、Ⅳ的三面投影。椭圆短轴端点Ⅴ、Ⅵ的正面投影 5′、6′在长轴正面投影 1′2′的垂直平分线上，用纬圆法可求出 5、6 和 5″、6″，如图 4-18c 所示。

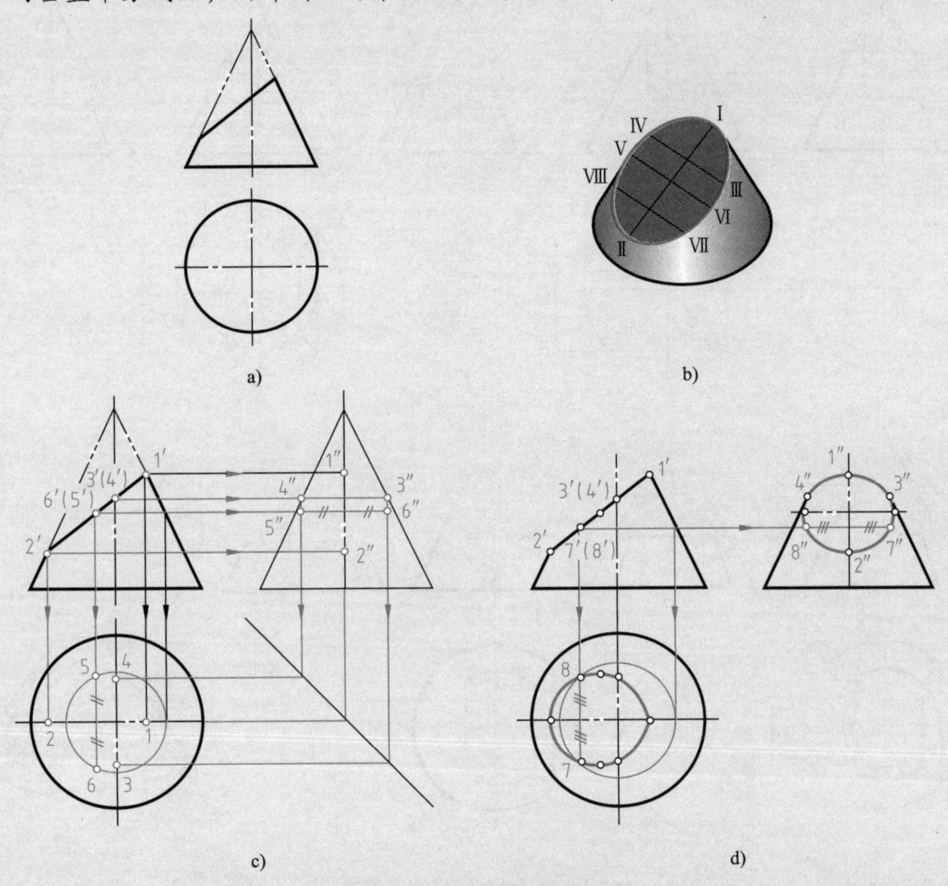

图 4-18 圆锥被正垂面截切

a）已知条件 b）立体图 c）画圆锥侧面投影和特殊点投影 d）画一般点投影，整理轮廓线并加深

2）求一般位置点Ⅶ、Ⅷ的投影。Ⅶ、Ⅷ两点的正面投影既可以利用辅助素线法求解，也可利用辅助纬圆法求解，本例采用的是辅助纬圆法。

3）判别可见性，并按顺序光滑连接各点。作图过程如图 4-18d 所示。

4）完成外轮廓线。由正面投影可知，在侧面投影中的转向轮廓线只剩下点 3″、4″以下的一部分。

例 4-11　如图 4-19a 所示，补全圆锥被多个平面截切后的水平投影和侧面投影。

分析：从图 4-19a 所示的正面投影可知，圆锥被一个正垂面、一个水平面和一个侧平面截切。正垂面经过锥顶，截交线是两条相交于锥顶的直线（素线）；水平面与圆锥的轴线垂直，截交线是圆弧；侧平面与圆锥的轴线平行，截交线是双曲线。多个截平面截立体时，应逐一求出每个截平面的截交线。显然，圆锥被截切后仍前后对称，这些截交线的正面投影与所在截平面的正面投影重合，它们的水平投影与侧面投影都可见。

作图步骤如下：

1）补全圆锥侧面投影后，作正垂面截交线的投影。正垂面与底圆相交于点Ⅰ、Ⅱ，利用素线法确定截交线的最高点Ⅲ、Ⅳ，分别连接Ⅳ Ⅱ、Ⅱ Ⅰ、Ⅰ Ⅲ的水平投影和侧面投影，如图 4-19b 所示。

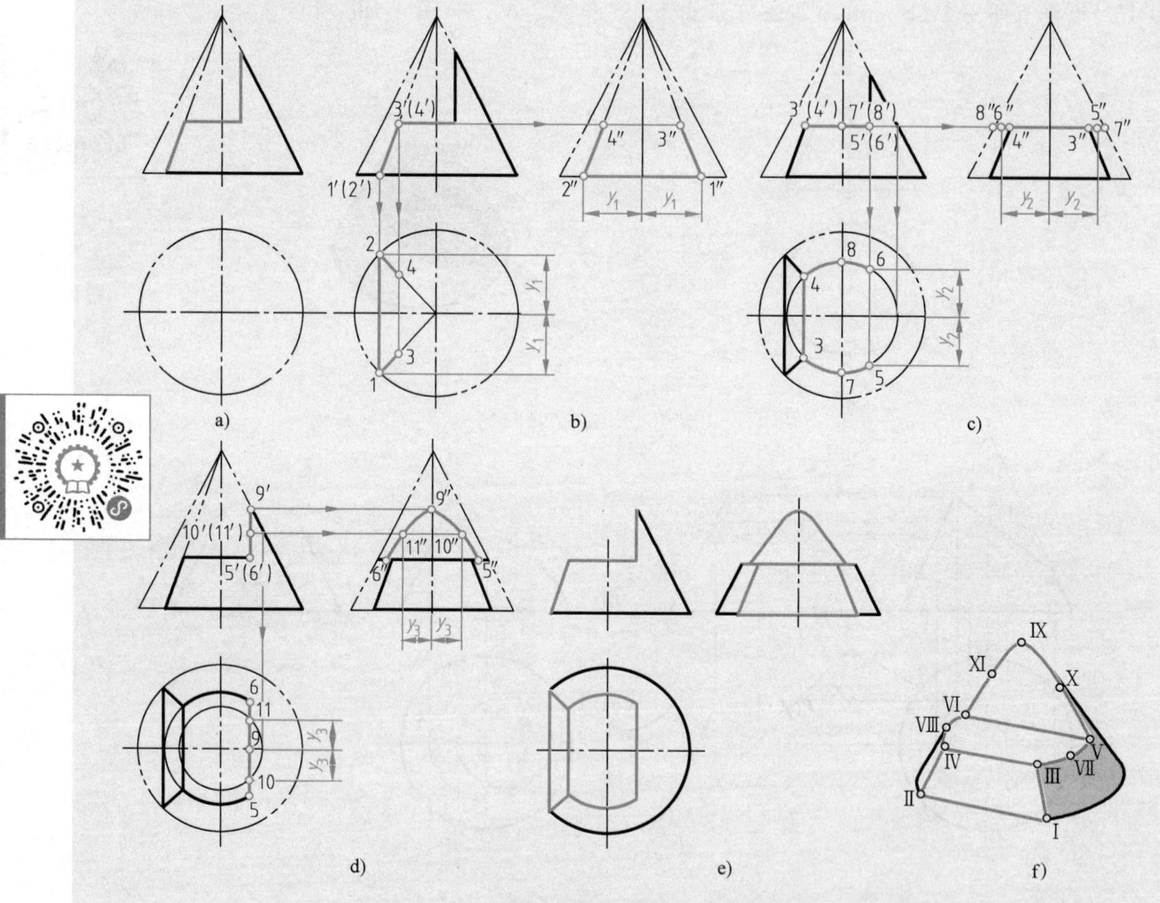

图 4-19　多个截平面截圆锥

a）已知条件　b）作正垂面截交线的投影　c）作水平面截交线的投影
d）作侧平面截交线的投影　e）完善轮廓　f）立体图

2）作水平面截交线的投影。利用纬圆法在水平投影面上作出水平面的实形圆，在该圆上确定截交线最右点的投影 5、6（3、4 为最左点的投影），以及最前点和最后点的投影 7、8，再作出这些点的侧面投影。水平投影中，圆弧 486 和 375 即为截交线的实形投影，其侧面投影积聚为两条垂直于轴线的直线段 4″8″、3″7″，如图 4-19c 所示。注意连接正垂面与水平面的交线的投影 34、3″4″。

3）作侧平面截交线的投影。在正面投影中作出截交线最高点的投影9′，该点位于圆锥右侧转向轮廓线上，由此可确定9和9″的位置在前后对称线上。然后，在截交线的正面投影中任意确定两个一般点10和11，利用纬圆法作出两个一般点的其他两面投影。在侧面投影中，将6″、11″、9″、10″、5″光滑连接，即得截交线的实形投影，其水平投影积聚为直线段56，侧平面与水平面的交线Ⅴ Ⅵ的投影已经作出，如图4-19d所示。

4）完善轮廓。水平投影中，圆锥底圆左侧被正垂面截切，直线12右侧保留；侧面投影中，圆锥前、后转向轮廓线被水平面截切，7″、8″以下部分保留，底圆投影保留，如图4-19e所示。

4.2.3　圆球

球体是由球面围成的。球面是一圆母线绕通过直径的轴线回转半周而形成的，也可以看成是由半圆绕其直径回转一周而成。如果母线上有一个点，则这个点会随着母线旋转而画一个垂直于轴线的圆，因此，球表面上有垂直于轴线的圆，这个圆通常称为纬圆。

1. 圆球的投影

如图4-20所示，圆球的三面投影都是与球直径相等的圆，它们分别是这个球面的三个转向轮廓线投影。球的转向轮廓线，都是球上平行于相应投影面的最大的圆，也是半球面的分界线。球的正面投影是球面上平行于正面的最大圆 A（前后半球面的分界线）的正面投影，圆 A 的水平投影 a 与相应圆的水平中心线重合；侧面投影 a'' 与相应圆的铅垂中心线重合。B、C 分别是球面上平行于水平面（上下半球面的分界线）和侧平面（左右半球面的分界线）的最大圆。球心的投影是各个投影图中对称中心线的交点。作图时，可先确定球心的三面投影，分别画出其对称中心线（细点画线），再画出三个与球等直径的圆。

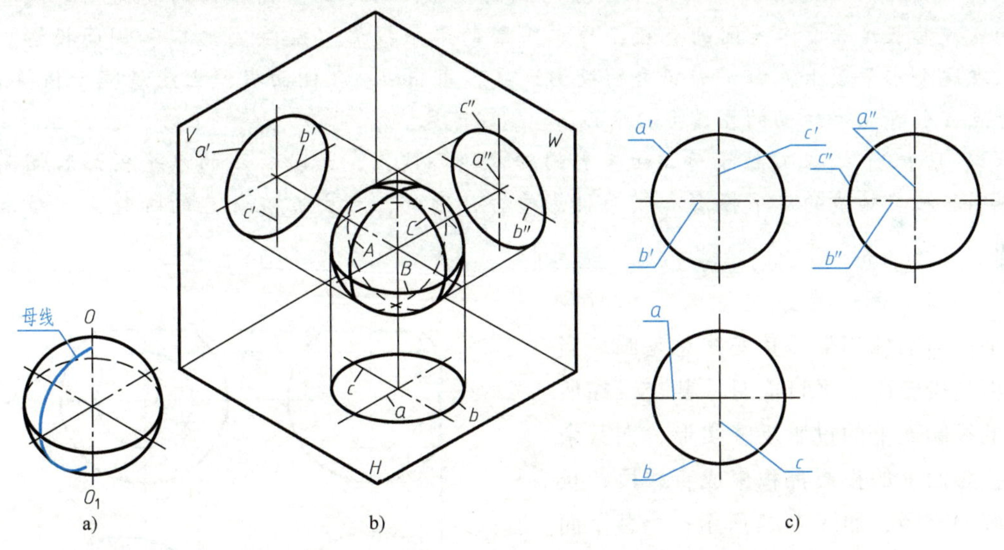

图4-20　圆球的三面投影

a）圆球面的形成　b）三面投影的生成　c）三面投影

2. 圆球表面取点

球面的三面投影都没有积聚性，除了点在轮廓线上外，在球面上取点，只能采用过该点作与投影面平行的辅助圆的方法。

例 4-12 如图 4-21a 所示，已知球面上点 A、B 的正面投影 a'、b'，求点 A、B 的另两面投影。

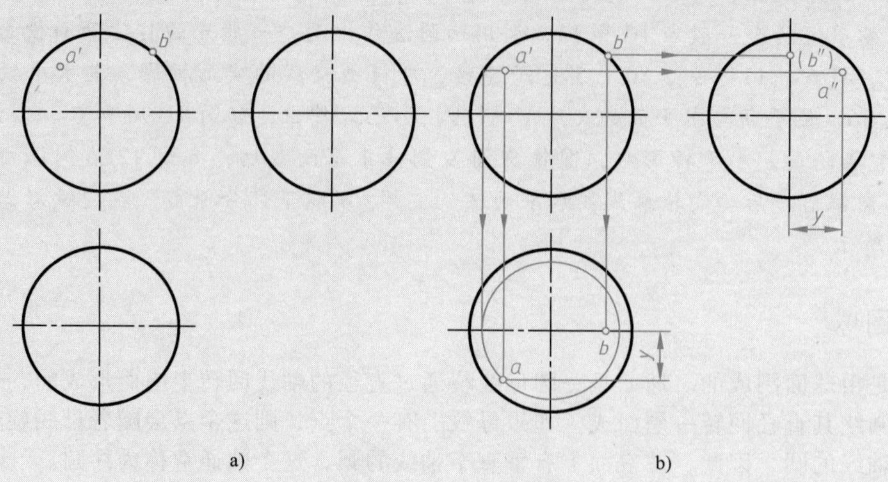

图 4-21 圆球面上取点

a）已知条件 b）作图过程

分析：由点 A 正面投影的位置和投影可见得知，点 A 位于上半球面的左前方，需要采用辅助纬圆法求点的投影。由点 B 正面投影的位置和可见得知，点 B 位于对正面投影的转向轮廓线上。

作图步骤（图 4-21b）如下：

1）求 a、a''。过 a'作球面上水平圆的正面投影，与球的正面投影的转向轮廓线相交于两点，其长度等于水平圆的直径，作水平圆的水平投影（反映实形）和侧面投影。根据点在这个水平圆上，由 a'引铅垂的投影连线，求出 a，在侧面投影上度量宽 y 值得 a''。由于点 A 位于上半球面的左前方，所以 a、a''都可见。

2）求 b、b''。点 B 位于对正面投影的转向轮廓线上，该轮廓线的水平投影和侧面投影分别与相应轴线的水平投影和侧面投影重合，因此，可由 b'在相应的轴线上直接求出 b、b''。

3. 平面与圆球相交

平面与圆球相交，其交线总是圆。当截平面是投影面的平行面时，截交线在所平行的投影面上的投影反映实形，在其余两个投影面上的投影都积聚成直线段，长度为圆的直径，如图 4-22 所示；当截平面是投影面的垂直面时，截交线在所垂直的投影面上的投影为一直线段，长度为圆的直径，在其余两个投影面上的投影均为椭圆。

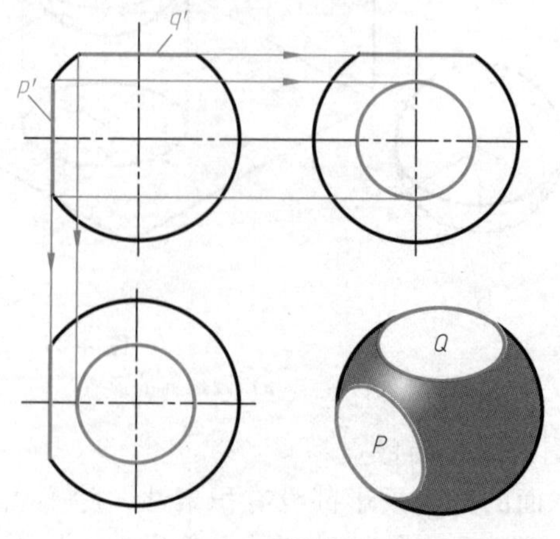

图 4-22 平面与圆球相交

例 4-13　求开槽半球的另外两面投影，如图 4-23a 所示。

分析：该半球上所开槽是由两个侧平面 P 和一个水平面 Q 截切半球所形成的。两个 P 是左右对称的侧平面，所形成的截交线的正面投影和水平投影为竖直方向直线段，在侧面上的投影为反映实形的圆弧；Q 是水平面，其截交线的正面投影和侧面投影为水平方向直线段，水平投影为反映实形的两段圆弧。三个截平面的交线为两条正垂线，如图 4-23b 所示。

作图步骤（图 4-23b）如下：

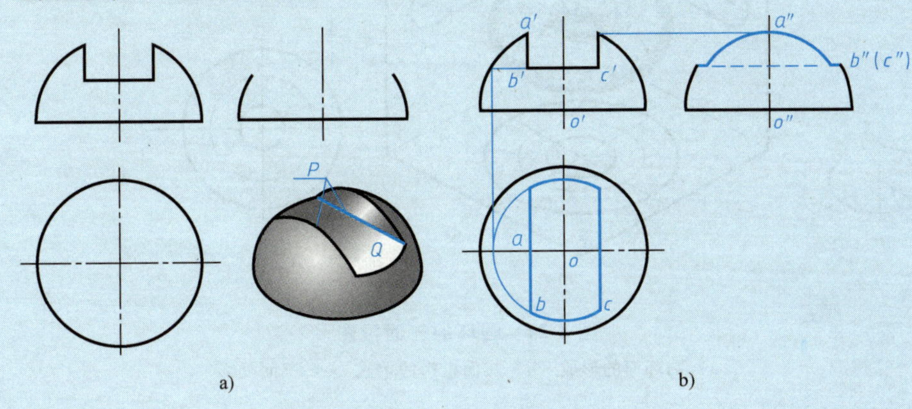

图 4-23　开槽半球的投影

a）已知条件　b）作图过程

1）求侧平面 P 与球面的截交线。由正面投影 a' 在侧面投影图上求得 a''，过 a'' 作圆弧，圆弧的半径等于 $o''a''$（O 为球心），因平面 P 是部分截切球，故得左半球部分截交线的侧面投影为一段圆弧，其水平投影为直线段。同理作出右半球部分截交线的投影。

2）求水平面 Q 与球面的截交线。在水平投影图上作过点 B 的纬圆，纬圆的半径如图 4-23b 所示。因水平面 Q 是部分截切球，故得前半球部分截交线的水平投影是一段圆弧 bc。BC 的侧面投影为直线段。同理作出后半球部分截交线的投影。

3）画出两平面间的交线（侧面投影图上的一段细虚线）。

4.2.4　圆环

圆环（简称环）的表面是环面。环面是由一圆母线绕不通过圆心但与圆心在同一平面上的轴线回转一周而形成的。如果母线上有一个点，则这个点会随着母线旋转而画一个垂直于轴线的圆，因此，圆环表面上有垂直于轴线的圆，这个圆通常称为纬圆。

1. 圆环的投影

如图 4-24a、b 所示，环面轴线垂直于 H 面，环的正面投影中左、右两圆是圆环面上平行于 V 面的两圆的投影；侧面投影上两圆是圆环面上平行于 W 面的两圆的投影；正面投影和侧面投影中两圆的公切线是环面最高、最低纬圆的投影，该纬圆区分圆环为内环面和外环面；水平投影是最大纬圆和最小纬圆以及点画线圆（母线圆心的轨迹）的投影。

2. 圆环面上取点

如图 4-24c 所示，已知环面上 K 点的水平投影 k，求其另外两个投影。对于 K 点的投影

k'和k''，可以通过作水平的辅助纬圆，再利用点在线上（圆上）的投影性质求出点的各投影。本图中，K点的水平投影k可见且重合在点画线上，可判断其位于环面上半部分且在圆环正面投影的外形转向轮廓线上，利用点的投影规律可求出侧面投影k''。

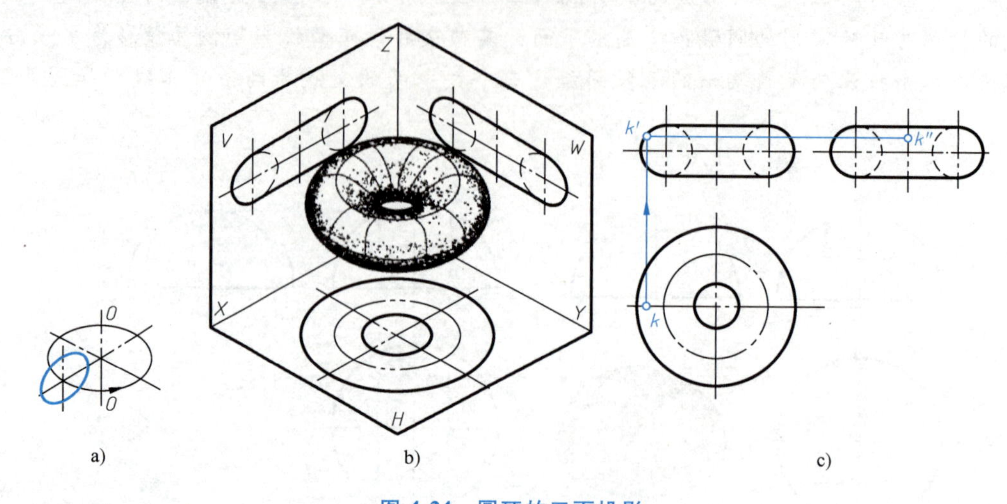

图 4-24　圆环的三面投影

a）圆环面的形成　b）三面投影的生成　c）三面投影

对于圆环表面的一般点，可用类似的辅助纬圆法求解，读者可自行试之。

4.2.5　平面与组合回转体相交

平面与组合回转体相交，其交线是平面与组合回转体的各基本回转体之间交线的组合。

例 4-14　如图 4-25a 所示，已知同轴回转体被平面 P、Q 截切的正面投影和侧面投影，补画水平投影。

分析：对于这类问题，应先将同轴回转体分解为单个回转体，画出截平面与单个回转体相交的截交线，从而得到同轴回转体的截交线。

由图 4-25a 可知，左边的圆锥和小圆柱同时被水平面 P 切割，而右边的大圆柱则被两个平面（水平面 P 和正垂面 Q）切割。水平面 P 与圆锥面的交线为双曲线的一支，其正面投影积聚在 p'上，水平投影反映实形；水平面 P 与大、小圆柱面的交线均为平行于轴线的直线（侧垂线），其正面投影也积聚在 p'上。正垂面 Q 切割大圆柱的交线为椭圆的一部分，其正面投影积聚在 q'上。

如图 4-25b 所示，依次求出各个截平面与圆锥、小圆柱和大圆柱的截交线，具体作图方法可参考前面相似立体，结果如图 4-25c 所示。

应注意：当一个截平面切割多个回转体时，解题的基本方法是对回转体逐一进行截交线分析并作图，然后综合考虑各回转体之间有无交线。在图 4-25b 所示的水平投影中，圆锥与小圆柱之间、小圆柱与大圆柱之间都有交线（直线）；多个平面切割回转体时，还要注意两个截平面之间的交线不能遗漏，图 4-25a 中的 FE 为平面 P 与 Q 的交线。

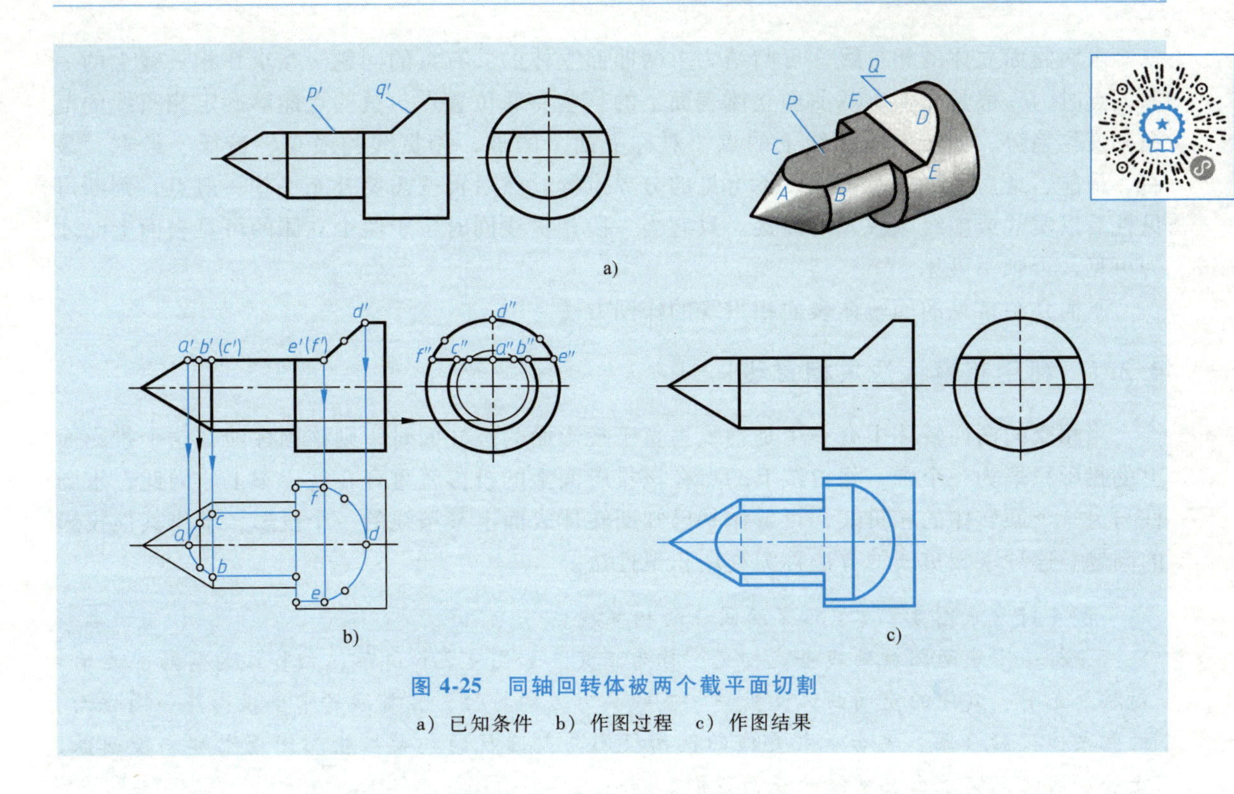

图 4-25　同轴回转体被两个截平面切割

a）已知条件　b）作图过程　c）作图结果

4.3　立体与立体表面相交

立体与立体相交称为相贯，相交两立体表面的交线称为相贯线。如图 4-26 所示，根据立体形状不同，两立体相交可分为平面立体与平面立体相交、平面立体与曲面立体相交、两曲面立体相交。

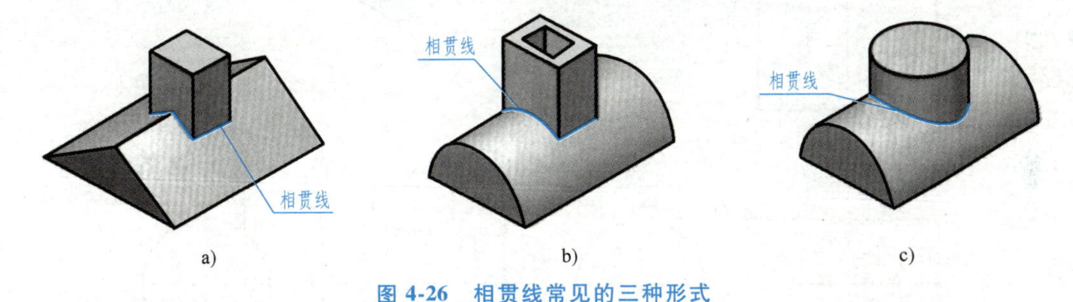

图 4-26　相贯线常见的三种形式

a）两平面立体表面相交　b）平面立体与曲面立体表面相交　c）两曲面立体表面相交

求平面立体与平面立体、平面立体与曲面立体的相贯线问题，实质上是求一个平面立体的表面与另一个平面立体或曲面立体的截交线问题，可以用求截交线的方法求解。本节只介绍两曲面立体相交时求相贯线的作图方法。

两曲面立体相交时，相贯线的基本性质：相贯线是相交两立体表面的分界线，也是二者的共有线，所以相贯线上的点是两立体表面的共有点；相贯线一般为封闭的空间曲线，特殊情况下为平面曲线或直线。相贯线的形状取决于两曲面立体自身的空间几何形状、大小以及两者之间的相对位置。

求两曲面立体的相贯线，可归结为求两曲面立体的共有点的问题。在求作相贯线上的一系列点时，一般是先作出两曲面立体表面上的一些特殊位置点，这些点能够确定相贯线的范围和变化趋势，如转向轮廓线上的点，对称平面上的点，相贯线的最高、最低、最左、最右、最前、最后点，以及可见、不可见的分界点等。然后再按需要补充一些一般点，判断可见性后以实线或虚线顺次光滑连接。只有当一段相贯线同时位于两个立体的可见表面上时才为可见，否则不可见。

下面介绍常见的回转体表面相贯线的作图方法。

4.3.1 利用积聚性法求相贯线

当相交的两回转体中有一个是轴线垂直于投影面的圆柱面时，则该圆柱面在这个投影面上的投影积聚为一个圆，相贯线上的点在该投影面上的投影就重合在这个圆上。因此，求圆柱与另一个回转体的相贯线，可看作是已知回转体表面上某条线的一个投影，求作其他投影的问题。这种求相贯线的方法称为利用积聚性法。

例 4-15 求图 4-27a 中正交两圆柱的相贯线。

分析：图中两圆柱轴线垂直相交，称为正交。如图 4-27b 所示，相贯线为前后、左右对称的光滑、封闭的空间曲线。根据相贯线共有性的特性，相贯线的水平投影与小圆柱面的积聚性投影（圆）重合，相贯线的侧面投影与大圆柱的积聚性投影圆周上部一段圆弧重合，因此只需求出相贯线的正面投影。

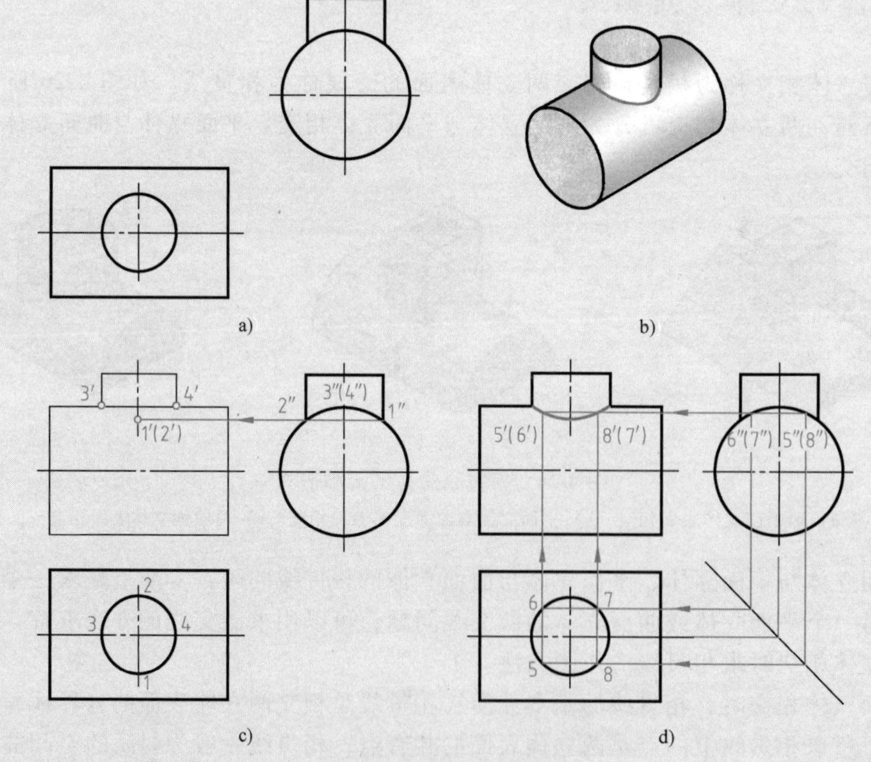

图 4-27　两圆柱正交的相贯线

a）已知条件　b）立体图　c）画相贯体正面投影和交线上的特殊点　d）找一般点，整理轮廓线并加深

作图步骤（图 4-27c、d）如下：

1）求特殊点。Ⅰ、Ⅱ点是铅垂圆柱面最前、最后素线与水平圆柱面的交点，也是相贯线上的最低点。Ⅲ、Ⅳ点是铅垂圆柱面最左和最右素线与水平圆柱面的交点，也是相贯线的最高点。直接作出以上四点的水平及侧面投影，再根据投影规律求得它们的正面投影。

2）求一般点。先在相贯线侧面投影的适当位置选取 5″（8″）、6″（7″）点，根据投影规律作出它们的正面投影 5′（6′）、8′（7′）。

3）判断可见性，依次光滑连接各点的正面投影。

4）整理相贯线以外的转向轮廓线，并加深。

由于圆柱面可以是圆柱体的外表面，也可以是圆柱孔，因此两圆柱轴线垂直相交可以有三种形式：两外表面相交（图 4-28a）、外表面与内表面相交（图 4-28b）、两内表面相交（图 4-28c）。

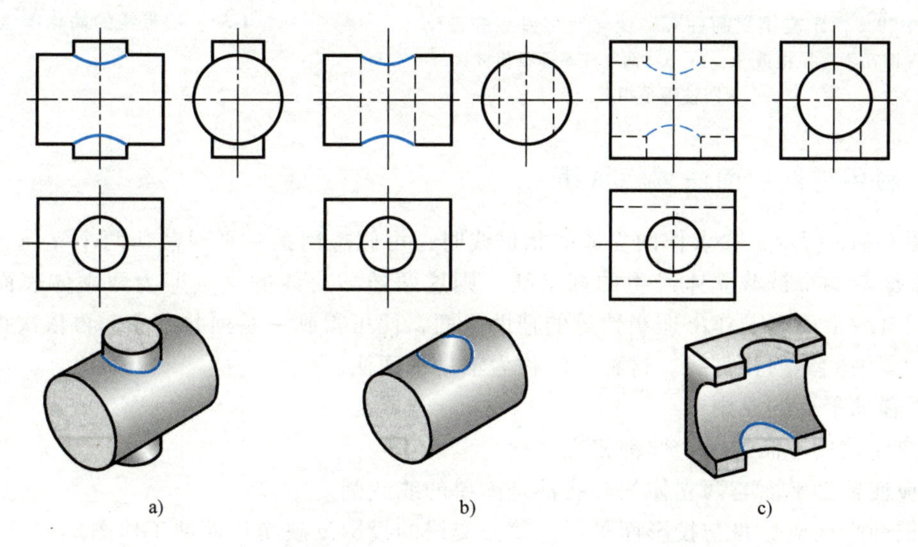

图 4-28　两圆柱正交时产生相贯线的三种形式

a）两外表面相交　b）外表面与内表面相交　c）两内表面相交

两圆柱正交时，随着两圆柱直径大小的变化，其相贯线的形状及弯曲方向也会发生变化，其特征是向大圆柱的轴线方向弯曲，如图 4-29a、b 所示。当两个圆柱直径相等时，相贯线变为两条平面曲线（椭圆），在与两圆柱轴线平行的投影面上的投影为两条相交的线段，如图 4-29c 所示。

相贯线的简化画法：如图 4-30 所示，当两圆柱轴线垂直相交且直径不等时，在主视图上的相贯线可以近似用圆弧代替。其作图方法是分别以 1′或 2′为圆心，以大圆柱的半径 R 为半径画短弧，与小圆柱的轴线相交于 O'；再以 O'为圆心，以 R 为半径画弧，即为相贯线的正面投影。

特别注意：相贯线是两圆柱的共有线，因此其必过两圆柱轮廓线的交点（共有点），并且相贯线的圆弧应向大圆柱的轴线方向凸。相对于大圆柱轮廓线来看是缺少了一部分。

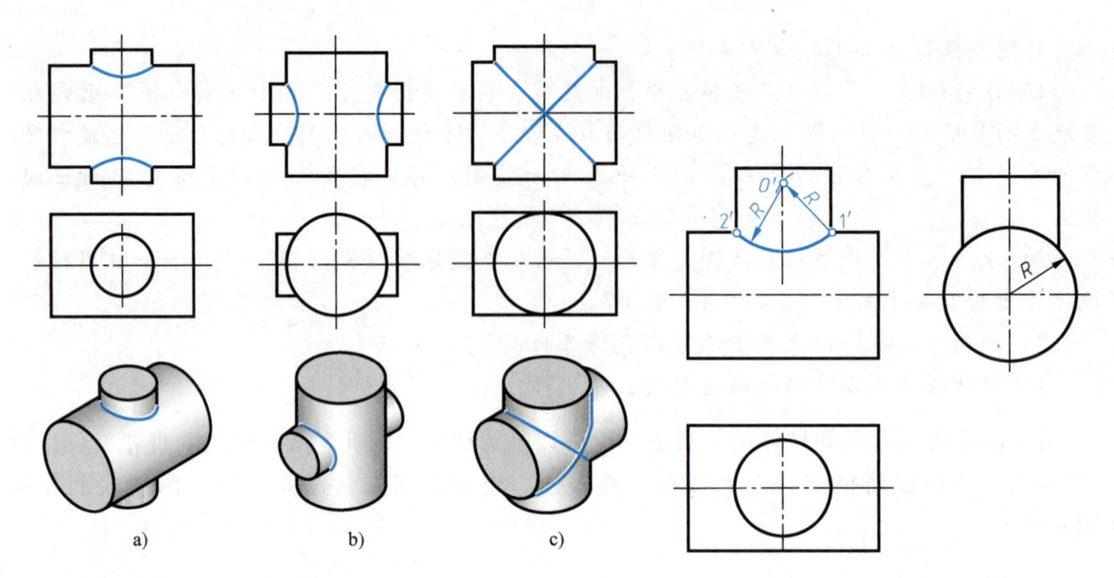

图 4-29　两正交相贯圆柱直径变化时相贯线的变化

a）两圆柱不等径相贯（一）　b）两圆柱不等径相贯（二）

c）两圆柱等径相贯

图 4-30　相贯线的简化画法

4.3.2　利用辅助平面法求相贯线

如图 4-31a 所示，在求作两立体的相贯线时，可假想用某一平面截切两个立体，分别求出辅助平面与两个被截立体产生的截交线，则这两条截交线的交点即为两立体表面的共有点，即相贯线上的点。作出适当数量的辅助平面，便可得到一系列共有点，再依次把它们连接起来，即为立体的相贯线。这种方法称为辅助平面法。

选择辅助平面的原则：

① 应使辅助平面与两立体都相交。

② 应使辅助平面与两立体的交线都是简单的线或圆。

③ 辅助平面应尽量与投影面平行，使截交线的投影反映实形而便于作图。

若相贯体是圆柱，则辅助平面应与圆柱轴线平行或垂直；若相贯体是圆锥，则辅助平面应垂直于锥轴或通过锥顶；相贯体为圆球时，只能选择投影面的平行面为辅助平面。

例 4-16　如图 4-31a 所示，求圆柱与圆锥正交的相贯线。

分析：圆柱与圆锥的轴线垂直相交，相贯线为一条封闭的空间曲线，且前后对称。由于圆柱的侧面投影具有积聚性，所以相贯线的侧面投影与该圆柱侧面投影重合，因此只需求出其正面投影和水平投影。由于圆锥的轴线垂直水平面，所以选择水平面作为辅助平面。

作图步骤如下：

1）求特殊点。相贯线的特殊投影积聚在圆柱的侧面投影（圆）上，则可直接找出最高点Ⅰ和最低点Ⅱ的投影 1″、2″，相应地可从正面投影中找到其正面投影 1′、2′（即为圆柱与圆锥的正面投影轮廓线的交点），根据点的投影规律可求出 1、2。相贯线的最前点Ⅲ和最后点Ⅳ的侧面投影 3″、4″可直接找出，要求出它们的另两个投影需要用辅助平面法，即过 3″、4″作辅助水平面 Q，分别作出 Q 截圆锥的交线的水平投影（圆）和截圆柱的水平投影（两条素线，也是圆柱对水平投影面的转向轮廓线），并求出两截交线的交点 3、4，再求得 3′（4′），如图 4-31b 所示。

2）求一般点。同样的辅助平面法可求出一般点Ⅴ、Ⅵ，即在Ⅰ与Ⅲ、Ⅳ之间作一辅助水平面 P，p''与侧面投影中圆的交点为Ⅴ、Ⅵ的侧面投影 5″、6″，P 截圆锥的截交线与其截圆柱的截交线的交点即为 5、6，正面投影为 5′（6′）。同理可求得Ⅶ、Ⅷ的三面投影，并注意点的可见性，如图 4-31b 所示。

3）判别可见性，并将可见的点之间用光滑的粗实线连接，不可见的点之间用虚线连接。

4）补全立体的轮廓线。圆柱水平投影的轮廓线应画至 3、4 点，且可见，如图 4-31c 所示。

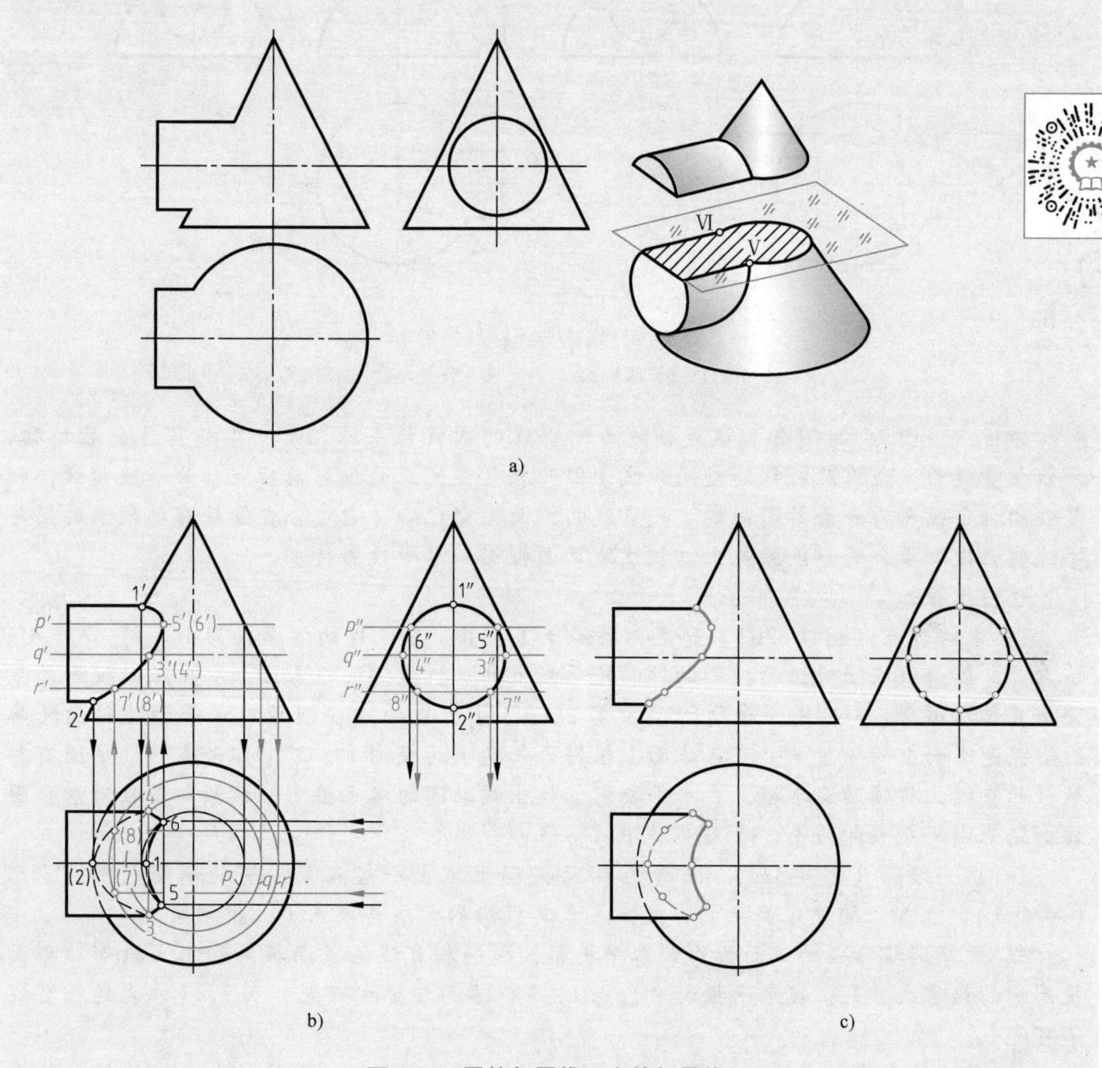

图 4-31　圆柱与圆锥正交的相贯线

a）已知条件　b）作图过程　c）作图结果

例 4-17 如图 4-32a 所示，求圆柱与半球相贯线的投影。

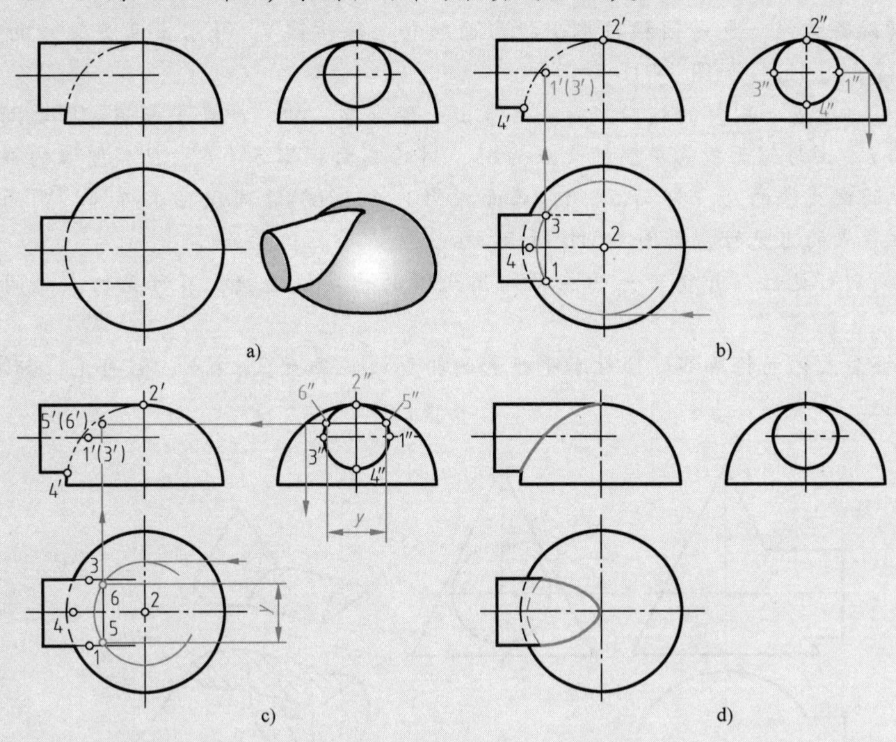

图 4-32 半球与圆柱的相贯线

a）已知条件 b）求特殊点 c）求一般点 d）作图结果

分析：由图 4-32a 可知，这是轴线为侧垂线的圆柱与半球相贯，因相贯体前后对称，所以相贯线为一条前后对称的空间曲线，因此相贯线的正面投影前后重合为一段曲线，相贯线的水平投影为一条封闭曲线。相贯线的侧面投影已知，它重合在圆柱有积聚性的圆与半球侧面投影重合的一段圆弧上。相贯线正面投影和水平投影待求。

作图步骤如下：

1）求特殊点（图 4-32b）。先定出特殊点Ⅰ、Ⅱ、Ⅲ、Ⅳ的侧面投影 1″、2″、3″、4″。将点Ⅱ、Ⅳ看做球面对正面投影的转向轮廓线上的点，据侧面投影 2″、4″在正面投影的半圆上直接求出 2′、4′，进而求得水平投影 2、4。Ⅰ、Ⅲ两点在圆柱对水平面的转向轮廓线上，是球面上的一般点，可在球面上根据已知的侧面投影 1″、3″，作出辅助水平圆有积聚性的直线，得辅助圆半径，在水平投影上作出辅助圆的水平投影，该圆与圆柱对水平面转向轮廓线的交点即为 1、3，进而求出 1′、3′。

2）求一般点（图 4-32c）。首先在侧面投影上定出一般点Ⅴ、Ⅵ的侧面投影 5″、6″（对称点），点Ⅴ、Ⅵ是球面上的一般点，求其投影的方法与求点Ⅰ、Ⅲ相同。

3）顺序连接各点的正面投影和水平投影，即得相贯线的正面投影和水平投影。正面投影中的相贯线可见；在水平投影中，点 1、3 以右的相贯线可见，点 1、3 以左的相贯线不可见。

4）整理轮廓线。半球对正面的转向轮廓线到 2′、4′为止，圆柱对水平面的转向轮廓线到 1、3 为止。作图结果如图 4-32d 所示。

4.3.3　相贯线的特殊情况

一般情况下，两回转立体的相贯线是空间曲线，但在特殊情况下可能为平面曲线或直线。

1）公切于一球面的两个回转体相交，它们的交线均为平面曲线——椭圆，如图 4-33 所示，其正面投影为两相交直线。

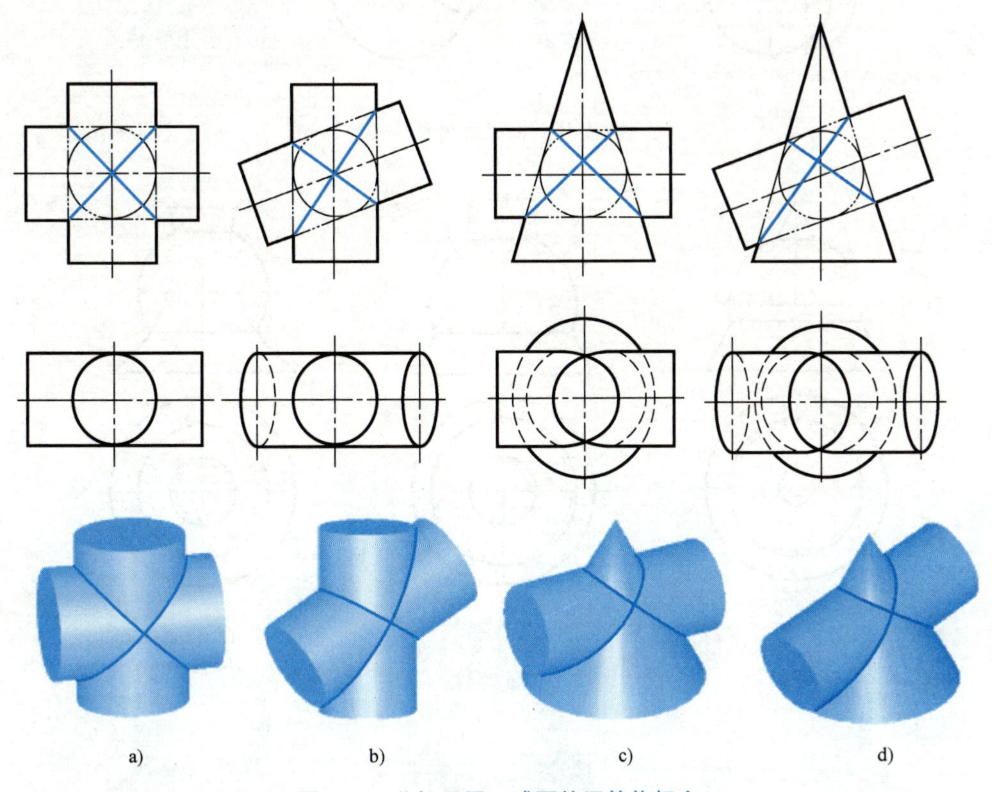

a)　b)　c)　d)

图 4-33　公切于同一球面的回转体相交

a）圆柱与圆柱相交　b）圆柱与圆柱斜交　c）圆柱与圆锥正交　d）圆柱与圆锥斜交

蒙日定理：加斯帕尔·蒙日（1746—1818），法国科学家，投影几何学的奠基人，在 1798 年出版的《画法几何学》中，首次将正投影当作独立的科学学科来阐述，对发展造型艺术的几何原理具有十分重大的意义。他提出的蒙日定理，解释了相贯线可以是平面椭圆的情况，即当两个二次曲面外切或内切于第三个二次曲面时，其相贯线为平面曲线。具体地说，两个二次曲面相切于同一个球面时，其相贯线为椭圆。

2）两圆柱轴线平行，相贯线是直线段。如图 4-34a 所示，相贯线的正面投影是直线段，水平投影积聚为点。两圆锥锥顶重合，相贯线是过锥顶的直线段，如图 4-34b 所示。

3）同轴回转体相贯，其相贯线为垂直于轴线的圆；当轴线平行于某一投影面时，相贯线在该投影面上的投影为垂直于轴线的线段，如图 4-35 所示。

4.3.4　复合相贯综合举例

在工程实际中，有时会遇到两个或两个以上立体相交的情况。求多个立体相交的相贯

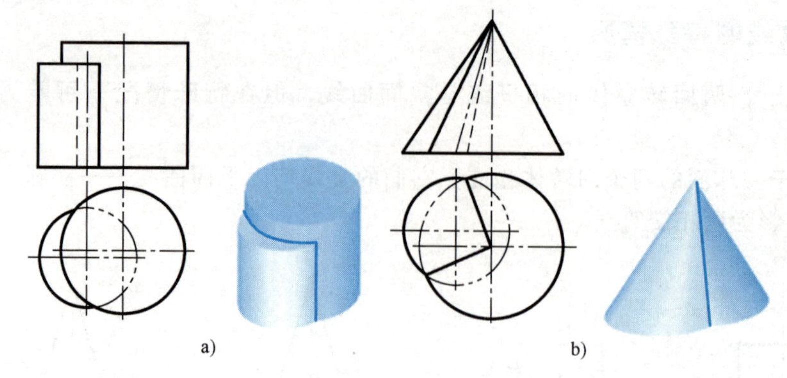

图 4-34　相贯线为直线段

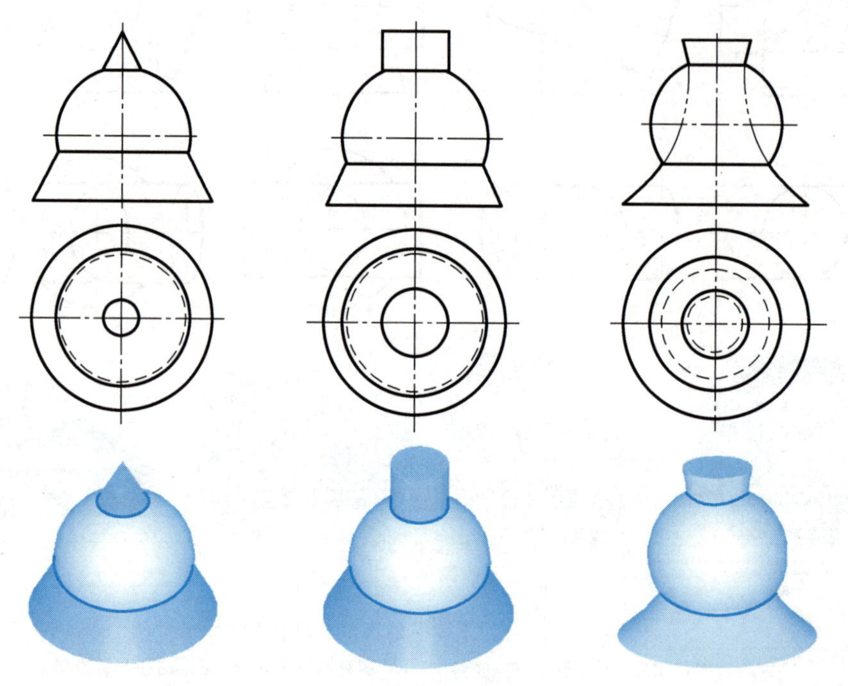
图 4-35　同轴回转体的相贯线

线，首先要分析各相交立体的形状和相对位置，确定每两个相交立体的相贯线形状，分析是否有相贯线的特殊情况，然后再求出各部分相贯线的投影；各段相贯线间的交点称为结合点，是立体表面的共有点，也是各段相贯线的分界点，最后还应注意求出结合点。

例 4-18　如图 4-36a 所示，完成组合立体的正面投影和侧面投影中缺少的图线。

分析：由图可以看出，立体前后对称，由两个带孔的圆柱和半球组成。外表面的交线有：轴线垂直的圆柱（*B*）与半球（*C*）的相贯线（半圆），两圆柱（*A* 与 *B* 相交）的相贯线；内表面的相贯线有：等直径的孔与孔的相贯线（平面曲线）；外表面与内表面的相贯线有：轴线铅垂的孔与圆柱的相贯线，轴线铅垂的孔与半球的相贯线（半圆）。

作图步骤（图 4-36b、c、d）如下：

1）作轴线铅垂的圆柱（*B*）与半球（*C*）的相贯线（半圆），如图 4-36b 所示。

2）作两圆柱（A 与 B 相交）的相贯线（曲线），如图 4-36b 所示。

3）作等直径的孔与孔的相贯线（平面曲线），如图 4-36c 所示。

4）作轴线铅垂的孔与圆柱的相贯线（曲线），如图 4-36c 所示。

5）作轴线铅垂的孔与半球的相贯线（半圆），如图 4-36c 所示。

6）补全半球底面的投影，如图 4-36d 所示。

7）整理全图，结果如图 4-36d 所示。

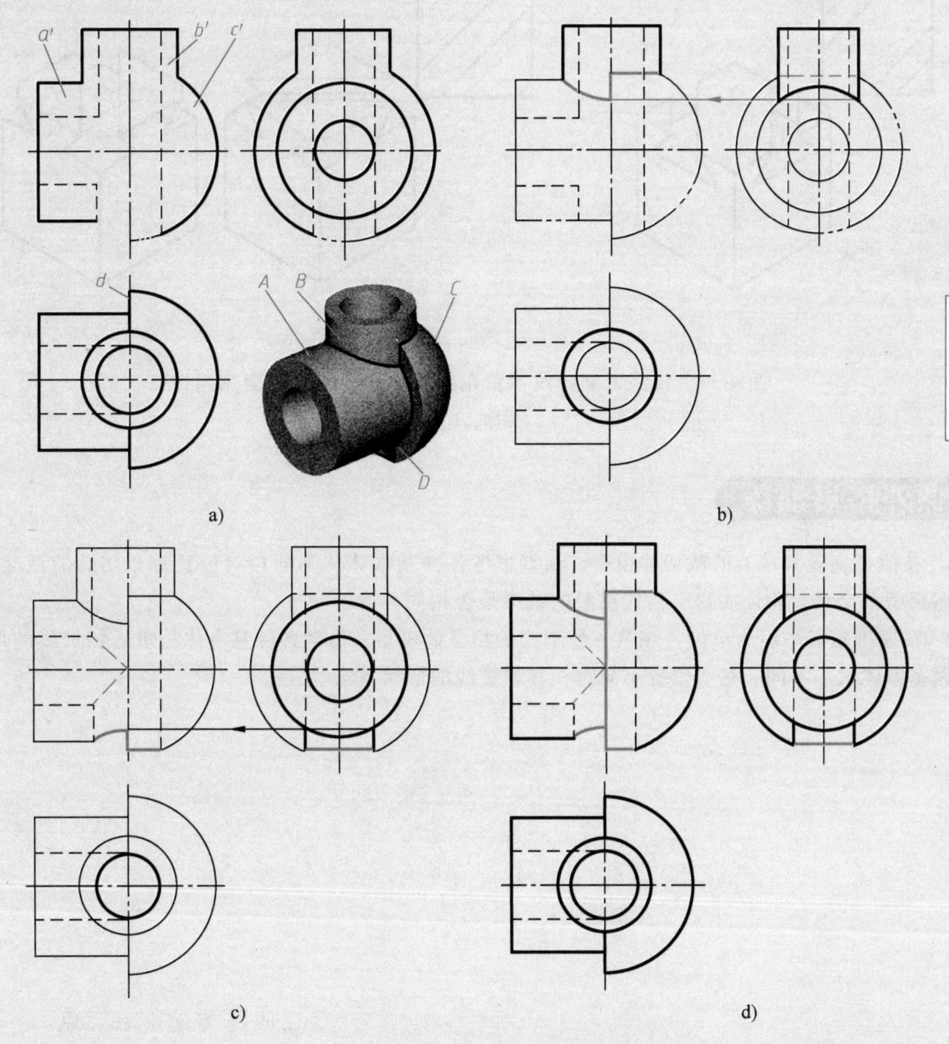

图 4-36 组合立体的相贯线的作图法

a）分析 b）作圆柱面 B 与有关表面间的相贯线 c）求其他相贯线 d）整理全图

古代榫卯结构

榫卯结构是我国传统木质建筑中常用的连接结构，其中，四面燕尾榫是最结实也是最为引人注目的末端连接方式，如图 4-37 所示。图 4-37a 所示为四面燕尾榫中的一端结构（头榫），图 4-37b 所示为四面燕尾榫中凸凹对偶的另一端（尾榫），该结构由四棱柱截切而成。

榫卯结构是榫和卯的结合，是木件之间多与少、高与低、长与短之间的巧妙组合，可有效地限制木件各个方向的扭动。虽然榫卯结构中的每个构件都比较单薄，但是整体上却能承受巨大的压力。榫卯结构严丝合缝又不着痕迹，隐含着古人的价值观和世界观。

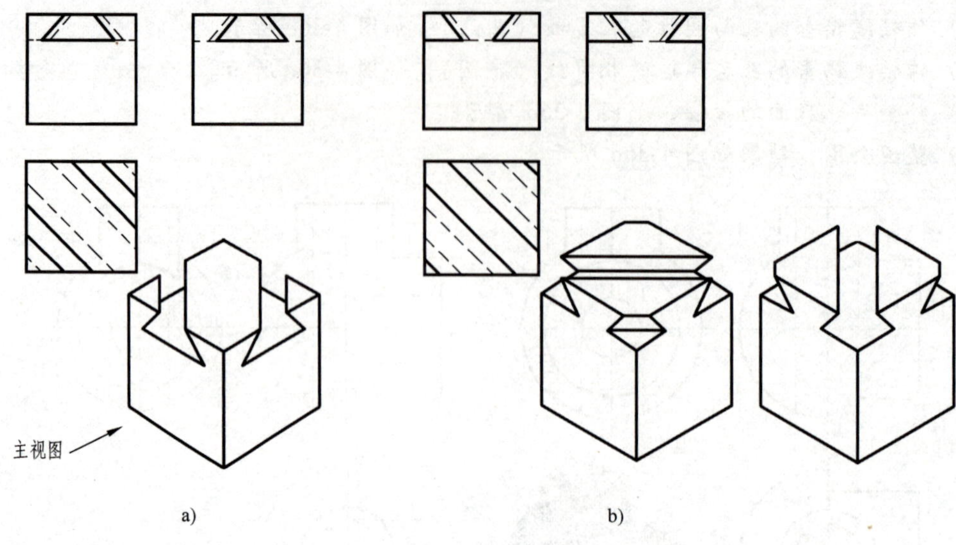

图 4-37　传统木制建筑中常用的榫卯结构——四面燕尾榫

a）头榫　b）尾榫

课外拓展训练

4-1　在模型室观察现有的截切体模型，认真思考各种基本体从不同相对位置被截切后的截交线形状，仔细观察模型截交线，验证实物与预先想象的结果是否相同。

4-2　在模型室以小组为单位，观察各种形式的相贯体模型，思考各种基本体相贯后相贯线的形状。讨论分析两基本体大小不同、相对位置不同时，其相贯线的形状及求解方法。

第5章　组 合 体

本章学习要点

本章是全书的一个重点，组合体画图和读图是培养空间想象能力的重要环节，而形体分析法及线面分析法是画图和读图的重要方法，需要重点掌握。按国家标准要求正确、完整、清晰地标注组合体尺寸也是十分重要的，应掌握按形体分析完整标注尺寸的方法。

引例

任何复杂的物体（或零件）都可以看成是由一些基本体（棱柱、棱锥、圆柱、圆锥、球和环等）组合而成。由基本体通过叠加、挖切等方式组合而成的物体称为组合体。图5-1所示为两个基本体Ⅰ、Ⅱ叠加后挖切圆柱Ⅲ、Ⅳ、Ⅴ形成的组合体。这个组合体的三视图如图5-2所示。如果想制作出这个组合体，需要标注合理的组合体尺寸，如图5-3所示，按照给定的尺寸才能正确地加工出零件。

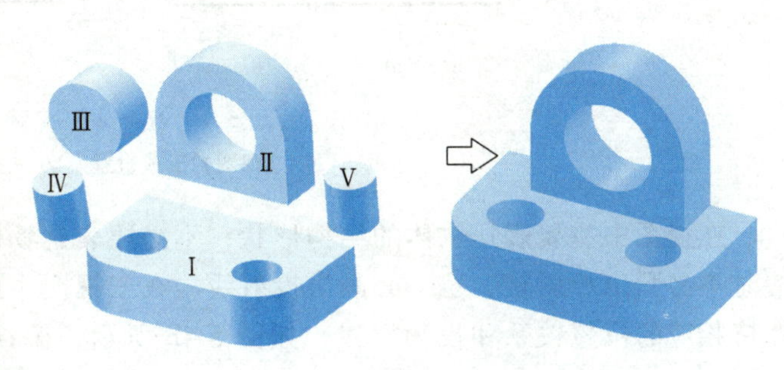

图5-1　组合体的形成

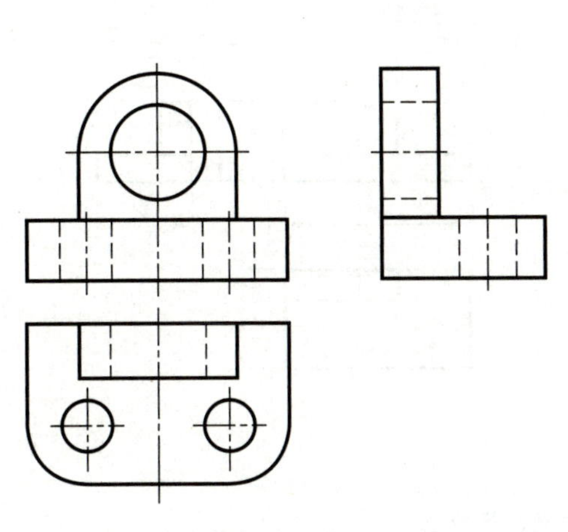

图5-2　组合体的三视图

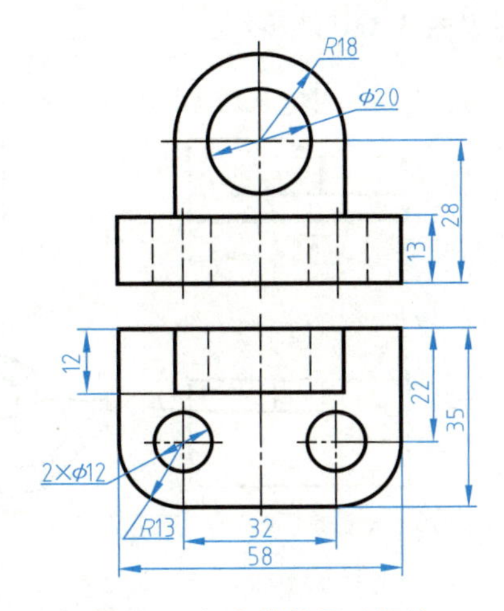

图5-3　组合体的尺寸标注

5.1 组合体视图的形成及其投影规律

5.1.1 三视图的形成

根据有关标准和规定，用正投影法将机件向投影面投影所得到的图形称为视图。物体在三面投影体系中投射所得的图形称为物体三视图，三视图的形成过程如图 5-4a 所示。物体的正面投影称为主视图，水平投影称为俯视图，侧面投影称为左视图。

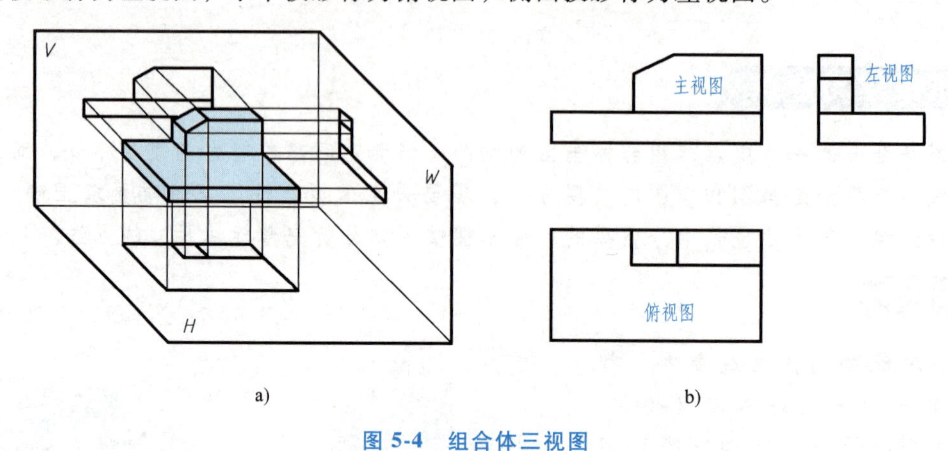

图 5-4　组合体三视图

a）三视图的形成过程　b）三视图

在视图中主要表达物体的结构形状，不必要表达物体与投影面间的距离，因此在绘制视图时不必画出投影轴，也不必画出投射线。在三视图中虽然取消了投影轴和投射线，但仍然保持相应的位置关系和投影规律，如图 5-4b 所示，俯视图在主视图的正下方，左视图在主视图的正右边。按这种位置配置视图时，国家标准规定不必标注视图名称。

5.1.2 三视图的投影规律

根据图 5-5a 可以看出：

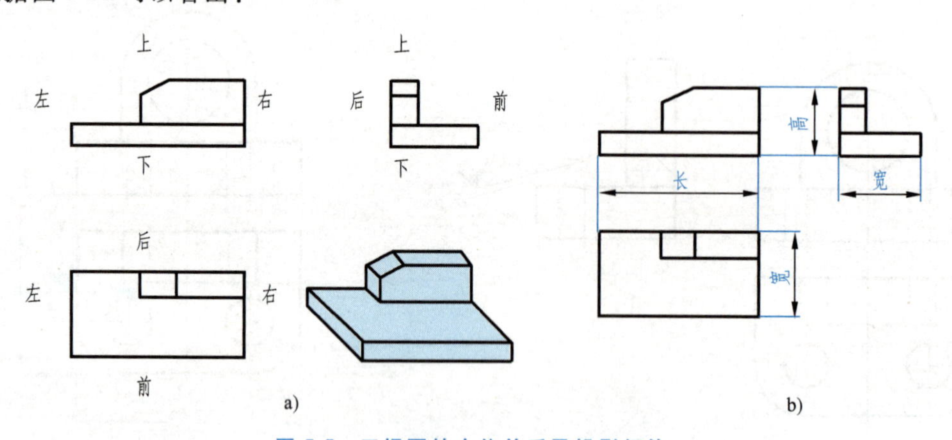

图 5-5　三视图的方位关系及投影规律

a）三视图的方位关系　b）三视图的投影规律

① 主视图反映物体的上下、左右的位置关系，即反映了物体的高度和长度。

② 俯视图反映物体的左右、前后的位置关系，即反映了物体的长度和宽度。

③ 左视图反映物体的上下、前后的位置关系，即反映了物体的高度和宽度。

由此可得出三视图的投影规律（图 5-5b）：主、俯视图长对正；主、左视图高平齐；俯、左视图宽相等。

“长对正、高平齐、宽相等”是组合体看图和画图必须遵循的基本投影规律。这个规律不仅适用于物体的整体投影，也适用于物体的局部投影。

三等规律的由来

三等规律由我国著名的图学家赵学田（1900—1999）教授提出。20 世纪 50 年代，国家大规模经济建设初期，机械行业工人因技术水平低，看不懂图样，经常生产出废品和返修品。赵学田教授凭借长期从事机械制图教学和工厂培训新工人的实践经验，于 1954 年 2 月，将自己编写的《速成看图》带到武昌造船厂教授工人看图知识，取得了很好的效果，于是在 1954 年 4 月将《速成看图》更名为《机械工人速成看图》后正式出版。书中，赵学田教授将机械制图所需要的最根本的投影几何知识点编成口诀，大大提高了工人们的学习效率。其中，对三视图总结了一段口诀：“前顶两图长对正，左前两图高看齐，左视右视两个图，宽度原来有关系”。在 1957 年 5 月出版的《机械图图介》中，赵学田教授对其中两句做了修改：“前顶视图长对正，前左视图高看齐，顶视左视两个图，宽度原来有联系”。到 1964 年 9 月，《机械工人速成看图（修订本）》出版，三视图投影关系总结为九字诀：“长对正，高平齐，宽相等。”1966 年 8 月出版的《机械制图自学读本》中，三视图投影规律口诀也随之演变为：“主视俯视长对正，主视左视高平齐，俯视左视宽相等，三个视图有关系”。该口诀对九字诀再次进行了新的诠释。

九字诀的出现，得到了教育界、科技界的重视和认可，被全国各种制图教材广泛采用。

5.1.3　组合体的组合形式

组合体是由基本体按一定的形式组合而成的。常见组合体的组合形式有叠加型、切割型和综合型三种。图 5-6a 所示为叠加型组合体，它是由下面的六棱柱+中部圆柱+上部圆台同轴线叠加而形成；图 5-6b 所示为切割型组合体，它是由截面为矩形的四棱柱下部切割掉一个半圆柱，左上角切割掉一个三棱柱，上部前后对称地切割掉截面为矩形的一部分而形成；

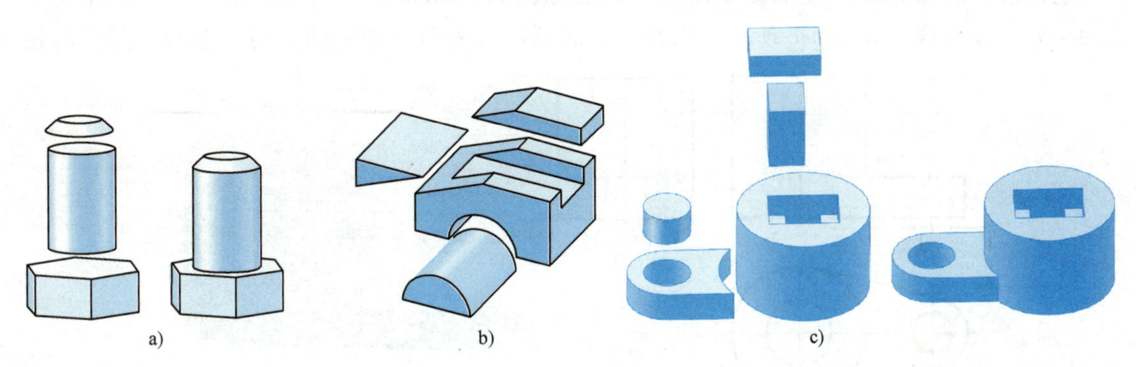

图 5-6　组合体的组合形式

a）叠加型组合体　b）切割型组合体　c）综合型组合体

图 5-6c 所示为综合型组合体，它是由右边轴线铅垂的圆柱和左边的拱形体底板底部共面、前后对称叠加而成，同时左边的拱形体中切割掉一个圆柱形成通孔，右边的圆柱上部先切割掉一个四棱柱，在此基础上又向下切割掉一个四棱柱形成通孔，切割掉的两个四棱柱前后宽度相同，前后对称。

5.1.4 组合体相邻表面间的连接关系

组合体中各基本体间表面的连接关系有以下几种情况。

1. 共面

如图 5-7a 所示，从形体分析来看，该组合体是由下部的四棱柱与上部带孔的拱形体前后平齐叠加而成，其相邻两形体的表面互相平齐连成一个平面，结合处没有分界线，因此在视图上不画出两表面的界线，如图 5-7a 中的主视图。

2. 不共面

如图 5-7b 所示，从形体分析来看，该组合体是由下部的四棱柱与上部带孔的拱形体前后不平齐叠加而成，其相邻两形体的表面平行错开，因此在主视图上要画出两表面间的分界线。

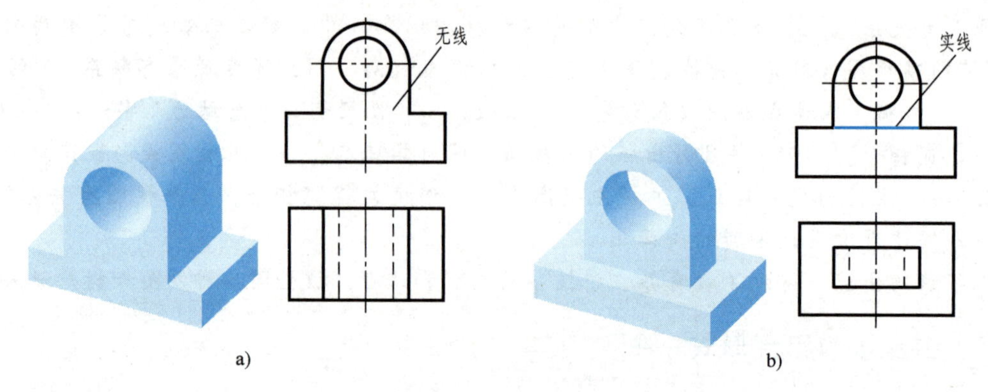

图 5-7 共面和不共面

a）共面 b）不共面

3. 相切

当两形体的相邻表面（平面和曲面、曲面和曲面）相切时，两表面光滑过渡，在视图上相切处不应画线。如图 5-8 所示的组合体，底板前后表面（铅垂面）与左右两个圆柱面相

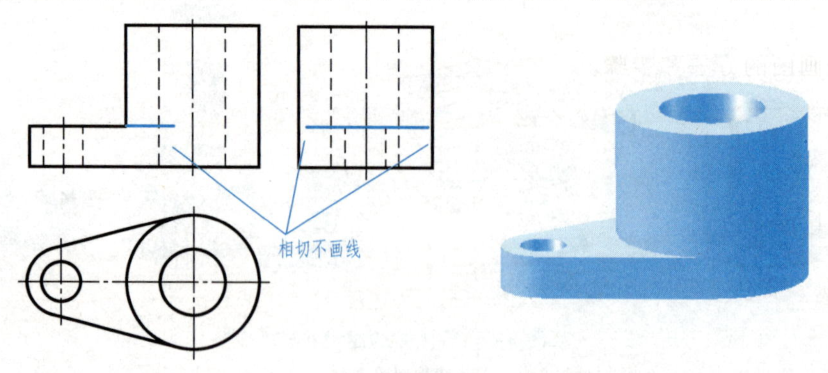

图 5-8 相切

切，铅垂面与圆柱面相切处光滑过渡，不存在分界线，因此主视图及左视图中平面与曲面相切处不画线。

4. 相交

两个基本体的表面相交，相交处应画出交线的投影。如图 5-9 所示的组合体，左侧耳板的前后表面为正平面，与右侧的圆柱表面相交，相交处有交线，这个交线是两个表面的分界线，是平行于圆柱轴线的直线段，作图时应画出交线的投影。

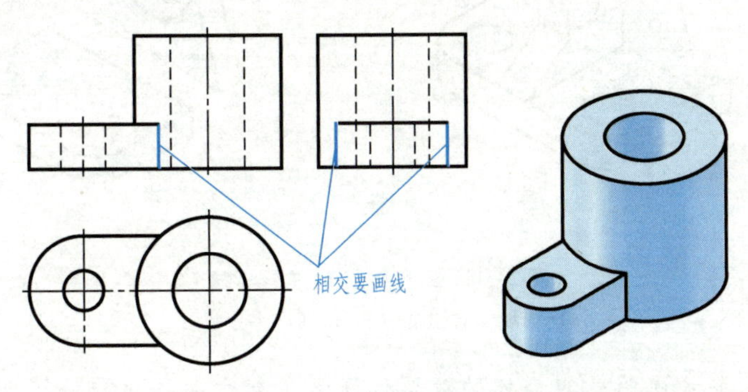

图 5-9　两形体表面相交

5.2　组合体三视图的画法和步骤

根据组合体的组合形式，画组合体可采用形体分析法和线面分析法。形体分析法就是假想把组合体分解成若干个基本体，并弄清它们的形状、相对位置、组合形式和相邻表面连接关系的分析方法。该方法是组合体画图、组合体看图及组合体标注尺寸的基本方法，尤其对于叠加型组合体更为有效。线面分析法是在形体分析法的基础上，对不易表达清楚的局部，运用点、线、面的投影特性来分析视图中图线和线框的含义、线面的形状及空间相对位置的方法。该方法特别适用于较复杂的切割体。

5.2.1　形体分析法的画图步骤

在画组合体视图时，首先用形体分析法将组合体分解为若干基本体，按照各基本体的形状、组合形式、相对位置及相邻形体间的表面连接关系，逐个画出每个形体的三视图；然后根据各个形体邻接表面间的关系，分析邻接表面的投影；最后检查是否有遗漏或多余的线，修改后按规定的线型描深，最终得到正确的三视图。以图 5-10a 所示的轴承座为例，说明用形体分析法画图的方法和步骤。

例 5-1　试画出如图 5-10a 所示轴承座的三视图。

解题步骤如下：

1）形体分析。把轴承座分解为五个基本体：底板 1、圆筒 2、支承板 3、肋板 4、凸台 5，如图 5-10b 所示。圆筒由支承板和肋板支承，支承板与肋板均叠加在底板上方，底板与支承板后面平齐，支承板两侧与圆筒的外圆柱面相切，肋板与圆筒相交，凸台与圆筒相交，内外表面都有交线（相贯线），底板上挖有两个圆柱孔，前方有两处圆角。

2）选择主视图。三视图中主视图通常反映机件的主要形状特征，是最主要的视图。

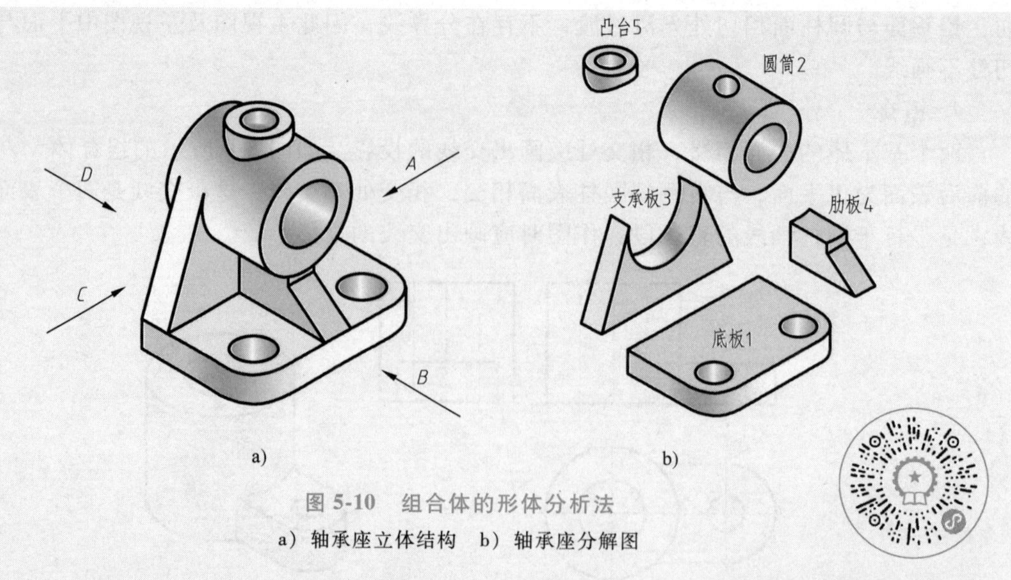

图 5-10 组合体的形体分析法

a）轴承座立体结构 b）轴承座分解图

选择主视图时，主要考虑的是组合体的放置位置和投射方向。通常将组合体按自然位置安放，尽可能使组合体的主要平面或主要轴线与投影面平行或垂直，以便使投影反映实形或有积聚性。选择最能反映组合体的形状特征和各形体位置关系，并且能够减少其他视图中虚线的方向作为主视图的投射方向，因此在选择主视图时，应对多种方案进行比较，从中选择较优的方案。如图 5-11 所示，将轴承座自然放置，对所示的四个方向（图 5-10a）投射所得视图进行比较，D 向视图出现较多虚线，没有 B 向视图清楚；C 向视图与 A 向视图同等清晰，但若以 C 向视图作为主视图会造成左视图中虚线过多，所以不如 A 向视图好；再对 A 向视图和 B 向视图进行比较，两者对反映各部分的形状特征和相对位置来说，均符合主视图的选择条件，且各有特点，但 B 向视图上轴承座各组成部分的形状特点及其相互位置反映得最清楚，且在俯视图中底板所占宽度较小，因此选用 B 向作为主视图的投射方向较 A 向更好。主视图一旦确定，俯视图和左视图也就确定了。

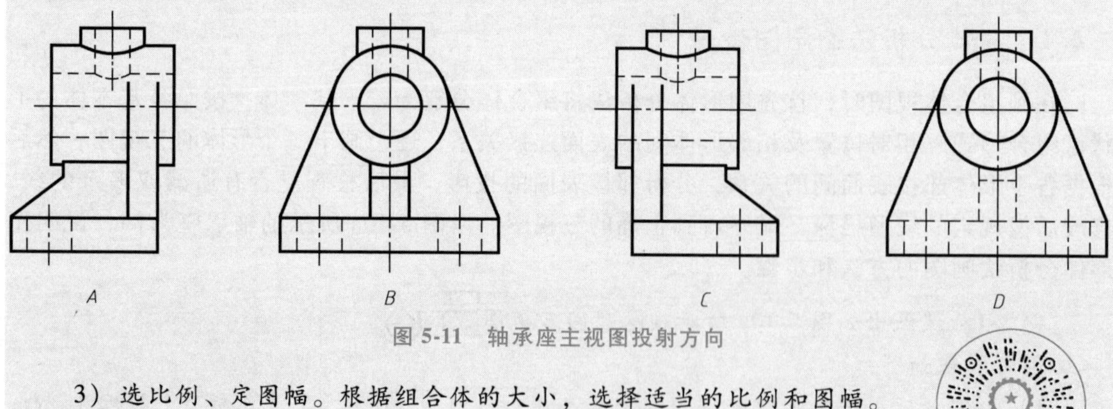

图 5-11 轴承座主视图投射方向

3）选比例、定图幅。根据组合体的大小，选择适当的比例和图幅。

4）布图、画基准线。在图纸上均匀布置三视图的位置，先画各视图的对称中心线及作图基准线，每个视图需要两个方向的基准线（一般常用轴线、较大的平面和对称中心线作为基准线）。选择轴承座底板的底面、支承板的后面作为画图基准线，如图 5-12a 所示。

5）画底稿。根据各形体的投影特点，用细线打底稿，逐个画出各形体的三视图，处理好两形体相邻表面间的位置关系，如图 5-12b~f 所示。

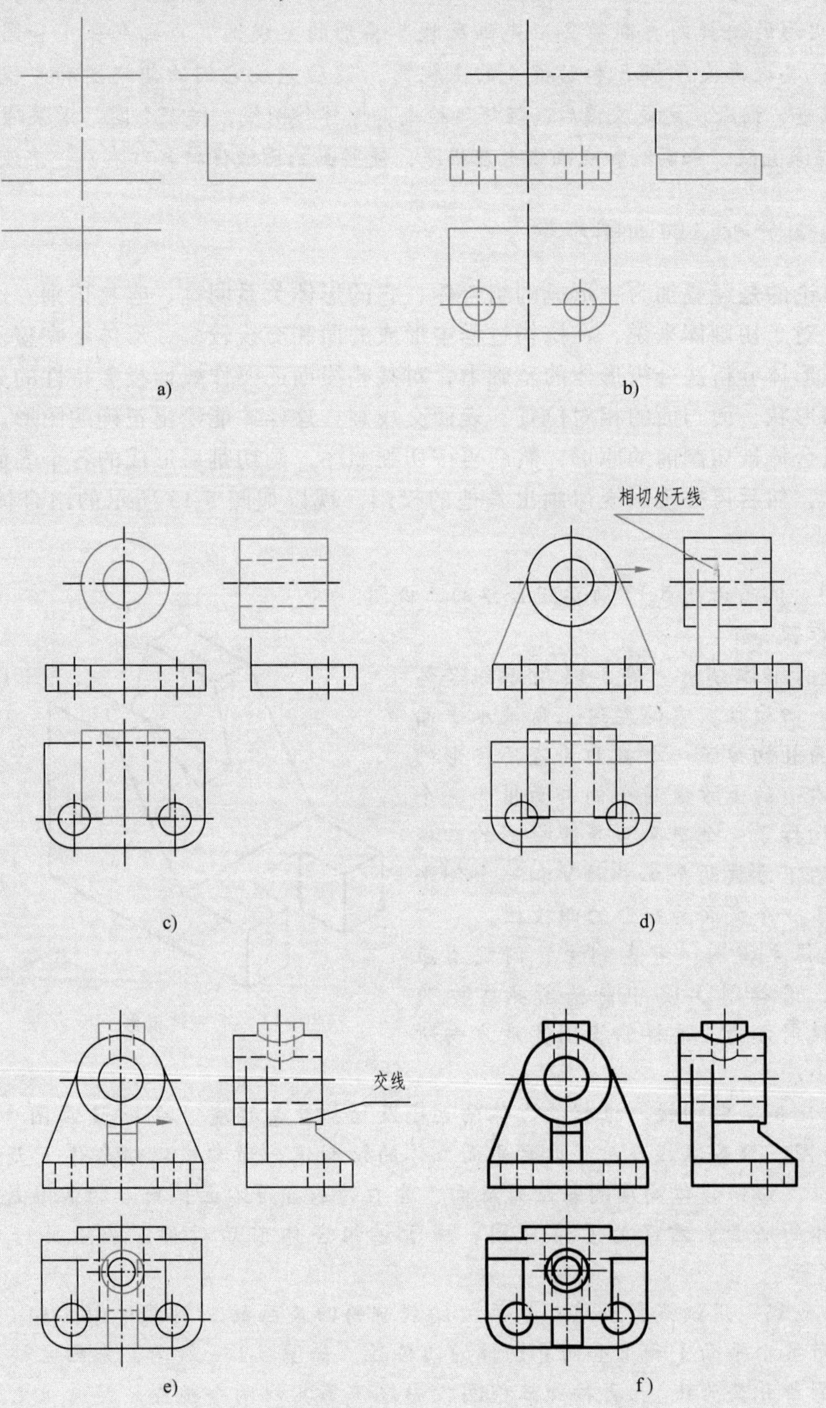

图 5-12　轴承座的画图步骤

a）布图、画基准线　b）画底板的三视图　c）画圆筒的三视图

d）画支承板的三视图　e）画凸台与肋板的三视图　f）画细节，检查、描深

画图时要注意，应先画形体的主要轮廓，再画细节；先画反映形体特征的视图，再画其他视图；先画外轮廓，再画内部形状，而且三个视图要联系起来画。例如，底板 1 应先画反映其实形的俯视图、圆筒 2 应先画反映其实形的主视图，再画底板 1 和圆筒 2 的另外两个视图；其次画支承板 3 和肋板 4 的主视图，最后完成它们的俯视图和左视图。

6）检查、描深。完成底稿后，经仔细检查，擦掉作图线，描深全图。描深时应先描深圆、圆弧，后描深直线。细实线和点画线也应描深，使所画的图线保持粗细有别，浓淡一致。

5.2.2 线面分析法的画图步骤

上面讨论的是经叠加为主形成的组合体，它的形体关系明确、容易识别，适于用形体分析法作图。对于切割体来说，在挖切过程中形成的面和交线较多，形体不完整。解决这类问题时，在用形体分析法分析形体的基础上，对某些线面还要作线面投影特性的分析，如分析物体的表面形状、面与面的相对位置、表面交线等，这样才能绘出正确的图形。作图时，一般先画出组合体被切割前的原形，然后再按切割顺序，画切割后形成的各个表面；先画有积聚性的投影，然后再按投影规律画出其他的投影。现以如图 5-13 所示的组合体为例说明作图步骤。

例 5-2 试画出图 5-13 所示组合体的三视图。

解题步骤如下：

1）进行形体分析。图 5-13 所示组合体的原形为一四棱柱，它的左边上角被水平面Ⅰ和正垂面Ⅱ切掉了一个截面为直角梯形的四棱柱，右边的上方被两个侧垂面Ⅲ和一个水平面Ⅳ切掉了一个截面为等腰梯形的四棱柱，左边的下方被两个正平面Ⅴ和一个侧平面Ⅵ切掉了一个截面为矩形的四棱柱。

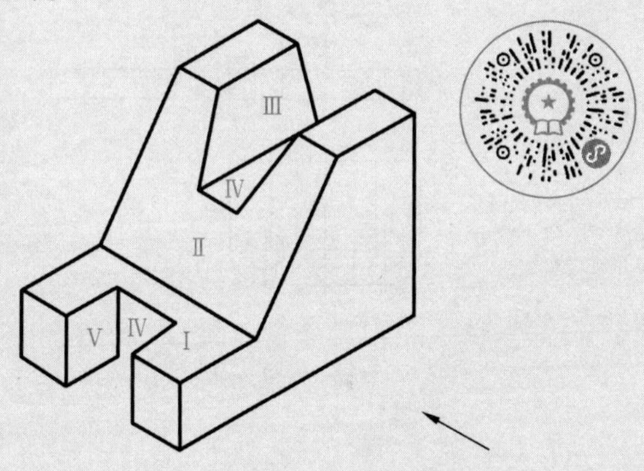

图 5-13 组合体的线面分析法

2）选择主视图。考虑到主、俯视图应便于布图，选择图 5-13 中箭头所指方向为主视图的投射方向。这样俯视图宽度方向所占尺寸较小。

3）选比例、定图幅。根据组合体的大小及结构复杂程度，按 1∶1 画图。

4）布图、画基准线。对于这种平面立体的切割体，通常应以组合体上大的平面或对称面为基准。该组合体高度的基准是底面，左右的基准是右面，前后的基准是对称面。因此以组合体的底面、右面为基准作图。由于该组合体前后对称，必须画好对称线，如图 5-14a 所示。

5）画底稿。用细线打底稿，先画被切割前的四棱柱的三视图如图 5-14b 所示，再画其左边上角被水平面Ⅰ和正垂面Ⅱ切掉的四棱柱，如图 5-14c 所示，先画主视图（该视图中二者投影都积聚为线），再按照三视图投影规律画其他两个视图。接着画右边的上方被两个侧垂面Ⅲ和一个水平面Ⅳ切掉的四棱柱，如图 5-14d 所示，先画左视图，再按照三等规律画其他两个视图。最后画左边的下方被两个正平面Ⅴ和一个侧平面Ⅵ切掉的四棱柱，如图 5-14e 所示，先画俯视图，再按照三等规律画其他两个视图。

6）检查、描深图线。完成底稿后，仔细检查，擦去被切掉部分的图线，描深全图，如图 5-14f 所示。

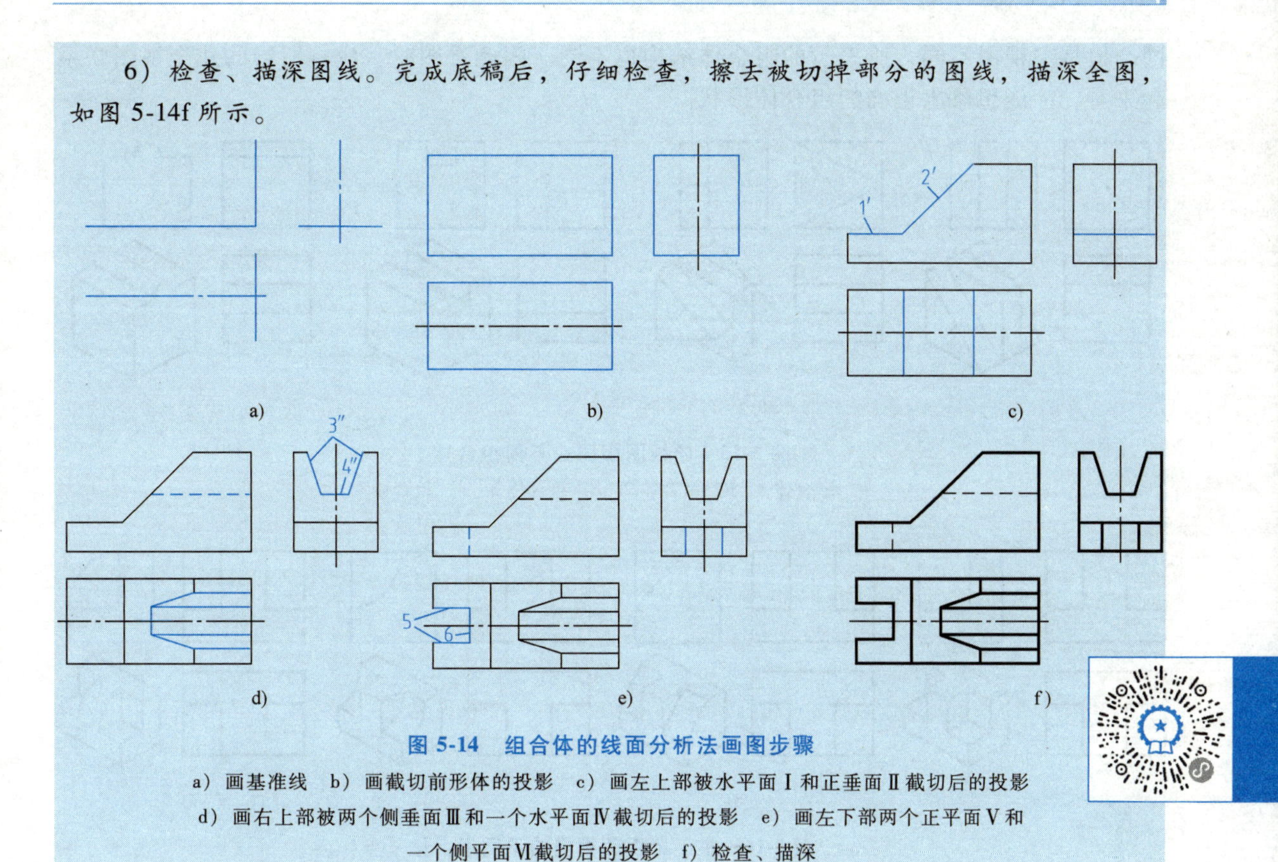

图 5-14　组合体的线面分析法画图步骤

a）画基准线　b）画截切前形体的投影　c）画左上部被水平面Ⅰ和正垂面Ⅱ截切后的投影　d）画右上部被两个侧垂面Ⅲ和一个水平面Ⅳ截切后的投影　e）画左下部两个正平面Ⅴ和一个侧平面Ⅵ截切后的投影　f）检查、描深

5.3　读组合体视图的方法和步骤

读组合体视图，是根据已知视图、运用正投影规律、构思出组合体的空间形状的思维过程，是画组合体视图的逆过程。所以，读组合体视图同样要用形体分析法，必要的情况下还需要用线面分析法。对于形体组合特征明显的组合体视图应首选形体分析法读图；对于形体组合特征不明显或对于平面立体截切类组合体视图，则适合采用线面分析法构思组合体的形状。

5.3.1　读图的基本要领

1. 掌握基本几何体的投影特性

对前面章节介绍的基本几何体（棱柱、棱锥、圆柱、圆锥、圆球和圆环）以及截切或相贯的基本体，要熟悉它们相对投影面为不同位置情况下的投影特性，并能很快地由视图想象出它们的空间几何形状。

2. 将几个视图联系起来看

一般情况下，一个视图只能反映物体在某一个方向的投影，仅由一个或两个视图不一定能唯一确定物体的几何形状。如图 5-15 所示的四组视图，其俯视图都相同，但是主视图和左视图不同，所表示的组合体结构也不同。如图 5-16 所示的四组视图，其主、俯视图都相同，但是左视图不同，所表示的组合体结构也不同。因此看图时，应将所给的几个视图联系起来看，才能想象出正确的组合体形状。

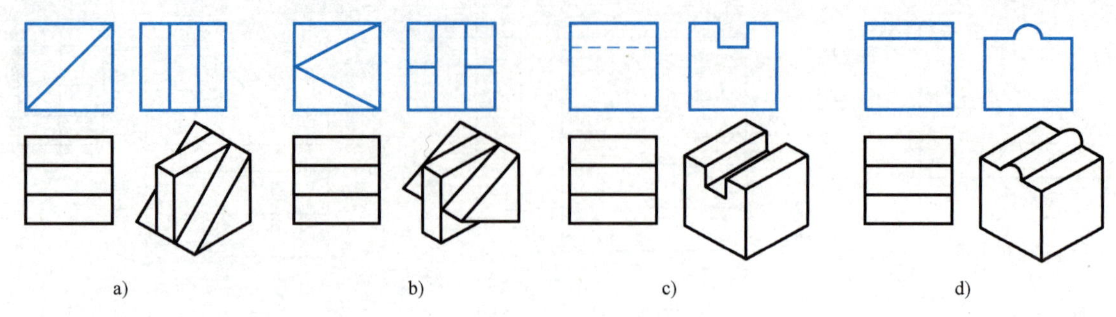

图 5-15　俯视图相同的不同组合体

a）组合体 1　b）组合体 2　c）组合体 3　d）组合体 4

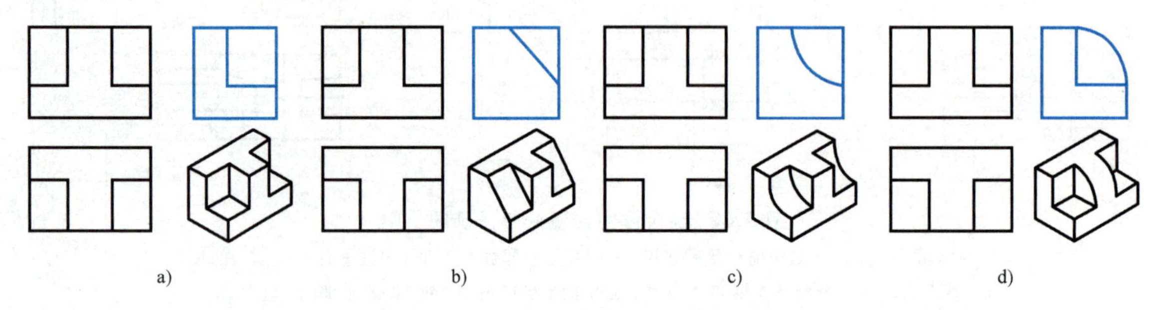

图 5-16　主、俯视图相同的不同组合体

a）组合体 1　b）组合体 2　c）组合体 3　d）组合体 4

3. 善于抓住特征视图

将物体形状特征反映最清楚的那个视图称为特征视图。一般情况下，主视图能较多地反映组合体各部分的形状特征，所以读图时一般应从主视图读起，但是组成组合体各形体的形状特征不一定全集中在主视图上。因此，要善于找出反映各部分形体形状特征的视图。如图 5-17 所示的组合体是由形体Ⅰ和形体Ⅱ左右对称叠加而成的，形体Ⅰ是带圆孔的拱形体，反映其形状特征的视图是主视图，形体Ⅱ是前方被挖切掉两个半圆柱的四棱柱，反映其形状特征的视图是俯视图。因此，在分析形体Ⅰ时应先从反映其形状特征的主视图着手；在分析形体Ⅱ时，应先从反映其形状特征的俯视图着手。识别每一形体的关键是要抓住其形状特征，再结合其他视图，就能迅速、准确地想象出该组合体的空间形状。

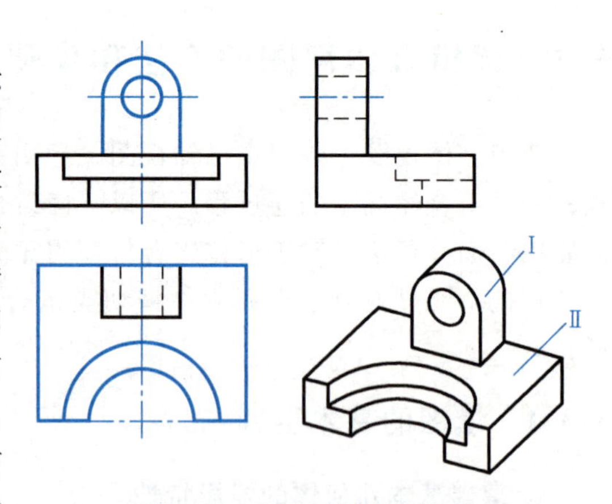

图 5-17　组合体的特征视图

4. 分析相邻表面间的位置关系

组合体的投影，实质上是构成该组合体的所有表面投影的总和。每一个表面的投影都是一个封闭的线框，相切的表面是连通的线框。线框又是由线条围成的，识别相邻表面（相

邻线框）之间的相对位置，对于快速正确识别形体的空间结构十分必要。如图 5-18 所示，主视图都是由 *A*、*B*、*C*、*D* 四个线框组成，说明它们是四个表面。通过主、俯视图的分析可以看出，图 5-18a 中的 *A*、*B*、*C*、*D* 四个线框代表的都是正平面，它们是前后平行错开的位置关系；图 5-18b 中的 *B* 和 *D* 是前后平行错开的位置关系，而 *A* 和 *B*、*B* 和 *C* 分别是两个平面相交的位置关系；图 5-18c、d 中的 *A*、*C* 和 *D* 是前后平行错开的位置关系，而 *A* 和 *B*、*B* 和 *C* 分别是平面和曲面相交的位置关系。

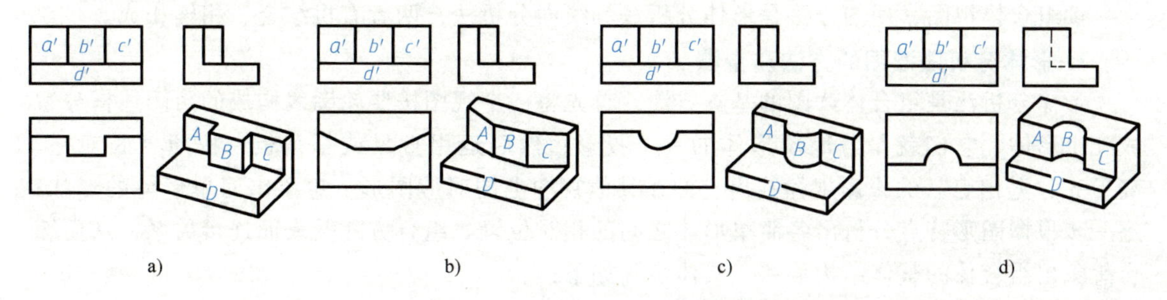

图 5-18　几个主视图相同的组合体

5. 分析视图中的图线、线框的含义

通常视图中的图线所代表的含义如下：

1）平面或曲面的积聚性投影。图 5-19 俯视图中 1 所指的直线是铅垂面的积聚投影，2 所指的圆是圆柱面的积聚投影。

2）两个表面交线的投影。图 5-19 主视图中 3 所指的直线是两个平面交线的投影，4 所指的直线是曲面与曲面交线（相贯线）的投影，是一个水平圆的正面投影。

3）曲面转向轮廓线的投影。图 5-19 主视图中 5 所指的直线是圆柱轮廓线的投影，6 所指的直线是圆台轮廓线的投影。

4）视图中的细点画线，表示回转体的轴线、圆的对称中心线、对称形体对称面的投影（即对称线）。图 5-19 主视图中 7 所指的细点画线是轴线，图 5-19 俯视图中 8 所指的细点画线是对称线。

视图中每一个线框都代表一个表面。通常视图中的线框所代表的含义如下：

1）平面的投影。图 5-20 主视图中 1 所指的线框是正平面的投影。

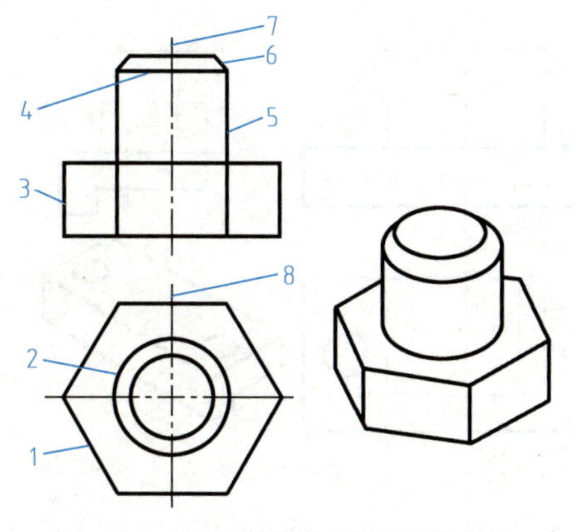

图 5-19　组合体视图中图线的含义

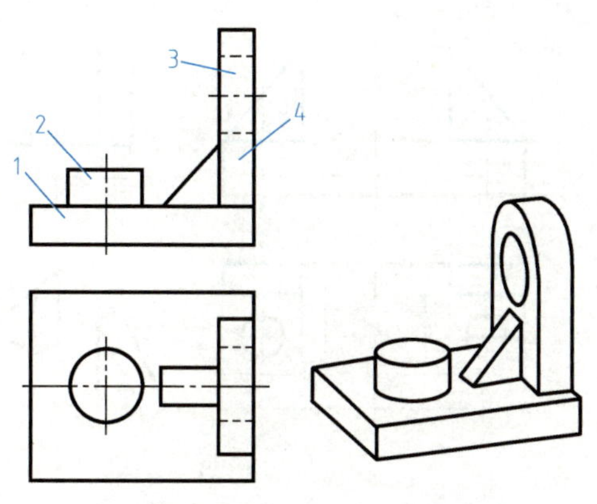

图 5-20　组合体视图中线框的含义

2）曲面的投影。图 5-20 主视图中 2 所指的线框是圆柱外表面的投影，3 所指的虚线线框是圆柱内表面的投影。

3）平面和曲面组合的投影。图 5-20 主视图中 4 所指的粗实线线框是平面与曲面组合的投影。

5.3.2 读图的方法和步骤

读组合体视图常用的方法是形体分析法和线面分析法，两者有机结合，相辅相成。

1. 形体分析法读图的方法和步骤

形体分析法是组合体读图的基本方法。首先将一个视图按照轮廓线构成的封闭线框分解成几个形体，它们就是各简单形体的一个投影；然后运用直尺或三角板，按照“长对正、高平齐、宽相等”的投影规律找出它们在其他视图上的对应图形，想象出简单形体的形状；进一步根据图形特点分析出各简单形体之间的相对位置、组合方式及表面连接关系，从而综合想象出组合体的整体结构形状。具体步骤如下：

（1）划分线框、分形体　如图 5-21a 所示，从主视图来看，有四个粗实线的线框，其左右对称，将整体分为Ⅰ、Ⅱ（×2）、Ⅲ四个部分。

（2）对投影、想形状　按照长对正、高平齐、宽相等的投影规律，找出每个线框对应的简单形体的三视图，并想出其形状。线框Ⅰ为四棱柱经切割半圆柱而成，如图 5-21b 所示。线框Ⅱ为左右对称的三棱柱，为两块三棱柱肋板，如图 5-21c 所示。线框Ⅲ为棱线侧垂的六棱柱挖切两个小圆柱孔而成，如图 5-21d 所示。

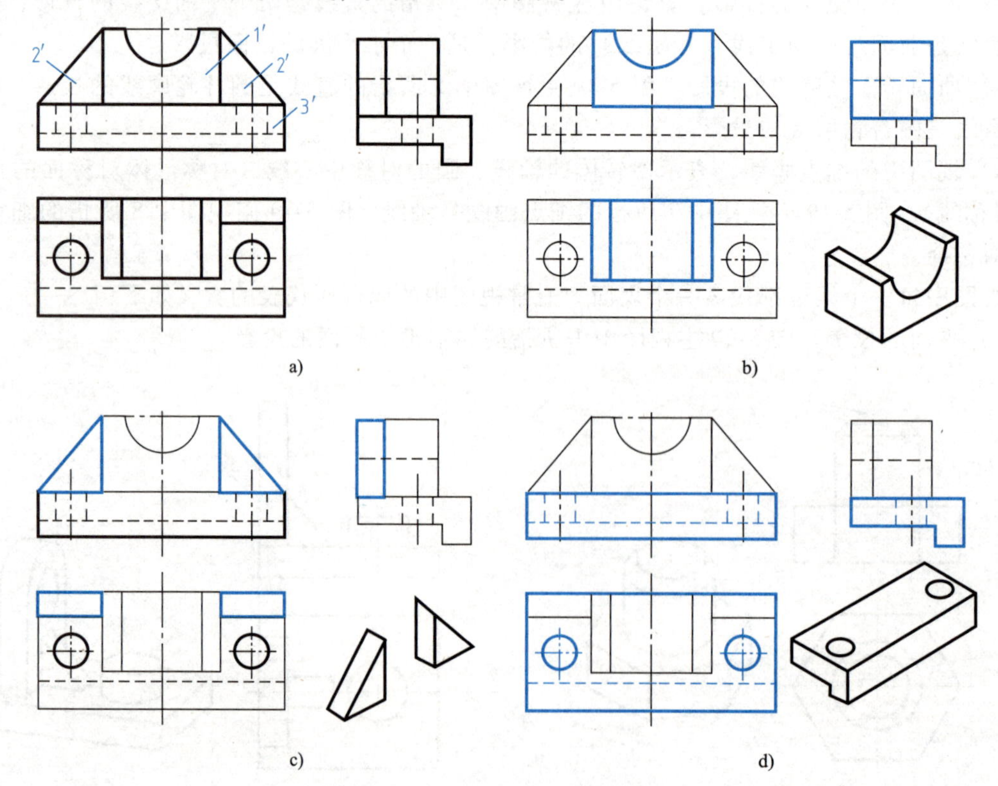

图 5-21　组合体的读图方法

（3）综合归纳想整体 在看懂每部分形状的基础上，再分析已知视图，想象出各部分形体之间的相对位置及组合方式。形体Ⅰ在形体Ⅲ上方、左右对称、后面平齐叠加，形体Ⅱ在形体Ⅲ上方、在形体Ⅰ左右两边、后面与形体Ⅰ平齐叠加。由此，进行综合整理，想象出组合体的整体形状如图 5-22 所示。

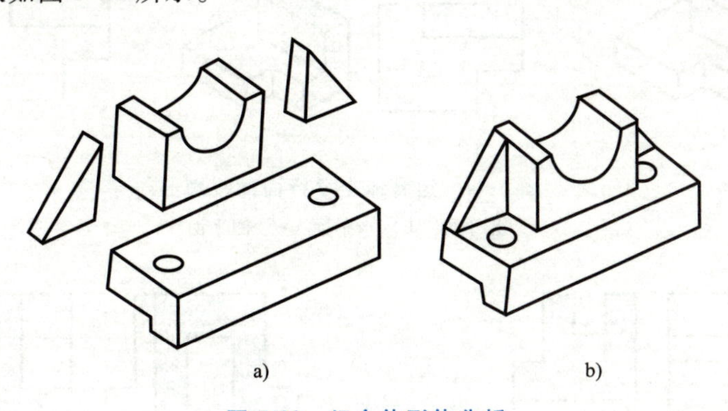

图 5-22 组合体形体分析

a）组合体各形体 b）组合体的整体形状

2. 线面分析法读图的方法和步骤

线面分析法是在形体分析法的基础上，运用点、线、面的投影规律，分析视图中线、面的空间位置、形状，进而想象出物体形状的一种方法。特别是在读切割体视图时，对挖切部分较多、所形成的交线较复杂的部分，采用线面分析法读图，对提高读图速度和准确率更为有效。线面分析过程中应注意：投影面垂直线，在其所垂直的投影面上的投影积聚为点，其他两投影是平行于投影轴且反映实长的直线段，如图 5-23 所示；投影面平行面，在其所平行的投影面中的投影反映实形，其他两投影是平行于投影轴的直线段，如图 5-24 所示；投影面的垂直面，在其所垂直的投影面上的投影积聚为倾斜直线段，另两个投影为类似形的封闭线框，如图 5-25a～c 所示；一般位置平面，三个投影面的投影都为类似形的封闭线框，如图 5-25d 所示。

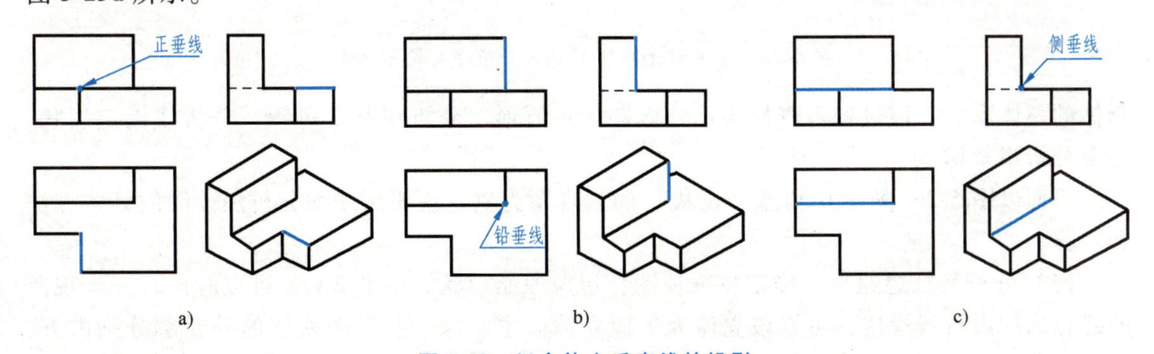

图 5-23 组合体上垂直线的投影

a）正垂线 b）铅垂线 c）侧垂线

用线面分析法读图的思路：比较已知的几个视图外轮廓线的复杂程度和特点，确定一个成形特征视图，利用该视图想象出切割前的原始形状。再利用其他视图分析切割特征以及成形的过程。最后利用直线和平面的投影特性分析切割体各个表面在不同投影面上的投影，进而复原视图中各个线框所表示的平面或曲面的实际形状和位置关系，最后综合起来想象出切

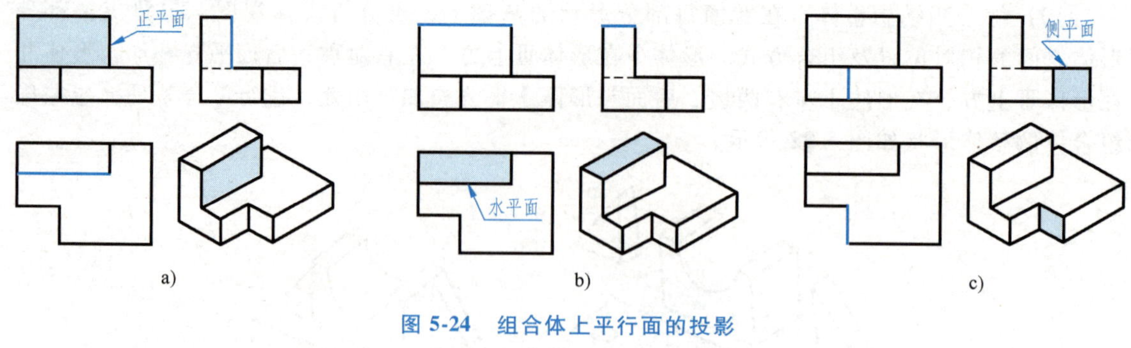

图 5-24　组合体上平行面的投影

a）正平面　b）水平面　c）侧平面

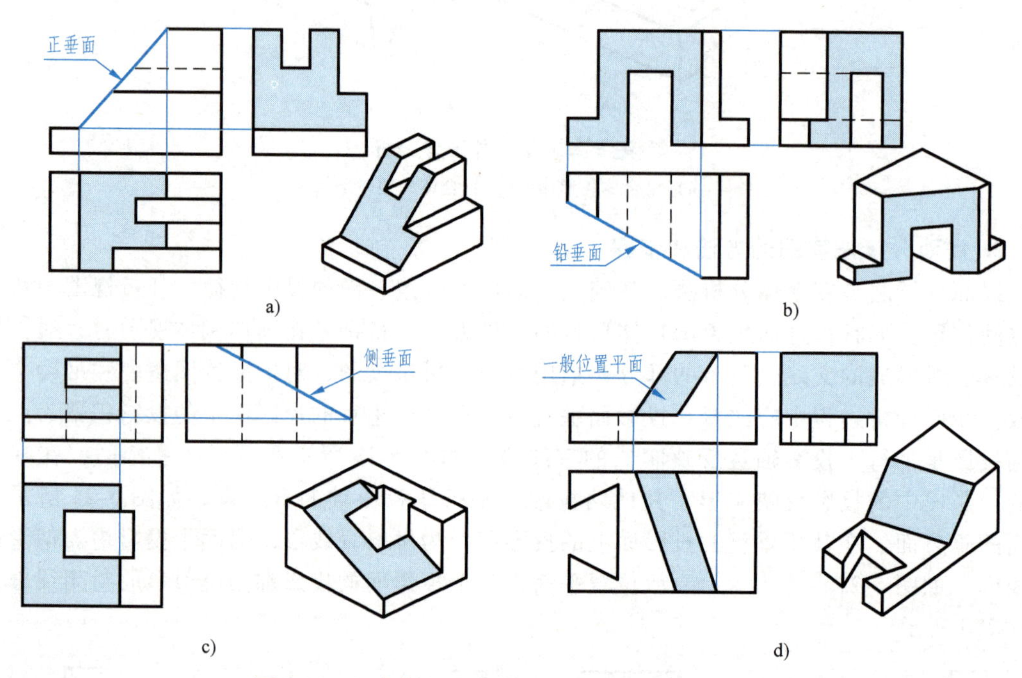

图 5-25　组合体上垂直面和一般位置平面的投影

割体的整体形状。该过程可概括为：分析特征想原形、分析切割定过程、分析线面定形状、综合分析想整体。

下面以图 5-26a 所示切割体（压块）的三视图为例，说明用线面分析法读图的具体方法和步骤。

（1）分析特征想原形　确定特征视图，想象原始形状。由图 5-26a 可以看出，三个视图的外轮廓均由直线围成，可知该立体为平面立体。主、俯、左三个视图的外轮廓分别由五、六、八条线段围成。由于左视图的外轮廓相对复杂，压块的原始形状可看作是以特征视图左视图的外轮廓作为草图，沿着长度方向拉伸而成的柱体。该柱体由上下四个水平面、前后四个正平面和左右两个侧平面围成，如图 5-26b 所示。

（2）分析切割定过程　确定立体被切割次数和新平面的位置。利用左视图确定原始形状后，通过观察分析俯视图可知柱体被前后两个铅垂面（*P* 平面）对称切掉两部分，如图 5-26c、d 所示。

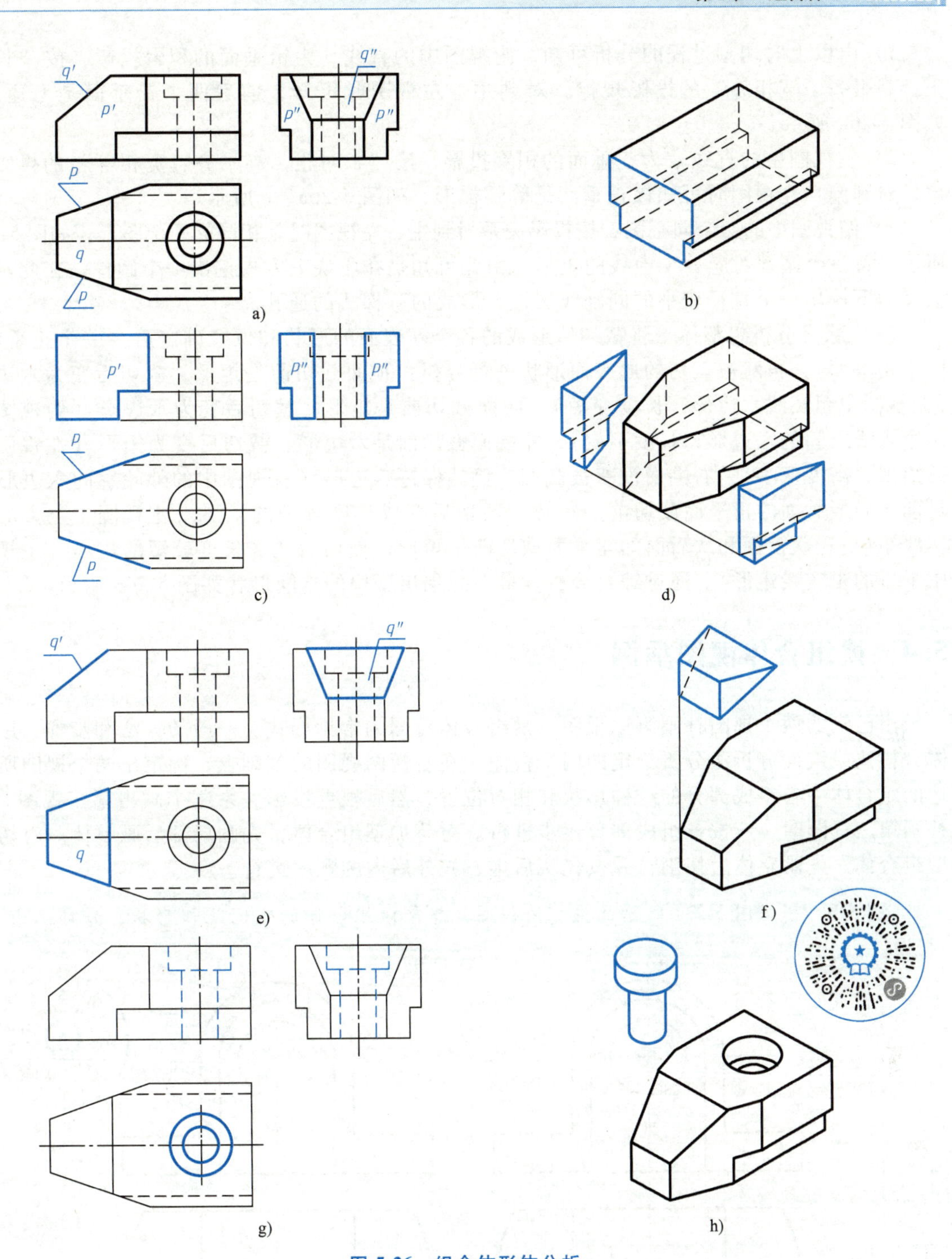

图 5-26　组合体形体分析

a）压块的三视图　b）原始形状　c）两个铅垂面的投影　d）两个铅垂面切割
e）正垂面的投影　f）正垂面切割　g）分析两个同心圆形状　h）挖出两个同心圆柱后形状

观察分析主视图可知在第一次切割的基础上，柱体又被一个正垂面（Q 平面）切掉左上角，如图 5-26e、f 所示。

（3）分析线面定形状　分析截切后立体各表面形状：

1）由以上对切割过程的分析可知，俯视图中的直线 p 为铅垂面的积聚投影，按“长对正、高平齐、宽相等”的投影规律，对到主、左视图时可知，前后两个铅垂面是七边形，如图 5-26a 所示。

2）主视图中的直线 q' 为正垂面的积聚投影，按“长对正、高平齐、宽相等”的投影规律，对到俯、左视图时可知该正垂面是等腰梯形，如图 5-26a、e 所示。

3）俯视图中的两个同心圆，按投影关系对到主、左视图时是相同的两个图形，如图 5-26g 所示，每一个圆都对应一个虚线的矩形，由此可知是在压块上方先挖出一个圆柱，在此基础上又向下挖出一个直径较小的同轴线圆柱，形成的阶梯式的通孔。

（4）综合分析想整体　将截切后形成的各个新表面的形状和位置确定后（一个正垂面，两个铅垂面），再对被截切的原表面形状进行分析：顶面截切前是矩形，截切后变为六边形（俯视图中粗实线六边形，长度变短）；底面截切前是矩形，截切后变为六边形（俯视图中两个虚线之间的六边形，长度不变）；左端面截切前是六边形、截切后变为矩形（左视图中的矩形，高度变小）；右端面没有被截切，仍然保持六边形（左视图中的外轮廓的六边形）；最前面和最后面的正平面截切前是矩形，截切后变成长度较短的矩形（主视图中上方的粗实线矩形）；次前面和次后面的正平面截切前是矩形，截切后变成长度较短的矩形（主视图中下方的粗实线矩形）。通过综合分析，最后想象出压块的空间形状如图 5-26h 所示。

5.4　读组合体视图举例

由已知的两个视图补画第三视图，是组合体看图的常见形式。一般的方法和步骤：用形体分析法或线面分析法分析给定的两个视图，在看懂两视图的基础上，确定出两个视图所表达的组合体中各组成部分的结构形状和相对位置，然后根据投影关系逐个画出第三视图。在补画第三视图时，应按各组成部分逐步进行。对叠加型组合体，先画局部后画整体。对切割型组合体，先画整体后切割，并按先实后虚、先外后内的顺序进行。

例 5-3　根据图 5-27a 所示的主、俯视图，想象该组合体的空间几何形状，并补画出左视图。

图 5-27　已知组合体视图及划分线框

a）已知条件　b）划分线框

解题步骤如下：

1）分析视图划分线框。从主、俯视图对照看，可将该组合体划分成四个线框，如图5-27b所示。将整体分为Ⅰ、Ⅱ、Ⅲ、Ⅳ四个部分。识别每一部分线框所代表的形体及其空间形状，并确定它们之间的相互位置。

2）补画形体Ⅰ左视图。在该组合体中，上部拱形体与带两个小圆孔的底板前后平齐叠加，故划分为形体Ⅰ，如图5-28a所示，其余形体在形体Ⅰ中挖切。其侧面投影为上下两个矩形，其中两个小孔的侧面投影重合，其轮廓线为两条虚线，如图5-28a左视图所示。

3）补画形体Ⅱ左视图。形体Ⅱ两部分为前后对称挖切的拱形体，形成拱形体内腔，其侧面投影为矩形，其中两边为虚线，如图5-28b左视图所示。

4）补画形体Ⅲ左视图。第Ⅲ部分为挖切的圆柱，将前后拱形体内腔连通，形成圆柱形通孔，其侧面投影为虚线的矩形，如图5-28c左视图所示。

5）补画形体Ⅳ左视图。形体Ⅳ为上部挖掉的圆柱，形成圆柱形通孔，其侧面投影轮廓线为虚线，其上部及下部都与圆柱面相交，形成相贯线，如图5-28d左视图所示。

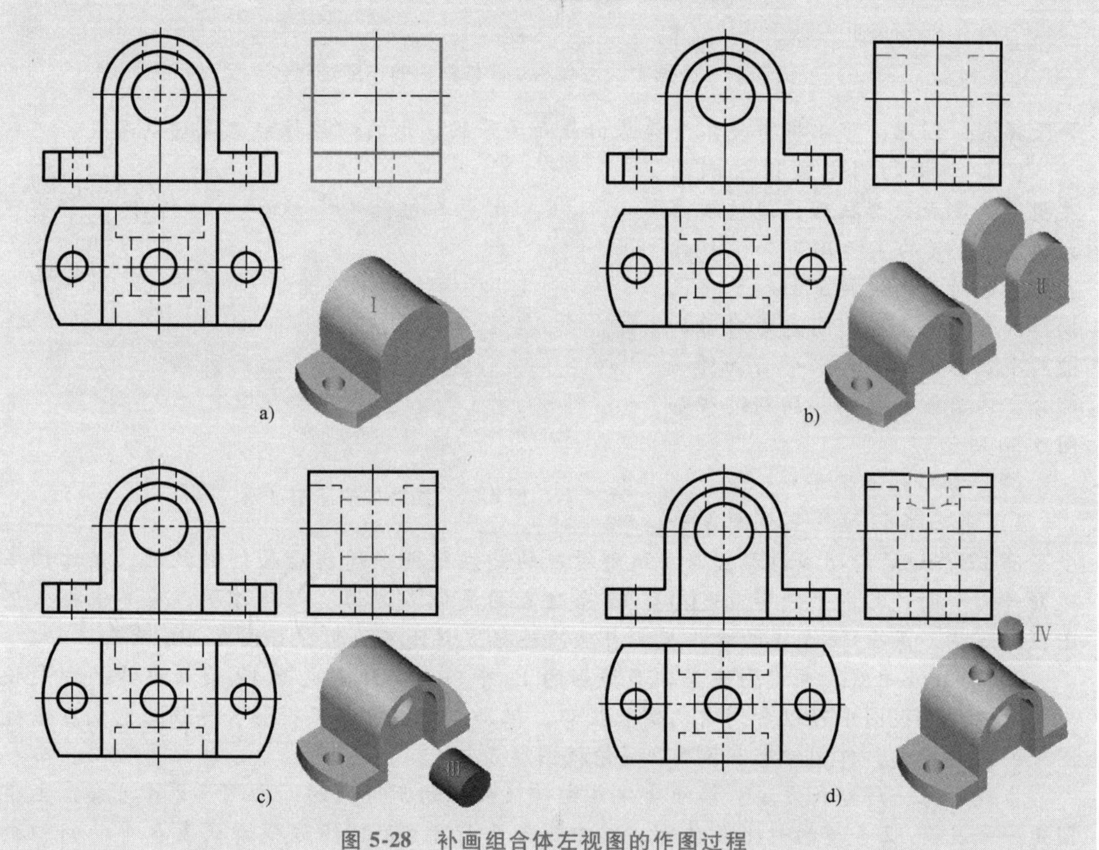

图5-28　补画组合体左视图的作图过程

例5-4　根据图5-29a所示的主、左视图，想象该组合体的空间形状，并补画出俯视图。

解题步骤如下：

（1）分析特征想原形　确定特征视图想象原始形状。由图5-29a可看出，两个视图的外轮廓均由直线段围成，该组合体为平面立体结构，主视图只有一个封闭线框，左视图是

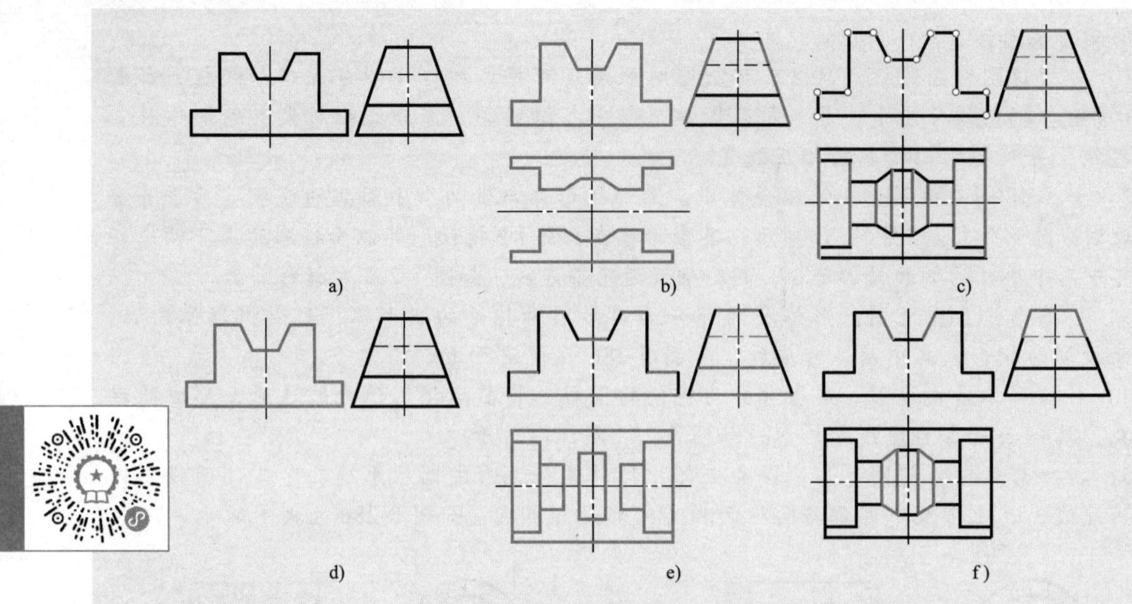

图 5-29　根据主、左视图补画俯视图的作图过程

等腰梯形，因此，可以将组合体看作是由截面为等腰梯形的四棱柱经三次切割而成。

（2）分析切割定过程　利用左视图确定原始形状后，通过观察分析图 5-29a 的主视图可知，柱体左右两边对称的被侧平面和水平面切掉两部分，上部中间左右对称的被两个正垂面和一个水平面切掉一部分，均为前后贯穿。切割过程如图 5-30 所示。

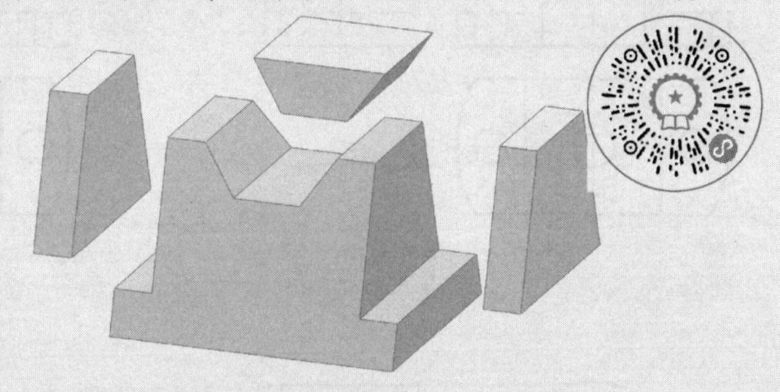

图 5-30　组合体的切割过程

（3）分析线面定形状

1）先画类似形。主视图是一个具有 12 条边的封闭多边形，与多边形对应的是左视图中的前后两条斜线段，显然该多边形是侧垂面，其水平投影应是具有 12 个顶点的类似多边形。以此作图，应先依据三视图投影规律，画出 12 个点的水平投影并顺次连接成封闭多边形，如图 5-29b 所示。

2）再画正垂线。主视图中类似多边形的 12 个顶点实际上也是 12 条正垂线的积聚投影，对应到左视图中可以看到它们实长投影，根据左视图的实长投影，补画出它们在俯视图中的实长投影，作图结果如图 5-29c 俯视图所示。

本题的另一种分析方法：该组合体是由四棱柱经切割得到的，由图 5-29d 可知，主视图是一个具有 12 条边的封闭多边形，其中 6 条平行于 OX 轴的边线都代表水平面的积聚投影，其侧面投影积聚为线，水平投影应为反映实形的矩形；4 条垂直于 OX 轴的边线都是侧平面的积聚投影，其侧面投影都为实形的等腰梯形，水平投影则积聚为垂直于 OX 轴的线；2 条倾斜的边线是正垂面的积聚投影，其侧面投影是类似形的等腰梯形，水平投影也应该是类似形的等腰梯形。

根据上述分析，按照三视图投影规律，可先画出 6 个水平面的水平投影，即 6 个矩形，如图 5-29e 的俯视图所示。然后再画两个正垂面的水平投影，即补画出等腰梯形的类似形中缺少的图线。4个侧平面，其水平投影积聚的垂直于 OX 轴的线都和相应的矩形边线重合，不需要再画出，作图结果如图5-29f所示。可见，用不同的分析方法作图，其结果是相同的。

5.5　组合体的尺寸标注

组合体的三视图仅表达了组合体的结构形状，各形体的大小及其相对位置需要通过标注尺寸来确定。

5.5.1　标注组合体尺寸的基本要求

标注组合体尺寸的基本要求：正确、完整和清晰。

（1）正确　标注尺寸要符合国家标准（GB/T 4458.4—2003和GB/T 16675.2—2012）的有关规定。

（2）完整　所标注的尺寸必须能完全确定组合体的形状和大小，尺寸必须齐全，不重复、不遗漏。

（3）清晰　尺寸布局要合理整齐，便于读图，每个尺寸必须在适当的位置标注，以便于查找。

5.5.2　基本体的尺寸标注

常见基本体的尺寸标注如图5-31所示。标注基本体的尺寸时，必须标注出该形体的长、宽和高三个方向的尺寸。如果必要，可在某个尺寸上加括号，用于表示该尺寸是参考尺寸。

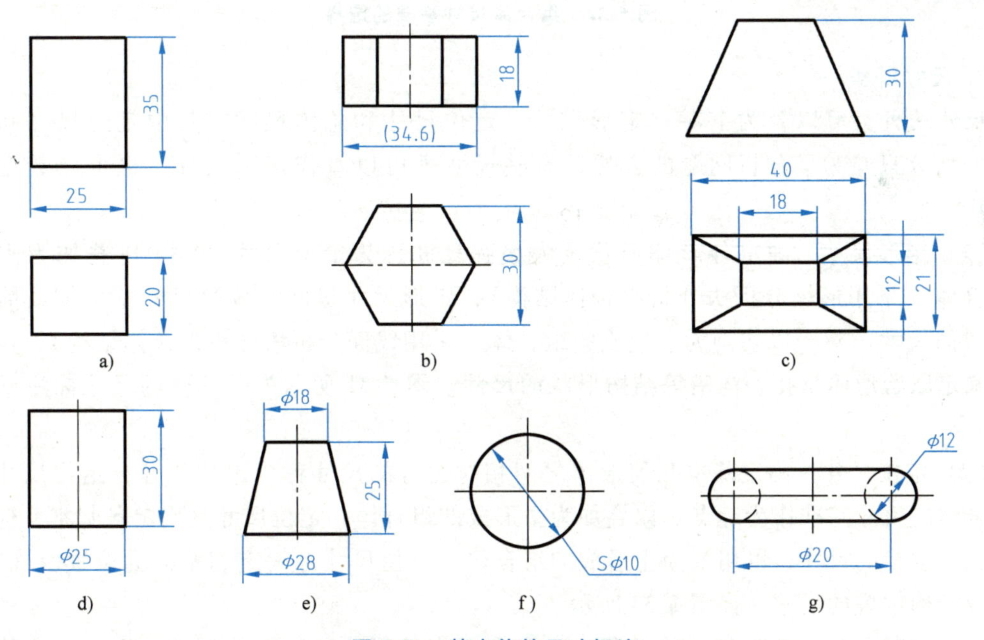

图5-31　基本体的尺寸标注

a）四棱柱　b）正六棱柱　c）四棱台　d）圆柱　e）圆台　f）球　g）圆环

5.5.3 组合体的尺寸分析

1. 尺寸基准

确定尺寸位置的点、直线或平面，称为尺寸基准。组合体在长、宽、高三个方向上都至少应该有一个尺寸基准，其中一个为主要基准，其余为辅助基准。尺寸基准常选用物体上圆的中心、对称面、回转体的轴线、底面或端面等较大平面作为尺寸基准。如图 5-32 所示，一般来讲，应选择组合体的底面、对称中心线、回转体的轴线和重要端面作为尺寸基准。对称组合体则选择对称平面作为该方向的尺寸基准，如图 5-32a 所示的长度方向尺寸基准的选择；非对称的组合体选择较大的平面（底面和端面）作为该方向的尺寸基准，如图 5-32a 所示的宽度和高度方向尺寸基准的选择。整体上对称的组合体，选择其对称中心线作为长宽两个方向的尺寸基准，如图 5-32b 所示的长度和宽度方向的尺寸基准。

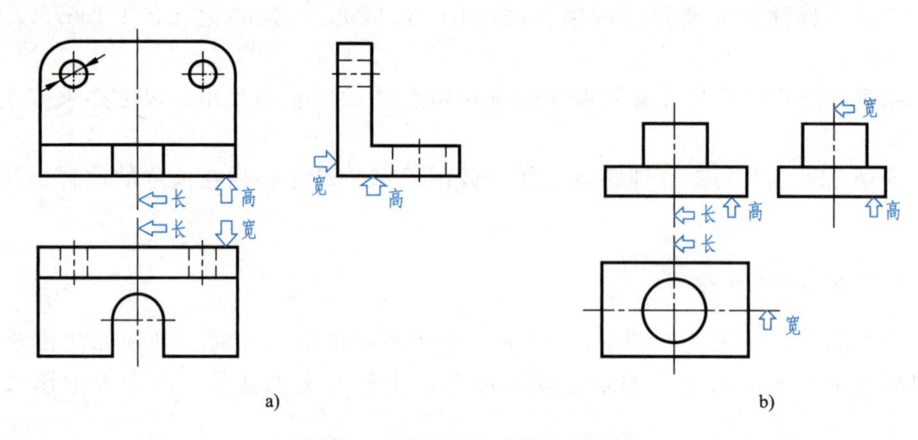

图 5-32　组合体尺寸基准的选择

2. 尺寸种类

尺寸的种类可以分为三种：定形尺寸、定位尺寸和总体尺寸。其中定形尺寸和定位尺寸的划分只是为了分析问题的方便，有些尺寸既可以看作定形尺寸，也可以看作定位尺寸。

（1）定形尺寸　确定各形体形状及大小的尺寸称为定形尺寸。对于以叠加为主形成的组合体（采用形体分析法分析组合体结构），定形尺寸是确定分解后各基本体或简单形体形状的尺寸。对于以切割为主形成的组合体（采用线面分析法分析组合体结构），定形尺寸是确定原始形体及孔、沟槽等结构形状的尺寸。图 5-31 所示为基本体的尺寸标注（定形尺寸）。

（2）定位尺寸　确定基本几何形体之间相对位置的尺寸称为定位尺寸，定位尺寸通常以组合体的尺寸基准作为起点。以叠加为主形成的组合体，定位尺寸是确定各基本几何形体间的相互位置的尺寸；以切割为主形成的组合体，定位尺寸是确定切割面的位置及确定孔、沟槽等结构位置的尺寸，如图 5-33 所示。

（3）总体尺寸　表示组合体总长、总宽和总高的尺寸称为总体尺寸。标注组合体的定形尺寸和定位尺寸后，尺寸已经标注完整，若再标注总体尺寸就会出现多余的尺寸。当加注

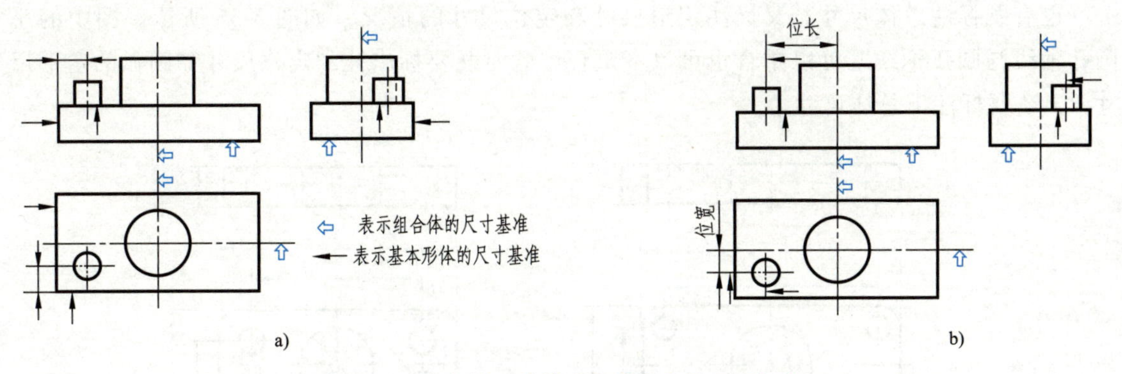

图 5-33　组合体尺寸基准确定和定位尺寸标注

a）以基本形体的尺寸基准定位　b）以组合体的尺寸基准定位

一个总体尺寸时，就应该减去该方向的一个尺寸。

有时某个定形尺寸或定位尺寸也是组合体的总体尺寸，如图 5-34a 所示，组合体的总长和总宽是长方体的长和宽，组合体的总高是长方体和圆柱的高度总和，标注总高 H 后，应减去圆柱的高度尺寸，如图 5-34b 所示。

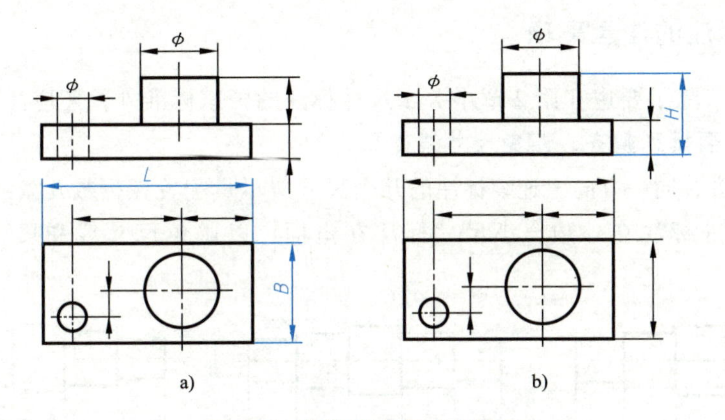

图 5-34　调整总体尺寸的情况

有时，为了制造方便，必须标注出对称中心线之间的定位尺寸和回转体的半径（或直径），而不应标注出总体尺寸，如图 5-35 所示。

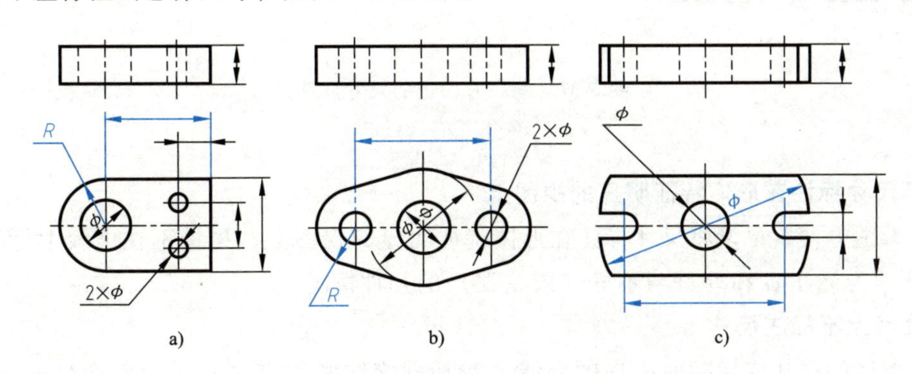

图 5-35　不标注总体尺寸的示例

a）示例 1　b）示例 2　c）示例 3

也有既标注总体尺寸，又标注定形尺寸和定位尺寸的情况，如图 5-36 所示。图中的小圆孔轴线与圆弧轴线既可以重合也可以不重合，此时既要标出孔的定位尺寸和圆弧的定形尺寸 *R*，还要标注出总体尺寸 *L*。

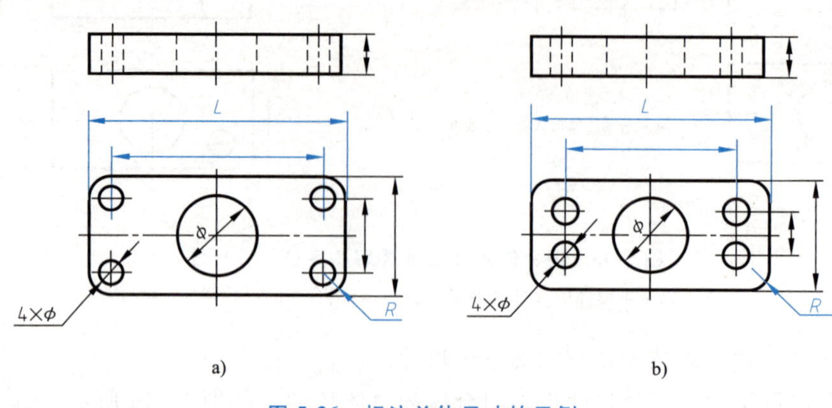

图 5-36　标注总体尺寸的示例

a）示例 1　b）示例 2

5.5.4　尺寸标注的注意事项

标注尺寸时，除了要遵守第 2 章中关于尺寸标注的国家标准外，还应注意以下几方面。

1. 尺寸标注要排列整齐，避免尺寸线交叉

做到排列整齐，同一方向上连续标注的几个尺寸应尽量配置在少数几条线上，如图 5-37b 所示，应将大尺寸标注在外边，小尺寸标注在里面，以避免尺寸线和尺寸界线相交，如图 5-37c 所示。

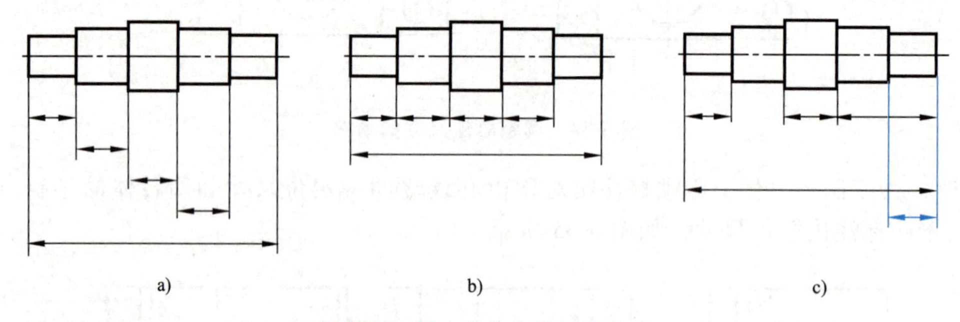

图 5-37　同一方向上的尺寸注法

a）不好　b）好　c）不好

2. 把尺寸标注在形体特征明显的视图上

为了看图方便，尽量将尺寸标注在形体特征明显的视图上，尽量不在虚线上标注尺寸，图 5-38 所示为标注 ϕ 和 *R* 好与不好（或错误）的几种情况。

3. 交线上不标注尺寸

由于形体的叠加或切割而出现的交线（包括截交线和相贯线）是自然产生的，因此交线上不应标注尺寸，图 5-39 中有“×”的尺寸是错误的。

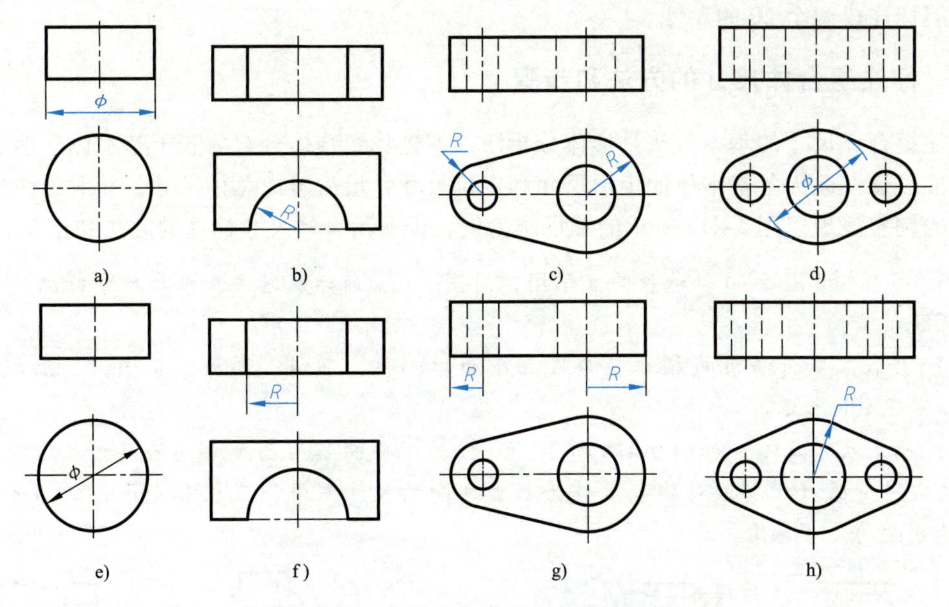

图 5-38　直径 ϕ 和半径 R 的标注示例

a）好　b）正确　c）正确　d）正确　e）不好　f）错误　g）错误　h）不好

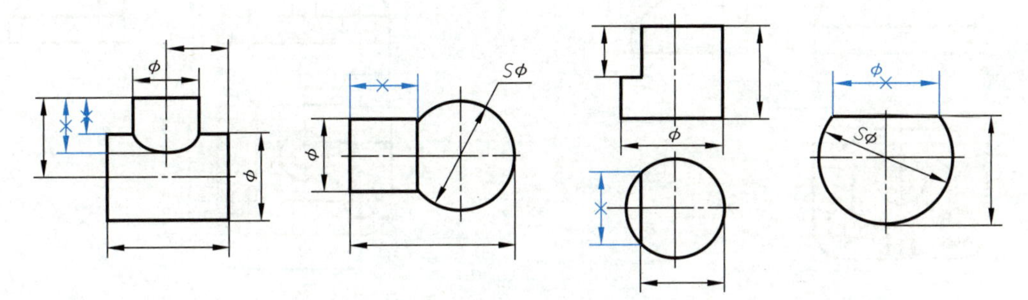

图 5-39　交线上不标注尺寸的示例

4. 表示同一形体的定形尺寸和定位尺寸应尽量集中标注

如图 5-40 所示，同一形体的尺寸应尽量集中标注，并尽量标注在该形体的两视图之间，以便于读图和查找尺寸，如底板的尺寸集中标注在主、俯视图上，小圆孔的定形尺寸和定位尺寸标注在俯视图上，以利于读图。

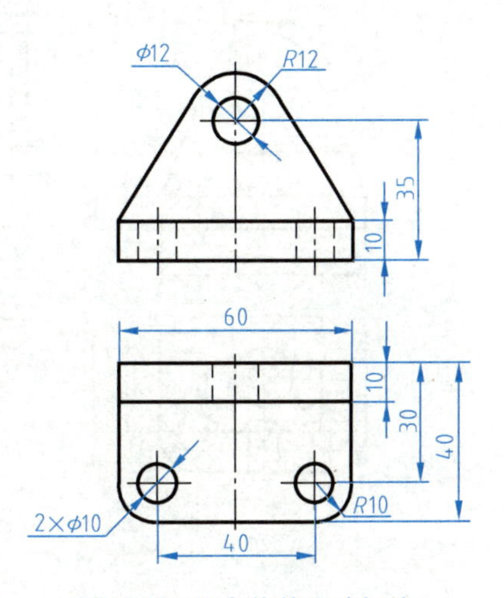

图 5-40　组合体的尺寸标注

5. 多个相同形体的标注

半径不能标注个数，如图 5-40 中的 R10，也不能标注在非圆视图上，只能标注在投影为圆弧的视图上。两个及其以上的整圆需要标注个数，如图 5-40 中的 2×ϕ10 。

6. 对称图形的尺寸标注

对称图形的尺寸，只能标注一个总的尺寸，不能分成两个尺寸标注。如图 5-40 中底板的长度尺寸为 60，不能标注成两个长度为 30 的尺寸；两个小孔的中心距只能标注

40，不能标注成两个 20 的尺寸。

5.5.5 标注组合体尺寸的方法和步骤

标注组合体尺寸的基本方法是形体分析法，即先将组合体分解为若干基本体，然后选择尺寸基准，逐一注出各基本体的定形尺寸和定位尺寸，最后考虑总体尺寸，并对已注的尺寸作必要的调整。现以图 5-41a 所示的轴承座为例，说明组合体尺寸标注的方法和步骤。

例 5-5 参考图 5-10 轴承座的立体图，对图 5-41a 所示的轴承座进行尺寸标注。

解题步骤如下：

1）用形体分析法可将轴承座分成五个简单形体，底板、圆筒、支承板、肋板、凸台，如图 5-10b 所示。

2）确定尺寸基准，如图 5-41a 所示。底板的下底面作为高度方向的尺寸基准；轴承座的左右对称面（投影为对称线）作为长度方向的尺寸基准；底板和支承板的后端面作为宽度方向的尺寸基准。

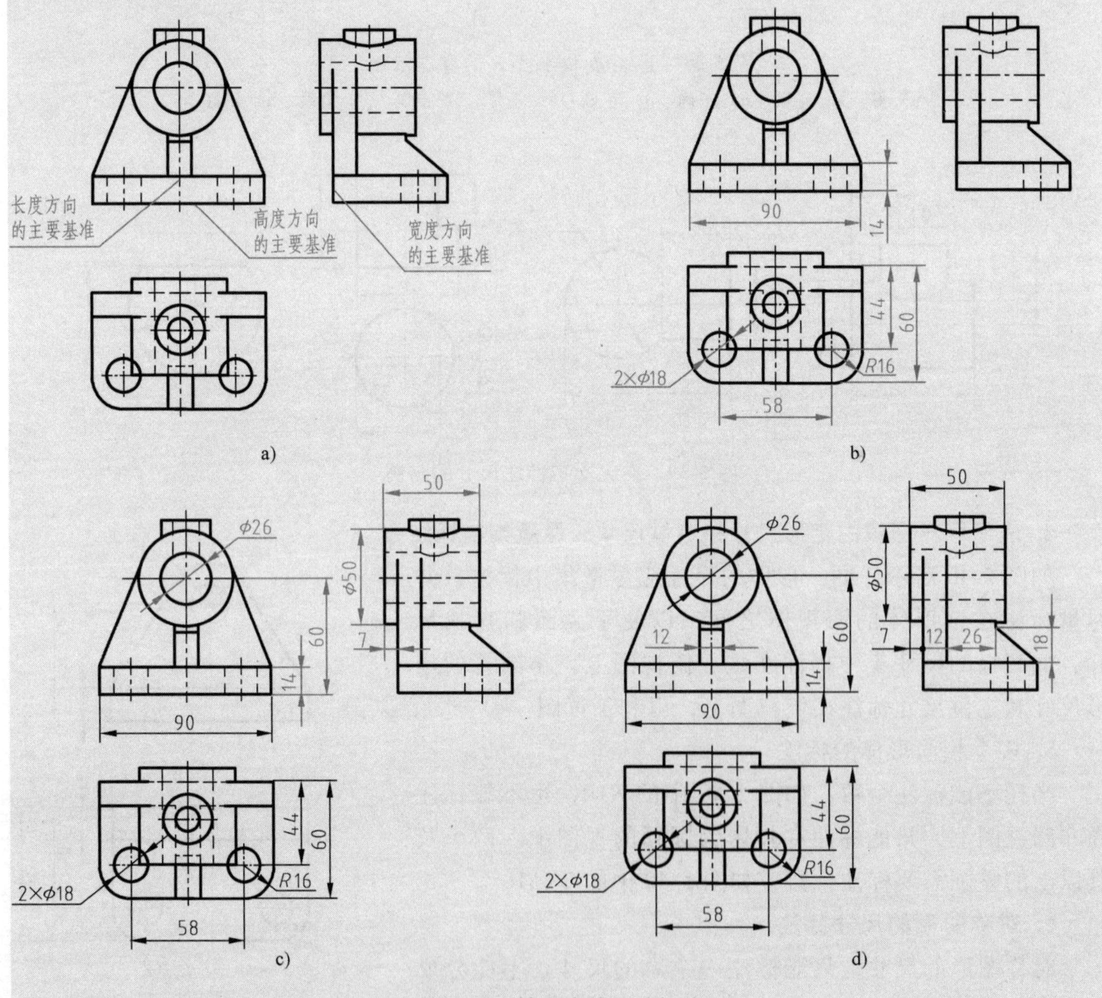

图 5-41 轴承座的尺寸标注

a）确定尺寸基准 b）标注底板的定形、定位尺寸 c）标注圆筒的尺寸 d）标注支承板、肋板的尺寸

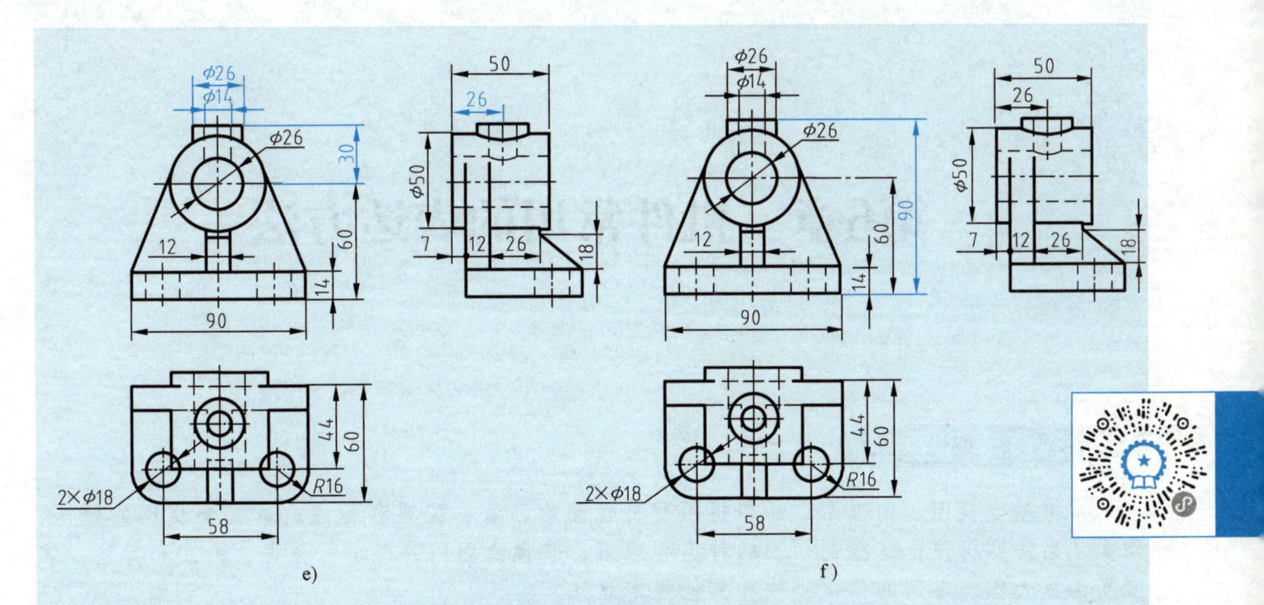

图 5-41 轴承座的尺寸标注（续）

e）标注凸台的尺寸 f）调整总体尺寸并校核

3）逐一标注每个形体的定形尺寸、定位尺寸，如图 5-41b～e 所示。

4）标注总体尺寸，如图 5-41f 所示。轴承座的总长为 90，在图中已经标出，故不再重复标注；总高应标 90，所以将 30 调整下去；总宽应为 67，但该尺寸不宜标注，因为若标注总宽尺寸，则尺寸 7 或 60 就是不应标出的重复尺寸，但是标注 60 和 7 这两个尺寸，有利于明确表达底板和圆筒之间在宽度方向上的定位。

5）检查、校核，标注完成后的尺寸如图 5-41f 所示。

课外拓展训练

5-1 在模型室以小组为单位，取不同的组合体模型，分析讨论在组合体中，各基本几何体表面之间有哪几种连接形式，在画法上应注意什么。

5-2 在模型室以小组为单位，取不同的组合体模型，分析讨论组合体模型是由哪些基本体组成的、其组合方式如何、怎样画它们的三视图、怎样合理地标注其尺寸。在小组讨论的基础上，按照实物画出组合体的三视图并合理标注尺寸。

5-3 在模型室以小组为单位，取不同的基本体模型，试着组成一些具有一定功能的组合体。

第6章　机件常用的表达方法

本章学习要点

掌握基本视图、向视图、局部视图和斜视图的画法、配置和标注；掌握剖视图的概念、种类、画法和标注；掌握剖切面的种类和应用；掌握断面图的概念、种类、画法和标注；掌握局部放大图、常用的简化画法和其他规定画法。

引例

由于机件的结构形状和复杂程度不同，仅采用主、俯、左三视图，有时无法将它们的内、外形状准确、清晰、完整地表达出来。图6-1所示为压紧杆的立体图和三视图，从图6-1b可见俯视图和左视图无法反映压紧杆倾斜部分的真实形状，因此只采用三视图将给机件的表达和读图都带来较大的困难。为了更好地表达机件结构形状，就需要增加其他的表达方法。

在机械制图国家标准GB/T 4458.1—2002和GB/T 4458.6—2002中，对各种表达方法给出了一系列的规定，本章将介绍机械制图国家标准中规定的视图、剖视图、断面图、局部放大图和简化画法，初学者在掌握这些表达方法的定义、画法、配置规定和标注方法的基础上，可根据机件的具体结构对机件进行综合表达。

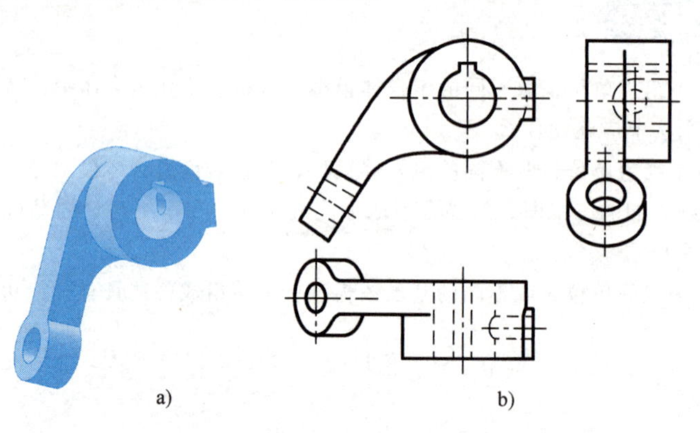

图6-1　压紧杆的立体图和三视图

a）立体图　b）三视图

6.1　视图

根据有关标准和规定，用正投影法所绘制出物体的图形称为视图。

视图主要用来表达机件的外部结构和形状。为了便于看图，一般只画出机件的可见部分，如必要时才用虚线画出不可见部分。

视图可分为基本视图、向视图、局部视图和斜视图。

6.1.1　基本视图

为了分别表达机件上、下、左、右、前、后六个基本投射方向的结构形状，将机件放置在正六面体内，该正六面体的六个面即为基本投影面。将机件向各基本投影面投射所得到的视图称为基本视图。

除了之前学过的主视图、俯视图和左视图之外，还有由右向左投射的右视图、由下向上投射的仰视图和由后向前投射的后视图。与三视图的展开方法相同，六个基本视图也需要展开在同一个平面上，即正立投影面不动，其他视图的展开方法如图 6-2 所示。展开后六个基本视图的配置关系如图 6-3 所示。

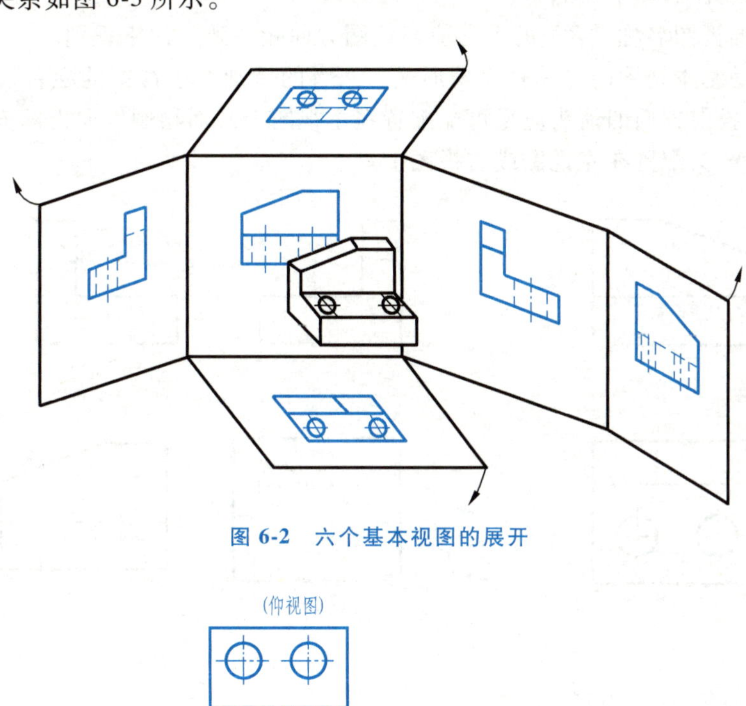

图 6-2　六个基本视图的展开

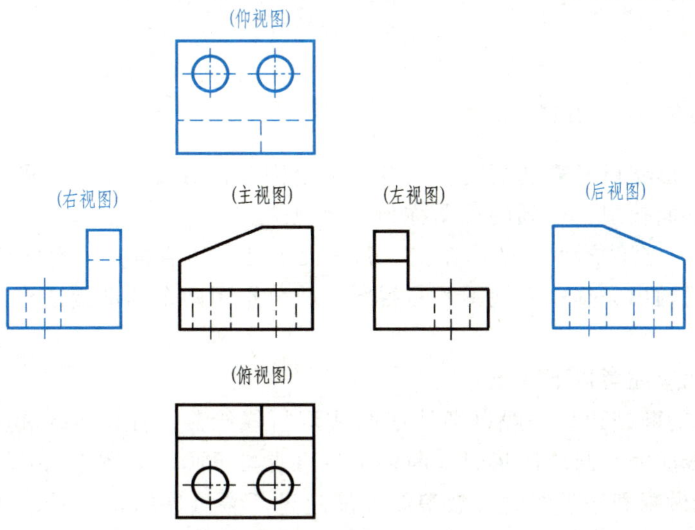

图 6-3　六个基本视图的配置关系

这种配置是以主视图为基准，其他视图都应和主视图保持特有的相对位置，符合基本投影规律。六个基本视图的度量关系仍然保持“长对正、高平齐、宽相等”的投影规律。方位的对应关系：左、右、仰、俯视图靠近主视图的一侧为机件的后侧，而远离主视图的一侧为机件的前侧。在实际绘图时，可根据机件结构的复杂程度，选择必要的基本视图，不一定六个基本视图都画出，优先选用主视图、俯视图和左视图。

6.1.2 向视图

向视图是可以自由配置的视图。

基本视图若不按照图 6-3 所示的形式配置，而是自由平移配置，则为向视图。为了便于看图，在向视图的上方标注“×”（“×”为大写拉丁字母），在相应视图的附近用箭头指明投射方向，并标注相同的字母，如图 6-4 所示。

绘制向视图应注意以下几点：

1）向视图的视图名称“×”的书写应与读图方向相一致，便于识别。

2）向视图是基本视图的另一种表现形式，二者的差别在于视图的配置发生了变化，所以向视图中表示投射方向的箭头应尽可能配置在主视图上。而绘制以向视图方式配置的后视图时，应将投射箭头配置在左视图或右视图上。

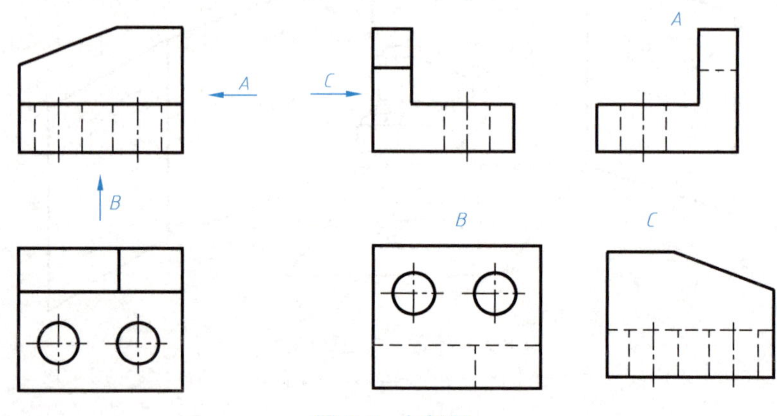

图 6-4 向视图

6.1.3 局部视图

当机件的主要形状已经表达清楚，只有局部结构形状需要表达时，可将机件的某局部结构形状向基本投影面投射，得到的视图称为局部视图。

如图 6-5 所示，机件的主体结构在主、俯视图中已表达清楚，只有两侧凸台无法反映实形，但又没有必要画出完整的左视图和右视图，故分别用两个局部视图对两侧凸台形状加以表达说明。

绘制局部视图应注意以下几点：

1）局部视图的断裂边界一般以细波浪线或双折线绘制，如图 6-5 和图 6-6 所示。当局部视图外形轮廓线成完整封闭图形时，断裂边界可省略不画，如图 6-5 中的 *B* 视图。

2）用波浪线做断裂边界线时，波浪线不能超过断裂机件的轮廓线，并画在机件的实体上，不可穿过中空处。

3）局部视图可按基本视图的配置形式配置，也可按向视图的配置形式配置，当按基本视图的位置配置且与相应视图无其他视图隔开时，可省略标注，如图 6-6 所示，否则需进行标注，如图 6-5 中的 *B* 视图。

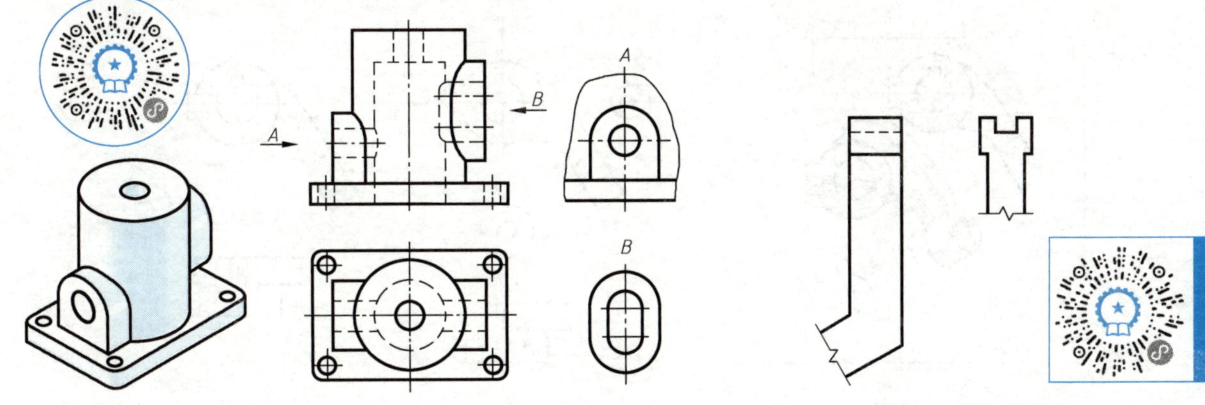

图 6-5　局部视图

图 6-6　不需标注的局部视图

4）局部视图的视图名称“×”为大写拉丁字母，在相应视图上用箭头指明投射方向，并标注相同的字母。

5）对于上下、左右对称或仅上下或左右对称的机件，将其视图只画出四分之一（图 6-7a）或者一半（图 6-7b、c），可视为以细点画线为断裂边界的局部视图的特殊画法，必须在对称中心线的两端画出两条与其垂直的平行细实线。

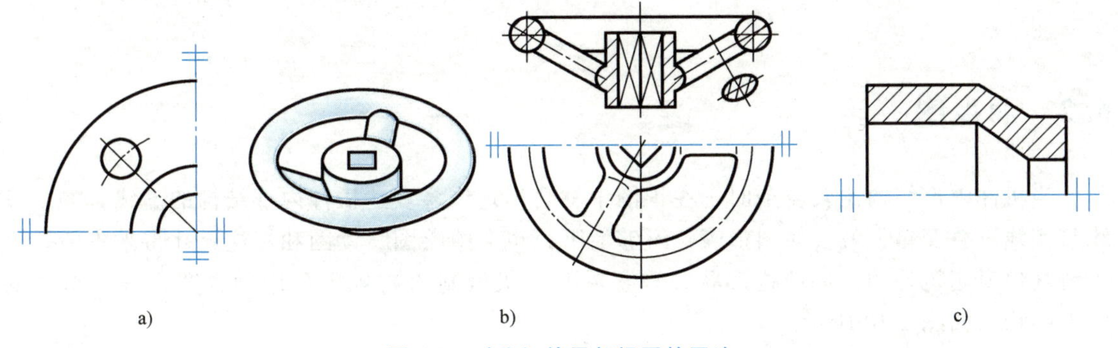

a)　　b)　　c)

图 6-7　对称机件局部视图的画法

6.1.4　斜视图

为了清晰地表达机件上倾斜部位的结构，如图 6-8a 所示机件左边倾斜的部分，其在基本投影面内无法反映实形。为此设置一个与倾斜部分平行的正垂面作为新投影面，再将倾斜结构向新投影面进行正投影，所得到的视图则能清晰地表达出倾斜结构的真实形状，如图 6-8b 中的 *A* 视图。

这种将机件向不平行于任何基本投影面的平面投射所得到的视图称为斜视图。

绘制斜视图应注意以下几点：

1）在斜视图上方标注视图名称“×”，字母水平书写，在相应的视图附近用箭头指明投射方向和部位，并标注同名字母“×”，如图 6-8b 中的 *A* 视图。

2）斜视图主要用来表达机件倾斜部分的实形，其余部分不必画出，断裂边界用波浪线表示。在基本视图中也可省略不反映实形的倾斜部分投影，如图 6-8c 中俯视图的局部视图。

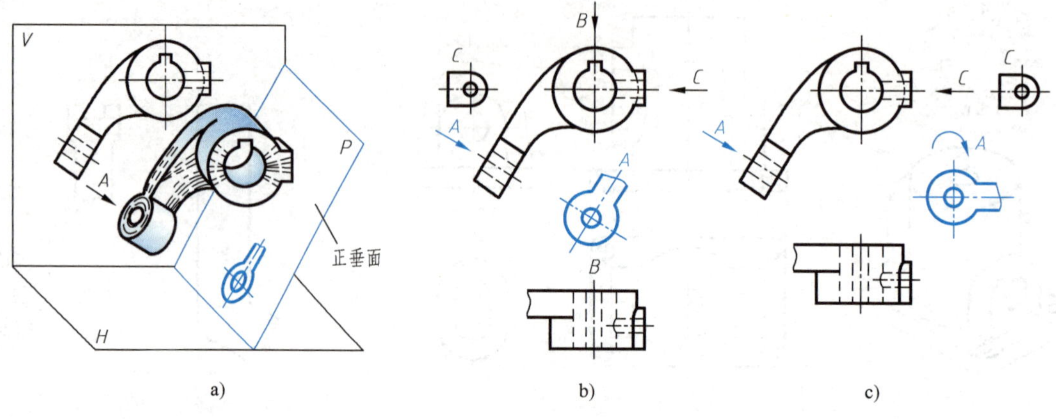

图 6-8　斜视图

3）斜视图一般按投影关系配置，必要时也可配置在其他适当位置，如图 6-8c 所示。

此外，在不引起误解的情况下，允许将图形旋转，但必须标注旋转符号（半径为字高的半圆弧，如图 6-9 所示），指明旋转方向，如图 6-8c 所示。表示斜视图名字的字母须放置在旋转符号箭头一侧。

图 6-9　旋转符号

a）逆时针旋转符号

b）顺时针旋转符号

6.2　剖视图

当机件内部结构比较复杂时，在视图中就会出现许多表达机件内部结构的虚线。如果虚线与实线重叠交错，就会使图形表达不够清晰，也会给绘图、读图和标注尺寸带来不便。为了清晰地表达机件的内部结构形状，国家标准《机械制图》规定采用剖视图来表达机件的内部结构，如图 6-10 所示。

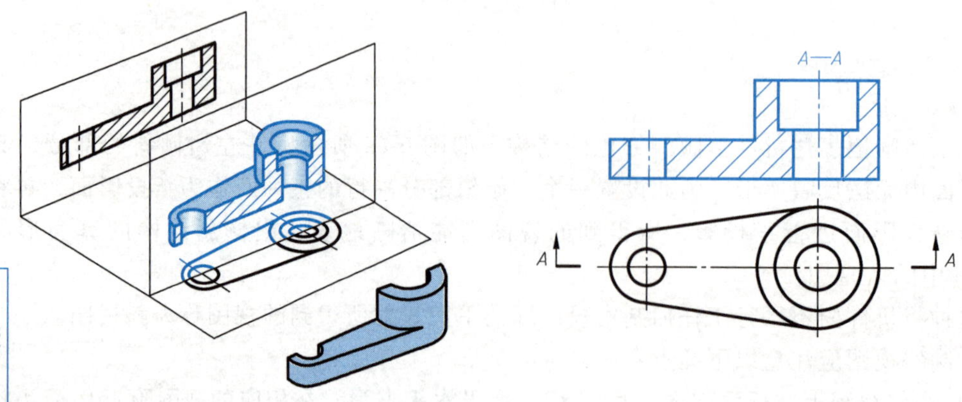

图 6-10　剖视图

6.2.1 剖视图的概念和画法

假想用剖切面剖开机件，移去位于观察者和剖切面之间的部分，将其余部分向投影面投射所得到的图形称为剖视图，简称剖视，如图 6-10 中的主视图。剖视图的配置形式和视图相同。根据国家标准《机械制图》中对剖视图画法上的相关规定，绘制剖视图要注意以下几点。

1. 剖切面和剖切位置的确定

根据机件的结构形状特点，剖切面一般为平面，也可以为曲面，为了充分地表达机件的内部结构，剖切面的位置应通过机件内部结构的对称面或轴线，如图 6-10 所示，图中的剖切面为正平面且通过机件的前后对称面。

2. 剖视图的画法

用粗实线画出剖切面与机件接触部分（剖面区域）的图形和剖切面后面的可见轮廓线，如图 6-10 所示。

3. 画出剖面符号

在剖面区域内画出剖面符号。国家标准《技术制图》中规定，金属材料的剖面线以与主要轮廓线或剖面区域的对称线成适当角度（最好采用 45°）的平行等距的细实线表示，当不需要在剖面区域内表示材料的类别时，可采用通用剖面线来表示。不同材料的剖面符号见表 6-1。在同一张图样上，同一机件在各剖视图上的剖面线方向和间隔应保持一致。

表 6-1 不同材料的剖面符号

<table>
<tr><th>材料类别</th><th>剖面符号</th><th colspan="2">材料类别</th><th>剖面符号</th></tr>
<tr><td>金属材料，通用剖面线（已有规定剖面符号者除外）</td><td></td><td colspan="2">混凝土</td><td></td></tr>
<tr><td>非金属材料（已有规定剖面符号者除外）</td><td></td><td rowspan="2">木材</td><td>纵断面</td><td></td></tr>
<tr><td>型沙、填沙、粉末冶金、砂轮、陶瓷刀片、硬质合金刀片等</td><td></td><td>横断面</td><td></td></tr>
<tr><td>玻璃及供观察用的其他透明材料</td><td></td><td colspan="2">木质胶合板（不分层数）</td><td></td></tr>
<tr><td>砖</td><td></td><td colspan="2">液体</td><td></td></tr>
</table>

4. 剖视图的标注

绘制剖视图时，还应将剖切面位置、投射方向和剖视图名称标注在相应视图上。

1）在剖视图上方用大写的拉丁字母标注剖视图的名称“×—×”。

2）在相应的视图上用剖切符号及剖切线表示剖切位置和投射方向，并在剖切符号旁标注和剖视图相同的字母“×”，字母必须水平书写。在同一张图中剖视图名称应按字母顺序排列，不得重复。

剖切符号是包含指示剖切面的起、讫、转折位置（用粗短实线表示）和投射方向（用箭头表示）的符号。

指示剖切面起、讫、转折位置的粗短实线尽可能不要与图形的轮廓线相交；表示投射方向的箭头应画在剖切符号的外侧，并与剖切符号末端垂直。

剖视图标注可以省略的情况：

1）当剖视图按投影关系配置，中间又无其他图形隔开时，可省略箭头，如图 6-11 所示。

2）当单一剖切面通过机件的对称平面，且剖视图按投影关系配置，中间又无其他图形隔开时可省略标注，如图 6-12 所示。

5. 绘制剖视图的注意事项

1）剖视图是假想将机件剖开，因此除剖视图外，其他视图仍按完整的机件画出。如图 6-11 的主视图仍按完整机件画出。

2）剖切面后面的可见部分应全部画出，不得遗漏或添加，如图 6-11 的俯视图所示。

3）对于剖视图中不可见的部分，如果在其他视图上已经表达清楚，虚线应该省略，如图 6-12b 所示；没有表达清楚的结构，则应用虚线画出，如图 6-12c 所示。

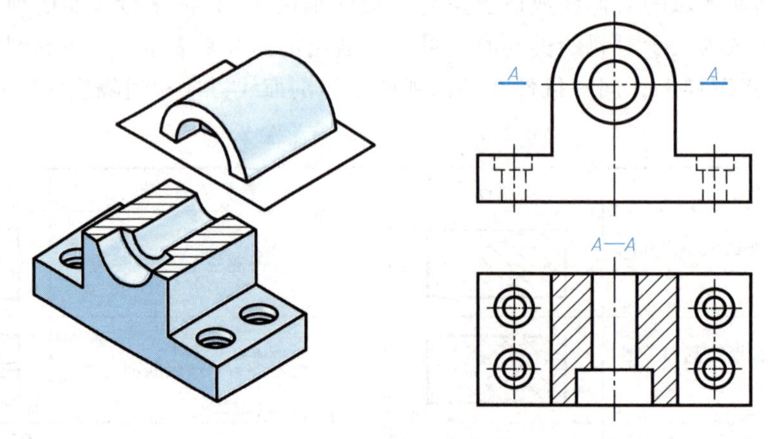

图 6-11　剖视图的标注

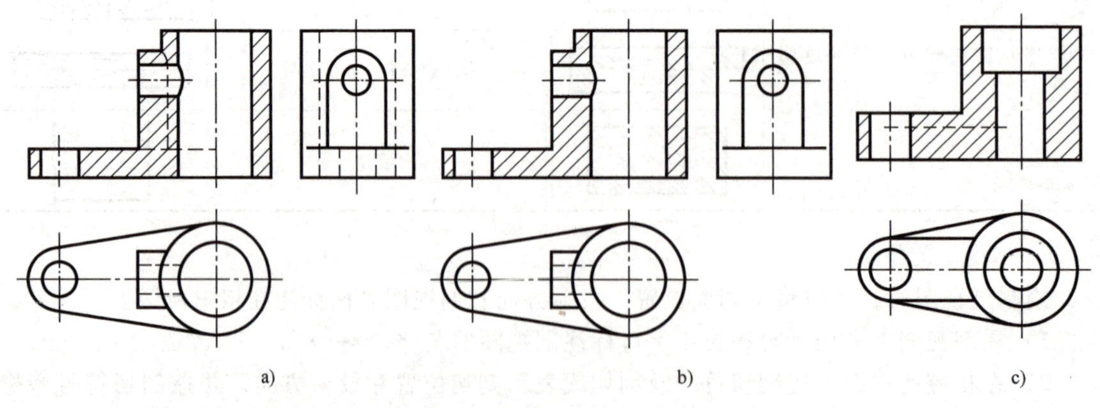

图 6-12　剖视图中的虚线处理

a）视图中虚线可省略　b）已省略虚线的剖视图　c）剖视图中的虚线不可省略

6.2.2　剖视图的种类

剖视图按剖切范围可分为全剖视图、半剖视图和局部剖视图。

1. 全剖视图

用剖切面将机件完全剖开所得的剖视图称为全剖视图，如图 6-10 所示。

全剖视图主要用于表达内部结构比较复杂的机件，其缺点是对于机件的外形表达能力较差，所以常用于表达外形简单、内形复杂的机件。

全剖视图的标注按前述原则处理。

2. 半剖视图

当机件具有对称平面时，向垂直于对称平面的投影面上投射所得的图形，可以对称中心线为界，一半画成剖视图，另一半画成视图，这种视图与剖视图的组合图形称为半剖视图，如图 6-13 所示。

半剖视图的特点是既表达了机件的内部结构，又表达了机件的外部形状。

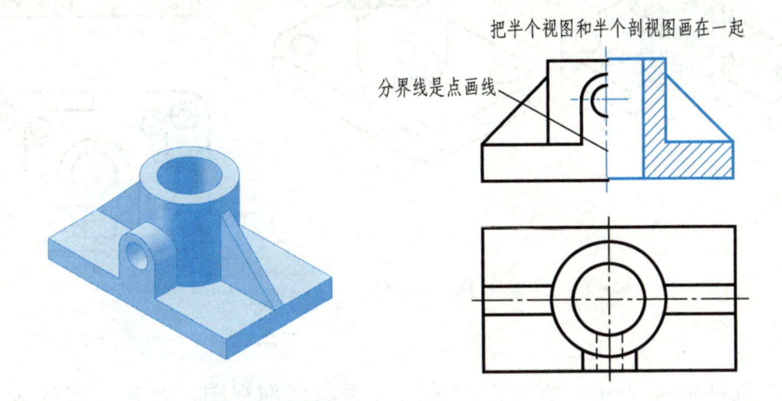

图 6-13　半剖视图

绘制半剖视图时应注意以下几点：

1）半个视图和半个剖视图的分界线是对称中心线（细点画线），不可将其画成粗实线。若点画线正好与图形中的可见轮廓线重合，则应避免使用半剖视图，如图 6-14 所示。

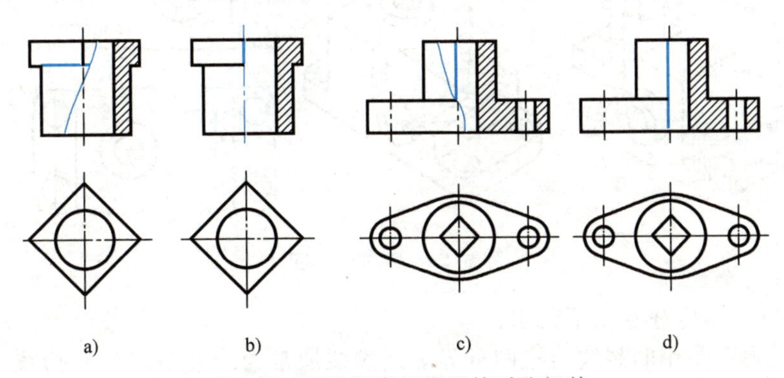

图 6-14　不能做半剖视图的对称机件

a）正确　b）错误　c）正确　d）错误

2）在半个剖视图中，机件内部结构已变为可见，因此在半个视图中与这些粗实线对称的虚线不应再画出，但需要将机件上的孔、槽的中心线画出，如图 6-15 所示。

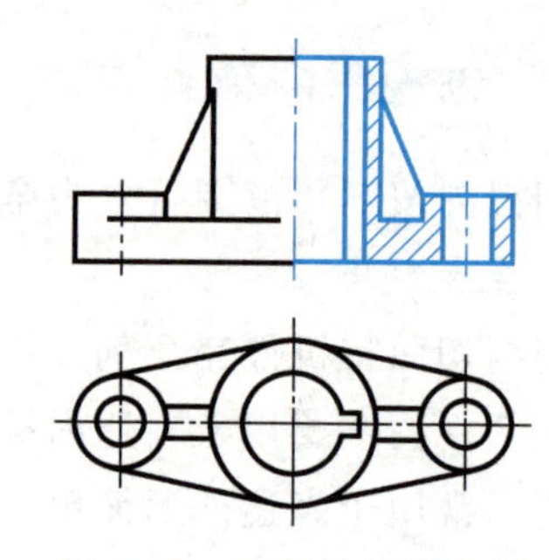

图 6-15 采用半剖视图的对称机件

3）当机件的结构形状接近对称，且其不对称部分已在其他视图中表达清楚，也允许采用半剖视图，如图 6-15 所示。

4）半剖视图多画在主、俯视图的右半边，俯、左视图的前半边和主、左视图的上半边，半剖视图的标注与全剖视图相同，如图 6-16 所示。

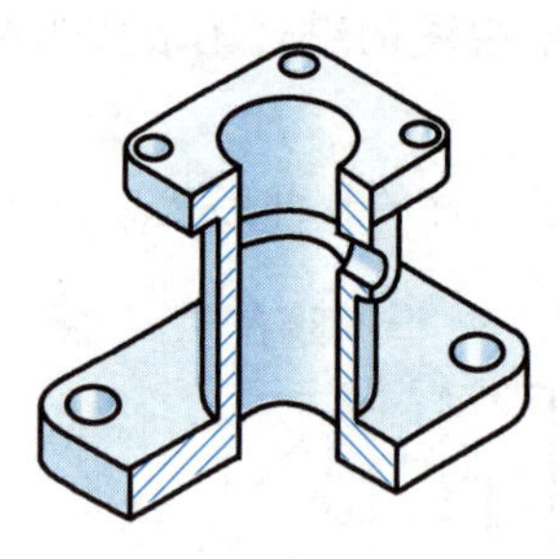

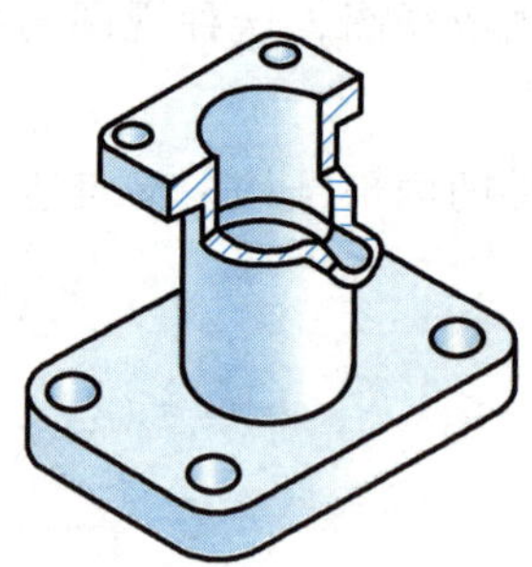

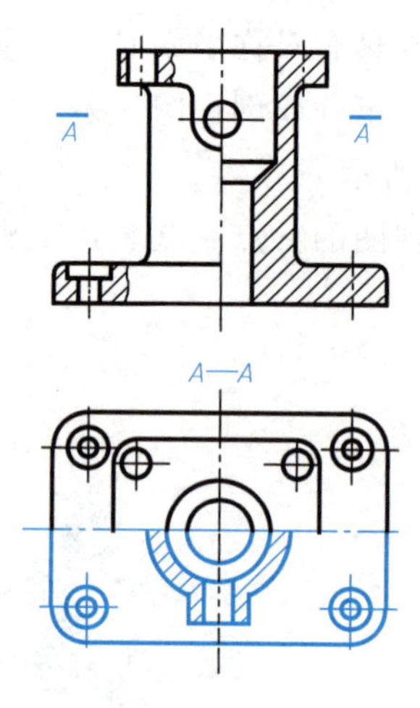

图 6-16 半剖视图的标注

3. 局部剖视图

用剖切面将机件局部剖开，所得的剖视图称为局部剖视图。常用波浪线表示剖切范围。

当机件仅有局部的内部结构形状需要表达，但又要保留机件的某些外形且又不对称或不宜采用半剖视图时，可采用局部剖视图来表达，如图 6-17 所示。

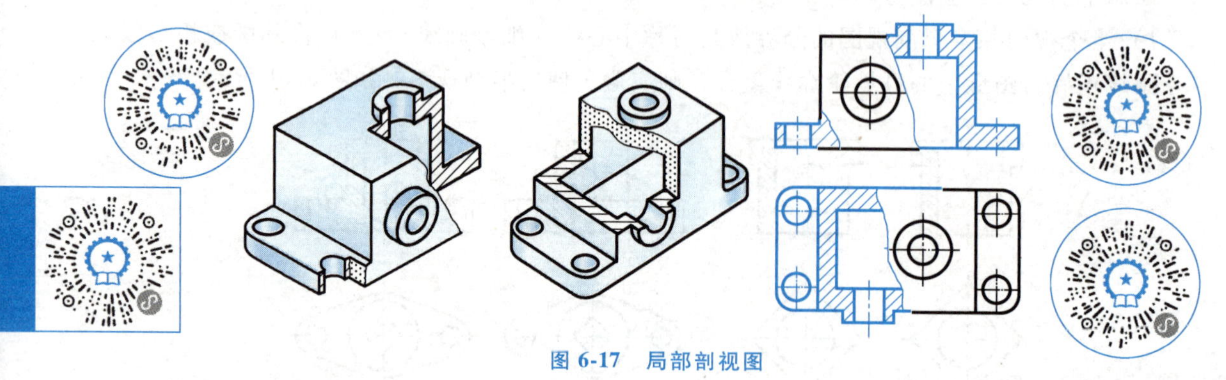

图 6-17 局部剖视图

绘制局部剖视图应注意以下几点：

1）局部剖视图要用断裂线与视图分界。断裂线通常为细波浪线或双折线（同一图样上一般采用一种形式），不能与图样中的其他图线重合，也不能画在其他线的延长线上；波浪线不能超出被剖切部分的轮廓线；不能穿过中空处，如图 6-18 所示。

2）机件对称，但轮廓线与对称中心线重合，因此不能采用半剖视图，采用局部剖视图为宜，如图6-14和图6-19所示。

3）当剖切部分为回转体时，允许用回转体的中心线作为局部剖视图与视图的分界线，如图6-20主视图所示。

4）局部剖视图一般按照规定标注，但当用一个平面剖切且剖切位置明确时，可省略标注，如图6-17和图6-19所示。当剖切面的位置不明确或剖视图不在基本视图位置时，应标注剖切符号、投射方向和视图名称，如图6-21所示。

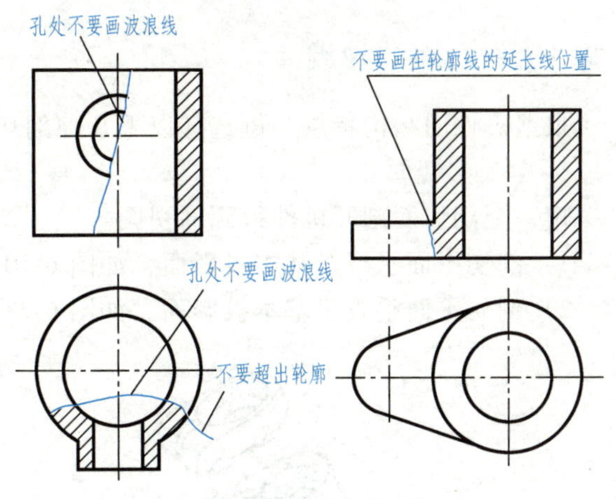

图6-18　波浪线的错误画法

图6-19　不适合半剖的局部剖视图

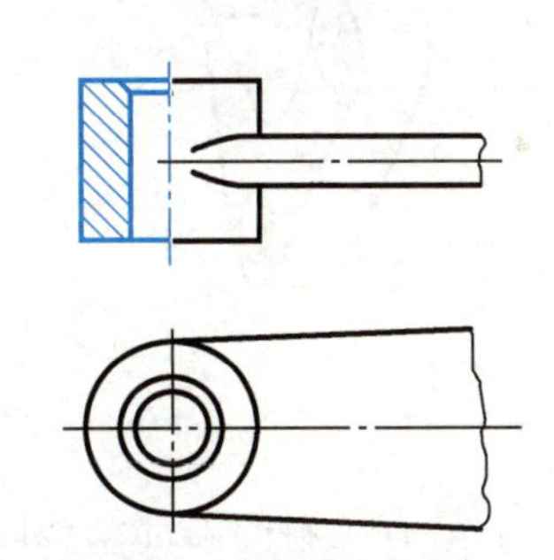

图6-20　被剖切结构为回转体的局部剖视图

5）在一个视图中，局部剖视图的数量不宜过多，否则会使图形显得过于凌乱。

局部剖视图不受机件结构是否对称的条件限制，能够同时表达机件内、外结构，所以应用广泛灵活，常用于下列情况：

1）内、外结构都需要表达的非对称机件，如图6-17所示。

2）表达机件上的底板、凸缘上的小孔等结构，如图6-16所示。

3）不适合半剖的对称机件，如图6-14所示。

4）实心机件上的孔或槽，如图6-22所示。

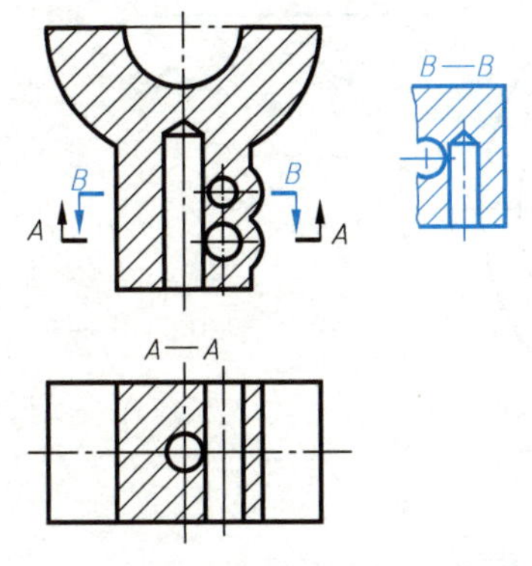

图6-21　需要标注的局部剖视图

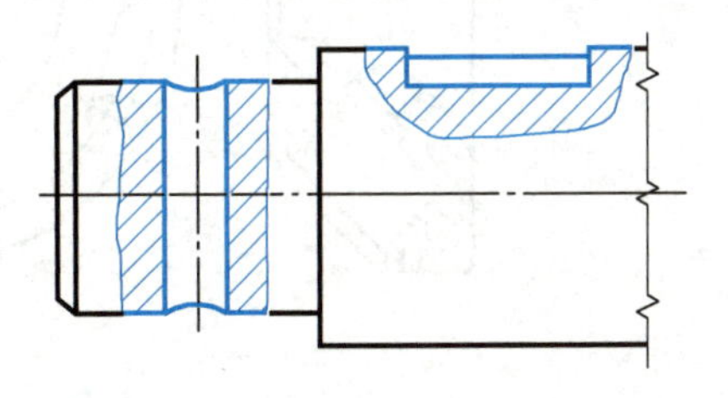

图6-22　实心机件上的局部剖视图

6.2.3 剖切面的种类

根据机件的结构特点，可选择以下几种剖切面剖开机件。

1. 单一剖切面

用一个剖切面剖开机件得到剖视图。

1）剖切平面平行于基本投影面，如图 6-10 所示。

2）剖切平面垂直于基本投影面，如图 6-23 所示。

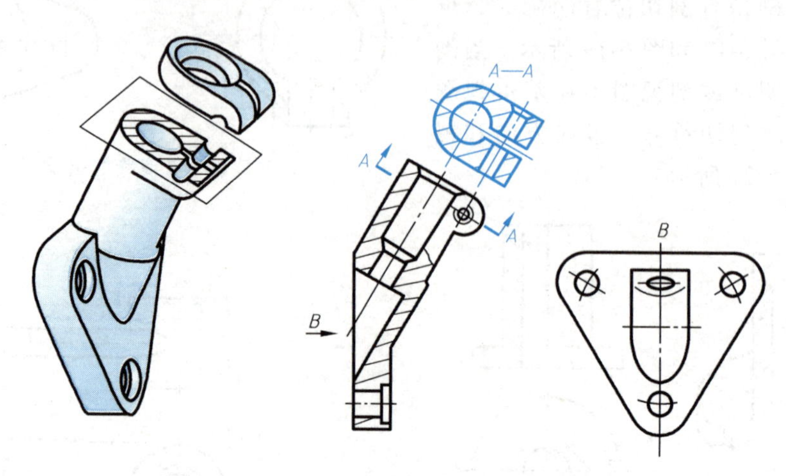

图 6-23　用单一的投影面垂直面剖切的剖视图

当机件上具有倾斜的内部结构时，可用垂直于基本投影面的单一剖切平面将机件剖开，再投射到与剖切平面平行的投影面上，这种剖切方法叫作斜剖，如图 6-23 所示。

斜剖视图的画法和配置与斜视图相同，斜剖视图必须标注剖切位置、投射方向和剖视图的名称，不得省略。

3）用单一剖切柱面剖切。图 6-24 中的 *B—B* 剖视图，是为了表达弧形槽深度方向的形状特点而采用单一剖切柱面进行剖切，这种剖视图应按展开绘制，视图名称后应加注“展开”二字。

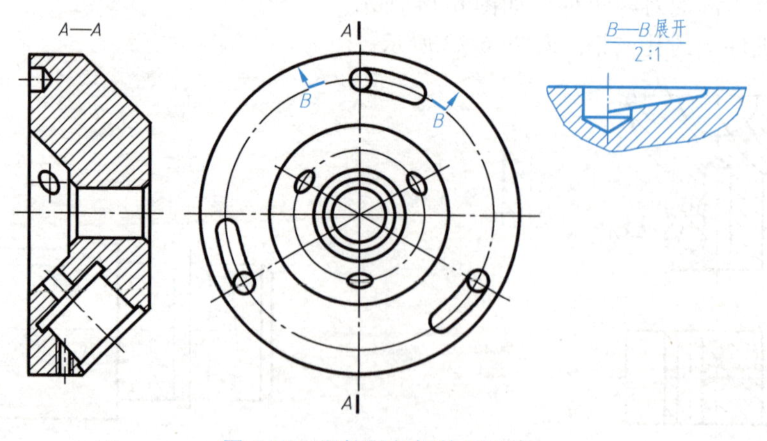

图 6-24　用柱面剖切的剖视图

2. 几个平行的剖切平面

用两个或两个以上平行的剖切平面剖开机件得到的剖视图习惯上称为阶梯剖视图，如图 6-25 所示。

绘制阶梯剖视图时应注意以下几点：

1）在阶梯剖视图中，虽然各平行的剖切平面不在一个平面上，但是剖面区域应连成一片，按照一个完整图形画出，且各剖切平面间不能有分界线。

2）要正确选择剖切平面的位置，在图形内不应出现不完整要素。仅当两个要素在图形内具有公共的对称中心线或轴线时，可以各画一半，此时应以对称中心线或轴线为界，如图 6-26 所示。

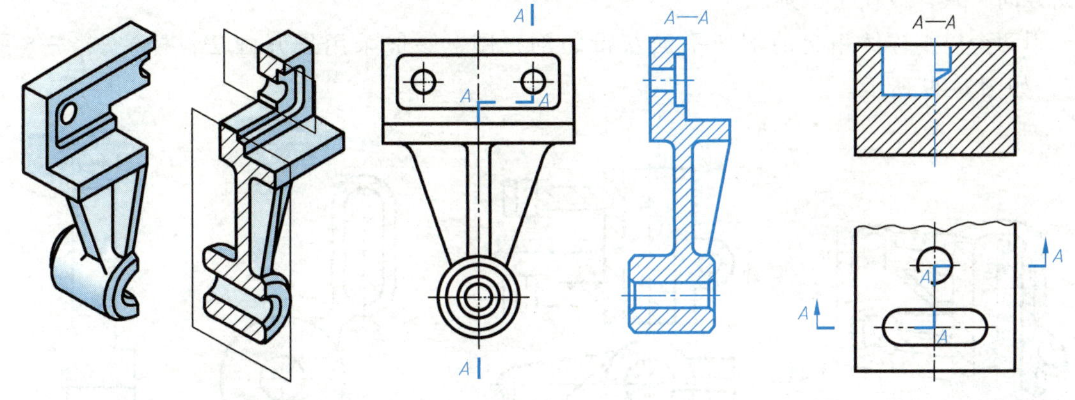

图 6-25 用几个平行的剖切平面剖切得到的全剖视图　　图 6-26 阶梯剖中的不完整要素

3）阶梯剖视图必须标注，在剖切面的起始、转折和终止处均用剖切符号（粗短实线）表示剖切位置，注意剖切位置符号的转折处必须是直角，且不能与图形轮廓线重合；在剖切符号附近注写相同的字母，如空间有限，转折处字母可省略；当剖视图的配置符合投影关系，中间又无图形隔开时，可省略箭头，如图 6-25 所示。

3. 几个相交的剖切平面（剖切平面的交线垂直于某一基本投影面）

用几个相交的剖切平面获得的剖视图，先假想按剖切位置剖开机件，然后将被剖切面剖开的结构及有关部分旋转到与选定投影面平行后再进行投影。如图 6-27 所示，左边部分用

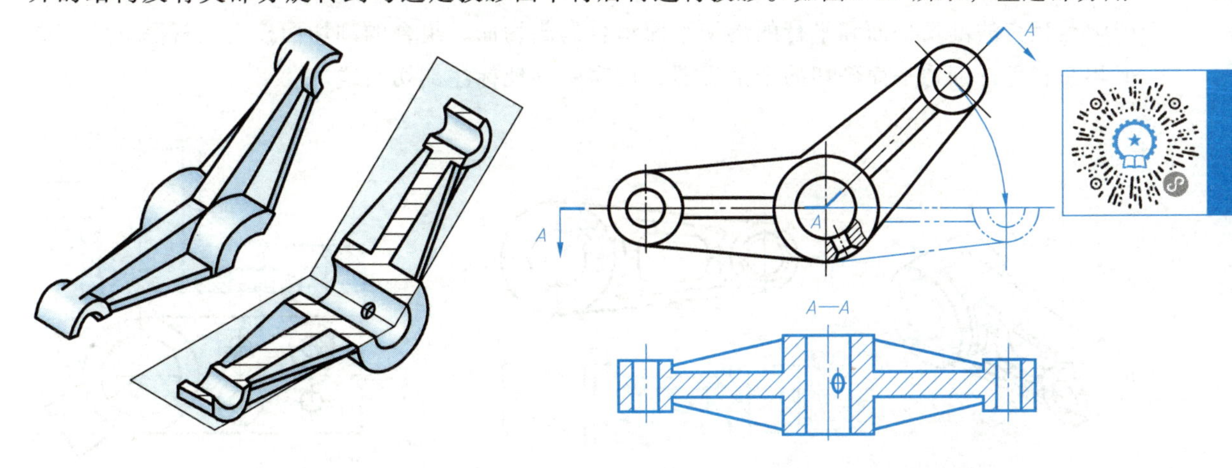

图 6-27 两个相交的剖切面得到的全剖视图

水平面剖切，右边部分用正垂面剖切，水平面剖切的部分直接按投影关系画出水平投影，而正垂面剖切部分先绕着两个剖切平面的交线（中孔的轴线）旋转到水平面的位置，再按投影关系画出水平投影。在剖切平面后的其他结构一般应按原位置投影，如图 6-27 中的油孔。

当剖切后产生不完整要素时，将此部分按不剖处理，如图 6-28 中的板臂。

两个相交的剖切平面剖开机件，旋转后投射得到的剖视图，习惯上称为旋转剖视图，如图 6-27 和图 6-28 所示。旋转剖视图必须进行标注，标注要求与阶梯剖视图相同。

需要特别注意的是，任何情况下表示投射方向的箭头都应与粗短实线垂直，字母必须与读图方向一致，以便于识别。

用两个以上连续相交的剖切平面获得的剖视图，一般采用展开画法，标注“×—×展开”，如图 6-29 所示。

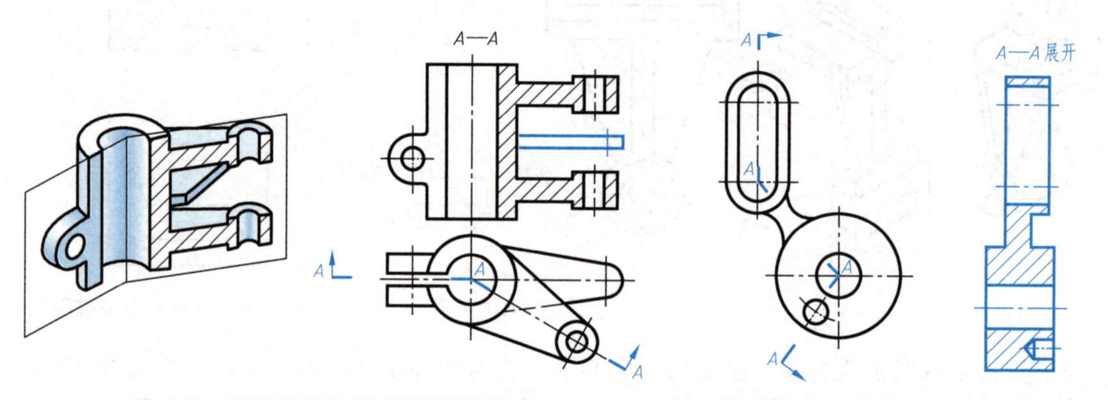

图 6-28　剖切后产生不完整要素的画法　　图 6-29　用几个相交的剖切平面得到的全剖视图

4. 组合的剖切面

用几个相交的剖切平面或柱面剖开机件的方法，或者剖切平面既有平行又有相交的剖切方法获得的剖视图通常称为复合剖视图，如图 6-30 所示。

当机件的内部结构形状复杂时，可以把以上各种方法结合起来应用，如图 6-31 所示。图中是相交的剖切平面和平行的剖切平面组合的剖切面，组合的剖切面按全剖视图标注，类似相交和平行剖切平面剖切的全剖视图，均需明确地标注剖切路线。

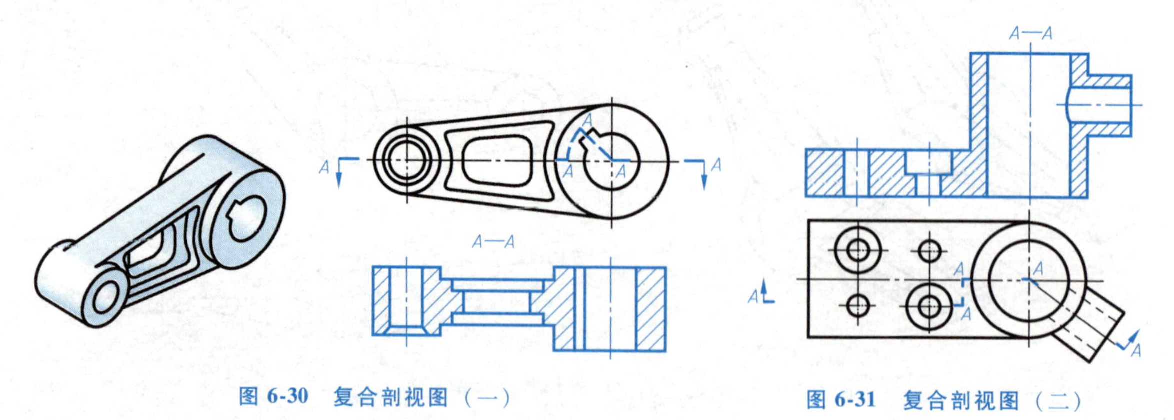

图 6-30　复合剖视图（一）　　图 6-31　复合剖视图（二）

6.3 断面图

6.3.1 断面图的概念

假想用剖切面将机件的某处切断，仅画出剖切面与机件接触部分的图形，称为断面图，简称断面。断面图通常用来表示机件上某一结构的截面形状，如肋板、轮辐、轴上的键槽和孔等。

如图 6-32a 所示，为了表达轴上的键槽结构，假想用一个垂直于轴线的剖切面在键槽处将轴切断，只画出轴截断面的形状，并画上剖面线，这样得到的图形就是断面图，如图 6-32b 所示。

断面图与剖视图的区别：断面图是面的投影，只画出截断面的形状；剖视图是体的投影，除了画断面的形状外，还要将剖切面之后可见结构的投影全部画出如图 6-32c 所示的 *A-A* 剖视图。显然断面图要比剖视图更为简明。

为了得到断面的真实形状，剖切面一般应垂直于机件上被剖切部分的轮廓线。

断面图分为移出断面图和重合断面图两种。

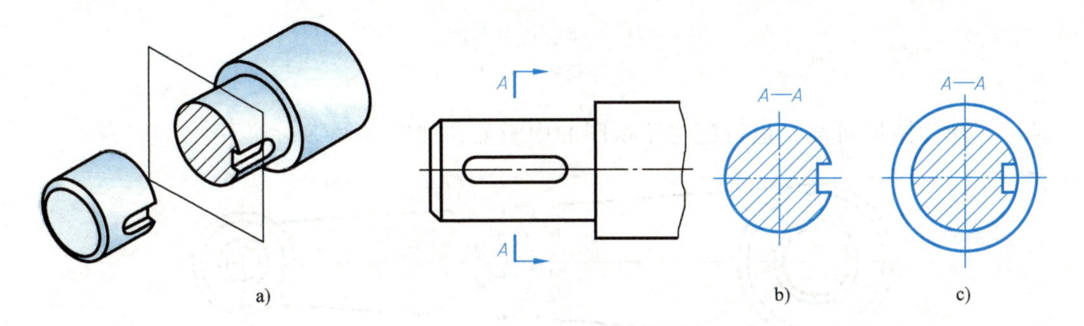

图 6-32 断面图与剖视图的区别

a）立体图 b）断面图 c）剖视图

6.3.2 移出断面图

画在视图外的断面图称为移出断面图，如图 6-33 所示。

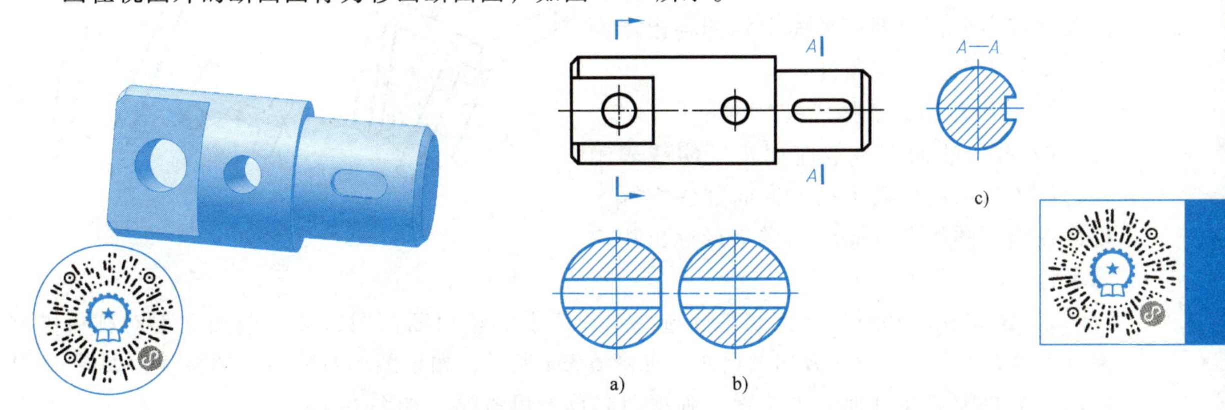

图 6-33 断面图的画法

a）配置在迹线延长线上的断面图不对称 b）配置在迹线延长线上的断面图对称 c）配置在其他位置

1. 移出断面图的画法

1）移出断面图的图形应画在视图之外，轮廓线用粗实线绘制。

2）当剖切平面通过回转面形成的孔或凹坑的轴线时，这些结构按剖视绘制，如图 6-33b 所示，这里所说的“按剖视绘制”是指被剖切到的（孔或凹坑）结构，不包括剖切平面后的其他结构。

3）当剖切平面通过非圆通孔时，会导致断面图出现完全分离的两个部分，则这些结构应按剖视绘制，若图形倾斜，在不引起误解的情况下允许图形旋转，如图 6-34 所示。

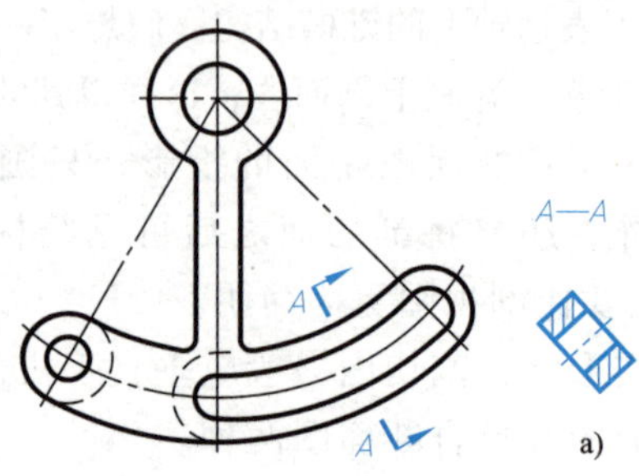

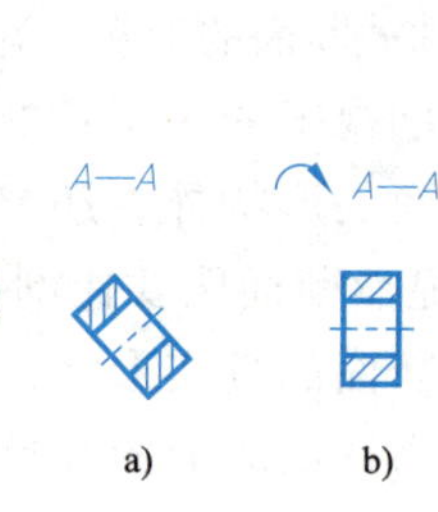

图 6-34　断面图形分离时的画法

a）未旋转　b）旋转

4）若断面图形对称，也可配置于视图的中断处，如图 6-35 所示。

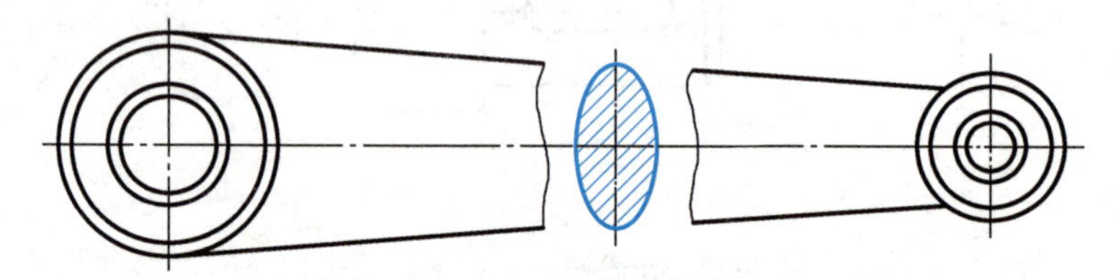

图 6-35　移出断面画在视图中断处

5）由于断面图主要用于表达机件上某一切断面的真实形状，因此剖切平面应垂直于所表达部分的轮廓线，如图 6-36 所示。由两个或多个相交剖切平面得到的移出断面图，中间应以波浪线断开。

图 6-36　两相交剖切面得到的移出断面图

2. 移出断面图的标注和配置

1）移出断面图一般应用粗短实线表示剖切位置，用箭头表示投射方向并注大写字母，在断面图的上方应用同样字母标出相应的名称“×—×”（图 6-32b）。

2）配置在剖切符号或剖切平面迹线延长线上的移出断面图，如果断面图不对称可省略字母，但应标注表示投射方向的箭头，如图 6-33a 所示；如果图形对称可省略标注，如图 6-33b 所示。如果配置在其他适当位置，则视图名称不可省略，如图 6-33c 所示。

3）按投影关系配置的移出断面图，标注时可省略箭头，如图 6-33c 所示。

4）移出断面图旋转之后，需标注旋转符号，如图 6-34b 所示。

5）配置在视图中断处的对称移出断面图，不必标注，如图 6-35 所示。

6.3.3　重合断面图

画在视图之内的断面图称为重合断面图。

重合断面图的轮廓线用细实线绘制，当视图中轮廓线与重合断面图的轮廓线重叠时，视图中的轮廓线仍应连续画出，不可间断，如图 6-37 所示。

对称的重合断面图不必标注，如图 6-37a、b 所示；不对称的重合断面图标注可以省略字母，但应标注表示投射方向的箭头，如图 6-37c 所示。

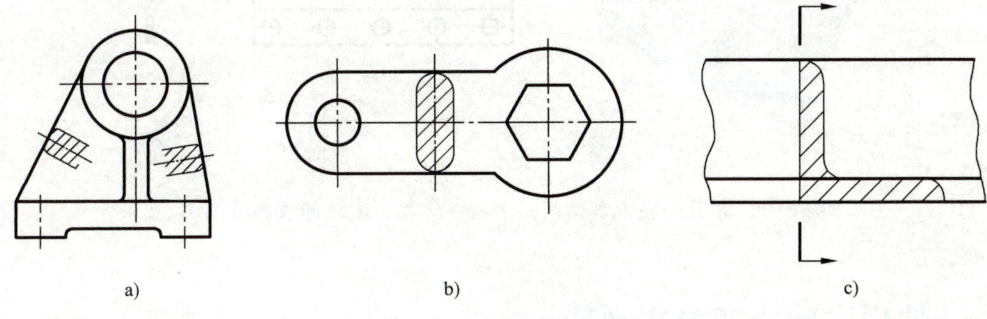

图 6-37　重合断面图的画法

6.4　局部放大图

为了将机件上的某些结构表达清楚，可将这些结构用大于原图形的比例画出，这种图形称为局部放大图。

局部放大图可以画成视图、剖视图或断面图，它与被放大部分的表达方式无关，以表达清楚结构为首要，如图 6-38 所示。当机件上的某些细小结构在原图形中表达不清或不便于标注尺寸时，就可以采用局部放大图。

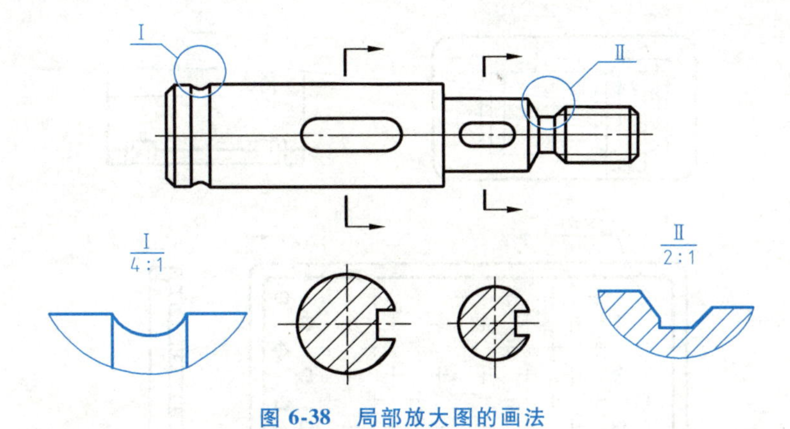

图 6-38　局部放大图的画法

绘制局部放大图时，用细实线圆或长圆将被放大的部位圈出，并应尽量把局部放大图配置在被放大部位的附近。

当同一机件上有几个不同的放大部位时，必须用罗马数字依次标明被放大部位，并在局部放大图上方标注出相应的罗马数字和采用的比例，如图6-38所示。

当机件上被放大的部位仅一处时，在局部放大图的上方只需标注所采用的比例，不需标注序号。必要时，也可用几个局部放大图表达同一个被放大部位的结构，如图6-39所示。

注意：局部放大图的比例，为放大后图形的大小与实物大小之比，与原图上的比例无关。

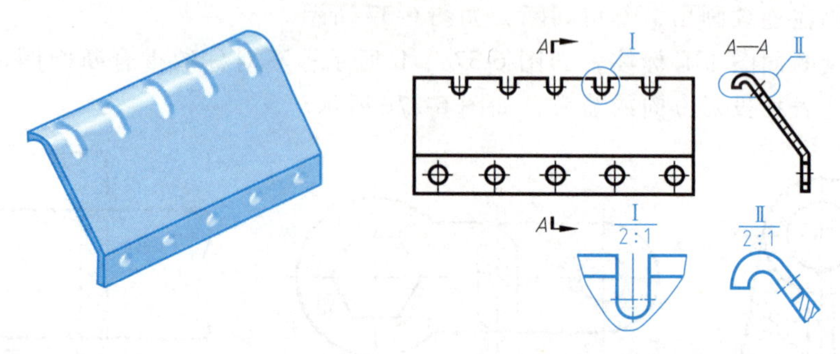

图6-39 用几个图形表达同一个被放大部位的局部放大图画法

6.5 其他规定画法和简化画法

简化画法是在不妨碍将机件的形状和结构表达完整、清晰的前提下，力求制图简洁、绘图方便而制定的，以求减少绘图工作量，提高设计效率及图样清晰度，加快设计进程。

1. 相同结构的简化画法

当机件具有若干相同结构（如齿、槽等），并按一定规律分布时，只需画出几个完整的结构，其余用细实线连接，在图中注明该结构的总数，如图6-40a、b所示。

若相同结构为若干直径相同且成规律分布的孔（圆孔、螺纹孔等），可仅画出一个或几个，其余只用对称中心线表示孔的中心位置，并注明孔的总数，如图6-40c所示。

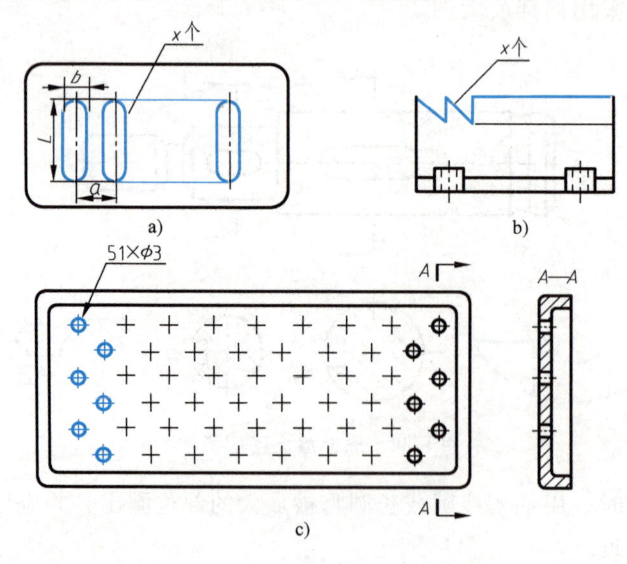

图6-40 相同结构的简化画法

2. 肋、轮辐及薄壁结构的画法

对于机件的肋、轮辐及薄壁等，若按纵向剖切（当剖切面垂直于肋、薄壁的厚度方向或者通过轮辐的轴线剖切，视为纵向剖切；当剖切面平行于肋、薄壁的厚度方向或者垂直于轮辐的轴线剖切，视为横向剖切），这些结构都不画剖面符号，而用粗实线将它与其邻接部分分开，如图 6-41 左视图所示；若按横向剖切，这些结构必须画出剖面符号，如图 6-41 俯视图所示。

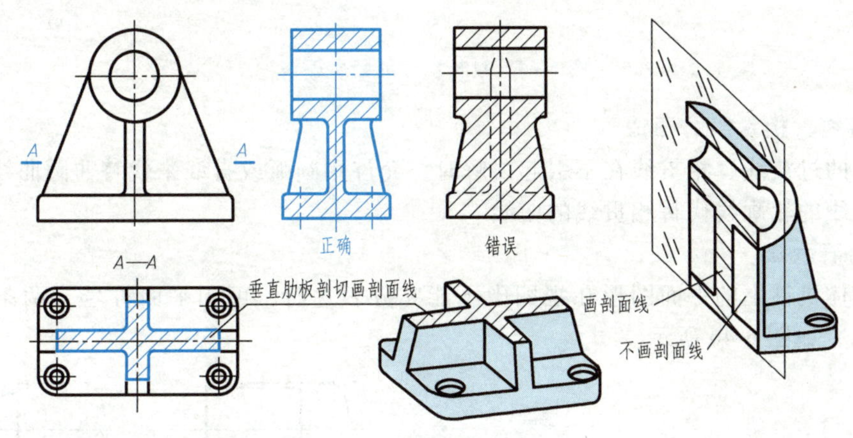

图 6-41　肋板剖切的画法

3. 均匀分布的肋板及孔的画法

当回转体零件上均匀分布的肋、轮辐、孔等结构不处于剖切平面上时，可将这些结构旋转到剖切平面上画出，不需要标注，如图 6-42a~c 主视图所示。若干直径相同且成规律分布的孔，可以仅画出一个或几个，其余只需用细点画线表示其中心位置，如图 6-42a、b 中的俯视图所示。

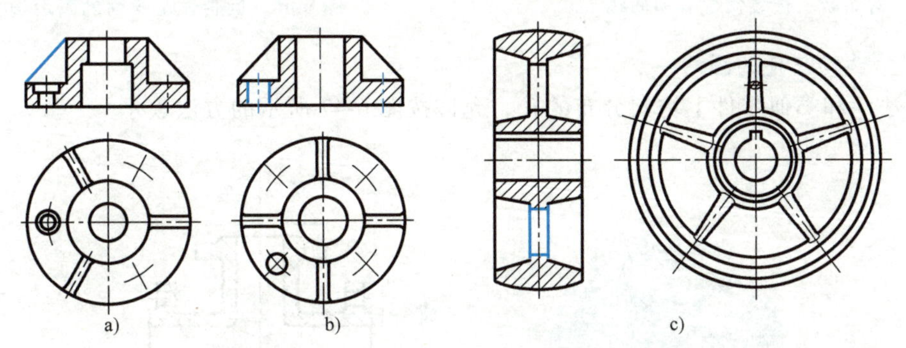

图 6-42　机件上均匀分布的肋板及孔的画法

4. 网状结构和滚花表面的画法

对于网状物、编织物或机件上的滚花部分，一般用粗实线完整或在轮廓线附近局部画出，如图 6-43 所示。

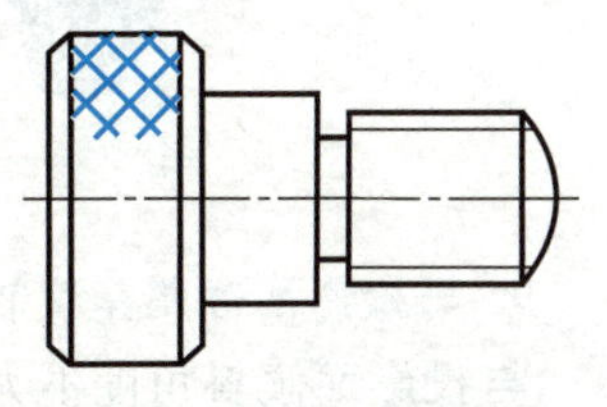

图 6-43　网状结构和滚花表面的画法

5. 较长机件的断裂画法

较长的机件（轴、杆、型材）沿长度方向的形状一致或按一定规律变化时，可断开后缩短绘制，但要标注实际尺寸；断裂边界可用波浪线、双折线绘制，如图 6-44a、b 所示；对于实心和空心轴可按图 6-44c 绘制。

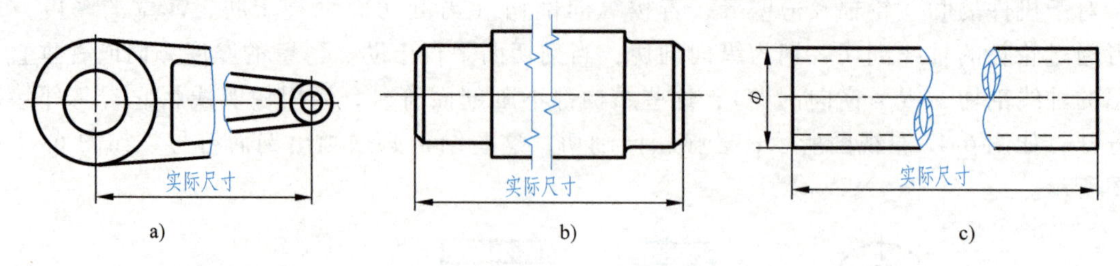

图 6-44 较长机件的断裂画法

6. 过渡线、相贯线的画法

机件上的过渡线、相贯线在不引起误解时，允许用圆弧或直线来代替非圆曲线。图 6-45 所示为用直线的轮廓线代替相贯线的曲线。

7. 平面表示法

当回转体机件上的平面图形在视图中不能充分表达时，可用平面符号（两条相交的细实线）表示，如图 6-46 所示。

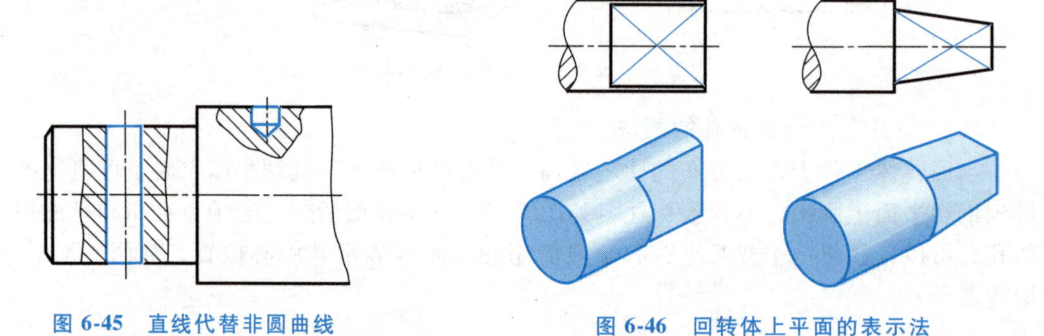

图 6-45 直线代替非圆曲线

图 6-46 回转体上平面的表示法

8. 法兰件均布孔的画法

圆形法兰和类似零件上均匀分布的孔，允许按图 6-47 所示的方法表示。

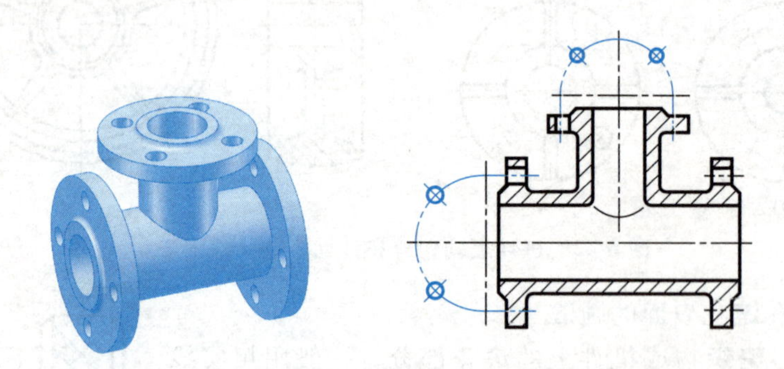

图 6-47 均匀分布的孔的简化画法

9. 与投影面倾斜角度较小的圆或圆弧的画法

与投影面倾斜角度不大于 30°的圆或圆弧，其投影可以用圆或圆弧来代替真实投影的椭圆或椭圆弧，如图 6-48 所示。

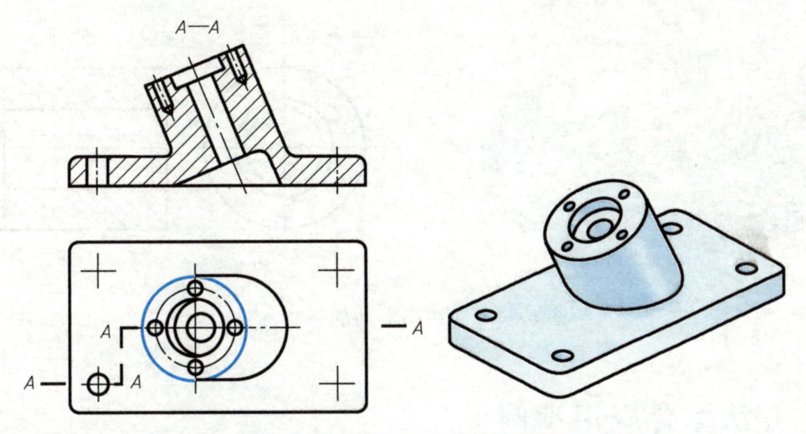

图 6-48　倾斜角度不大于 30°的倾斜圆的简化画法

10. 较小结构的简化画法

1）机件上的较小结构若在一个视图中已表示清楚，其他视图中可简化或省略不画。如图 6-49a 中主视图的平面与圆柱面的交线省略，如图 6-49b 中俯视图的相贯线简化为直线和主视图省略两个圆。

2）机件上斜度不大的结构，若在一个视图中已表达清楚，则在其他视图可按小端画出，如图 6-49c 所示。

3）零件中的小圆角、锐边的小圆角或 45°小倒角允许省略不画，但必须注明尺寸或在技术要求中加以说明，如图 6-50 所示。

4）零件上对称结构的局部视图，可按图 6-51 所示的第三角画法绘制。

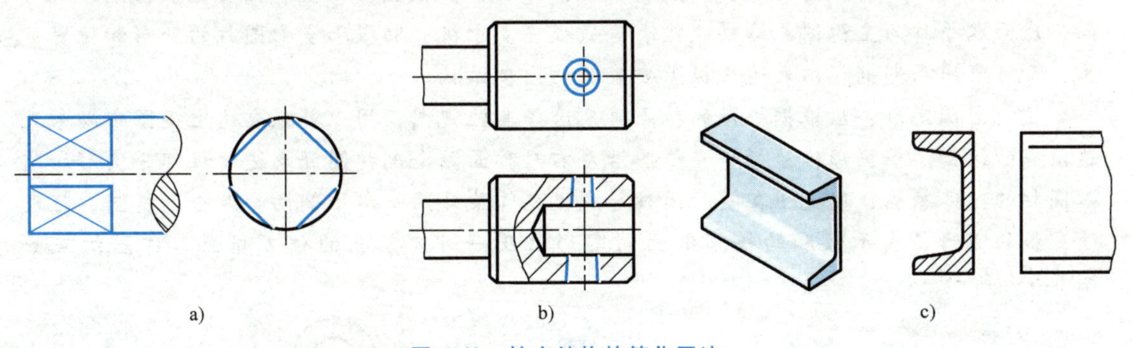

图 6-49　较小结构的简化画法

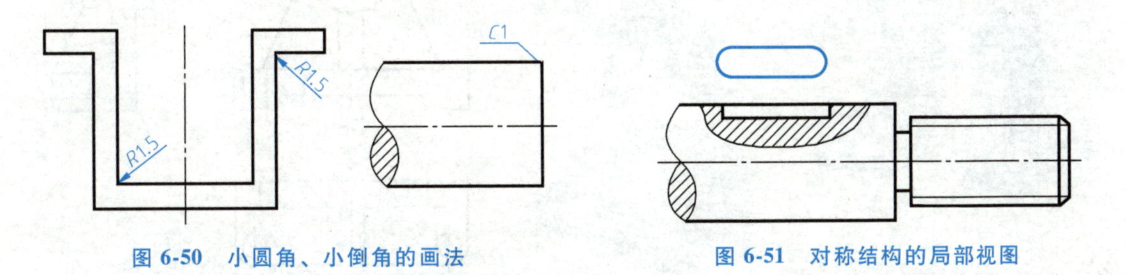

图 6-50　小圆角、小倒角的画法　　图 6-51　对称结构的局部视图

11. 位于剖切平面前的结构的画法

位于剖切平面前的结构用假想画法（双点画线）绘制，如图 6-52 所示。

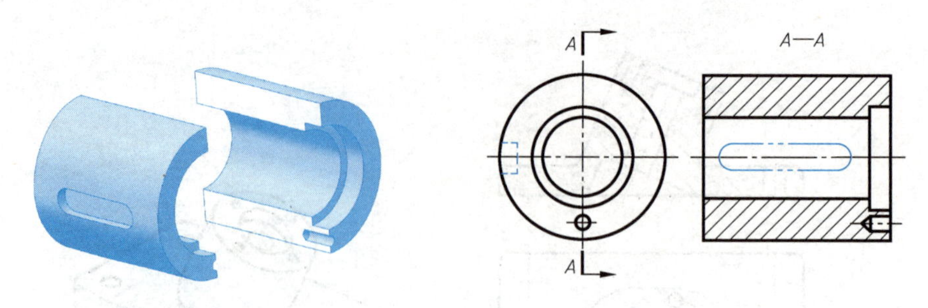

图 6-52　剖切平面前的结构画法

6.6　表达方法综合应用举例

前面介绍了机件常用的各种表达方法，在绘制机械图样时，应根据机件的结构综合运用各种视图、剖视图和断面图，把机件的结构正确、清晰、完整地表达出来。一个机件往往可以选用几种不同的表达方案，用一组图形既能完整、清晰、简明地表示出机件各部分内外结构形状，又能使看图方便、绘图简单，这种方案即为最佳。所以在选用视图时，要使每个图形都具有明确的表达目的，又要注意它们之间的相互联系，避免过多的重复表达，还应结合尺寸标注等综合考虑，以便于读图，力求简化作图。

例 6-1　依据图 6-53a 所示的机座立体图，用最佳表达方案表达该机座。

通过形体分析该机座可分解为底板、空心圆柱、中间的支承板和肋板，该机座为左右对称结构，底板上有一对安装孔。主视图应按工作位置放置，让空心圆柱的轴线垂直于 V 面，底面水平作为主视图，这样既能表达底板、支承板、肋板和空心圆柱的外形和位置关系，又可采用局部剖视图表达底板上安装孔的内部结构。

主视图确定后，应根据机座的特点再来选择其他视图，用以补充表达主视图中尚未表达清楚的结构。根据形体分析，左视图沿左右对称面做全剖视图可表达肋板部分实形和空心圆柱的内部结构；俯视图在空心圆柱与底板之间某处用一水平剖切面做全剖视图，可表达底板的实形、支承板和肋板横截面的实形以及一对安装孔的位置信息。作图结果如图 6-53b 所示。

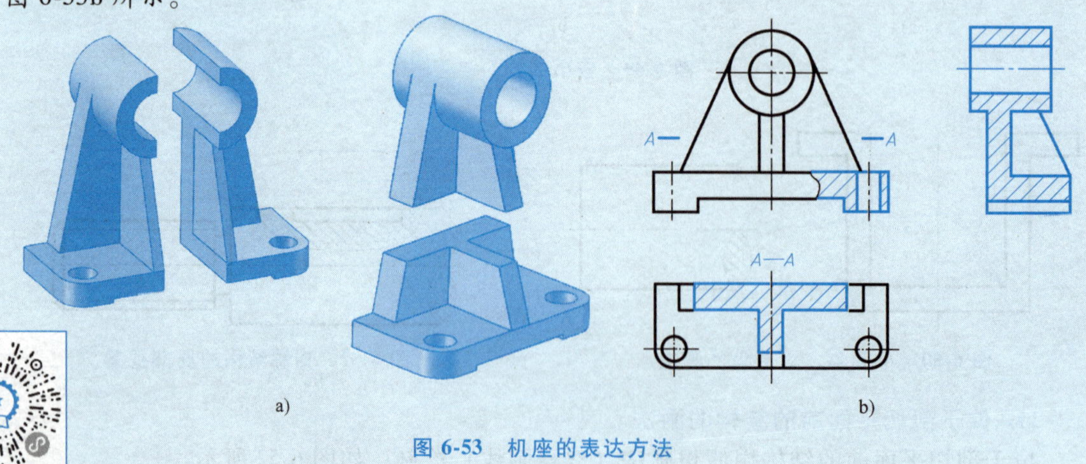

图 6-53　机座的表达方法

在选择机件的表达方法时需要注意以下两点：

1）应优先选用基本视图或在基本视图上做剖视。

2）所选择的每一个视图都应有其表达重点，具有别的视图所不能取代的作用。这样，可以避免不必要的重复，以达到制图简便的目的。

例 6-2　识读图 6-54 所示机件的表达方案，并想象出机件的结构。

1）识读机件结构图形，明确投影关系。

图 6-54 中共有四个图形：主视图、俯视图、左视图和一个斜剖视图。其中主视图表达了机件的各部分——底板、支承板和凸缘的外形结构和相对位置，凸缘倾斜并有内孔，同时采用局部剖视表达了底板上两小孔的内部结构；*A—A* 全剖视图采用正垂面作为剖切平面，与主视图符合直接投影关系，清晰地表达了倾斜凸缘后面圆筒内部的阶梯孔和倾斜凸缘上两小孔的内部结构；俯视图 *B—B* 为全剖视图，既表达了被剖切部位（支承板）的断面形状，同时还表达了底板的结构、两小孔的位置和支承板与底板的相对位置；左视图表达机件的外部结构，清晰地表达了凸缘后圆筒与肋板的位置关系。

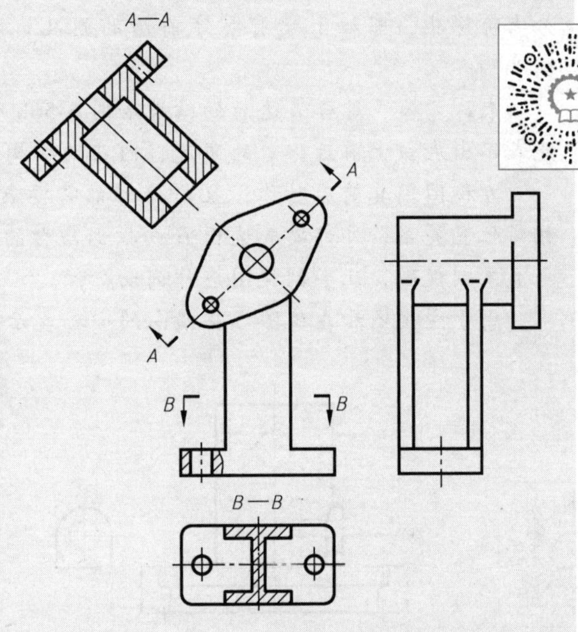

图 6-54　机件的表达方案

2）分析机件形体，想象其内、外部结构。

利用形体分析法将机件分解成若干个基本形体，想象出每个基本体的形状，根据剖面位置想出每个基本体内部孔、槽的形状和位置，进而弄清基本体的内、外结构形状。

该机件可分解成四个基本体，方形底板、支承板、菱形凸缘和圆柱。由视图分析可知底板上有两个对称的安装通孔；菱形凸缘是由四段圆柱面与平面相切形成，凸缘上有一对圆柱通孔和一个大圆孔；圆柱内有阶梯孔；支承板断面为 H 形。

3）综合整体，结合机件形状，根据视图投影关系，想象出几个基本体之间的相对位置，及整个机件的内、外部形状。

如该机件菱形板上的大圆孔与其后的圆柱内阶梯孔同轴；菱形凸缘的大圆柱面与其后的圆柱面共面，与平面相切；H 形支承板左右表面与后侧圆柱面相交；支承板与底板前、后表面平齐，左右对称叠加。

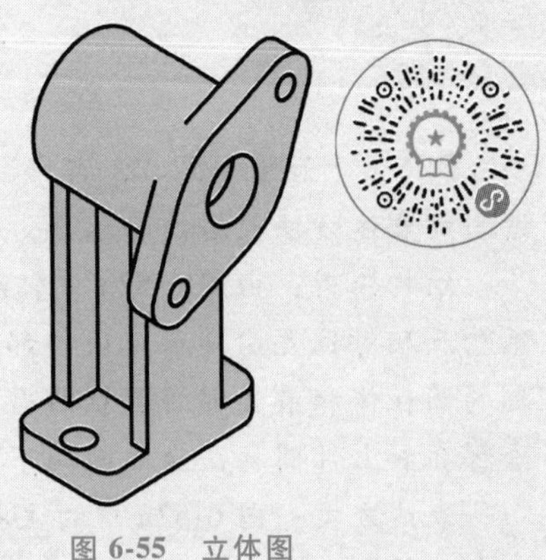
图 6-55　立体图

当分析清楚各简单形体的内外形状和相对位置关系后，综合起来即可想象出机件的整体形状，如图 6-55 所示。

例 6-3 如图 6-56a 所示，已知支座的主视图、俯视图和 B 向局部视图，试分析其结构，并用适当的表达方法表达该支座。

结构分析：图 6-56a 中共有三个视图：主视图、俯视图和 B 向局部视图。可以看出该支座由三部分叠加而成，分别为底板、圆柱和拱形凸台，主视图表明了三者间的上下及左右方向的结构和相对位置，俯视图表明了三者间的前后及左右方向的结构和相对位置，B 向局部视图表明了左边拱形凸台的端面形状。此外，在支座的内部还进行了挖切，中间部分有阶梯孔，圆柱上端有贯穿前后的圆孔，左侧有由拱形凸台端面延伸至圆柱孔面的圆孔。

表达方案：综合表达后的结果如图 6-56b 所示。主视图上为了既能保留外形，同时又能表示出底板上前后豁口的高度、内孔的结构和位置，故画成局部剖视图。

左视图因其前后对称，且内外形都需要表达（内部要表达出上端小孔与垂直大孔的相对位置关系，外部要表达出 B 向拱形凸台的外形和底板上前后对称截切后的形状），故画成半剖视图，此半剖视图应作剖切标注。

由于主视图和左视图已将横向的小孔表示清楚，故在俯视图中，其虚线可省略不画。

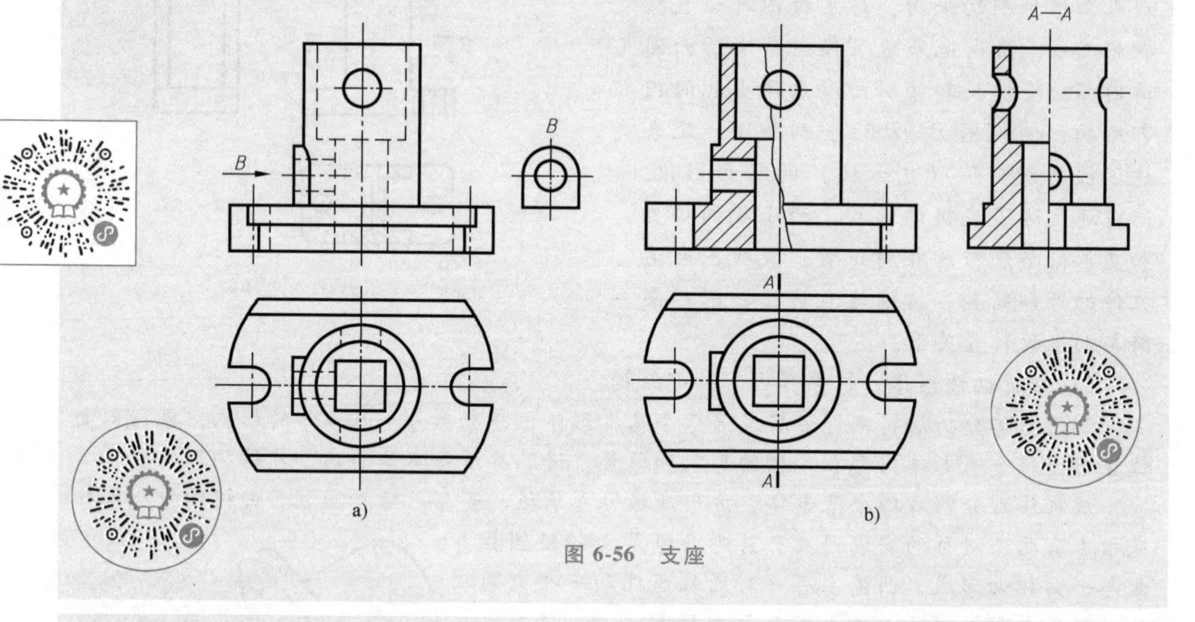

图 6-56 支座

例 6-4 如图 6-57a 所示，已知轴承座的主视图和俯视图，试分析其结构组成，并用适当的表达方法表达该轴承座。

结构分析：由图 6-57a 中轴承座的主视图和俯视图，可以看出该轴承座各组成部分的结构及相对位置。轴承座由四部分叠加而成，分别为最下部的底板、中部的连接肋板、上部的圆柱体和最上部的圆柱凸台。挖切部分为底板上的两种共四个孔、圆柱体前后方向的阶梯孔和上部圆柱凸台端面向下延伸的圆柱孔。

表达方案：图 6-57a 中的主视图和俯视图中重叠有较多的虚线，很难弄清楚轴承座的内部结构和这些虚线的相对位置关系，为了便于读图，解决视图中虚线的层次问题，应对其进行适当的剖切。将该轴承座进行如图 6-57b 所示的表达。主视图中因其左右基本对称，因此画成半剖视图，在右边剖视图部分清楚表达了基本对称面上的内部结构；在半剖主视图的左侧视图部分将底板上的小圆柱孔画成局部剖视图。左视图画成全剖视图，主要表达内部孔的大小及相对位置。通过主左视图的表达，已经将上部的圆柱体和最上部的圆柱凸台内外结构形状表达清楚了，最上部的圆柱凸台的端面形状可通过标注直径尺寸 ϕ 辅助表达。因此俯视图就没有必要再表达这部分，而是画成在平面 *A—A* 处剖切的全剖视图，重点表达底板的形状、小孔的分布以及连接肋板的 H 形截面。

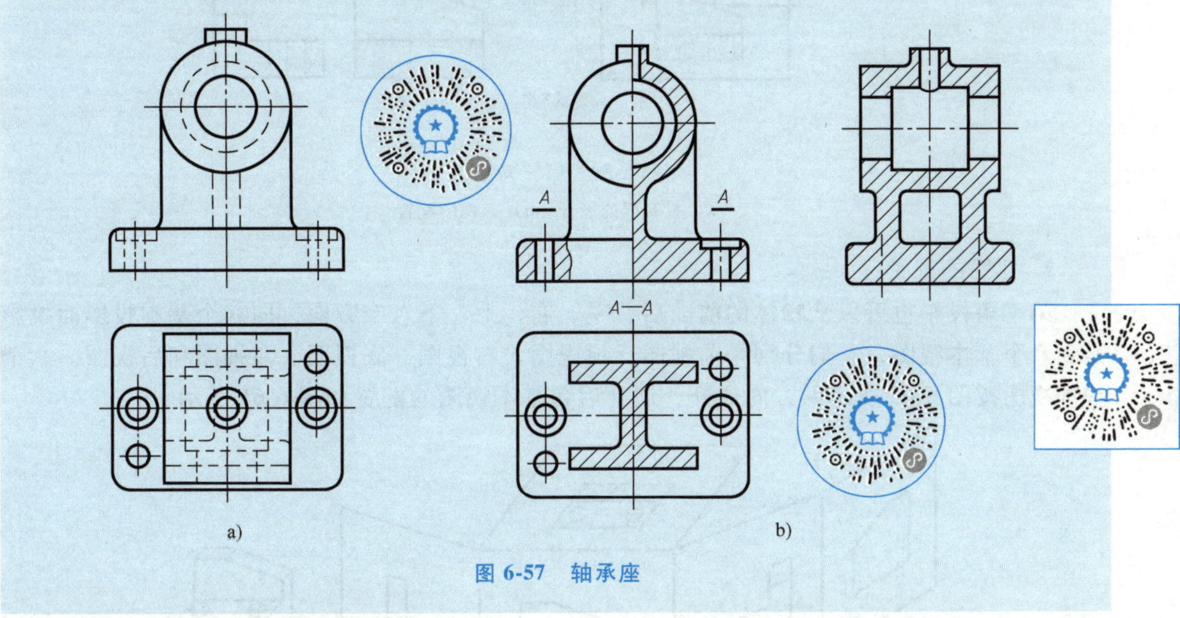

图 6-57　轴承座

6.7　第三角投影简介

根据国家标准（GB/T 17451—1998）规定，我国技术图样按正投影法绘制，并优先采用第一角投影，而美国、英国、日本、加拿大等国则采用第三角投影。为了便于国际的技术交流，下面简单介绍第三角投影原理及画法。

1. 第三角投影基本知识

如第 3 章所述，三个互相垂直的投影面 *V*、*H* 和 *W* 将空间分为八个区域，每一区域称为一个分角，如图 6-58 所示。若将物体放在 *H* 面之上、*V* 面之前，*W* 面之左进行投射，则称第一角投影；若将机件放置在 *H* 面之下、*V* 面之后、*W* 面之左进行投射，则称第三角投影。在第一角投影中，物体放置在投影面与观察者之间，形成人—物—面的相互关系，习惯上机件在第一角投影中得到的三视图是主视图、俯视图、左视图；在第三角投影中，投影面位于观察者和物体之间，就如同隔着玻璃观察物体并在玻璃上绘图一样，即形成人—面—物的相互关系，习惯上物体在第三角投影中得到的三视图是前视图、顶视图和右视图，如图 6-59 所示。

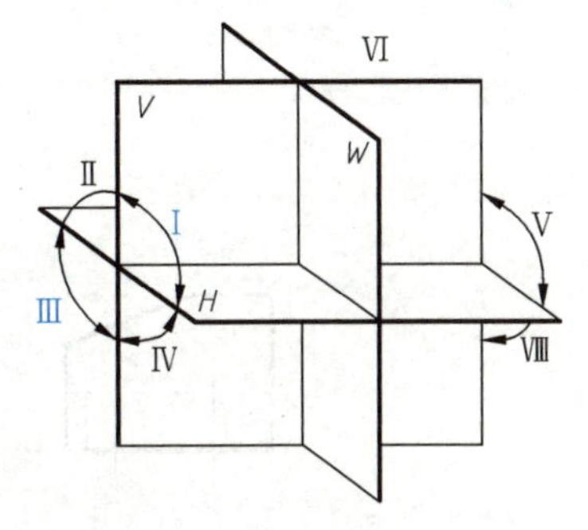

图 6-58　空间划分为八个分角

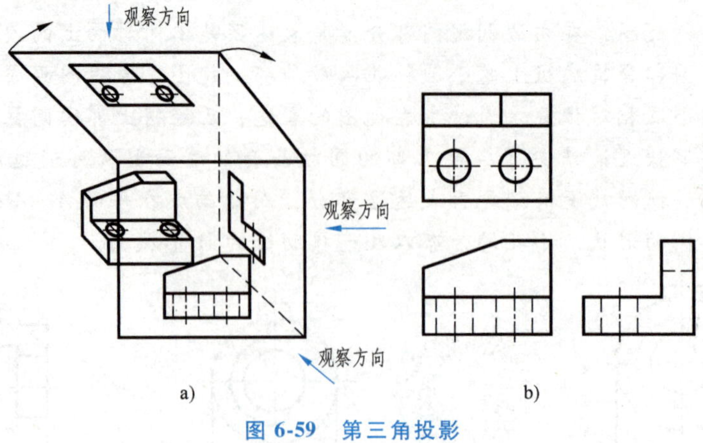

图 6-59　第三角投影

a）投影面的展开　b）三视图配置

2. 视图的配置

第三角投影也可以从物体的前、后、左、右、上、下六个方向，向六个基本投影面投影得到六个基本视图，它们分别是前视图、顶视图、右视图、底视图、左视图和后视图。六个基本视图按图 6-60 所示的方向展开，展开后各基本视图的配置如图 6-61 所示。

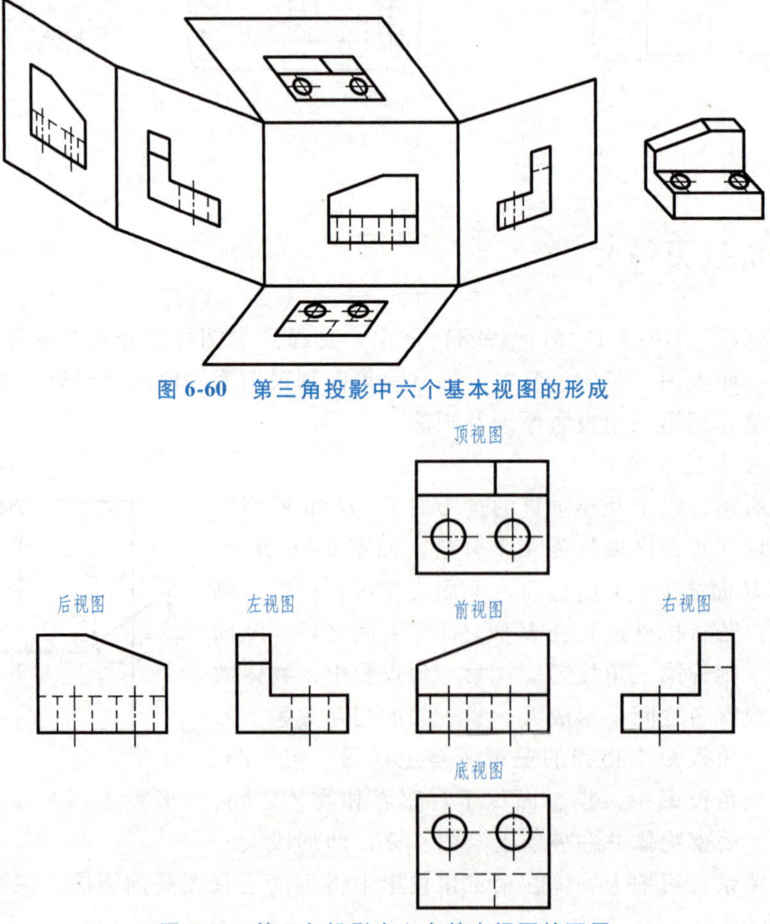

图 6-60　第三角投影中六个基本视图的形成

图 6-61　第三角投影中六个基本视图的配置

3. 第一、三角投影的识别符号

必须注意第一角投影和第三角投影的看图习惯有所不同。为了区别第一角投影和第三角投影所得的图样，国际标准化组织（ISO）规定了相应的识别符号。第一角投影的识别符号如图 6-62a 所示，第三角投影的识别符号如图 6-62b 所示。

国家标准规定，我国采用第一角投影画图。因此，采用第一角画法时无须标出画法的识别符号。当采用第三角画法时，必须在图样中（在标题栏右下角）画出第三角画法的识别符号。采用第一角画法，必要时也应画出其识别符号。

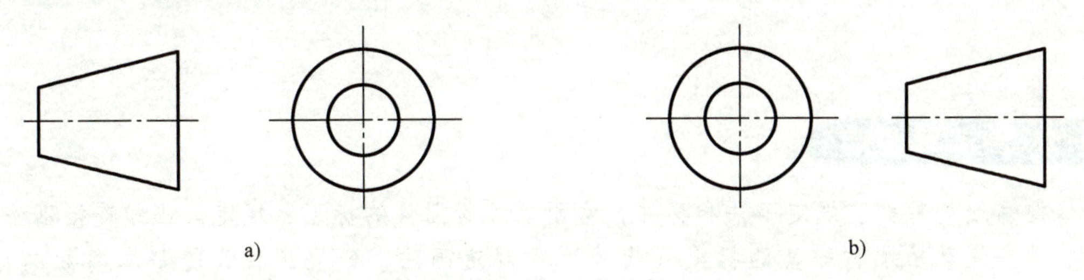

图 6-62 第一、三角投影的识别符号

a）第一角投影的识别符号 b）第三角投影的识别符号

十六字探月精神："追逐梦想、勇于探索、协同攻坚、合作共赢"

北京时间 2020 年 12 月 17 日凌晨，在内蒙古四子王旗预定着陆区域，人们冒着低于 -20℃的严寒，怀着火热心情迎回了一位"太空返客"，嫦娥五号返回器。

嫦娥五号任务的圆满成功，凝结着中国航天人的宝贵智慧，展示着中国实现科技自立自强的决心和勇气。"追逐梦想、勇于探索、协同攻坚、合作共赢"的探月精神，丰富了中华民族的精神家园，激荡起每一个中国人内心油然而生的奋斗豪情。

课外拓展训练

6-1 在模型室以小组为单位，找出一些轴类零件，分析断面图和剖视图的区别。

6-2 在模型室以小组为单位，选取轴承座、箱体、壳体等模型，观察它们是由哪些基本体组成的，分析讨论用什么样的表达方法才能合理地表达其内、外结构。在小组讨论的基础上，用最佳表达方案表达该模型。

第7章　工程中的标准件和常用件

本章学习要点

掌握螺纹的种类、规定画法和标注，常用螺纹紧固件的标记、规定画法和连接画法；掌握键、销、滚动轴承和弹簧的标记（代号）和规定画法；掌握圆柱齿轮基本参数的计算、规定画法和啮合画法；学会按标准件和常用件的规定查阅相关国家标准。

引例

任何机器或部件都是由许多零件按不同连接方式装配而成的。常用的连接件有螺栓、螺钉、螺母、垫圈、键、销等。国家对这些零件的结构形式和尺寸规格等，全部制定了统一的标准，并且这些零件由工厂专业化大量生产。这类零件称为标准件。还有一些零件的结构形式和尺寸规格部分地施行标准化，这类零件称为常用件，如齿轮和弹簧等。图 7-1 所示为减速器的立体爆炸图（轴测分解图），显示出其上使用了较多的标准件和常用件。

特别提示：在工程制图中，标准件和常用件都不需要画出其真实结构的投影，只需按国家标准规定的画法绘图，并按国家标准规定的代号或标记方法标注。

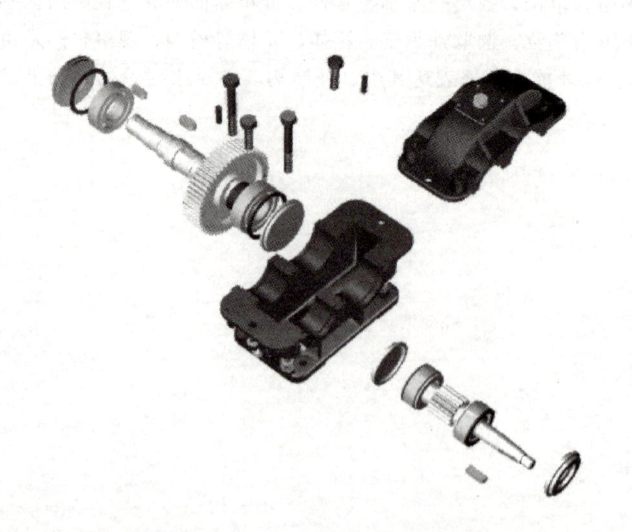

图 7-1　减速器的立体爆炸图

7.1 螺纹及螺纹紧固件

7.1.1 螺纹

1. 螺纹的基本知识

螺纹可看作是由一个平面图形（三角形、矩形、梯形等）绕一圆柱（或圆锥）做螺旋运动而形成的圆柱或圆锥螺旋体。螺纹通常采用专用刀具在机床上制造，如图 7-2 所示。在圆柱（或圆锥）外表面上形成的螺纹称为外螺纹，如图 7-3a 所示；在圆柱（或圆锥）内表面上形成的螺纹称为内螺纹，如图 7-3b 所示。

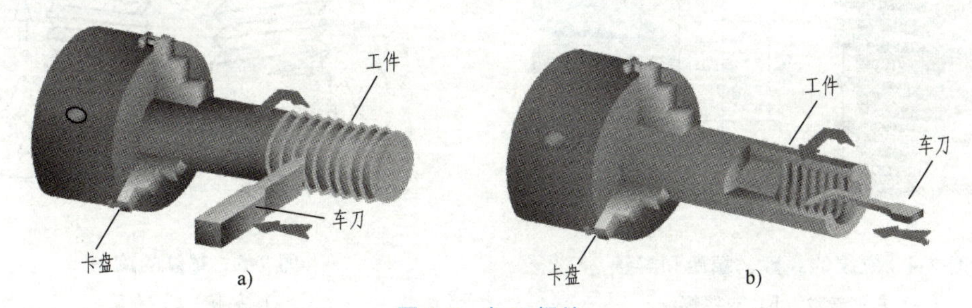

图 7-2 加工螺纹

a）车外螺纹 b）车内螺纹

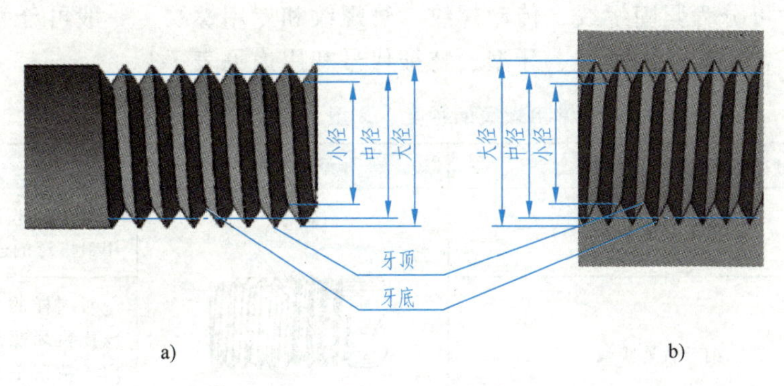

图 7-3 螺纹各部分的名称

a）外螺纹 b）内螺纹

2. 螺纹的要素

螺纹牙型、公称直径、线数、螺距（导程）及旋向构成了螺纹的五要素，而牙型、公称直径和螺距则是其基本要素。

（1）螺纹牙型 在通过螺纹轴线的剖面上，螺纹的轮廓形状称为牙型。常见的牙型有三角形、梯形、锯齿形和矩形等，螺纹牙型的种类见表 7-1。

（2）公称直径 螺纹直径分为大径、中径和小径，如图 7-3 所示。螺纹的大径称为公称直径。内、外螺纹的公称直径分别用 D、d 表示。

（3）线数 沿一条螺旋线形成的螺纹称为单线螺纹。沿两条或两条以上在圆柱轴向等距分布的螺旋线形成的螺纹称为双线或多线螺纹，线数用 n 表示，如图 7-4 所示。

（4）螺距和导程　相邻两牙在中径线上对应两点间的轴线距离称为螺距，用 P 表示。同一螺旋线上的相邻两牙在中径线上对应两点间的轴向距离称为导程，用 P_h 表示，如图 7-4 所示。导程与螺距的关系为 $P_h = nP$。

（5）旋向　螺纹分左旋和右旋两种。顺时针旋入的螺纹称为右旋螺纹，逆时针旋入的螺纹称为左旋螺纹，如图 7-5 所示。可用右手或左手螺旋规则判断螺纹的旋向。工程上右旋螺纹应用较多。

内、外螺纹旋合时，它们的牙型、公称直径、旋向、线数和螺距等要素必须一致。

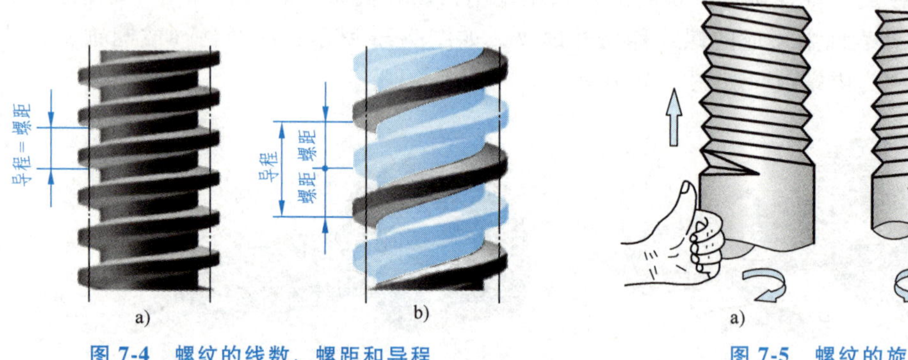

图 7-4　螺纹的线数、螺距和导程

a）单线螺纹　b）双线螺纹

图 7-5　螺纹的旋向

a）左旋　b）右旋

3. 螺纹的种类

螺纹按用途可分为紧固螺纹、传动螺纹、管螺纹和专用螺纹。一般可分为连接螺纹和传动螺纹两大类。常用螺纹的种类、牙型、特征代号和用途见表 7-1。

表 7-1　常用螺纹的种类、牙型、特征代号和用途

<table>
<tr><th colspan="4">螺纹分类(螺纹特征代号)</th><th>牙型及牙型角</th><th>说明</th></tr>
<tr><td rowspan="6">连接螺纹</td><td rowspan="2">普通螺纹</td><td colspan="2">粗牙普通螺纹(M)</td><td rowspan="2">60°</td><td>用于一般零件的连接，是应用最广泛的连接螺纹</td></tr>
<tr><td colspan="2">细牙普通螺纹(M)</td><td>对同样的公称直径，细牙螺纹比粗牙螺纹的螺距要小，多用于精密零件、薄壁零件的连接。螺纹特征代号都用 M 表示</td></tr>
<tr><td rowspan="4">管螺纹</td><td colspan="2">55°非密封管螺纹(G)</td><td>55°</td><td>常用于低压管路系统连接的旋塞等管件附件中</td></tr>
<tr><td rowspan="3">55°密封管螺纹</td><td>圆锥外螺纹(R_1、R_2)</td><td rowspan="3">55°</td><td rowspan="3">用于密封性要求高的水管、油管、煤气管等中、高压管路系统中</td></tr>
<tr><td>圆锥内螺纹(Rc)</td></tr>
<tr><td>圆柱内螺纹(Rp)</td></tr>
</table>

（续）

螺纹分类（螺纹特征代号）		牙型及牙型角	说明
传动螺纹	梯形螺纹（Tr）	30°	用于承受两个方向轴向力的场合，如各种机床的传动丝杠等
	锯齿形螺纹（B）	3° 30°	用于只承受单向轴向力的场合，如台虎钳、千斤顶的丝杠等

螺纹要素中的螺纹牙型、公称直径和螺距是决定螺纹最基本的要素，此三要素均符合国家标准的螺纹称为标准螺纹；螺纹牙型符合标准，而公称直径、螺距不符合标准的螺纹称为特殊螺纹；螺纹牙型不符合标准的螺纹称为非标准螺纹。

普通螺纹可分为粗牙普通螺纹和细牙普通螺纹。细牙普通螺纹多用于细小或精密零件连接。管螺纹多用于管件的连接，如管接头、旋塞、阀门等。

传动螺纹是用来传递运动和动力的，常用的有梯形螺纹、锯齿形螺纹和矩形螺纹。

7.1.2　螺纹的规定画法

画螺纹的真实投影比较麻烦，而螺纹是标准结构要素，为了简化作图，国家标准（GB/T 4459.1—1995）规定了在工程图样中螺纹的特殊画法。

1. 外螺纹的画法

外螺纹的牙顶（大径）的投影及螺纹终止线用粗实线绘制，牙底（小径，约是大径的85%）的投影用细实线绘制，并应画入螺杆的倒角或倒圆中。在螺纹投影为圆的视图中，表示牙底圆的细实线只画约3/4圈，此时，螺杆上的倒角投影不应画出，如图7-6a所示。

当外螺纹加工在管子的外壁，需要剖切时，剖开部分的螺纹终止线只画出表示牙型高度的一小段，剖面线画到表示牙顶的粗实线处，如图7-6b所示。

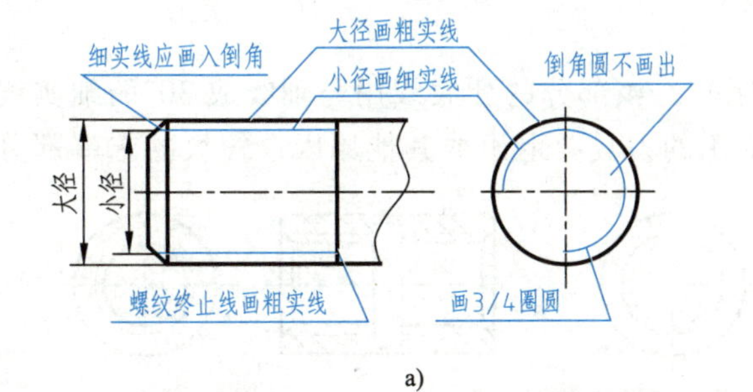

剖面线画到粗实线处

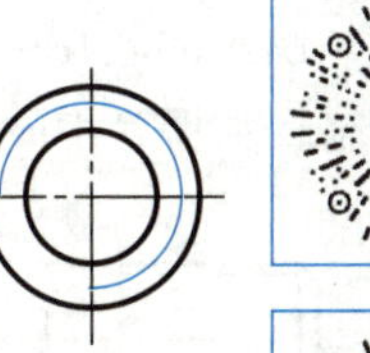

终止线画一段粗实线

b)

图7-6　外螺纹的规定画法

a）外螺纹　b）外螺纹剖开画法

2. 内螺纹的画法

内螺纹的牙顶（小径，约是大径的 85%）的投影及螺纹终止线用粗实线绘制，牙底（大径）的投影用细实线绘制。在螺纹投影为圆的视图中，表示牙底圆的细实线只画约 3/4 圈，此时，螺杆或螺孔上的倒角投影不应画出；在投影为非圆的剖视图中，剖面线必须画到表示牙顶线的粗实线处，如图 7-7 所示。绘制不通孔的内螺纹时，一般应将钻孔深度与螺纹深度分别画出。注意，孔底按钻头锥角画成 120°，不需另行标注，如图 7-8 所示。

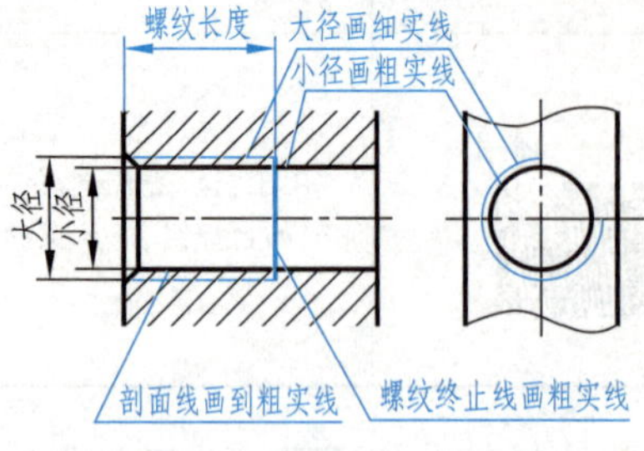

图 7-7 内螺纹的规定画法

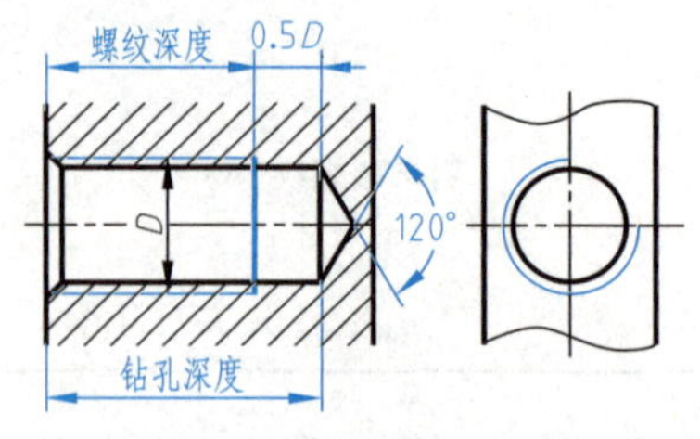

图 7-8 不通孔内螺纹的规定画法

3. 螺纹连接的画法

用剖视图表示内外螺纹连接时，其旋合部分按外螺纹画法绘制，其余部分仍按各自的画法绘制，如图 7-9 所示。

画图时需要注意：按规定，当实心螺杆通过轴线剖切时按不剖绘制，不画剖面线；表示外螺纹大径的粗实线、小径的细实线必须分别与表示内螺纹大径的细实线、小径的粗实线对齐。一般外螺纹的旋入深度应小于内螺纹的深度。

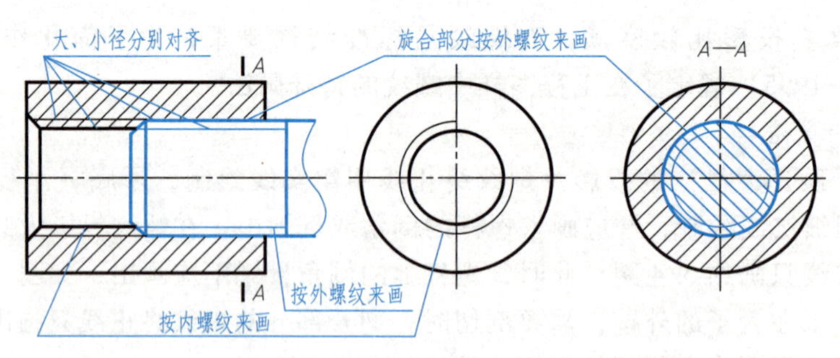

图 7-9 螺纹连接的画法

4. 螺纹收尾、退刀槽及牙型的画法

螺纹的收尾一般不表示，当需要表示螺尾时，该部分的牙底线用与轴线成 30° 的细实线绘制，如图 7-10a 所示。在制造螺纹时，因加工的刀具要退出或其他原因，螺纹的末端部分

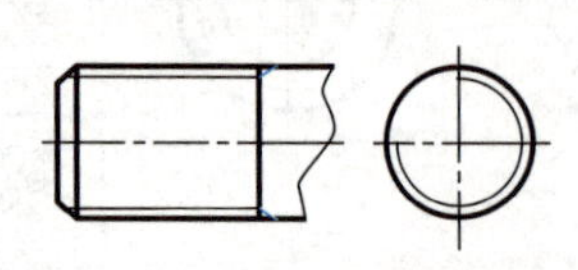

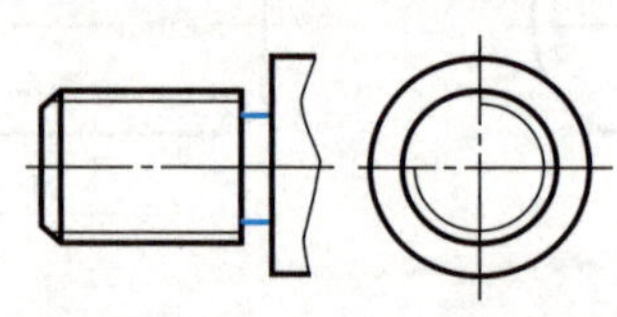

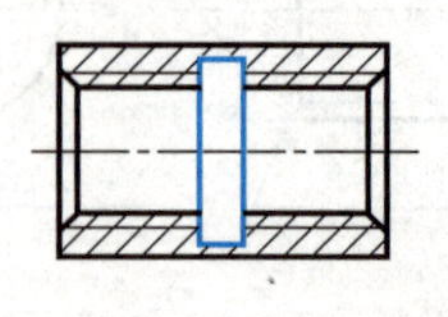

a) b) c)

图 7-10 螺尾和退刀槽画法

a）外螺纹的螺尾 b）外螺纹退刀槽 c）内螺纹退刀槽

将产生不完整的牙型。为了消除不完整牙型，可在螺纹终止处加工出一个槽，此槽称为退刀槽。如果螺纹结构需要有退刀槽时，可按图7-10b、c所示结构绘制。标准螺纹一般不画出牙型，当需要表示螺纹牙型时，可用局部剖视图或局部放大图来表示，如图7-11所示。

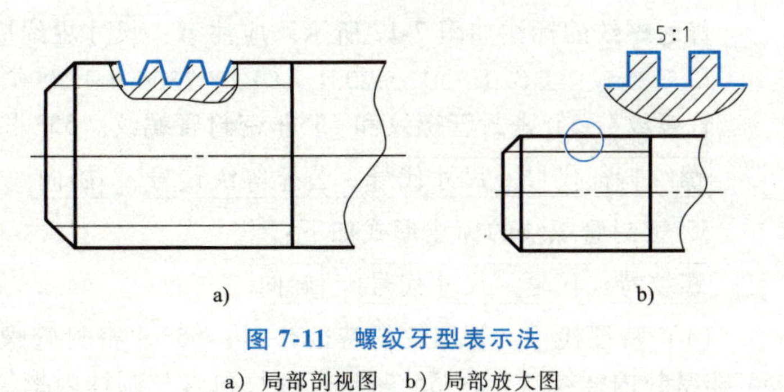

图7-11　螺纹牙型表示法

a）局部剖视图　b）局部放大图

7.1.3　螺纹的标注

螺纹按规定画好后，为了表达螺纹的牙型、公称直径、螺距等要素及螺纹加工精度等级，必须对其进行标注。下面仅介绍常见的普通螺纹、管螺纹、梯形螺纹和锯齿形螺纹的标注方法。

1. 普通螺纹（GB/T 197—2018）

普通螺纹的标注形式如下：

特征代号　公称直径×Ph 导程 P 螺距-公差带代号-旋合长度代号-旋向

单线时，导程与螺距相同，公称直径×Ph 导程 P 螺距改为公称直径×螺距。

（1）特征代号　普通螺纹的特征代号为M，公称直径为螺纹大径，分为粗牙和细牙两种，它们的区别在于相同大径下，细牙螺纹的螺距比粗牙要小。需要注意的是：粗牙普通螺纹不标螺距，而细牙普通螺纹必须标注螺距。右旋螺纹不标旋向，左旋螺纹应标注LH。

（2）公差带代号　公差带代号由公差等级和基本偏差代号组成。

1）公差等级。内螺纹的中径、小径公差等级有4、5、6、7、8五种；外螺纹的中径公差等级有3、4、5、6、7、8、9七种，大径有4、6、8三种。

2）基本偏差代号。内螺纹的基本偏差代号有G、H两种，外螺纹的基本偏差代号有e、f、g、h四种。

普通螺纹的公差带代号标注中径和顶径（内螺纹小径或外螺纹大径）两个代号，两个代号相同时只注写一个代号。

（3）旋合长度代号　普通螺纹的旋合长度分为短、中、长三种，分别用代号S、N、L表示，当旋合长度为中等旋合长度时，N不标注。

（4）标注举例

1）单线粗牙普通螺纹，公称直径10mm，左旋，中径公差带代号5g，顶径公差带代号6g，短旋合长度：M10-5g6g-S-LH。

2）单线细牙普通螺纹，公称直径10mm，螺距1mm，右旋，中径和顶径公差带代号都是6H，中等旋合长度：M10×1-6H。

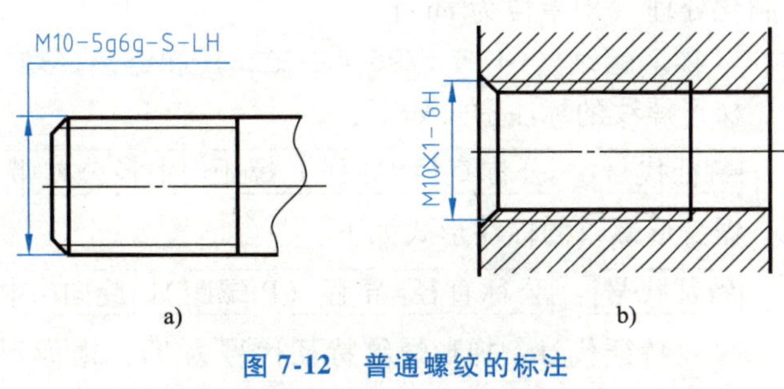

图7-12　普通螺纹的标注

a）粗牙普通外螺纹 b）细牙普通内螺纹

普通螺纹的标注如图 7-12 所示。应注意：尺寸界线应从螺纹大径引出。

2. 管螺纹（GB/T 7307—2001、GB/T 7306.1—2000、GB/T 7306.2—2000）

管螺纹分 55°密封管螺纹和 55°非密封管螺纹。55°非密封管螺纹的标注形式如下：

螺纹特征代号　尺寸代号　公差等级代号	旋向

55°密封管螺纹的标注形式如下：

螺纹特征代号　尺寸代号	旋向

（1）特征代号　管螺纹的特征代号：55°非密封管螺纹包含 55°非密封外螺纹（G）和 55°非密封内螺纹（G）；55°密封管螺纹包含与圆柱内螺纹配合的圆锥外螺纹（R_1）、与圆锥内螺纹配合的圆锥外螺纹（R_2）、圆锥内螺纹（Rc）和圆柱内螺纹（Rp）。

（2）尺寸代号　管螺纹尺寸代号不用螺纹的公称直径表示，而是用管子内孔径的大约直径表示。

（3）公差等级代号　公差等级代号只有外螺纹需要标注，分别为 A、B 两个等级，内螺纹不标注公差等级代号。

（4）旋向　右旋螺纹不标旋向，左旋螺纹应标注 LH。

（5）标注举例

1）55°非密封管螺纹，尺寸代号为 1，右旋，A 级精度：G1A。

2）55°密封管螺纹，与圆柱内螺纹配合的圆锥外螺纹，尺寸代号 3/4，右旋：$R_1$3/4。

3）55°密封管螺纹，圆锥内螺纹，尺寸代号 3/4，左旋：Rc3/4 LH。

管螺纹的标注如图 7-13 所示。应注意：管螺纹标注用指引线由螺纹大径引出。

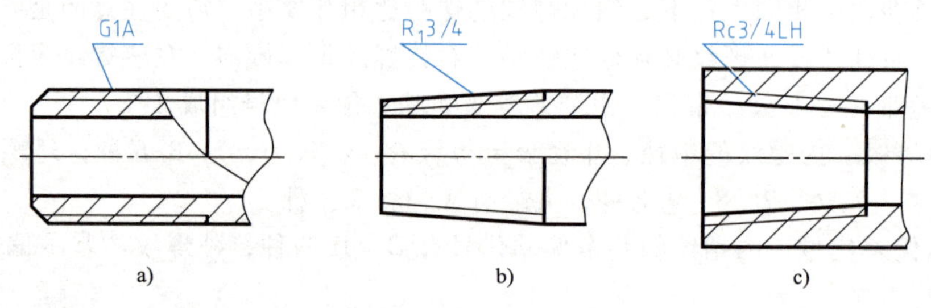

图 7-13　管螺纹的标注

a）55°非密封管螺纹 b）55°密封管螺纹，与圆柱内螺纹配合的圆锥外螺纹 c）55°密封管螺纹，圆锥内螺纹

特别提示：管螺纹标注的尺寸代号不是管螺纹的大径，而是管螺纹管子内径的大约值，以英寸（in）为单位。管螺纹的大径等参数可以根据它的尺寸代号从标准中查得，其单位已米制化处理（即单位为 mm）。

3. 梯形螺纹（GB/T 5796.4—2022）**和锯齿形螺纹**（GB/T 13576.4—2008）

梯形螺纹的标注形式如下：

特征代号	公称直径×导程 P 螺距	-	中径公差带代号	-	旋合长度代号	-	旋向

锯齿形螺纹的标注形式如下：

特征代号	公称直径×导程（P 螺距）	旋向	-	中径公差带代号	-	旋合长度代号

（1）特征代号　梯形螺纹特征代号为 Tr，锯齿形螺纹特征代号为 B。单线梯形螺纹标注“公称直径×螺距”；多线梯形螺纹标注“公称直径×导程 P 螺距”。单线锯齿形螺纹标注应省略（P 螺距）；多线锯齿形螺纹标注“公称直径×导程（P 螺距）”。

梯形螺纹和锯齿形螺纹的规定标记基本与普通螺纹相同，但是它们标记中的公差带代号只标注中径公差带代号；梯形螺纹旋向代号 LH 注写在最后，加短横线与前分开；锯齿形螺纹旋向代号 LH 注写在螺距之后，且不加短横线。旋合长度只有中、长两种（N、L)。当旋合长度为中等旋合长度时，N 不标注。

（2）标注举例

1）梯形螺纹，公称直径 40mm，导程为 14mm，螺距为 7mm，中径公差带代号为 8e，长旋合长度，双线，左旋：Tr 40×14P78e-L-LH。

2）锯齿形螺纹，公称直径 40mm，螺距为 7mm，中径公差带代号为 7e，中等旋合长度，单线，右旋：B40×7-7e。

3）梯形螺纹和锯齿形螺纹标注如图 7-14 所示。应注意：尺寸界线从螺纹大径引出。

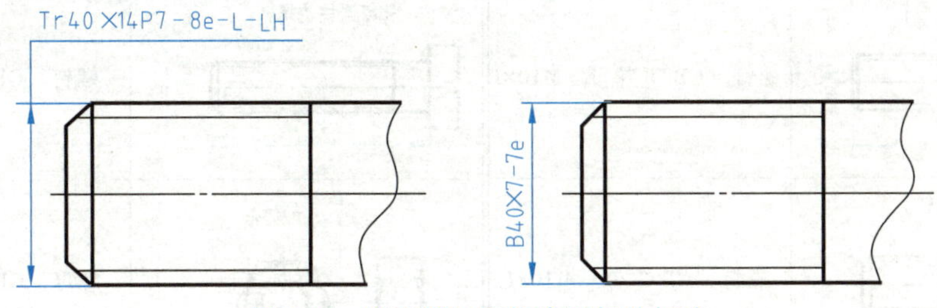

图 7-14 梯形螺纹和锯齿形螺纹标注

a）梯形螺纹 b）锯齿形螺纹

7.1.4 螺纹紧固件

1. 螺纹紧固件的标记

螺纹紧固件就是运用一对内、外螺纹的连接作用来连接和紧固其他一些零部件的零件。螺纹紧固件的种类很多，常见的螺纹紧固件有螺栓、双头螺柱、螺钉、螺母和垫圈等，如图 7-15 所示。

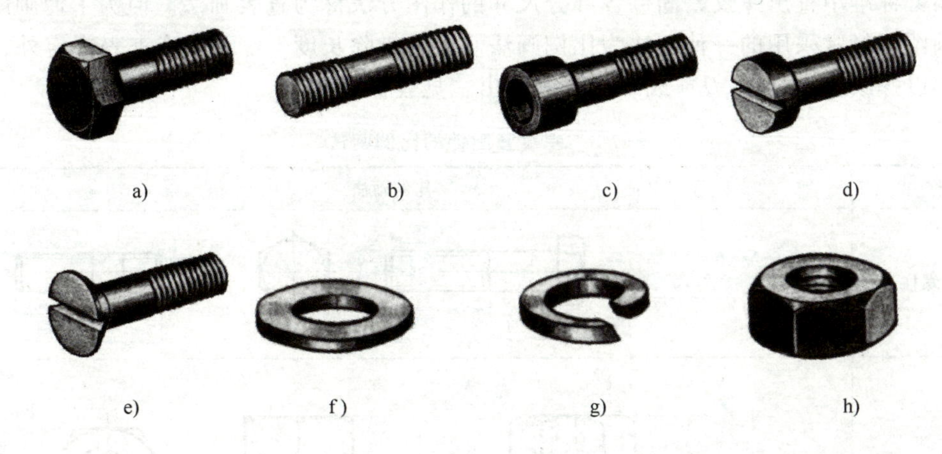

图 7-15 常用的螺纹紧固件

a）六角头螺栓 b）双头螺柱 c）内六角圆柱头螺钉 d）开槽圆柱头螺钉
e）开槽沉头螺钉 f）平垫圈 g）弹簧垫圈 h）六角螺母

螺纹紧固件的结构形式和尺寸都已标准化，并由专门工厂大量生产。因此在图样中不需要画出它的零件图，而是以标记的形式出现。使用时根据其标记就能从相应的国家标准中查出该螺纹紧固件的详图及全部尺寸。常见的螺纹紧固件的视图、主要尺寸及其标记，见表 7-2。

表 7-2　常见的螺纹紧固件的视图、主要尺寸及其标记

名称和简图	简化标记示例	名称和简图	简化标记示例
六角头螺栓	螺栓　GB/T 5782　M12×l	双头螺柱 A 型	螺柱　GB/T 897　AM12×l
内六角圆柱头螺钉	螺钉　GB/T 70.1　M10×l	开槽圆柱头螺钉	螺钉　GB/T 65　M10×l
开槽沉头螺钉	螺钉　GB/T 68　M10×l	1 型　六角螺母	螺母　GB/T 6170　M12
平垫圈　A级	垫圈　GB/T 97.1　12	标准型弹簧垫圈	垫圈　GB/T 93　12

2. 螺纹紧固件的比例画法

从国家标准中查出螺纹紧固件各部分尺寸的作图方法称为查表画法。但为了使画图快捷方便，画图时经常采用的一种方法为比例画法。它是指除长度 l 需要计算查表决定外，其他各尺寸都以螺纹大径（d、D）成一定比例画出，见表 7-3。

表 7-3　螺纹紧固件的比例画法

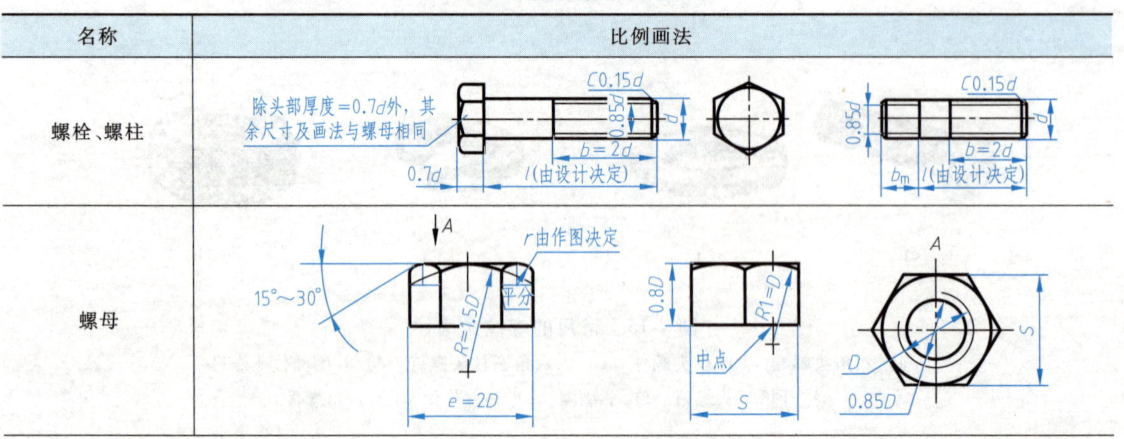

（续）

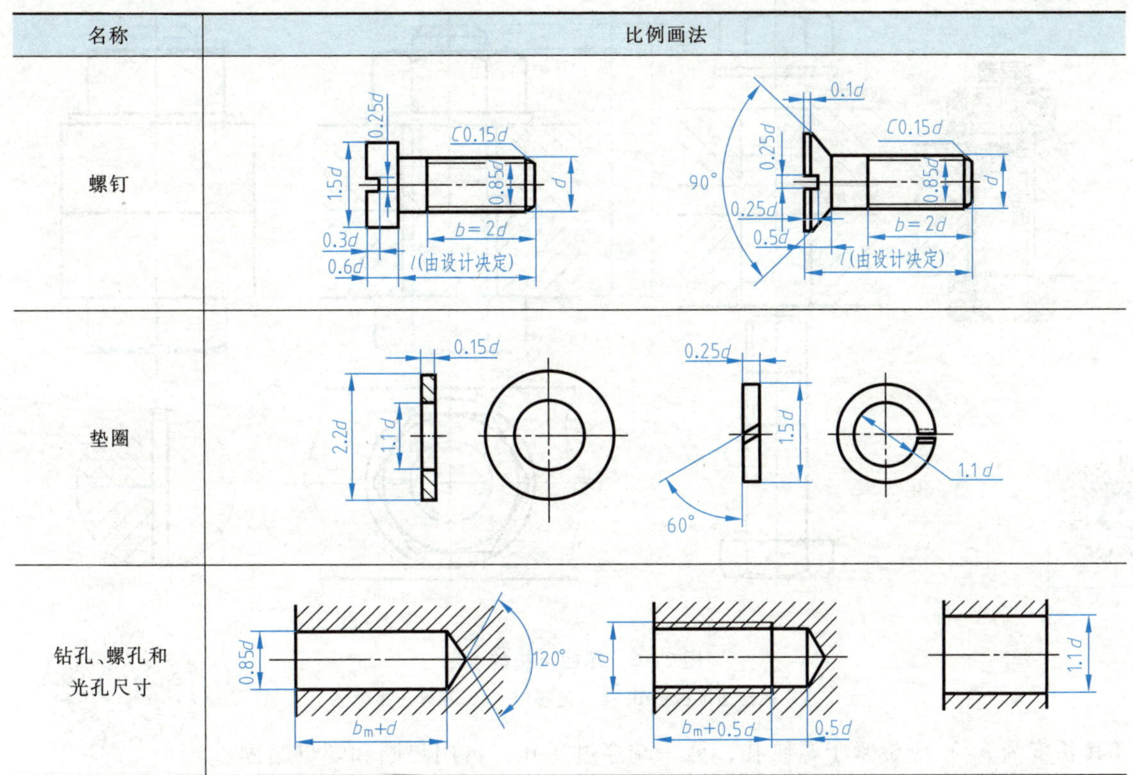

3. 螺纹紧固件连接的画法

螺纹紧固件连接是可拆卸的连接，常见的形式有：螺栓连接、双头螺柱连接和螺钉连接。

画螺纹连接图时，应遵守以下基本规定：

1）两零件的接触面只画一条线，不接触面必须画两条线。

2）在剖视图中，当剖切平面通过螺纹紧固件（如螺栓、螺柱、螺母、垫圈等）的轴线时，这些零件都按不剖切绘制，即不画剖面线。

3）相邻两个零件的剖面线方向应相反，不可避免时可相同，但必须相互错开或间隔不一致。同一零件在各视图上的剖面线方向和间隔必须一致。

4）螺纹紧固件的工艺结构，如倒角、退刀槽等均可省略不画。

（1）螺栓连接的画法　螺栓连接由螺栓、螺母、垫圈和被连接件组成。螺栓连接适用于被连接件的厚度较小、可以钻通孔的情况，如图 7-16 所示。

绘制螺栓连接时，首先根据零件厚度计算出螺栓有效长度的大约值，即

$$l_j \geqslant \delta_1+\delta_2+h(\text{垫圈厚度})+m(\text{螺母厚度})+a(\text{伸出螺母的长度})$$

式中，$a=0.2\sim0.3d$。

计算出螺栓长度 l_j 之后，可在国家标准中选取一个与之相近的标准值。

（2）双头螺柱连接的画法　螺柱是一种两端均有螺纹的圆柱状连接件，通常用于被连接件中一个较薄，另一个较厚或不允许加工成通孔的情况。双头螺柱连接的画法如图 7-17 所示，其上部较薄零件加工出通孔，另一个零件加工出不通螺纹孔。双头螺柱的旋入端

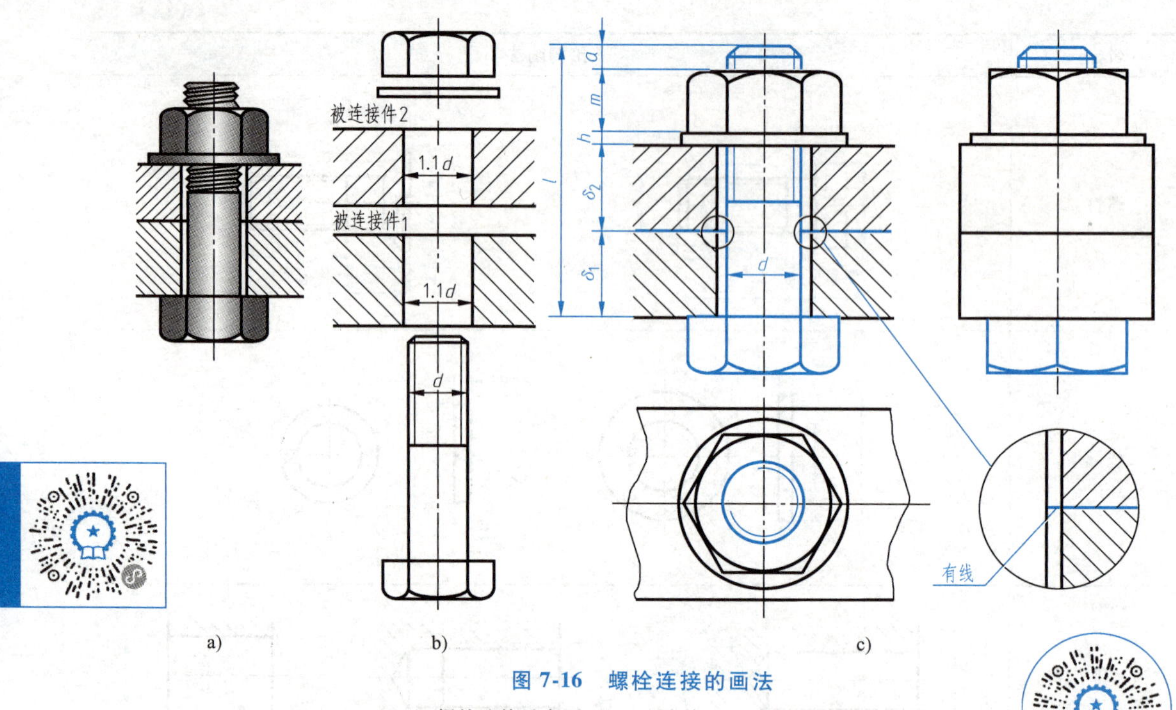

图 7-16　螺栓连接的画法

a）螺栓连接示意图　b）连接前　c）螺栓连接画法

（其长度为 b_m）应旋紧于螺纹孔，另一端穿过通孔，再用垫圈和螺母紧固。

绘制双头螺柱连接时，首先根据零件厚度计算出螺柱有效长度的大约值，即

$$l_j \geqslant \delta + h(\text{垫圈厚度}) + m(\text{螺母厚度}) + a(\text{伸出螺母的长度})$$

式中，$a = 0.2 \sim 0.3d$。

计算出螺柱长度 l_j 之后，可在国家标准中选取一个与之相近的标准值。

双头螺柱旋入端长度 b_m 由被连接件的材料决定，具体取值如下：

钢、青铜和硬铝材料零件 $b_m = d$（GB/T 897—1988），铸铁零件 $b_m = 1.25d$（GB/T 898—1988）或 $b_m = 1.5d$（GB/T 899—1988），铝或其他较软材料 $b_m = 2d$（GB/T 900—1988）。

绘制双头螺柱连接图时应注意以下几点：

1）螺柱的公称长度 l 是指螺柱上无螺纹一段的长度与拧紧螺母一段的螺纹长度之和，而不是双头螺柱的总长。

2）双头螺柱旋入端的螺纹终止线与被加工成螺孔的机件端面平齐；另一端的螺纹终止线要低于被加工成光孔的机件端面，按 $b = 2d$ 画出。

弹簧垫圈开口处应按图 7-17 所示绘出。

（3）螺钉连接的画法　螺钉连接通常用于受力小且不需要经常拆卸的场合。连接时螺钉直接旋入螺纹孔，把被连接件压紧，如图 7-18 所示。

绘制螺钉连接时，首先根据零件厚度计算出螺钉有效长度的大约值，即

$$l_j = \delta + b_m$$

计算出螺钉长度 l_j 之后，可在国家标准中选取一个与之相近的标准值。

螺钉旋入端长度 b_m 的取值与双头螺柱旋入端 b_m 的取值相同。

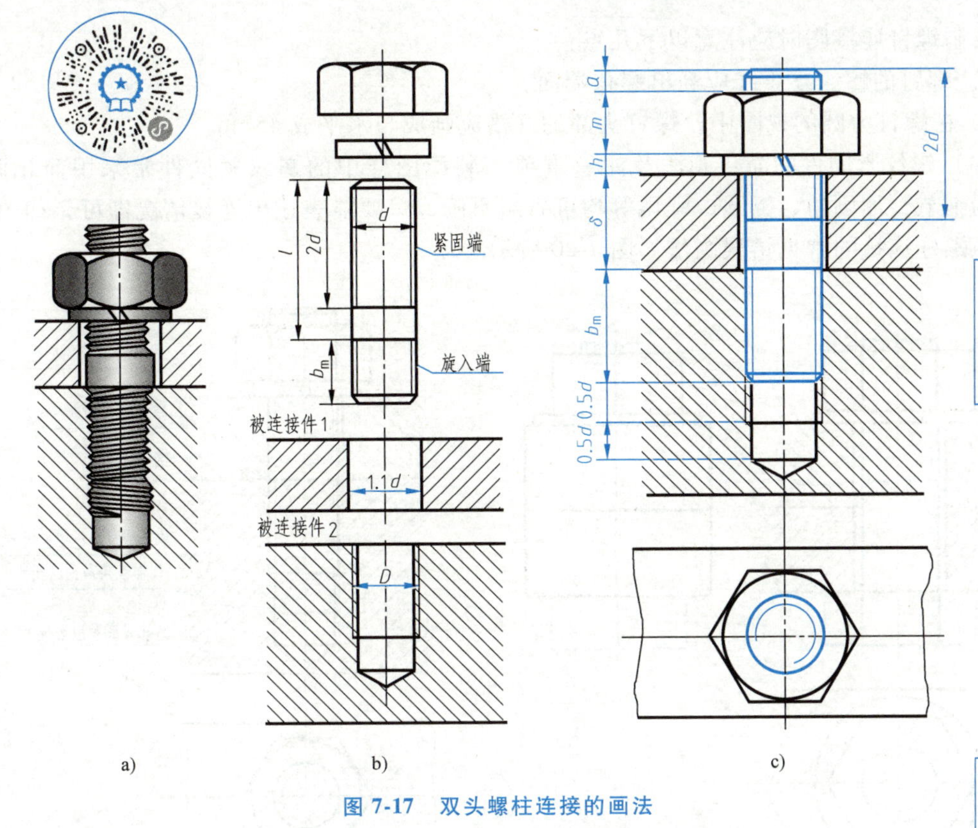

图 7-17　双头螺柱连接的画法

a）螺柱连接示意图　b）连接前　c）螺柱连接的画法

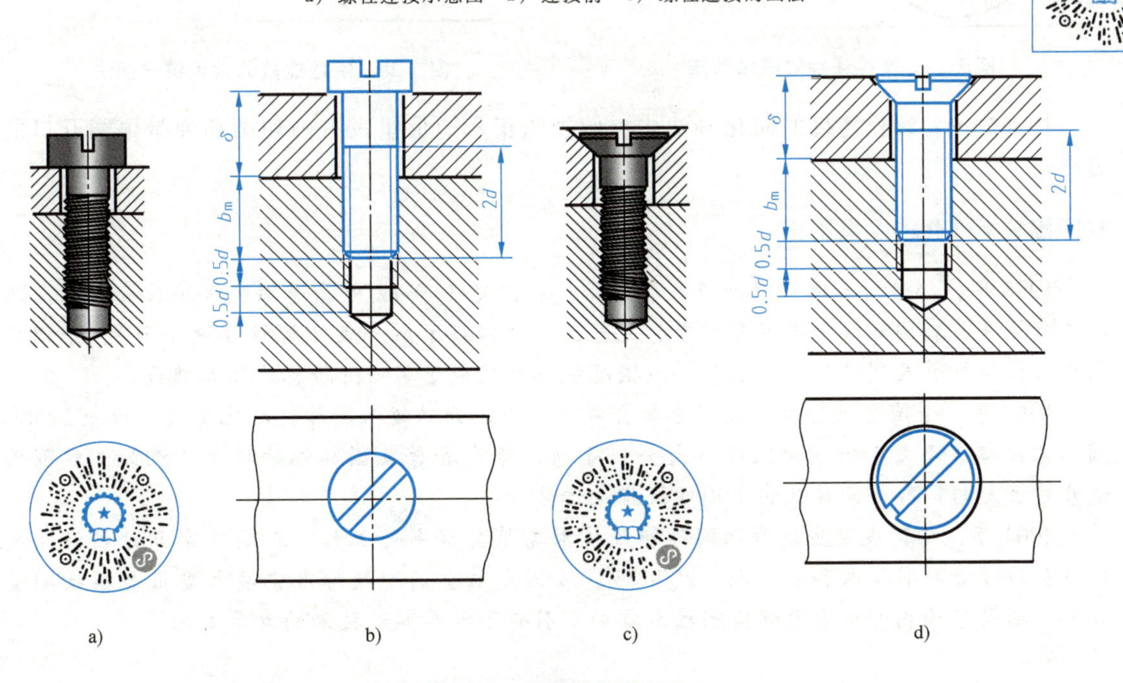

图 7-18　螺钉连接的画法

a）开槽圆柱头螺钉连接示意图　b）开槽圆柱头螺钉连接画法

c）开槽沉头螺钉连接示意图　d）开槽沉头螺钉连接画法

绘制螺钉连接图时应注意以下几点：

1）螺钉的螺纹终止线应高出螺孔端面。

2）在螺钉为圆的视图中，螺钉头部的开槽应画成与水平成45°角。

（4）螺纹紧固件的简化画法及注意事项　装配图样中的螺纹紧固件常采用简化画法，其结构细节，如倒角、倒圆、螺尾等均可省略不画，只要能表达出连接情况即可，如图7-19所示。螺柱连接的常见错误画法如图7-20所示。

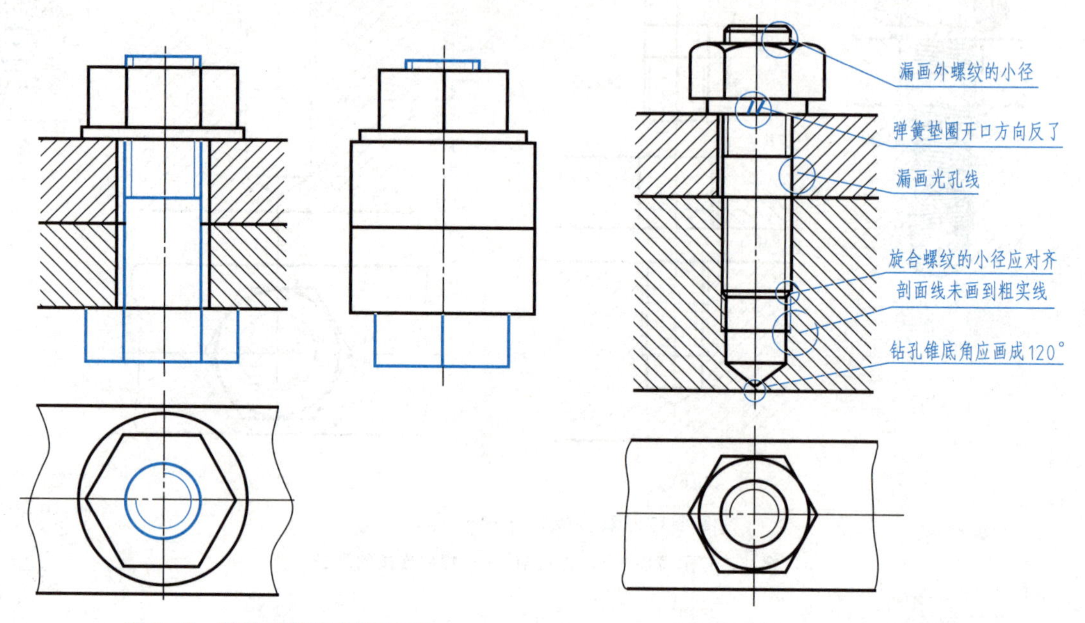

图7-19　螺栓连接的简化画法

图7-20　螺柱连接的常见错误画法

特别提示：螺栓连接的简化画法中，俯视图正六边形里没有内切圆和弹簧垫圈开口的方向。

我国螺纹标准化的发展历程

1958年，经过对苏联标准的吸收和转化，我国发布了12项普通螺纹机械行业标准。此后二十多年，我国螺纹标准不断扩充、完善，编写出版了第一版《螺纹量规手册》，介绍普通螺纹量规计算及制造尺寸。至此，我国螺纹标准完成了第一阶段标准体系建设。

1987年，全国螺纹标准化技术委员会成立，中国开始迈入国际标准化舞台，出版了ISO国际螺纹标准译文集和《螺纹标准大全》手册，推广和普及国际螺纹标准。至此，我国已逐步建立起与国际全面接轨的中国螺纹标准体系。

2004年，中国成功申请承担国际螺纹技术委员会秘书处工作，我国专家开始担任相关国际标准项目的召集人和起草人。2008年，我国成立全国螺纹标准化技术委员会螺纹测量分会，填补了国内外标准螺纹检测技术空白，引领了世界螺纹技术的发展走向。

7.2　键连接

键是标准件，通常用来连接轴和装在轴上的转动零件，主要起传递转矩的作用。如图

7-21 所示，带轮和轴上都开有键槽，将键嵌入槽内，转动时，轴和带轮就会一起转动。

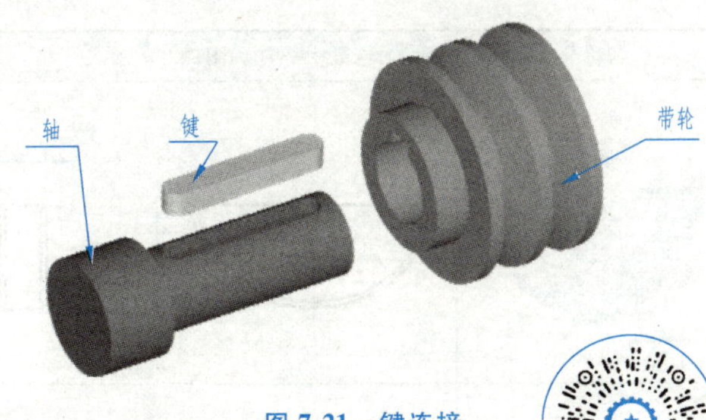

图 7-21　键连接

7.2.1　常用键的形式和标记

常用的键有普通平键、半圆键、钩头型楔键，它们的形式和规定标记见表 7-4。选用时可根据轴的直径查书后附录表 B-8 和表 B-9，得出键的尺寸。

普通平键（简称平键）应用范围较广，有 A 型、B 型和 C 型三种形式，见书后附录表 B-8。

轴和轮毂上的键槽画法、尺寸标注如图 7-22a、b 所示，尺寸可从书后附录表 B-8 中查找。

7.2.2　键连接的画法

画键连接图的条件：已知轴的直径和键的形式；由轴的直径查附录表 B-8，确定键的公称尺寸、轴和轮毂的键槽尺寸及键的标准长度。

1. 普通平键连接

普通平键连接的画法如图 7-22c 所示。剖切平面通过轴线及键的对称平面时，轴和键均按不剖绘制，为了表达轴上的键槽和键，在轴上采用局部剖视表达。键的顶面与轮毂键槽顶面是非接触面，应画两条线。键的侧面是工作面，与轴和轮毂上的键槽两侧面接触，应画一条线。

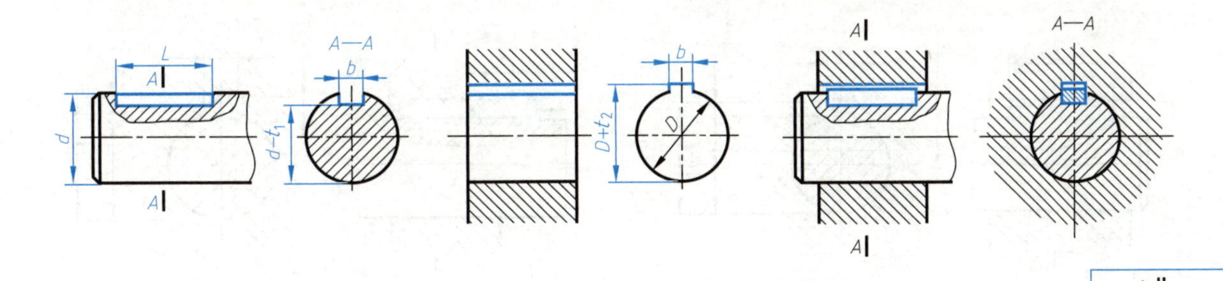

图 7-22　轴和轮毂上的键槽画法、尺寸标注及普通平键连接的画法

a）轴的键槽　b）轮毂的键槽　c）普通平键连接

表 7-4　键的形式和规定标记

名称	图例	标记示例
普通平键	A　A—A　h　b　L	普通平键 A 型 $b=16\text{mm}$，$h=10\text{mm}$，$L=100\text{mm}$ 标记为： GB/T 1096　键 16×10×100

（续）

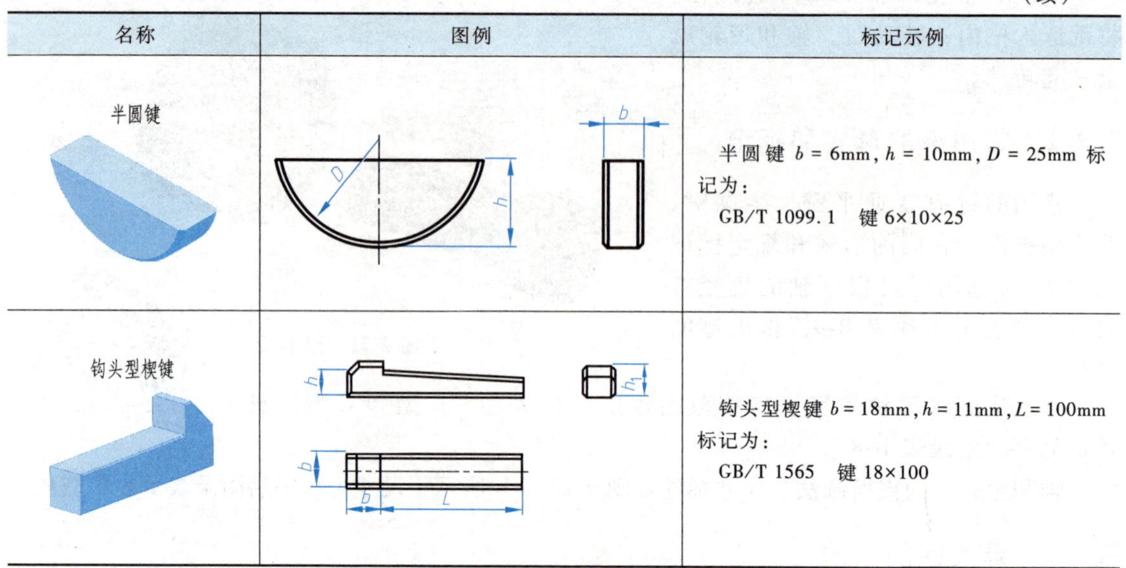

名称	图例	标记示例
半圆键		半圆键 $b=6\text{mm}$, $h=10\text{mm}$, $D=25\text{mm}$ 标记为： GB/T 1099.1　键 6×10×25
钩头型楔键		钩头型楔键 $b=18\text{mm}$, $h=11\text{mm}$, $L=100\text{mm}$ 标记为： GB/T 1565　键 18×100

2. 半圆键、楔键连接的画法

半圆键连接的画法与普通平键连接的画法类似，如图 7-23a 所示。

楔键有普通型楔键和钩头型楔键，其顶面的斜度为 1∶100。装配时将键打入键槽内，靠键的顶面和底面与键槽之间接触的压紧力连接轮毂和轴来传递运动和力。因此，钩头型楔键的上下底面是工作表面，分别和轴和轮毂的键槽紧密接触，应画一条线；键的两侧面是非工作表面，应画成两条线。钩头型楔键连接的画法如图 7-23b 所示。

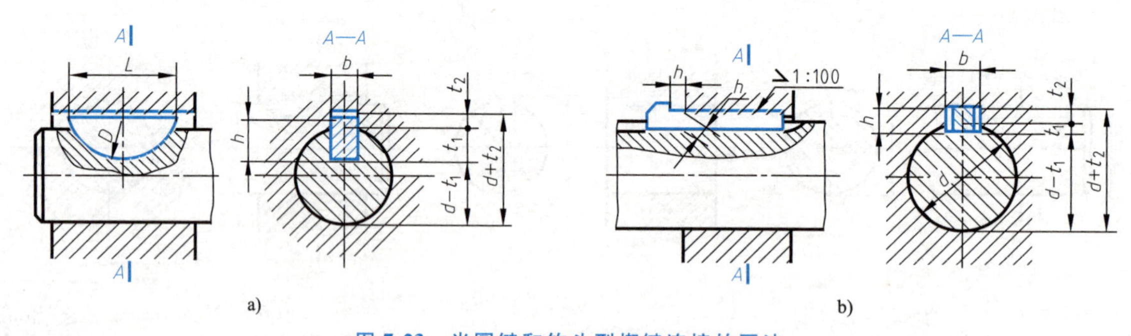

图 7-23　半圆键和钩头型楔键连接的画法

a）半圆键连接　b）钩头型楔键连接

7.3　销连接

销是标准件，在机器中通常用于零件间的连接和定位。

7.3.1　常用销的形式和标记

常用的销有圆柱销、圆锥销、开口销，它们的形式和规定标记见表 7-5。圆锥销的锥度为 1∶50，其公称直径是指小头直径。

表 7-5　销的形式和规定标记

名称	图例	标记示例
圆柱销		销 GB/T 119.1　10×50
圆锥销		销 GB/T 117　10×50
开口销		销 GB/T 91　5×50

7.3.2　销连接的画法

圆柱销连接的画法如图 7-24 所示。当剖切平面通过销轴线时，销按不剖绘制。圆锥销连接的画法如图 7-25 所示。用圆柱销或圆锥销连接或定位的两个零件，其销孔是一起加工的，在零件图中应注明。

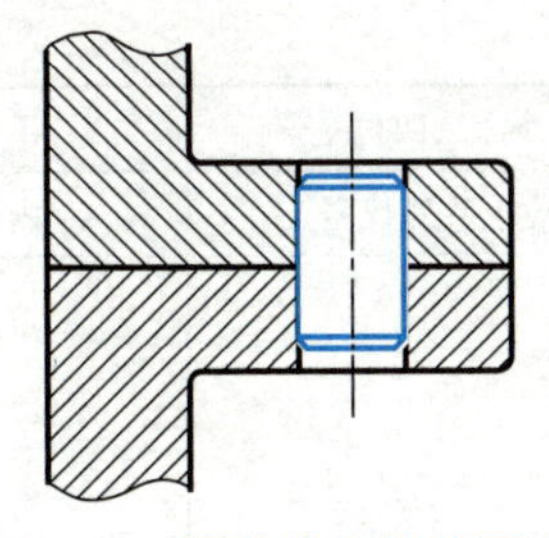
图 7-24　圆柱销连接的画法

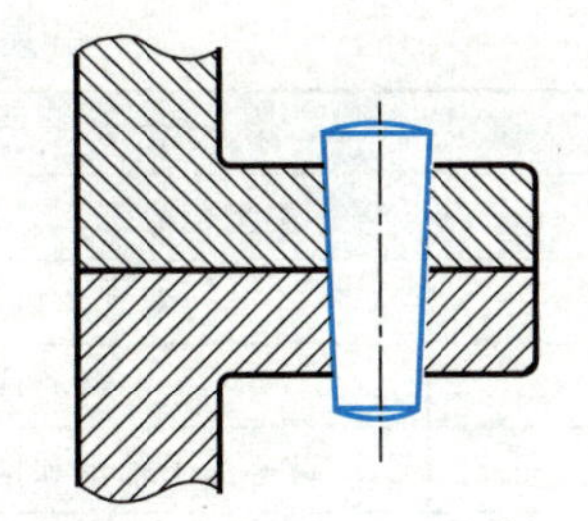
图 7-25　圆锥销连接的画法

7.4　滚动轴承

滚动轴承是支撑旋转轴的标准组件，它可以减少轴转动时产生的摩擦力，大大降低动力的损耗，提高工作效率，在机械中得到了广泛应用。在工程设计中无须单独画出滚动轴承的图样，而是根据使用条件和国家标准规定的代号进行选用。

滚动轴承的种类很多，但它们的结构组成大致类似，一般由外圈、内圈、滚动体和保持架四部分组成，如图 7-26 所示。

7.4.1　滚动轴承的代号

滚动轴承的种类很多，为了便于选择和使用，国家标准中规定用代号表示滚动轴承的结构、尺寸、公差等级等特征。滚动轴承代号通常由基本代号、前置代号和后置代号构成，其排列顺序见表 7-6。

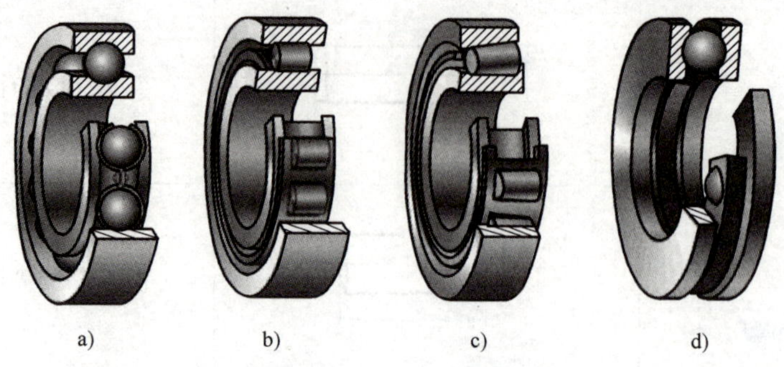

图 7-26　滚动轴承

a）深沟球轴承　b）圆柱滚子轴承　c）圆锥滚子轴承　d）单列推力球轴承

表 7-6　轴承代号的构成

<table>
<tr><th colspan="6">轴承代号</th></tr>
<tr><td rowspan="4">前置代号</td><td colspan="4">基本代号</td><td rowspan="4">后置代号</td></tr>
<tr><td colspan="3">轴承系列</td><td rowspan="3">内径代号</td></tr>
<tr><td rowspan="2">类型代号</td><td colspan="2">尺寸系列代号</td></tr>
<tr><td>宽度(或高度)系列代号</td><td>直径系列代号</td></tr>
</table>

滚动轴承的基本代号见表 7-7，其位数自右至左。

表 7-7　滚动轴承的基本代号

<table>
<tr><th colspan="2">第五位</th><th>第三、四位</th><th>第一、二位</th></tr>
<tr><th colspan="2">类型代号</th><th>尺寸系列代号</th><th>内径代号</th></tr>
<tr><td>0</td><td>双列角接触球轴承</td><td rowspan="15">具体见表 7-8</td><td rowspan="15">具体见表 7-9</td></tr>
<tr><td>1</td><td>调心球轴承</td></tr>
<tr><td>2</td><td>调心滚子轴承和推力调心滚子轴承</td></tr>
<tr><td>3</td><td>圆锥滚子轴承</td></tr>
<tr><td>4</td><td>双列深沟球轴承</td></tr>
<tr><td>5</td><td>推力球轴承</td></tr>
<tr><td>6</td><td>深沟球轴承</td></tr>
<tr><td>7</td><td>角接触球轴承</td></tr>
<tr><td>8</td><td>推力圆柱滚子轴承</td></tr>
<tr><td rowspan="2">N</td><td>圆柱滚子轴承</td></tr>
<tr><td>双列或多列用字母 NN 表示</td></tr>
<tr><td>U</td><td>外球面球轴承</td></tr>
<tr><td>QJ</td><td>四点接触球轴承</td></tr>
<tr><td>C</td><td>长弧面滚子轴承(圆环轴承)</td></tr>
</table>

尺寸系列代号用数字表示，由轴承的宽（高）度系列代号和直径系列代号组合而成。

向心轴承、推力轴承的尺寸系列代号见表 7-8。

表 7-8　尺寸系列代号

直径系列代号	向心轴承								推力轴承			
	宽度系列代号								高度系列代号			
	8	0	1	2	3	4	5	6	7	9	1	2
	尺寸系列代号											
7	—	—	17	—	37	—	—	—	—	—	—	—
8	—	08	18	28	38	48	58	68	—	—	—	—
9	—	09	19	29	39	49	59	69	—	—	—	—
0	—	00	10	20	30	40	50	60	70	90	10	—
1	—	01	11	21	31	41	51	61	71	91	11	—
2	82	02	12	22	32	42	52	62	72	92	12	22
3	83	03	13	23	33	—	—	—	73	93	13	23
4	—	04	—	24	—	—	—	—	74	94	14	24
5	—	—	—	—	—	—	—	—	—	95	—	—

轴承的内径代号用数字表示，见表 7-9。

表 7-9　内径代号

轴承公称内径/mm		内径代号	示例
0.6~10(非整数)		用公称内径毫米数直接表示，在其与尺寸系列代号之间用“/”分开	深沟球轴承　617/0.6　d=0.6mm 深沟球轴承　618/2.5　d=2.5mm
1~9(整数)		用公称内径毫米数直接表示，对深沟及角接触球轴承直径系列 7、8、9，内径与尺寸系列代号之间用“/分开”	深沟球轴承　625　d=5mm 深沟球轴承　618/5　d=5mm 角接触球轴承　707　d=7mm 角接触球轴承　719/7　d=7mm
10~17	10	00	深沟球轴承　6200　d=10mm
	12	01	调心球轴承　1201　d=12mm
	15	02	圆柱滚子轴承　NU 202　d=15mm
	17	03	推力球轴承　51103　d=17mm
20~480(22,28,32 除外)		公称内径除以 5 的商数，商数为个位数，需在商数左边加“0”，如 08	调心滚子轴承　22308　d=40mm 圆柱滚子轴承　NU 1096　d=480mm
≥500 以及 22,28,32		用公称内径毫米数直接表示，但在与尺寸系列之间用“/”分开	调心滚子轴承　230/500　d=500mm 深沟球轴承　62/22　d=22mm

滚动轴承的规定标记示例：

圆锥滚子轴承 30205。3：类型代号（圆锥滚子轴承）；0：宽度系列代号；2：直径系列代号；05：轴承内径代号。其规定标记为：滚动轴承 30205 GB/T 297—2015。

7.4.2 滚动轴承的规定画法

滚动轴承是标准组件，不需要画各组成部分的零件图。绘制图形时按国家标准 GB/T 4459.7—2017 中的规定绘制。即在装配图中，一般采用规定画法或特征画法来表示。

画图时，首先根据轴承类型代号由国家标准查出内径、外径和宽度等主要尺寸，然后根据表 7-10 中的比例画出图形。

表 7-10 滚动轴承的规定画法、特征画法和装配画法

轴承类型	由标准中查出数据	规定画法	特征画法	装配画法
深沟球轴承	D、d、B	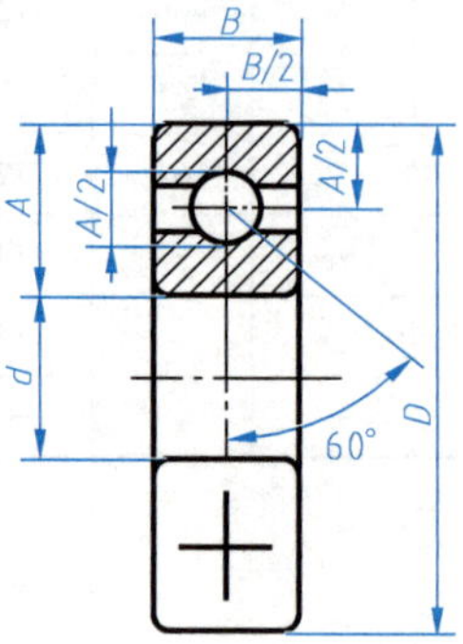	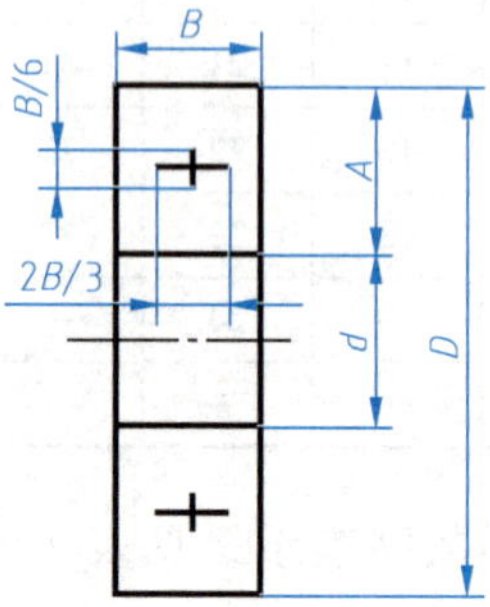	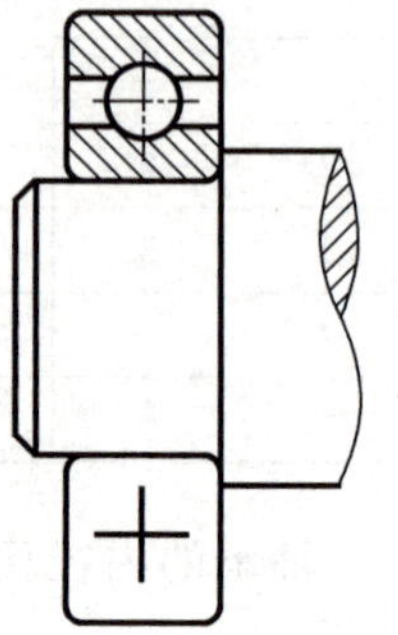
圆柱滚子轴承	D、d、B	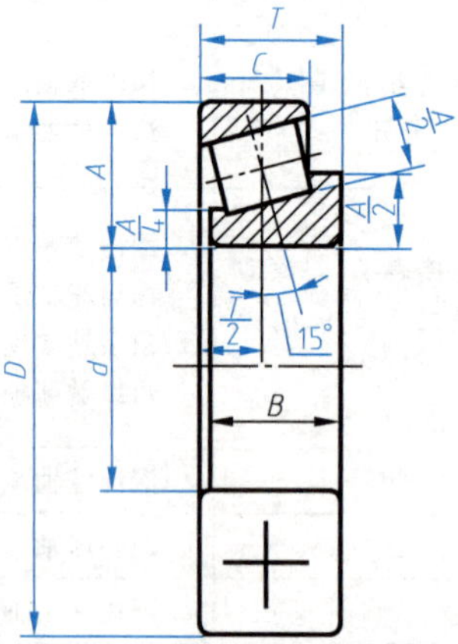	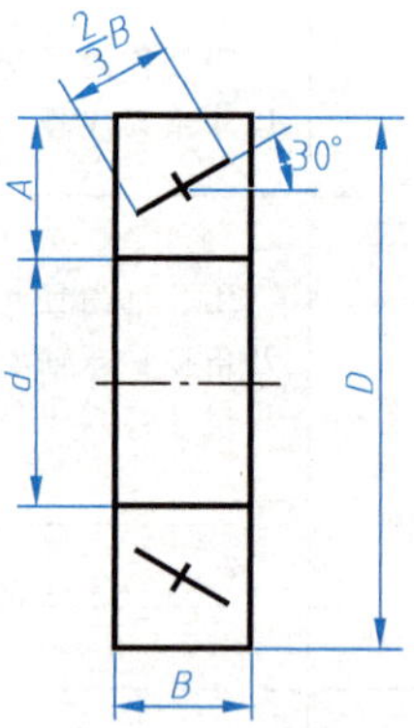	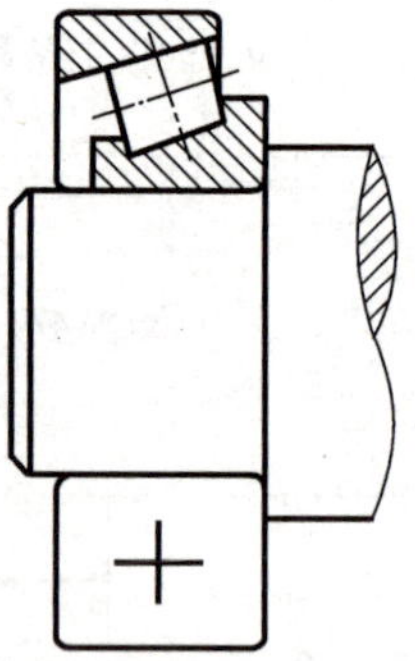

7.5 齿轮

齿轮是广泛应用于各种机械传动的一种常用件，可用来传递动力，改变转速和转动方向。根据传动轴之间的相对位置不同，常用的齿轮传动有三种方式，如图 7-27 所示。图 7-27a 所示为圆柱齿轮传动，用来传递两平行轴间的运动；图 7-27b 所示为锥齿轮传动，用来传递两相交轴间的运动；图 7-27c 所示为蜗杆传动，用来传递两交叉轴间的运动。

按照轮齿与齿轮轴线方向的不同，圆柱齿轮可分为直齿轮、斜齿轮和人字齿轮。

图 7-27　常见的齿轮传动

a）圆柱齿轮传动　b）锥齿轮传动　c）蜗杆传动

7.5.1　圆柱齿轮各部分名称、尺寸代号和尺寸关系

本节以渐开线标准直齿圆柱齿轮为例，介绍齿轮各部分名称、尺寸代号和尺寸关系，如图 7-28 所示。

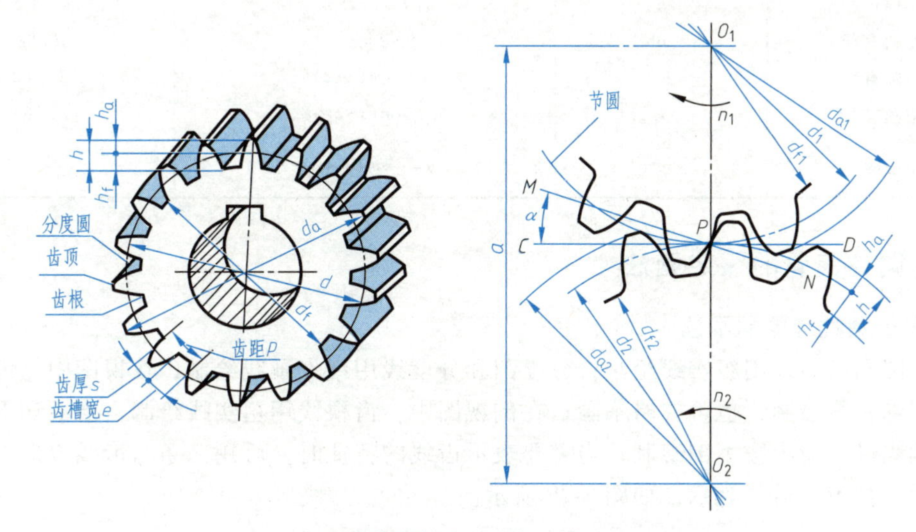

图 7-28　直齿圆柱齿轮各部分名称及代号

（1）齿顶圆　通过齿轮各齿顶部的圆，其直径用 d_a 表示。

（2）齿根圆　通过齿轮各齿根部的圆，其直径用 d_f 表示。

（3）分度圆　在标准齿轮中，齿厚与齿槽宽相等的圆称为分度圆，其直径用 d 表示。

（4）齿顶高　齿顶圆和分度圆之间的径向距离，其用 h_a 表示。

（5）齿根高　齿根圆和分度圆之间的径向距离，其用 h_f 表示。

（6）齿高　齿顶圆和齿根圆之间的径向距离，其用 h 表示，$h=h_a+h_f$。

（7）压力角　齿轮在分度圆啮合点处受力方向和该点瞬时速度方向的夹角，用 α 表示。

（8）齿厚与齿槽宽　一个轮齿齿廓在分度圆上的弧长称为齿厚，用 s 表示；相邻轮齿之间的齿槽在分度圆上的弧长称为齿槽宽，用 e 表示。

（9）模数　齿距 $p(p=s+e)$ 除以圆周率 π 所得的商为模数，用 m 表示，即 $m=p/\pi$。

设齿轮的齿数为 z，则分度圆的周长 $=\pi d=pz$，即 $d=pz/\pi$，于是 $d=mz$。

模数与压力角均相同的两齿轮才能正确啮合。为了便于设计与制造，GB/T 1357—2008 中规定了通用机械和重型机械用直齿和斜齿渐开线圆柱齿轮的标准模数，见表 7-11。

表 7-11　标准模数　（单位：mm）

第Ⅰ系列	1　1.25　1.5　2　2.5　3　4　5　6　8　10　12　16　20　25　32　40　50
第Ⅱ系列	1.125　1.375　1.75　2.25　2.75　3.5　4.5　5.5　(6.5)　7　9　11　14　18　22　28　36　45

注：优先选用第Ⅰ系列，括号内的模数尽可能不选用。

模数和齿数是齿轮的基本参数，它们的大小是按相关标准通过计算确定的。标准直齿圆柱齿轮各部分的尺寸关系见表 7-12。

表 7-12　标准直齿圆柱齿轮各部分尺寸计算公式

基本参数　模数 m，齿数 z			已知：$m=2\text{mm}$，$z=29$
名称	符号	计算公式	计算举例
齿顶高	h_a	$h_a=m$	$h_a=2$
齿根高	h_f	$h_f=1.25m$	$h_f=2.5$
齿高	h	$h=2.25m$	$h=4.5$
分度圆直径	d	$d=mz$	$d=58$
齿顶圆直径	d_a	$d_a=m(z+2)$	$d_a=62$
齿根圆直径	d_f	$d_f=m(z-2.5)$	$d_f=53$
中心距	a	$a=\frac{1}{2}m(z_1+z_2)$	

7.5.2　圆柱齿轮的规定画法

1. 单个圆柱齿轮的画法

齿顶圆和齿顶线用粗实线绘制；分度圆和分度线用细点画线绘制；在视图中，齿根圆和齿根线用细实线绘制，也可省略不画；在剖视图中，齿根线用粗实线绘制，当剖切平面通过齿轮的轴线时，轮齿按不剖绘制；当需要表示齿线的特征时，可用三条与齿线方向一致的细实线表示，直齿不需要表示，如图 7-29 所示。

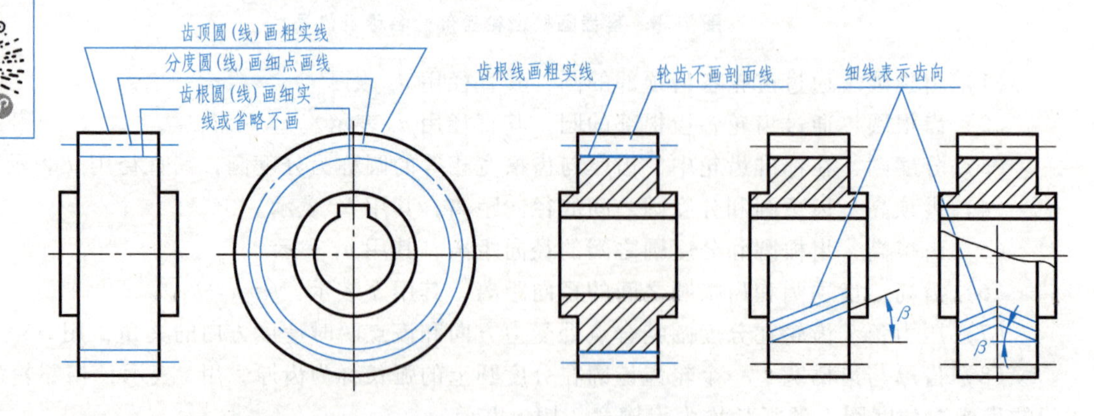

图 7-29　单个圆柱齿轮的画法

2. 圆柱齿轮的啮合画法

两标准圆柱齿轮相互啮合时，两齿轮的模数相等、分度圆相切，此时的分度圆又叫节圆。

在投影为圆的视图中，啮合区内的齿顶圆用粗实线绘制或省略不画；相切的节圆用细点画线画出，两齿根圆省略不画，如图 7-30a、d 所示。在平行于轴线的视图中，啮合区内的齿顶线不需画出，节线用粗实线绘制，如图 7-30c 所示。在剖视图中，当剖切平面通过两啮合齿轮的轴线时，啮合区的画法如图 7-30b、图 7-31 所示，一个齿轮（一般为主动齿轮）的齿顶线画成粗实线，被遮挡的齿轮（被动齿轮）齿顶线画成细虚线或省略不画，一个齿轮的齿顶线与另一个齿轮的齿根线之间应有 0. 25m（m 为模数）的间隙。

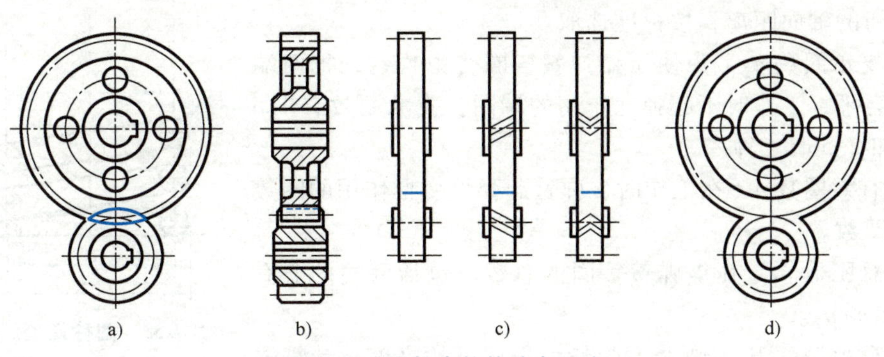

图 7-30　圆柱齿轮的啮合画法

特别提示：啮合区里只有一个齿轮的齿顶线可见。两个齿轮的齿顶线及齿根线都关于节线（点画线）对称。

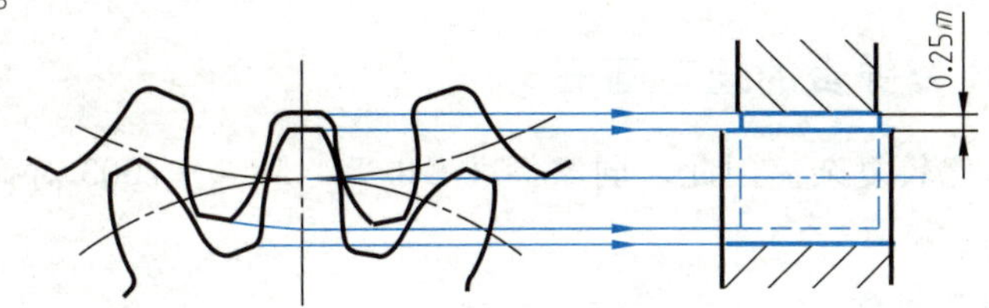

图 7-31　啮合区投影分析

7. 6　弹簧

弹簧是一种常用的零件，在机器、仪表和电器产品中起减振、储存能量和测力等作用。常见的有螺旋压缩弹簧、螺旋拉伸弹簧、螺旋扭转弹簧和蜗卷弹簧等，如图 7-32 所示。

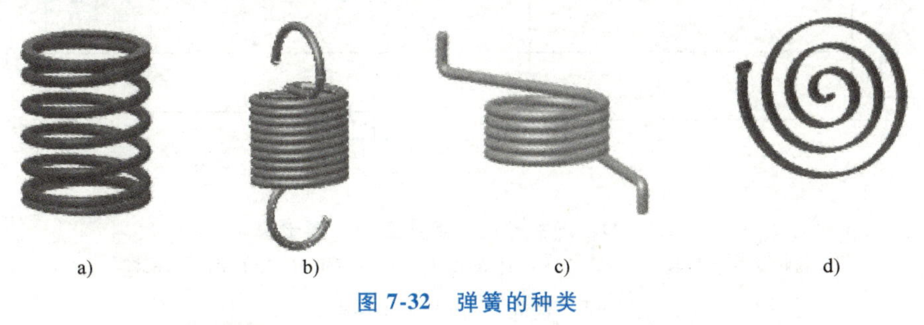

图 7-32　弹簧的种类

a）螺旋压缩弹簧　b）螺旋拉伸弹簧　c）螺旋扭转弹簧　d）蜗卷弹簧

7.6.1 圆柱螺旋压缩弹簧的术语和尺寸（图 7-33）

（1）材料直径 d　制造弹簧的材料直径。

（2）弹簧外径 D_2　螺旋弹簧圈的外侧直径。

（3）弹簧内径 D_1　螺旋弹簧圈的内侧直径，$D_1=D_2-2d$。

（4）弹簧中径 D　螺旋弹簧圈的弹簧内径与弹簧外径的平均值，$D=(D_1+D_2)/2$。

（5）弹簧节距 t　弹簧在自由状态时，两相邻有效圈截面中心线之间的轴向距离，按标准选取。

（6）支承圈数 n_2　为使压缩弹簧各圈受力均匀，把两端弹簧并紧磨平，工作时不起弹性作用的端圈。支承圈数有 1.5 圈、2 圈和 2.5 圈三种。

（7）有效圈数 n　在工作时，弹簧起弹性变形作用的圈数称为有效圈数。

（8）总圈数 n_1　压缩弹簧簧圈的总数，包括两端的非有效圈。$n_1=n+n_2$。

（9）自由高度 H_0　弹簧不受外力作用下的高度，计算式为 $H_0=nt+(n_2-0.5)d$

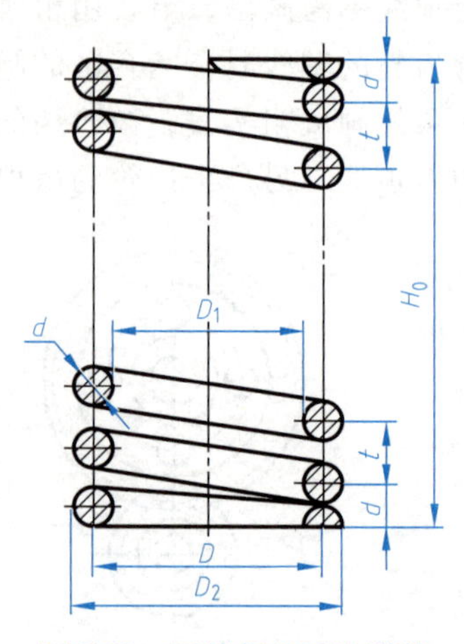

图 7-33　圆柱螺旋压缩弹簧

（10）展开长度 L　弹簧材料展开成直线时的总长度，计算式为 $L=n_1t\sqrt{(\pi D)^2+t^2}$。

7.6.2 圆柱螺旋压缩弹簧的规定画法

弹簧的真实投影比较复杂。因此，国家标准 GB/T 4459.4—2003 对弹簧的画法做了具体的规定。

1. 单个弹簧的规定画法

在平行于弹簧轴线的视图中，弹簧各圈的轮廓线画成直线，以代替螺旋线的投影；有效圈数在四圈以上的螺旋弹簧，中间圈可省略不画，允许适当缩短图形的长度；螺旋弹簧不论是左旋或右旋均可画成右旋，对必须保证的旋向要求应在“技术要求”中注明。

具体作图步骤如图 7-34 所示。

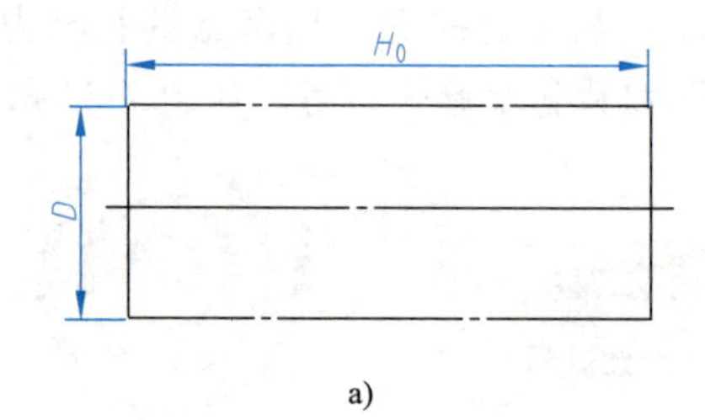

a)

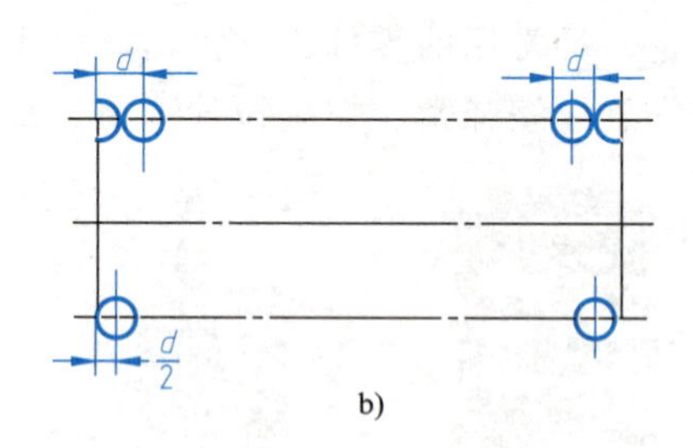

b)

图 7-34　圆柱螺旋压缩弹簧的作图步骤

a）化 n 为整数，取 $n_2=2.5$ 并计算出 H_0，再以所求 H_0 和 D 作出矩形框

b）根据 d 画出两端支承圈

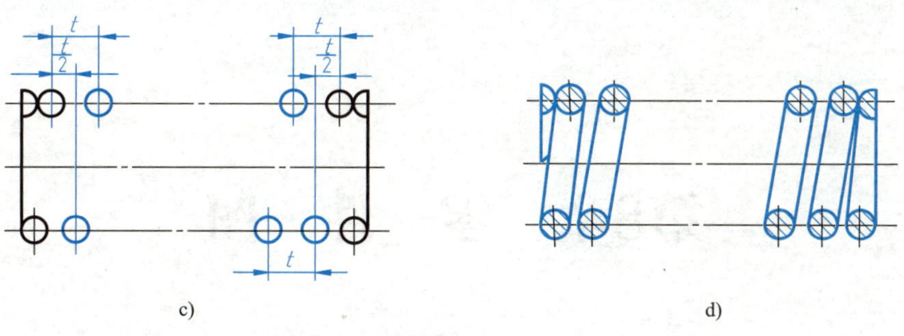

c)　　d)

图 7-34　圆柱螺旋压缩弹簧的作图步骤（续）

c）根据 t 画出中间各圈　d）按右旋画直线与各对应圆相切，可画成外形图或剖视图并描深

2. 在装配图中的弹簧画法

在装配图中，被弹簧挡住的结构一般不画出，可见部分应从弹簧的外轮廓线或从弹簧钢丝剖面的中心线画起，如图 7-35a 所示。型材尺寸较小（直径或厚度在图形上等于或小于 2mm）的螺旋弹簧允许用示意图表示，如图 7-35b 所示。当弹簧被剖切时，也可用涂黑表示，如图 7-35c 所示。

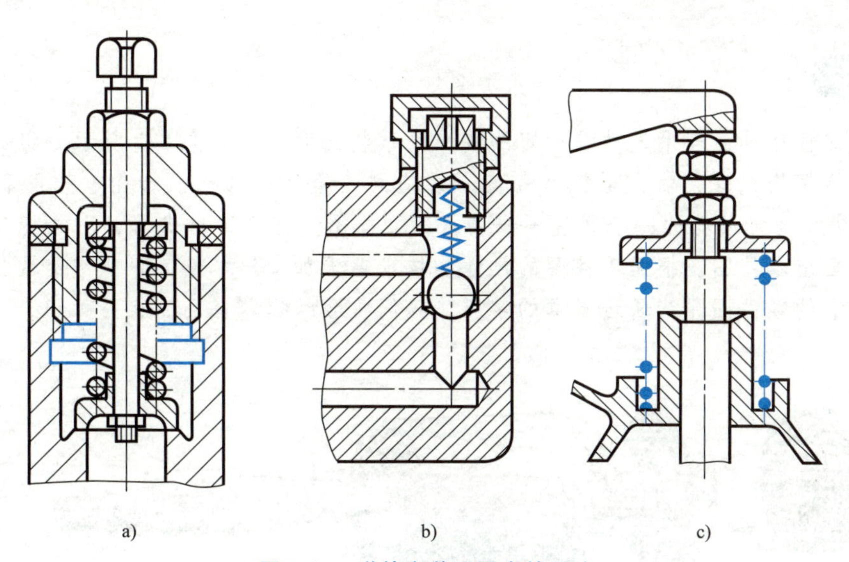

a)　　b)　　c)

图 7-35　弹簧在装配图中的画法

a）被弹簧挡住的零件轮廓画法　b）弹簧的示意画法　c）装配图中型材尺寸较小的弹簧画法

课外拓展训练

7-1　在模型室以小组为单位，观察一些常用的螺纹（细牙、粗牙等）紧固件，如螺栓、螺柱、螺钉（开槽圆柱头螺钉、开槽沉头螺钉、十字槽沉头螺钉）、螺母（六角螺母、六角开槽螺母、蝶形螺母）、垫圈（平垫圈、弹簧垫圈）等，对所学知识有个直观认识。

7-2　在模型室以小组为单位，拆开一个小型带有紧固件的模型，看看紧固件是怎样将模型连接起来的，了解紧固件的作用和应用场合。

7-3　在模型室以小组为单位，拆卸安全阀或二级减速器装配体模型。结合本章的学习，找出其中的标准件和常用件，分析这些零件的在装配体中的作用，讨论如何确定标准件和常用件的公称尺寸、参数和标记。

第8章　零　件　图

本章学习要点

零件图的视图选择、零件图的尺寸标注、典型零件的零件图表达方案、看零件图的方法及步骤、零件的测绘是本章的重点，应牢固掌握。表面粗糙度的基本概念及其在图样中的标注方法、极限与配合是本章的难点，要求掌握；还应了解零件图的作用与内容，了解零件的结构工艺性。

引例

机器和部件都是由若干零件按一定的装配关系装配而成的。图 8-1 所示为组成传动器的各零件，包括带轮、键、轴、螺钉、端盖、纸垫圈、箱体、轴承、齿轮、挡圈和螺栓等零件。图 8-2 所示为传动器的一个零件——端盖的立体图。若想造出机器，必须把每个非标准件的零件都画出零件图。根据零件图的尺寸和技术要求加工出零件，才能组装成机器。怎样才能画出合格的零件图呢？通过本章的学习，我们将会掌握零件图的相关知识，为制造机器打下基础。

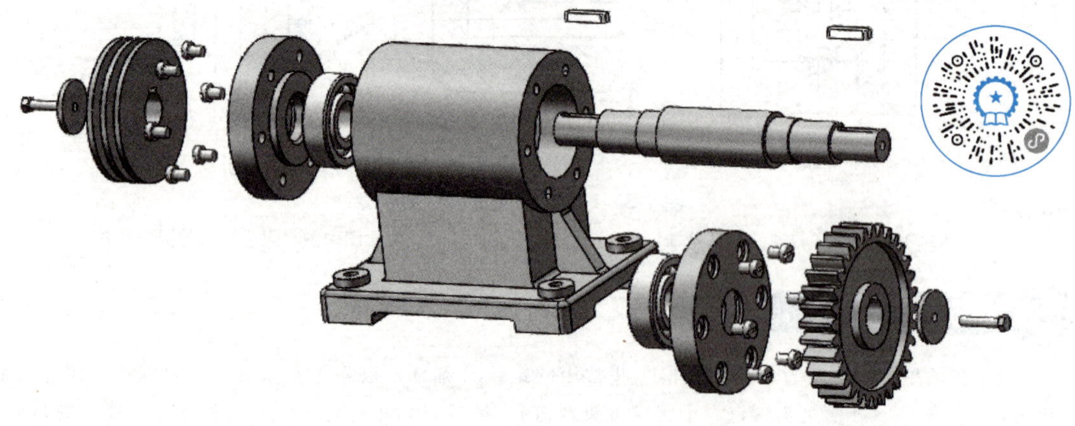

图 8-1　传动器的各零件

8.1　零件图概述

什么是零件？组成机器（或部件）的最小单元称为零件。任何一台机器（或部件）都是由若干个零件按一定的装配关系及技术要求装配而成的。表达零件结构形状、大小及技术要求的图样称为零件图。根据零件的结构及其作用，通常将零件分为以下几类：轴类零件、轮盘类零件、箱体类零件、叉架类零件、标准件。

8.1.1　零件图的作用

零件图是制造和检验零件的主要依据，是组织生产的主要技术文件之一。一般的零件、传动件都需要绘制相应的零件图，对于标准件通常不必画出零件图，只要标注出它们的规定标记，按规定标记查阅有关的标准，便能得到相应的结构形状、尺寸和相关的技术要求。

在生产过程中，根据零件图制定出相应的加工工艺路线，生产出所需要的零件。在检验过程中，检验人员根据零件图的相应要求判断一个零件是否合格，符合零件图要求的产品就为合格品，否则就为不合格品。

8.1.2　零件图的内容

上述传动器端盖的立体图如图 8-2 所示，该端盖的零件图如图 8-3 所示。由图 8-3 可以看出，一张完整的零件图主要包括四个方面的内容：一组图形、完整的尺寸、技术要求和标题栏。

1. 一组图形

用一组图形（视图、剖视图、断面图及其他规定画法）正确、完整、清晰地表达出零件的内、外结构形状。图 8-3 中端盖的零件图由主视图和左视图组成，其中主视图采用了全剖视图，表达内部孔的结构，左视图表达孔的分布和形状。

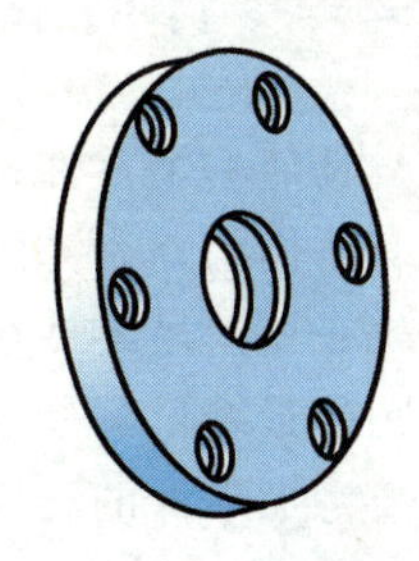

图 8-2　传动器端盖的立体图

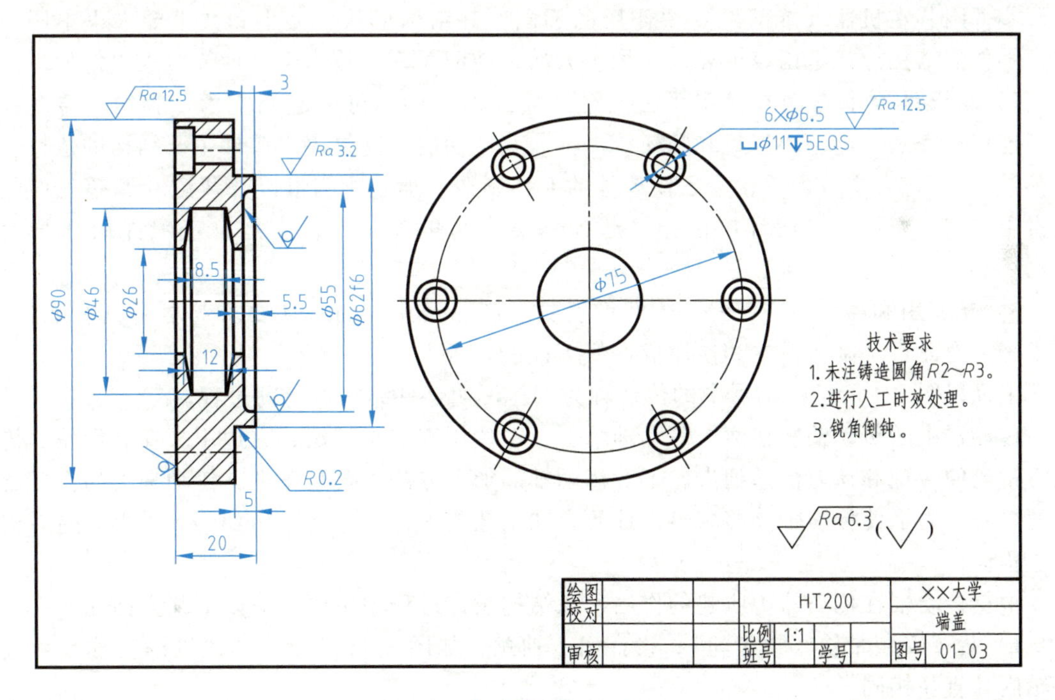

图 8-3　传动器端盖的零件图

2. 完整的尺寸

为了满足生产及检验的需要，零件图应正确、完整、清晰、合理地标注出全部的尺寸。端盖的完整尺寸如图 8-3 所示。

3. 技术要求

用规定的代号和文字注明零件在制造和检验过程中应达到的技术指标和要求，如表面粗糙度、极限与配合、几何公差、热处理及表面处理等要求，从而满足生产和检验零件的需要。如图 8-3 所示，该端盖零件图中的技术要求包括表面粗糙度（$\sqrt{Ra\,3.2}$、$\sqrt{Ra\,12.5}$）、加工精度（f6）和文字注解。

4. 标题栏

标题栏内应明确填写零件的生产厂家、名称、材料、比例、质量、件数、设计者、审核者的签名，以及设计日期等。

8.2 零件的结构设计与工艺结构

任何一个零件，在机器（或部件）中都要起一定的作用，一个零件能够在机器中起到应有的作用，是需要有相应的结构形状来实现的。零件的结构设计要满足两个方面的要求，首先是要满足零件在机器或部件中的使用性能，这也是设计零件结构的主要依据；同时，零件图的最终目的是要生产出合格的零件，因此，其结构设计还应考虑到加工及装配的要求，即要考虑零件的结构工艺性。

8.2.1 零件的结构设计

零件因其在机器（或部件）中作用的不同，其结构形状、大小和技术要求也不同。所以，零件的结构形状是由设计要求、加工方法、装配关系、技术经济性等要求决定的。

1）从设计要求方面看，零件在机器（或部件）中，可以起到支承、容纳、传动、配合、连接、安装、定位、密封和防松等一项或几项功能，这是决定零件主要结构的依据。

2）从工艺要求方面看，为了使零件的毛坯制造、加工、测量以及装配和调整工作能进行得更顺利、方便，应设计出圆角、起模斜度、倒角等结构，这是决定零件局部结构的依据。

3）从实用和经济性方面看，人们不仅要求产品实用，而且还要求其尽量具有能耗少、重量轻、寿命长、制造成本和使用成本低等性能。

下面以图 8-1 所示传动器中的传动轴为例，说明零件结构设计的过程。

传动器中的传动轴装在两个滚动轴承上，左边用来支承带轮，右边用来安装齿轮。传动轴将带轮的转矩和动力传递到齿轮上。传动轴的加工方法主要是车削，传动轴上的键槽通过铣削得到。为了使传动轴能够满足设计要求和工艺要求，它需要经历如图 8-4 所示的结构设计过程。

根据传动轴在传动器中所起的作用，在结构设计过程中主要考虑以下几方面问题：

1）为了安装带轮（或齿轮），设计出一轴颈，如图 8-4a 所示，该段轴的公称尺寸应与带轮内孔直径相同。

2）为了轴向固定带轮，向右增加稍大直径的一段轴颈形成轴肩，如图 8-4b 所示。轴肩对带轮起轴向定位的作用，并使轴颈穿过端盖放置密封毡圈，该段轴的直径应比端盖孔的直径稍小，不与端盖接触。

3）为了安装轴承支承轴，再向右增加一段直径稍大的轴颈，形成轴肩，如图 8-4c 所示。该段轴的直径需经过设计计算，查表确定与轴承系列尺寸相同的值。

4）为了轴向固定轴承，再向右增加一段直径稍大的轴颈，形成轴肩，如图 8-4d 所示。

5）右端与左端设计相同，为安装轴承、齿轮和端盖，分别增加 3 段不同直径的轴颈，如图 8-4e 所示。

6）为了使轴和带轮一起转动传递动力，左端轴颈须做一键槽；为了使齿轮与轴一起转动传递动力，右端轴颈也需要做一键槽，如图 8-4f 所示。轴上键槽的结构尺寸应根据轴的公称直径查表确定。

7）为了轴向固定左右两端的带轮和齿轮，左右两端面分别钻有轴向的螺钉孔，便于安装轴端挡圈来固定带轮及齿轮，如图 8-4g 所示。

8）为加工和装配方便，多处做成倒角和越程槽（退刀槽）等，如图 8-4h 所示。轴上倒角及越程槽的结构尺寸也应根据轴的公称直径查表确定。

通过零件的结构分析，可对零件上的每一结构的功用加深认识，从而能够正确、完整、清晰和简便地表达出零件的结构形状，完整与合理地标注出零件的尺寸和技术要求。

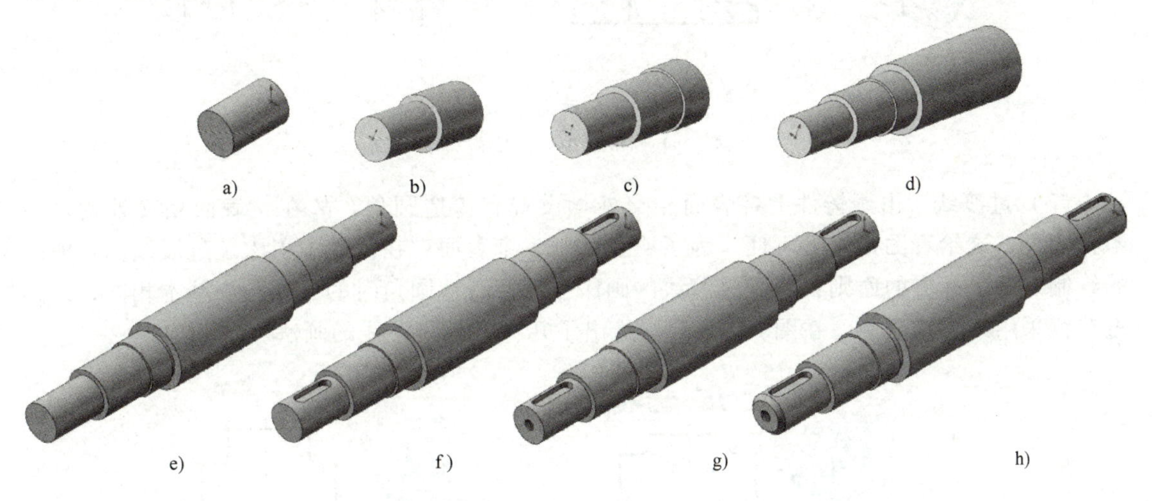

图 8-4 传动器传动轴的结构设计过程

8.2.2 零件的常见工艺结构

为了使零件的毛坯制造、机械加工和装配更加顺利便捷，零件主体结构确定之后，还必须设计出合理的工艺结构。

1. 零件的铸造工艺结构

铸造是零件毛坯生产的一种主要方法，有其特有的工艺结构。

（1）铸件的壁厚 众所周知，物体的冷却速度和其厚度有着密切的联系，在生产铸件的过程中，如果其壁厚不均匀，必然会使其冷却速度不一致，这就容易导致在壁厚较厚的地方产生缩孔和裂纹，如图 8-5a 所示。因此在设计铸件时，应尽量使其壁厚均匀一致或逐渐过渡，如图 8-5b、c 所示。

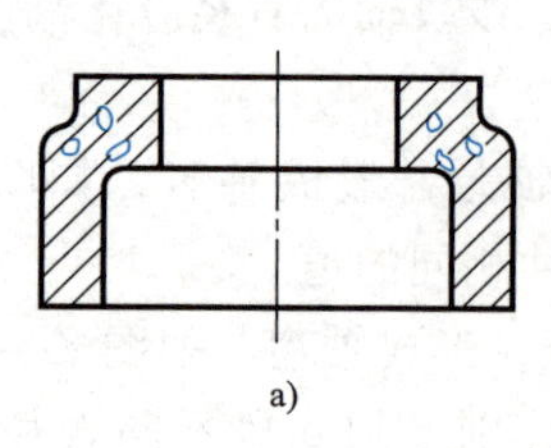
a)

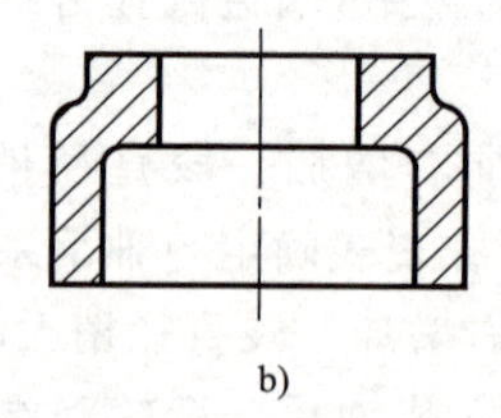
b)

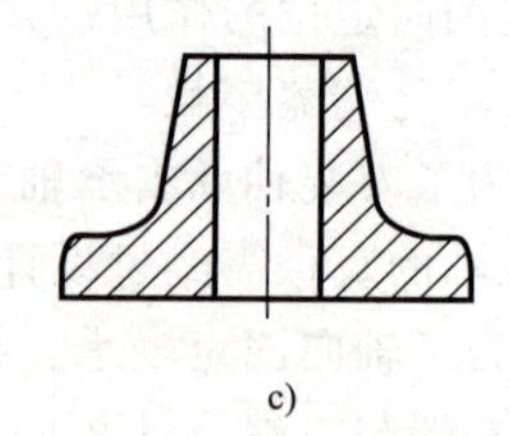
c)

图 8-5　铸件壁厚

a）壁厚不均匀　b）壁厚均匀　c）逐渐过渡

（2）铸造圆角　在铸件的各表面相交处均应设置为圆角的形式，如图 8-6a、b 所示，设置铸造圆角主要有以下作用：首先，可以防止浇注铁水时将砂型转角处冲坏而使得落砂进入熔融金属中；其次，在转角处设置圆角，可以起到均匀壁厚的作用，从而有效减少裂纹和缩孔的产生，图 8-6c、d 所示为无铸造圆角而导致缩孔和裂纹的情况。另外，在转角处采用圆角过渡还能够有效地避免应力集中。为了便于制造，圆角半径应尽量相等。

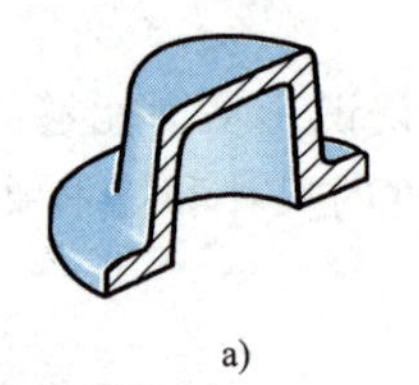
a)

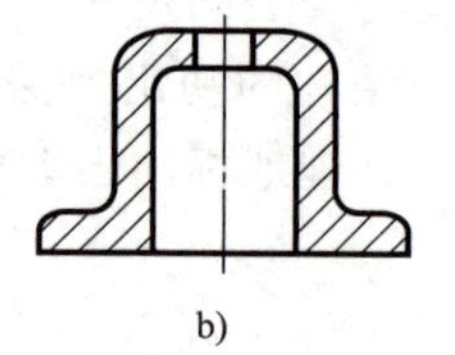
b)

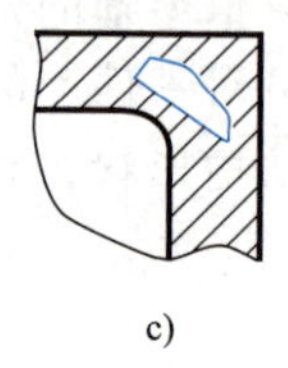
c)

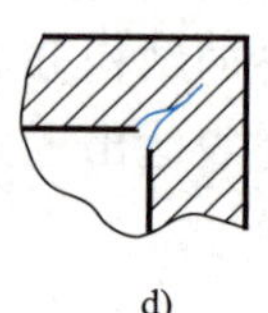
d)

图 8-6　铸造圆角

a）模型　b）圆角过渡　c）缩孔　d）裂纹

（3）过渡线　由于铸件上各表面相交处均设置有铸造圆角，故在各表面相交处的交线不再明显，这给看图带来了不便，为了明显区别各个表面，在铸件中引入了过渡线。过渡线的绘制有两个基本的原则：一是过渡线的画法与没有铸造圆角时的交线画法基本相同，二是过渡线采用细实线绘制。在图 8-7 中分别给出了几种常见过渡线的画法。

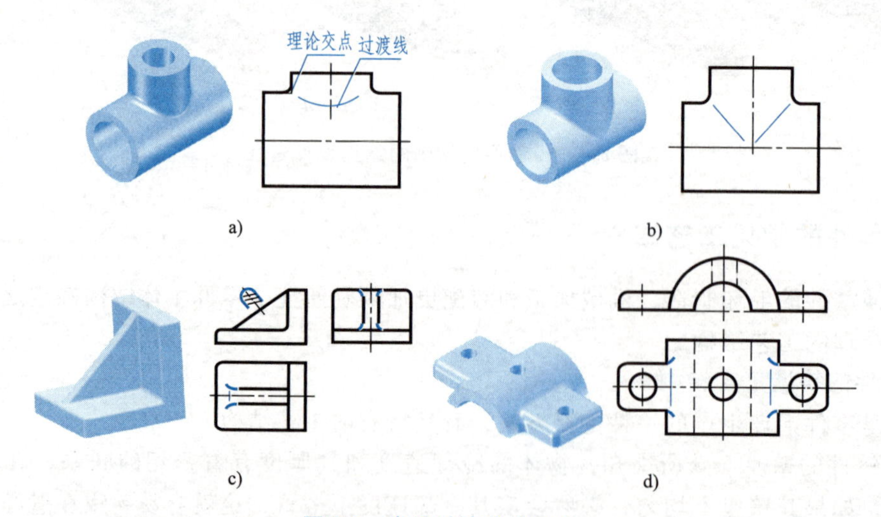

图 8-7　常见过渡线的画法

a）两曲面相交　b）两等径曲面相交　c）平面与平面相交　d）平面与曲面相交

（4）起模斜度　在铸造零件时，为了便于起出模样，在模样的内外壁沿起模方向做1∶20~1∶10（$\alpha=3°\sim5°$）的斜度。在图8-8a中，铸件沿起模方向上无斜度，故D与d相等；在图8-8b中，沿起模方向上设置了起模斜度，故D略大于d。在图8-8a中，由于无起模斜度，容易产生脱型、裂纹、卡模和铸件的变形，脱模剂的消耗量也会增加，这样不仅降低了成品率，也提高了铸件的制造成本；而在图8-8b中由于沿着起模方向有起模斜度，故沿着起模的方向上其直径逐渐变大，能够很好地避免以上缺点。

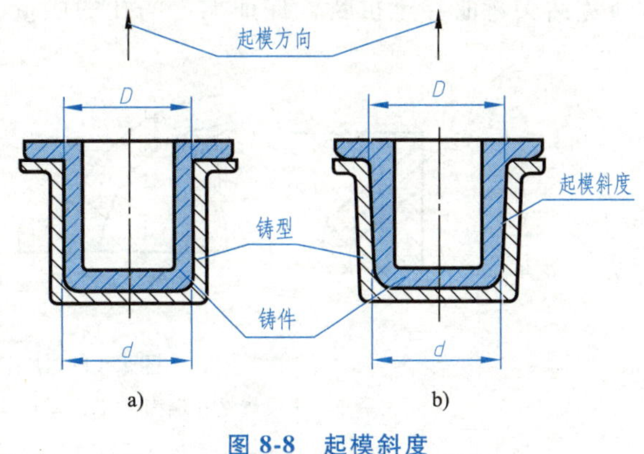

图8-8　起模斜度

a）无起模斜度　b）有起模斜度

压铸件起模斜度的选取主要与铸造合金的种类、压铸条件、铸件表面高度和壁厚有关，一般与起模方向做成约1∶20的斜度。

2. 零件的机械加工工艺结构

（1）倒角、圆角　为了便于装配和操作时的安全，需在轴与孔端部加工45°、30°或60°的倒角，如图8-9所示。为了避免阶梯轴轴肩的根部因应力集中而产生断裂，在轴肩根部加工成圆角过渡，称为倒圆，如图8-10所示。

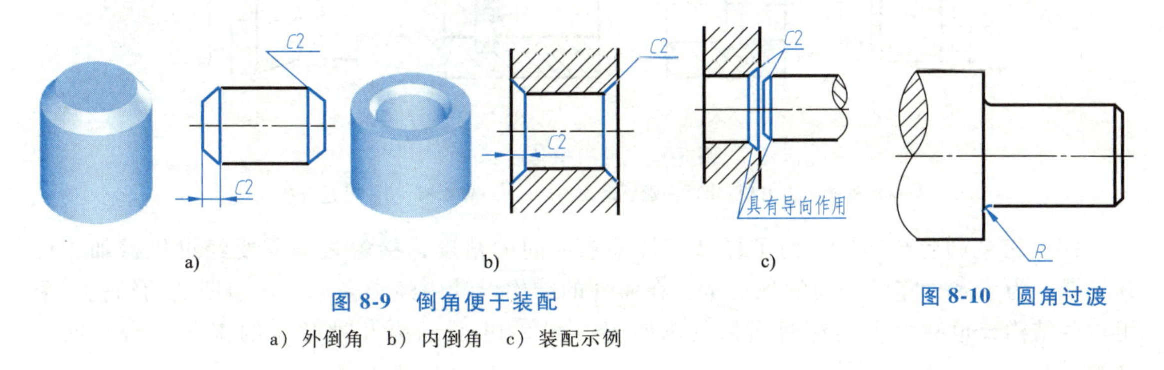

图8-9　倒角便于装配

a）外倒角　b）内倒角　c）装配示例

图8-10　圆角过渡

（2）钻孔结构　零件加工过程中，很多孔都是由钻头钻削而成的。为了与钻头的头部结构符合，在画钻头钻出的盲孔时，应画出120°的锥角，如图8-11所示。需要特别指出的是，孔的深度是指图中的h。

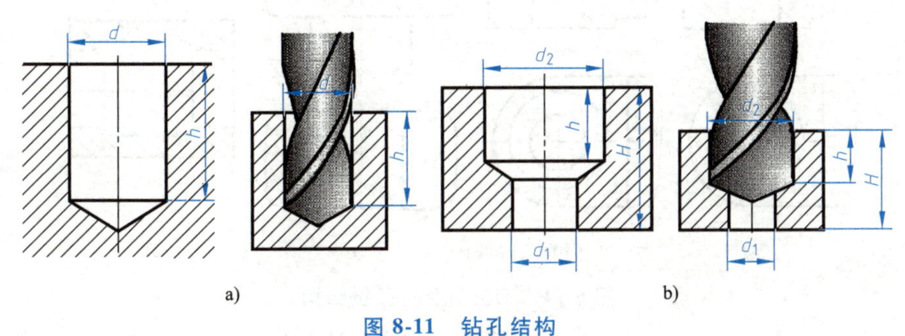

图8-11　钻孔结构

a）盲孔　b）阶梯孔

另外，在加工孔的位置处应设置一个与钻头加工时轴线垂直的平面，这样做可以在加工时避免钻头弯曲甚至折断，保证加工的孔的质量，如图 8-12 所示。

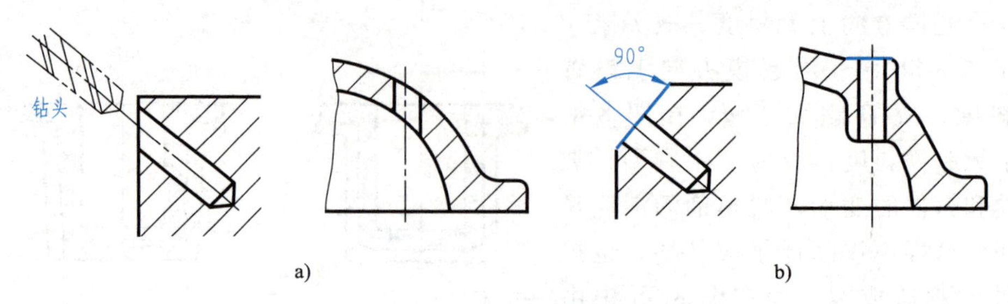

图 8-12　钻孔的端面

a）未设置钻孔端面（不合理）　b）设置钻孔端面（合理）

（3）退刀槽与越程槽　车削螺纹和磨削加工是机械加工中常见的两种加工方式。在车削螺纹时，为了退刀方便，常在螺纹加工的末端设置退刀槽；在磨削过程中，为了让砂轮能够完全磨削被加工面而又不至于碰撞到零件的其他部位，在零件的末端通常都设有越程槽，如图 8-13 所示。退刀槽与越程槽的标注方法见表 8-1。

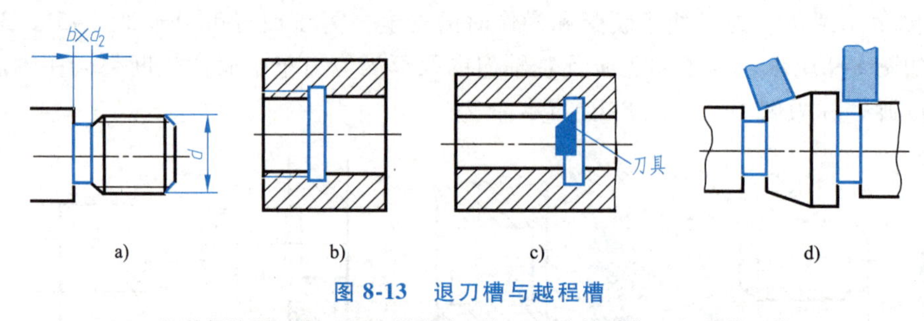

图 8-13　退刀槽与越程槽

a）外螺纹退刀槽　b）内螺纹退刀槽　c）内越程槽　d）外越程槽

（4）工艺凸台与凹坑　为了提高零件接触面间的精度，接触表面需要经过机械加工使其光滑。为了减少零件表面的加工量，在铸件的结构设计中经常采用凸台与凹坑的结构，采用这些结构，也减少了浇注时所需的材料量。图 8-14 所示为几种常见的工艺凸台与凹坑结构。

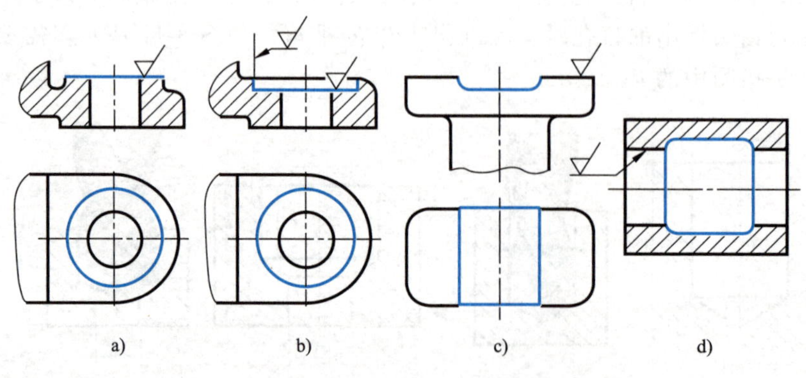

图 8-14　工艺凸台与凹坑结构

a）凸台　b）凹坑　c）凹槽　d）凹腔

8.3 零件图的尺寸标注

众所周知，零件图是生产和检验零件的依据，而零件是按零件图中所标注的尺寸进行加工和检验的，标注尺寸除了正确、完整、清晰外，还应做到合理。所谓合理标注尺寸就是既要满足设计要求，以保证机器的工作性能，又要满足工艺要求，以便于加工制造和检测。因此，零件图中的尺寸标注必须满足以下要求：

1）尺寸标注必须正确，即应符合国家标准 GB/T 4458.4—2003 和 GB/T 16675.2—2012 中有关尺寸标注的规定。

2）尺寸标注必须完整，不遗漏，不重复。

3）尺寸标注必须合理，即所标尺寸应满足设计和工艺要求。

4）尺寸标注必须清晰、整齐和美观，便于阅读。

需要指出的是，零件图尺寸的合理标注，需要具备设计制造的专业知识和丰富的实践经验，这些都要依靠在后续相关课程学习和实践中不断地积累。

8.3.1 尺寸的分类

零件图中的尺寸，一般分为定形尺寸、定位尺寸、总体尺寸（组合体部分已述）和功能尺寸。功能尺寸是指那些影响产品工作性能、精度、互换性的重要尺寸。这类尺寸通常需要标注尺寸精度或公差带表示，在标注尺寸时一定要直接标注出来。

8.3.2 尺寸基准及其选择

按照零件的功能、结构和工艺方面的要求，零件在机器中或加工、测量、检验时，用以确定其位置的点、线、面称为尺寸基准。直观来看，尺寸基准就是标注或度量尺寸的起点。

每个零件都有长、宽、高三个方向的尺度，每个方向至少有一个基准（包括设计基准或工艺基准），选为基准的点、线、面分别称为基准点（如球的直径尺寸以球心为基准，平面圆的直径尺寸以圆心为基准）、基准线（如回转类零件的直径尺寸以轴线为基准）和基准面（如零件的对称面、重要端面均可作为基准）。如图 8-15 所示，选择轴上回转面的轴线 *A* 为高度、宽度方向的基准，主要装配面 *B* 作为长度方向基准。根据使用场合和作用的不同，尺寸基准可分为设计基准和工艺基准两大类。

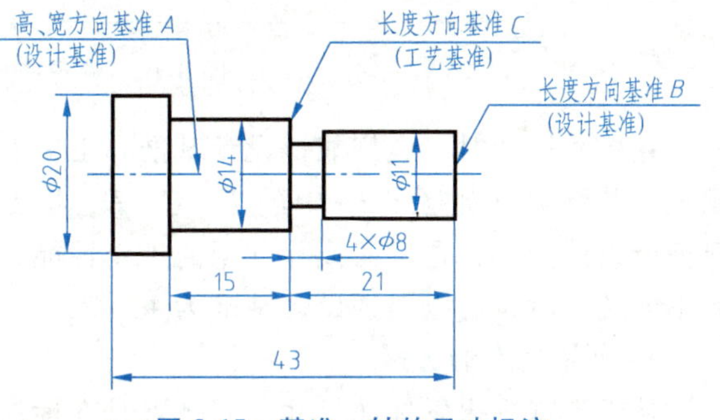

图 8-15 基准、轴的尺寸标注

1. 设计基准

在设计机器时，确定零件起点位置的一些点、线、面，称为设计基准。例如，在设计一对轴承座来支承轴承和轴时，要求两轴承座孔的轴线同高。因此，在图 8-16 中，以支承面 *B* 作为基准，直接标注出高度尺寸 40±0.02，以保证两轴承座孔的轴线到底面的高度近乎相等（误差很小）；以对称面 *C* 为基准，标注轴承座各结构长度方向的尺寸；以后端面 *D* 为基准，标注孔的宽度方向的尺寸。基准面 B、C 和 D 分别为高度方向、长度方向和宽度方向的设计基准。

2. 工艺基准

工艺基准是确定零件在机床上加工时装夹的位置，以及测量零件尺寸时所利用的点、线、面。如图 8-15 所示的轴，在车床上加工时，以轴肩面 C 为基准加工尺寸 15 的轴段和 4×ϕ8 的越程槽，故基准 C 是工艺基准。如图 8-16 所示，端面 E 为工艺基准，确定底板上孔的定位尺寸为 28；端面 F 也是工艺基准，以便测量加油螺孔的深度 8。

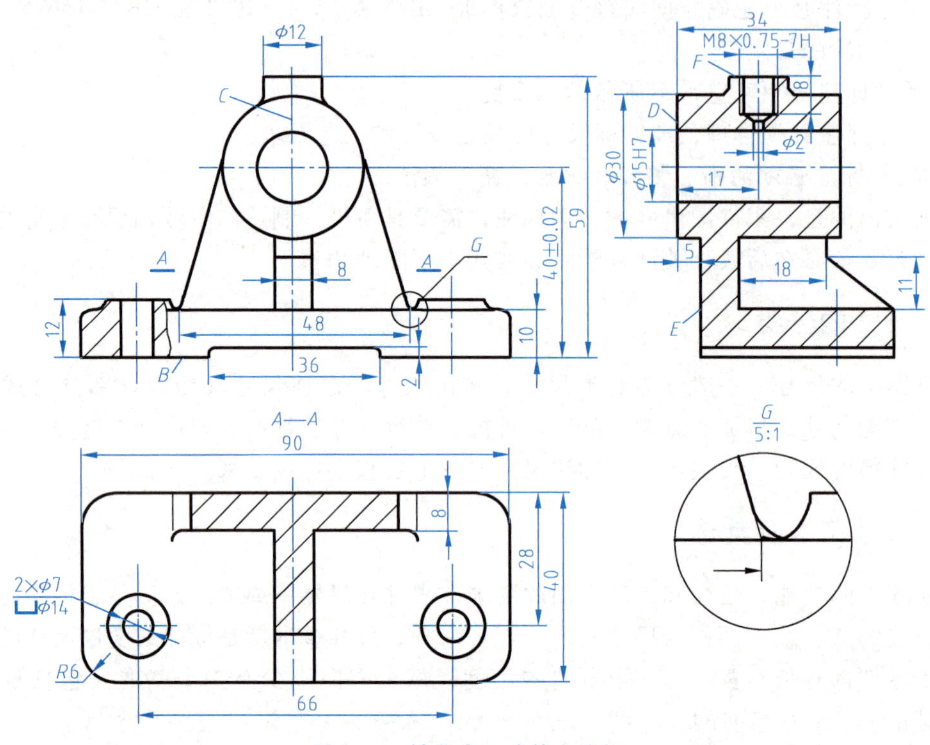

图 8-16　轴承座尺寸基准分析

在标注尺寸时，最好能把设计基准和工艺基准统一起来，这样既能满足设计要求，又能满足工艺要求（如图 8-16 中的 B、C、D，既是设计基准也是工艺基准）。为了减少误差，保证所设计的零件在机器或部件中的工作性能，应尽可能使设计基准和工艺基准重合。若两者不能统一时，应以保证设计基准为主。

3. 尺寸基准的选择

从设计基准出发标注尺寸，其优点是在标注尺寸上反映了设计要求，能保证所设计的零件在机器上的工作性能。

从工艺基准出发标注尺寸，其优点是把尺寸的标注与零件的加工制造联系起来，在标注尺寸上反映了工艺要求，使零件便于制造、加工和测量。

以如图 8-17 所示的轴承挂架为例，工作时两个固定在机器上的轴承挂架支承着一根轴（图 8-17 仅画出一个挂架），两个轴承挂架的轴孔轴线应精确地处在同一条轴线上，才能保证轴的正常转动；两挂架轴孔的同轴度在高度方向上由轴线与水平安装接触面间的距离尺寸 60 保证，在宽度方向上靠两个连接螺钉装配时调整。因此，选择挂架的水平安装接触面 I

为高度方向上的主要基准，如图 8-17b 所示，以此基准标注了高度方向上的尺寸 60±0.03、14±0.01 和 32；宽度方向的主要基准选择了对称面Ⅱ，以此基准标注了宽度尺寸 50±0.01 和 90；选择安装接触面Ⅲ为长度方向的主要基准，以此基准标注了尺寸 13 和 30±0.02。这样，三个方向的主要基准Ⅰ、Ⅱ、Ⅲ都是设计基准，Ⅰ又是加工 $\phi20^{+0.024}_{0}$ 和顶面的工艺基准，Ⅱ又是加工两个螺钉孔的工艺基准，Ⅲ又是加工平面 *D* 和 *E* 的工艺基准。考虑到某些尺寸要求不高或测量方便，可选用端面 *E* 和轴线 *F* 作为辅助基准，以 *E* 为辅助基准标注尺寸 12、48，以 *F* 为辅助基准标注尺寸 $\phi20^{+0.024}_{0}$。此时，辅助基准 *E*、*F* 与主要基准尺寸之间的联系尺寸是 30±0.02 和 60±0.03。

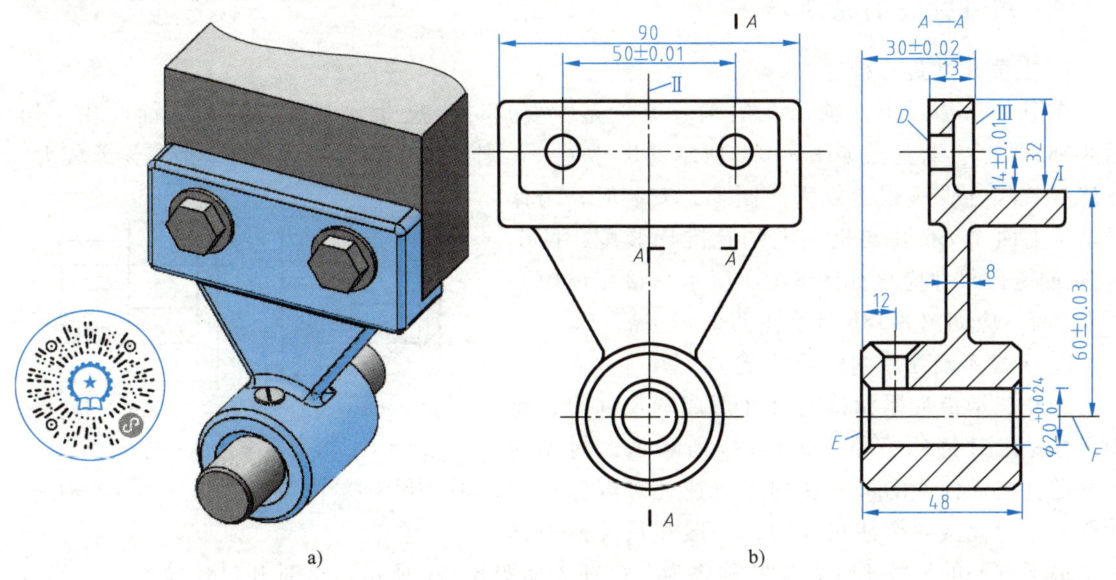

图 8-17 轴承挂架

8.3.3 主要尺寸和非主要尺寸

零件图中的尺寸按其重要性一般可分为主要尺寸和非主要尺寸。凡是直接影响零件使用性能和安装精度的尺寸称为主要尺寸，主要尺寸包括零件的性能规格尺寸、有配合要求的尺寸、确定零件之间相对位置的尺寸、连接尺寸、安装尺寸等，如图 8-18a 上部轴承孔的轴心

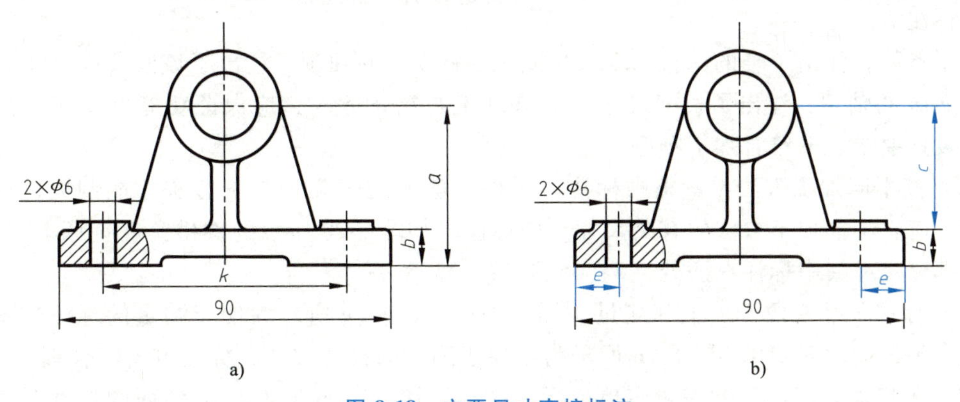

图 8-18 主要尺寸直接标注

a）正确 b）错误

线高度 a 就是主要尺寸，它确定了机器轴心线的高度。主要尺寸一般都有较高的精度要求。

仅满足零件的机械性能、结构形状和工艺要求等方面的尺寸称为非主要尺寸。非主要尺寸包括外形轮廓尺寸、无配合要求的尺寸、工艺要求的尺寸（如退刀槽、凸台、凹坑、倒角等），非主要尺寸一般不注出精度要求。

标注零件图中的尺寸，应先对零件各组成部分的结构形状、作用等进行分析，了解哪些是影响零件精度和产品性能的主要尺寸，哪些是对产品性能影响不大的非主要尺寸，然后选定尺寸基准，从尺寸基准出发标注定形和定位尺寸。

8.3.4 尺寸标注的原则

1. 主要尺寸直接标注

在图 8-18 中，上部轴承孔的轴心高度是主要尺寸，尺寸 a 必须直接从底面注出，如图 8-18a 所示。若注成如图 8-18b 所示的尺寸 b、c，则是错误的，因为尺寸 b 加工误差较大，必然导致尺寸 $b+c$ 误差较大。同理，安装时，为保证轴承上两个 $\phi6$ 孔与机座上的孔准确装配，两个 $\phi6$ 孔的定位尺寸应该如图 8-18a 所示直接注出中心距 k，而不应如图 8-18b 所示注两个 e。

2. 尺寸不能注成封闭尺寸链

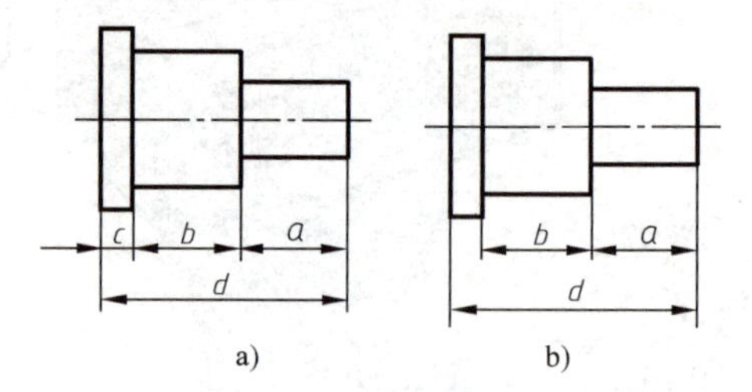

图 8-19　尺寸不要注成封闭形状

a）封闭尺寸链（错误）　b）开口环（正确）

尺寸链是指头尾相接的尺寸形成的尺寸组，每个尺寸是尺寸链的一环。图 8-19a 所示为一封闭的尺寸链，这样标注的尺寸在加工时往往难以保证设计要求，因此实际标注尺寸时，一般在尺寸链中选一个最不重要的尺寸不注，通常称之为开口环，如图 8-19b 所示，这时开口环的尺寸误差是其他各环尺寸误差之和，对设计要求没有影响。

3. 考虑工艺要求

从便于加工、测量的角度考虑，标注非功能尺寸。非功能尺寸是指那些不影响机器或部件的工作性能，也不影响零件间的配合性质和精度的尺寸。

（1）符合加工顺序　标注尺寸应符合加工顺序，按加工顺序标注尺寸，符合加工过程，便于加工和测量。图 8-20 中的轴，仅尺寸 51 是长度的功能尺寸，应直接注出，其余都按加工顺序标注。

为了备料，注出了轴的总长 128；为加工左端 $\phi35$ 的轴颈，注出了该段长度尺寸 23；调头加工 $\phi40$ 的轴颈，注出了长度尺寸 74；在加工右端 $\phi35$ 时，应保证功能尺寸 51。这样既保证了设计要求，又符合加工顺序。

（2）按不同加工方法尽量集中标注　零件一般要经过几种加工方法才能制成，在标注尺寸时，应将不同加工方法的有关尺寸集中标注。如图 8-20 所示的键槽是在铣床上加工的，因此这部分尺寸集中标注在两处（3、45 和 12、35.5）。

（3）标注尺寸要便于加工和测量　图 8-21a、c、e、g 所示为便于测量的标注方式，标注方式合理，而图 8-21b、d、f、h 所示为不便于测量的标注方式，标注方式不合理。

（4）毛坯面之间的尺寸一般应单独标注　标注铸件（或锻件）毛坯面的尺寸时，若在同一个方向上有若干个毛坯表面，一般只能有一个毛坯面与加工面有联系尺寸，而其他毛坯

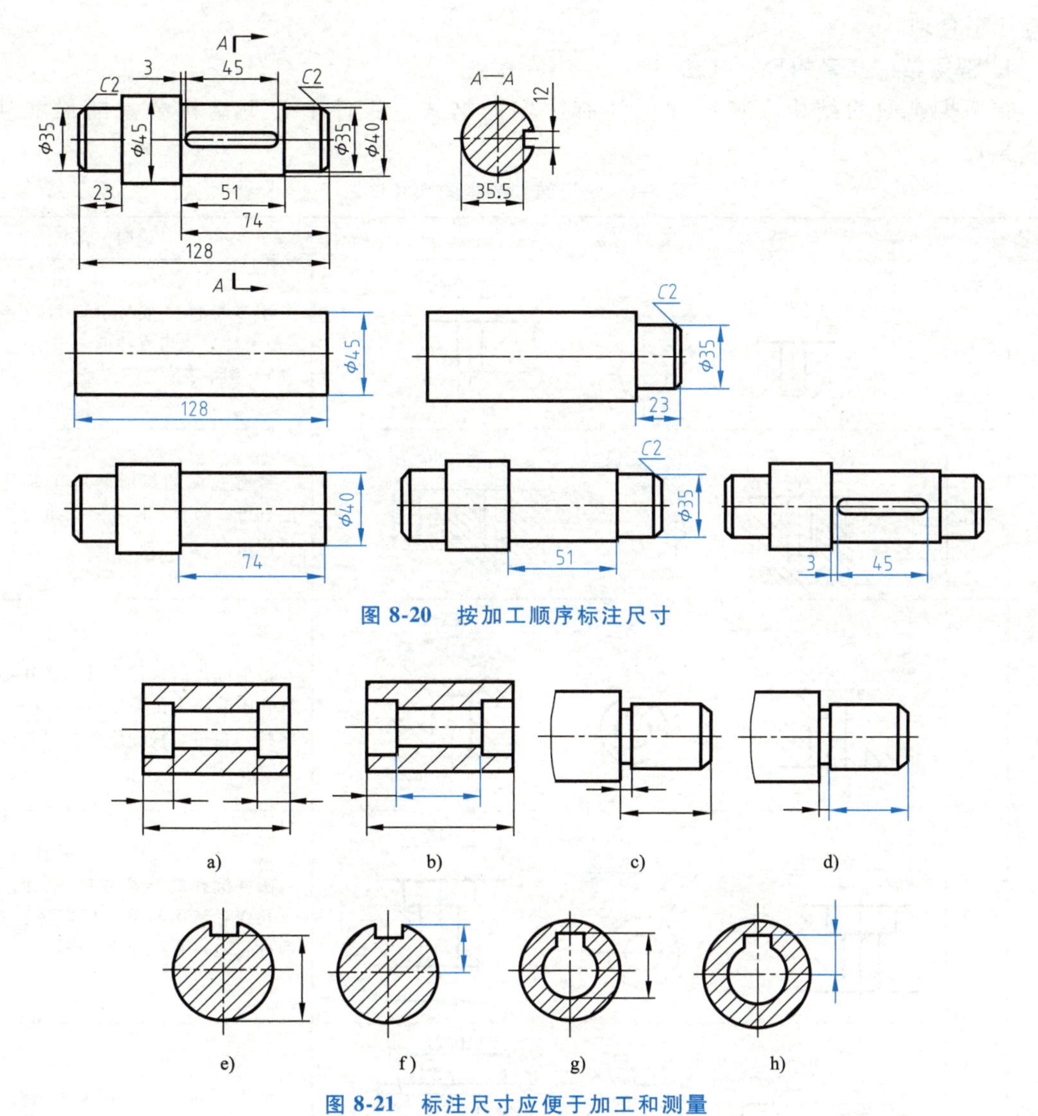

图 8-20　按加工顺序标注尺寸

图 8-21　标注尺寸应便于加工和测量

a）合理　b）不合理　c）合理　d）不合理　e）合理　f）不合理　g）合理　h）不合理

面则要以该毛坯面为基准进行标注。这是因为毛坯面制造误差较大，如果有多个毛坯面以统一的基准进行标注，则加工该基准时，往往不能同时保证达到这些尺寸要求。毛坯面之间的尺寸是在铸（锻）造毛坯时保证的，如图 8-22a 所示，尺寸标注合理。如图 8-22b 所示，尺

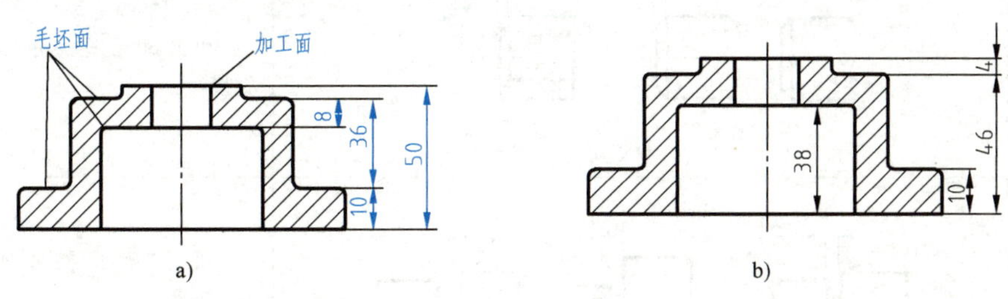

图 8-22　毛坯面间的尺寸标注

a）合理　b）不合理

寸标注不合理。

4. 常见结构要素的尺寸注法

有一些典型的结构，其尺寸标注有一定的格式，零件上常见结构要素的尺寸注法见表 8-1。

表 8-1 常见结构要素的尺寸注法

类型		标注方法	说明
孔	光孔		用于标注一般光孔。可以旁注(前两种),也可直接标注出来(后一种)。图中↧是孔深符号
	螺孔		带有孔深的螺纹盲孔的标注方法。可以旁注(前两种),也可直接标注出来(后一种)
	沉孔		锥形沉孔的标注方法。图中⌵是沉孔中的埋头孔符号;可以旁注(前两种),也可直接标注出来(后一种)
			圆柱沉孔的标注方法,图中⊔是沉孔或者锪平符号。可以旁注(前两种),也可直接标注出来(后一种)
			锪平面 $\phi22$ 处的深度不需标注,锪平为止。可以旁注(前两种),也可直接标注出来(后一种)
倒角		45° 倒角　非45° 倒角	一般 45°倒角按“C 宽度”注出 30°或 60°倒角应分别注出角度和宽度
退刀槽 越程槽			一般按“槽宽×槽深”或“槽宽×直径”注出

8.4 零件图的技术要求

从图 8-3 中可知，在零件图中，除了图形和尺寸外，还必须注明制造、检验及零件的热处理等方面的一些要求，一般称为技术要求。技术要求是零件图的一个重要组成部分。

零件在加工制造过程中，由于受到各种因素的影响，其表面具有各种类型的不规则状态，形成工件的几何特性。几何特性包括尺寸误差、形状误差、表面结构等，它们对产品的质量和使用寿命有重要的影响，因此，在技术产品文件中必须对表面特征提出要求。

表面结构是指零件表面的几何形貌，即零件的表面粗糙度、表面波纹度、表面纹理、表面缺陷和表面几何形状的总称。表面结构的各项要求在图样上的表示法在 GB/T 131—2006《产品几何技术规范（GPS） 技术产品文件中表面结构的表示法》中均有具体规定，工程上评定表面结构的参数常采用表面粗糙度（*Ra*），因此本节将着重从表面粗糙度、尺寸公差、形状与位置公差这三方面对零件的技术要求加以介绍。

8.4.1 表面粗糙度

1. 表面粗糙度的定义

在实际生产中，不论采用什么加工方法和设备，零件的表面都不可能达到绝对的光滑，其形状被放大后如图 8-23a 所示，为了衡量零件表面这种高低不平的情况就引入了表面粗糙度的概念。表面粗糙度是指零件加工表面上具有的较小间距和峰谷所组成的微观几何形状特性。

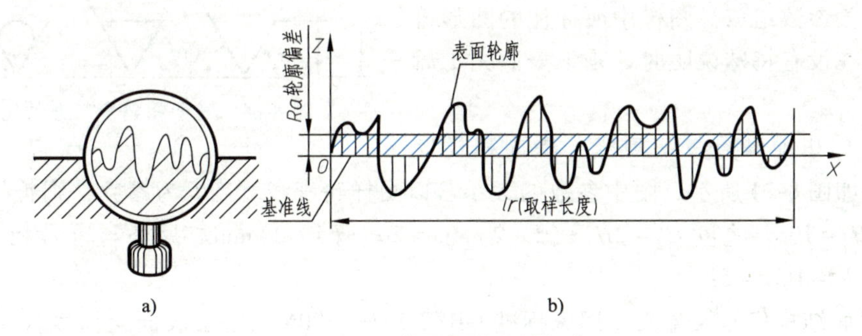

图 8-23 表面粗糙度的概念

表面粗糙度值的大小与加工设备、加工方法等因素有关。它是衡量零件质量的重要标志之一，对零件的配合、接触刚度、耐磨性、抗腐蚀性、密封性和外观均有影响。

2. 表面粗糙度的评定参数

在生产中，轮廓的算数平均偏差 *Ra* 是应用最广泛的表面粗糙度评定参数。

在 GB/T 3505—2009《产品几何技术规范（GPS）表面结构 轮廓法 术语、定义及表面结构参数》中对 *Ra* 的定义：在一个取样长度 *lr* 内，纵坐标值 $Z(x)$ 绝对值的算数平均值，其公式为

$$Ra = \frac{1}{lr}\int_0^{lr} |Z(x)| \mathrm{d}x \quad 或 \quad Ra \approx \frac{1}{n}\sum_{i=1}^{n} |Z_i|$$

式中 *Ra*——轮廓的算数平均偏差；

lr——取样长度；

Z(*x*)——在坐标为 *x* 处的轮廓至基准线的高度。

各参数的几何意义如图 8-23b 所示。

国家标准推荐轮廓的算数平均偏差 *Ra* 优先采用第一系列，其数值见表 8-2。*Ra* 值越小，零件表面质量越好，但相应的加工成本也越高。

表 8-2　轮廓的算数平均偏差 *Ra* 的优先选用数值（摘自 GB/T 1031—2009）

Ra/μm	0.012	0.025	0.05	0.1	0.2	0.4	0.8	1.6	3.2	6.3	12.5	25	50	100

3. 表面粗糙度参数值的选用

选择表面粗糙度参数值时，可考虑下列因素：

1）选用零件表面粗糙度数值时，应在满足零件的工作性能和使用寿命要求的前提下，尽可能选择较大的表面粗糙度参数值，以降低生产成本。

2）在同一零件上，工作表面的粗糙度参数值要小于非工作表面的粗糙度参数值。

3）相互配合的轴和孔，轴的表面粗糙度参数值要比孔的表面粗糙度参数值小一级。

4）一般情况下，尺寸精度高的零件，表面粗糙度参数值要小；尺寸精度低的零件，表面粗糙度参数值要大。

具体选用时，应充分了解零件表面的作用，即在配合中的情况、受载荷的情况及尺寸数值大小等。表面粗糙度值越小，则加工成本就越高，故需慎重选取。

4. 表面粗糙度符号的画法、代号及其意义

GB/T 131—2006 规定，表面结构符号由图形符号和相关参数组成。图样中所标注的图形符号和代号，在没有特殊说明时，是该表面完工后的要求。

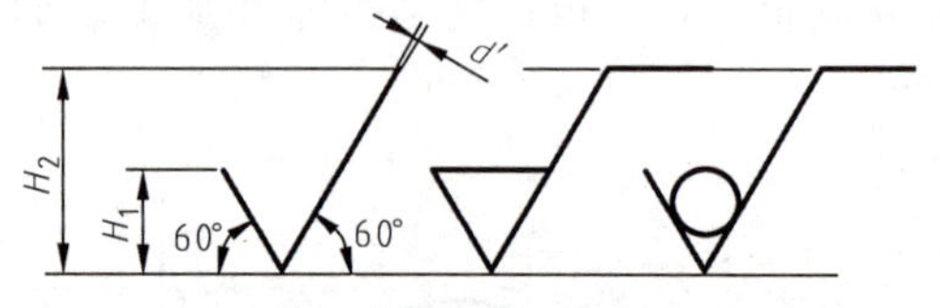

图 8-24　表面粗糙度符号的比例

（1）表面粗糙度符号的画法　表面粗糙度符号的比例如图 8-24 所示，图中参数的大小若以图样轮廓线宽度 *b* 为参数，则符号线宽 $d'=b/2$；高度 $H_1=10b$，高度 $H_2=2H_1+(1\sim2)\,\text{mm}=20b+(1\sim2)\,\text{mm}$。另外与符号相关的数字、字母的高度 $h=10d'=5b$。

（2）表面结构代号及意义　国家标准 GB/T 131—2006 规定了表面粗糙度代号、符号及其注法，其代号由表面粗糙度符号加上其参数值构成。表面粗糙度的主要图形符号及含义见表 8-3。

表 8-3　表面粗糙度的主要图形符号及含义

符号	含义
	基本图形符号，表示表面可用任何方法获得。单独使用该符号是没有实际意义的
	基本图形符号上加一短横，表示指定表面是用去除材料的方法获得，如车、铣、钻、磨、剪切、抛光、腐蚀、电火花加工、气割等
	基本图形符号上加一小圆，表示指定表面是用不去除材料的方法获得，如铸、锻、冲压变形、热轧、冷轧、粉末冶金等，或者是用于保持原供应状况的表面（包括保持上道工序的状况）
Ra 3.2	表示用任何方法获得的表面，其表面的 *Ra* 值不大于 3.2μm，即 $Ra\leqslant3.2\mu m$

（续）

Ra 1.6	表示用去除材料的方法获得的表面，其表面的 Ra 值不大于 1.6μm，即 $Ra \leqslant 1.6\mu m$
Ra 6.3	表示用不去除材料的方法获得的表面，其表面的 Ra 值不大于 6.3μm，即 $Ra \leqslant 6.3\mu m$
U Ra 3.2 L Ra 1.6	表示用去除材料的方法获得的表面，双向极限值，其表面的 Ra 值为 $1.6 \leqslant Ra \leqslant 3.2\mu m$

对于各种数值所对应的零件表面外观情况及达到该数值所需的主要加工方法可参考相关书籍。

5. 表面粗糙度的标注方法

常见的表面粗糙度的标注图例，如图 8-25 所示。表面粗糙度在图样中的标注原则如下：

1）同一图样上，每个表面一般只标注一次表面粗糙度的符号、代号，并应注写在可见轮廓线、尺寸线、尺寸界线、引出线或它们的延长线上。写在轮廓线左边或上边时，直接标注符号，对于右边或下边的表面需用带箭头的指引线引出标注。

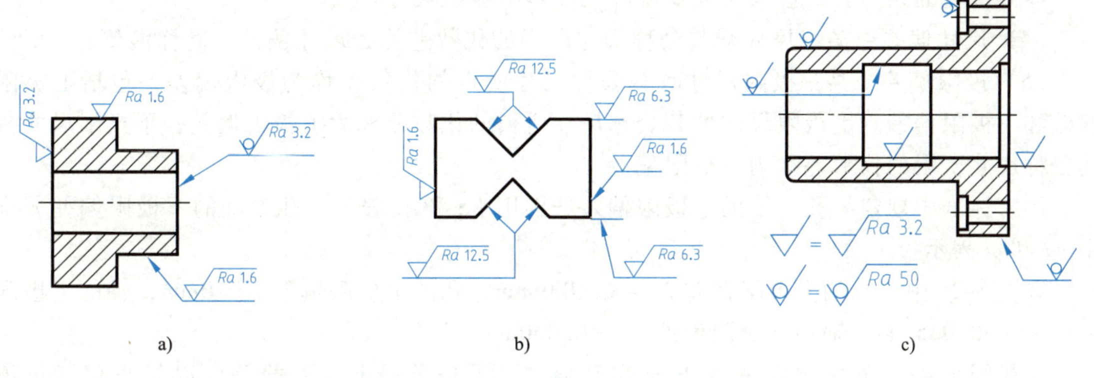

图 8-25　表面粗糙度在图样上的标注

a）在轮廓线上的注法　b）在平面上的注法　c）多个表面简化注法

2）表面粗糙度符号标注在轮廓线上时，其符号的尖端必须从材料外部指向所标注的零件表面。

3）在图样上的表面粗糙度代号中，数字的大小和方向应与图中尺寸数字的大小和方向一致。

4）多个表面有相同表面结构要求的简化注法如图 8-25c 所示，可以用带字母的完整符号以等式的形式，标在图形或标题栏的附近。

更详细的标注规定，可查阅相关国家标准：GB/T 131—2006。

8.4.2　极限与配合的基本概念与标注

极限与配合是零件图和装配图中一项重要的技术要求，也是检验产品质量的技术指标。国家标准 GB/T 1800.1—2020《产品几何技术规范（GPS）　线性尺寸公差 ISO 代号体系 第 1 部分：公差、偏差和配合的基础》中对有关的定义和术语作了相应的规定。

1. 互换性的概念

在装配机器时，相同规格的一批零件或部件，不经挑选和辅助加工，任取一个就可顺利地装到机器上去，并满足机器的性能要求，零件具有的这种性质就称为互换性。

零件的互换性是零件所必须具备的性质之一，也是现代化机械工业的重要基础，既有利于装配或维修机器又便于组织生产协作，进行高效率的专业化生产。

保证零件具有互换性的措施，主要是要求控制零件的尺寸在一个合理范围之内，由此规定了极限尺寸。制成后的实际尺寸，应在规定的上极限尺寸和下极限尺寸范围内。

2. 尺寸公差的有关术语

（1）公称尺寸　由设计确定的尺寸，如图 8-26a 中的 $\phi 50$，是根据计算和结构上的需要所决定的尺寸。

（2）实际尺寸　零件加工后实际测得的尺寸。

（3）极限尺寸　允许零件实际要素变化的两个界限值，分为上极限尺寸和下极限尺寸，上极限尺寸为尺寸要素允许的最大尺寸，如图 8-26 中孔的上极限尺寸为 $\phi 50.039$、轴的上极限尺寸为 $\phi 49.975$。下极限尺寸为尺寸要素允许的最小尺寸，如图 8-26 中孔的下极限尺寸为 $\phi 50$、轴的下极限尺寸为 $\phi 49.950$。

零件合格的条件：上极限尺寸≥实际尺寸≥下极限尺寸。

（4）尺寸偏差　某一尺寸减其公称尺寸所得的代数差称为尺寸偏差，简称偏差。

（5）极限偏差　某一极限尺寸减其公称尺寸所得的代数差称为极限偏差，包括上极限偏差和下极限偏差。上极限尺寸减其公称尺寸所得的代数差称为上极限偏差；下极限尺寸减其公称尺寸所得的代数差称为下极限偏差。

国家标准中规定，孔、轴的上极限偏差分别用 ES 和 es 表示，孔、轴的下极限偏差分别用 EI 和 ei 表示。

在图 8-26 中，孔的上极限偏差 $ES=+0.039\text{mm}$，孔的下极限偏差 $EI=0\text{mm}$，轴的上极限偏差 $es=-0.025\text{mm}$，轴的下极限偏差 $ei=-0.050\text{mm}$。

上极限偏差、下极限偏差以下简称上偏差、下偏差。上、下偏差可以是正值、负值或零。

（6）尺寸公差　允许尺寸的变动量称为尺寸公差，简称公差。

公差=上极限尺寸-下极限尺寸=上极限偏差-下极限偏差。

在图 8-26 中，孔的公差 $=50.039\text{mm}-50\text{mm}=0.039\text{mm}-0\text{mm}=0.039\text{mm}$；轴的公差 $=49.975\text{mm}-49.950\text{mm}=-0.025\text{mm}-(-0.050\text{mm})=0.025\text{mm}$。

公差是一个没有正负号的绝对值。

（7）公差带　在公差带图中，由代表上、下极限偏差的两条直线所限定的区域称为公差带。公差带包括了“公差带大小”与“公差带位置”，国家标准规定公差带的大小和位置分别由标准公差和基本偏差来确定。

为了便于分析公差，一般将尺寸公差与公称尺寸的关系按放大比例画成公差带图。图 8-26c 就是图 8-26a、b 的公差带图。

（8）标准公差　由国家标准所列的，用以确定公差带大小的公差称为标准公差，用符号 IT 表示，共分 20 个标准公差等级。每个标准公差等级用一个标准公差等级代号表示，标准公差等级代号由符号 IT 和数字组成，即 IT01、IT0、IT1…IT18 共 20 级。IT01 公差数值最

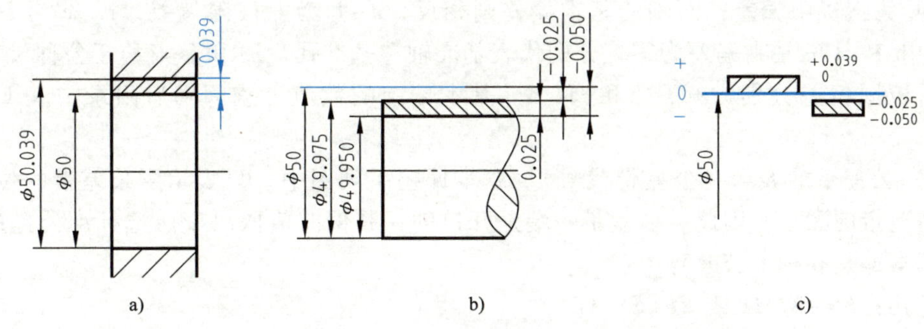

图 8-26　尺寸公差及公差带图

a）孔的尺寸及偏差　b）轴的尺寸及偏差　c）孔及轴的公差带

小，精度最高；IT18 公差数值最大，精度最低。公差等级依次增大，等级（精度）依次降低。标准公差数值取决于公称尺寸的大小和标准公差等级，其值见附录中表 E-1。

（9）基本偏差　用以确定公差带相对公称尺寸位置的那个极限偏差称为基本偏差。它可以是上偏差或下偏差，一般指靠近公称尺寸的那个偏差，如图 8-27a 所示。

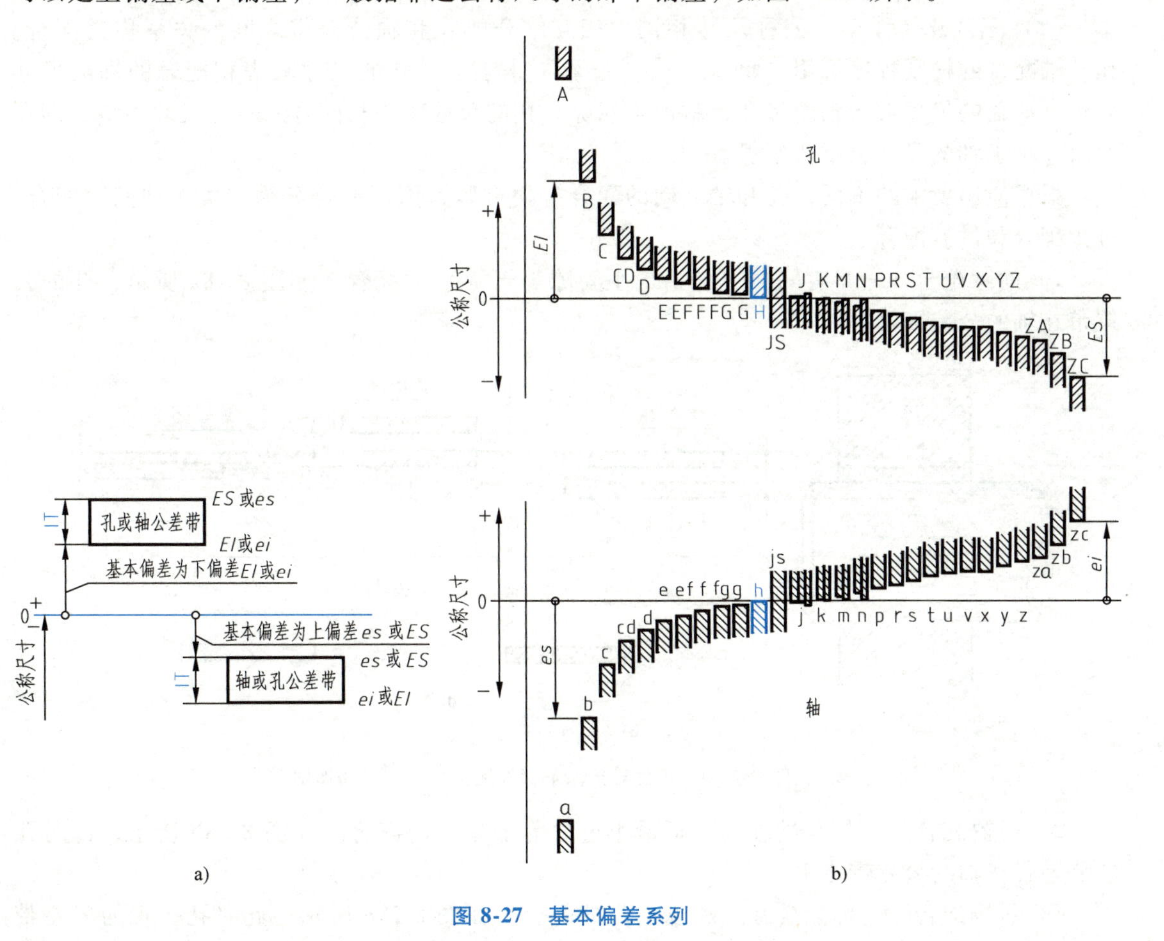

图 8-27　基本偏差系列

国家标准规定的基本偏差系列，其代号用拉丁字母表示，大写字母表示孔，小写字母表示轴，孔和轴各有 28 个代号，如图 8-27b 所示，由图可见，孔的基本偏差 A～H 为下极限偏差，J~ZC 为上极限偏差；而轴的基本偏差则相反，a~h 为上极限偏差，j~zc 为下极限偏差。图中 h 和 H 的基本偏差为零，分别代表基准轴和基准孔，JS 和 js 对称于公称尺寸位置，其上、下极限偏差分别为+IT/2 和-IT/2。基本偏差的数值可查阅书后附录中表 E-2 和表 E-3。

（10）公差带的表示（公差带代号） 基本偏差系列图中，只表示了公差带的位置，没有表示公差带的大小，因此，公差带一端是开口的，其偏差值取决于所选标准公差的大小，可根据基本偏差和标准公差算出。

对于孔：$ES=EI+\mathrm{IT}$ 或 $EI=ES-\mathrm{IT}$。

对于轴：$es=ei+\mathrm{IT}$ 或 $ei=es-\mathrm{IT}$。

孔、轴的公差带表示由基本偏差代号和公差等级代号组成。例如：ϕ30H8 中，“ϕ30”为孔的公称尺寸，“H”为孔的基本偏差代号，“8”为孔的公差等级代号，“H8”为孔的公差带表示；ϕ30f7 中，“ϕ30”为轴的公称尺寸，“f”为轴的基本偏差代号，“7”为轴的公差等级代号，“f7”为轴的公差带表示。

3. 配合

（1）配合及其种类 公称尺寸相同、相互结合的孔和轴公差带之间的关系称为配合。孔、轴配合的松紧程度可用“间隙”或“过盈”来表示。孔的尺寸减去相配合的轴的尺寸为正，即孔的尺寸大于轴的尺寸，就产生间隙。孔的尺寸减去相配合的轴的尺寸为负，即孔的尺寸小于轴的尺寸，就产生过盈。

根据使用要求的不同，孔和轴之间的配合有松有紧，因而配合分为三类，即间隙配合、过盈配合和过渡配合。

1）间隙配合——具有间隙（包括最小间隙等于零）的配合。如图 8-28a 所示，孔的公差带在轴的公差带之上。

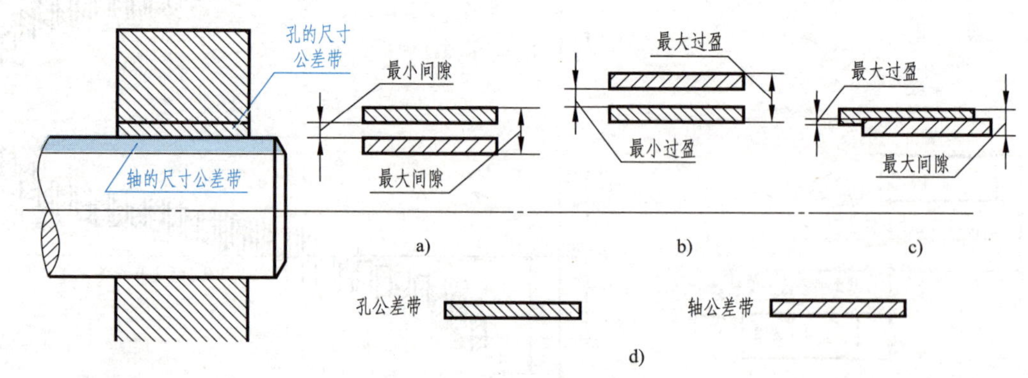

图 8-28 间隙与过盈配合

a）间隙配合 b）过盈配合 c）过渡配合 d）公差带图例

2）过盈配合——具有过盈（包括最小过盈等于零）的配合。如图 8-28b 所示，此时孔的公差带在轴的公差带之下。

3）过渡配合——可能具有间隙或过盈的配合。如图 8-28c 所示，此时孔、轴的公差带一部分互相重叠。

（2）配合基准制 为了便于设计制造、降低成本、实现配合标准化，在制造相互配合的零件时，使其中一种零件作为基准件，它的基本偏差固定，通过改变另一种零件的基本偏差来获得各种不同性质配合的制度称为配合制。根据生产实际需要，国家标准规定了两种基准制，即基孔制配合和基轴制配合。

1）基孔制配合——基本偏差为一定的孔的公差带与不同基本偏差的轴的公差带形成各种配合的一种制度，如图 8-29a 所示，基孔制配合中的孔称为基准孔，其基本偏差为 H，下极限偏差 $EI=0$。

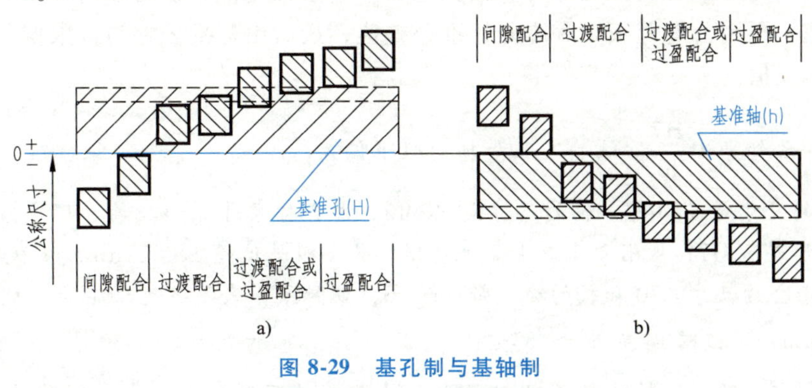

图 8-29　基孔制与基轴制

a）基孔制配合　b）基轴制配合

2）基轴制配合——基本偏差为一定的轴的公差带与不同基本偏差的孔的公差带形成各种配合的一种制度，如图 8-29b 所示，基轴制配合中的轴称为基准轴，其基本偏差代号为 h，上极限偏差 $es=0$。

由于孔的加工一般采用定值（定尺寸）刀具，而轴加工则采用通用刀具，因此国家标准规定，一般情况应优先采用基孔制配合。孔的基本偏差为一定时可大大减少加工孔时定值刀具的品种、规格，便于组织生产、管理和降低成本。

4. 极限与配合在图样上的标注

在装配图上标注极限与配合时，采用组合式注法。它是在公称尺寸后面用一分数形式表示，分子为孔的公差带表示，分母为轴的公差带表示，即：公称尺寸$\dfrac{\text{孔的公差带表示}}{\text{轴的公差带表示}}$。通常分子中含 H 的为基孔制配合，分母中含 h 的为基轴制配合。如图 8-30a 所示，其中$\phi 18\dfrac{\text{H7}}{\text{p6}}$为基孔制的过盈配合，$\phi 14\dfrac{\text{F8}}{\text{h7}}$为基轴制的间隙配合。

在零件图上标注公差的形式有 3 种：只注公差带表示，这种注法适用于大批量生产的场合，如图 8-30b 所示；只注极限偏差数值，这种注法应用于单件生产和小批量生产的场合，

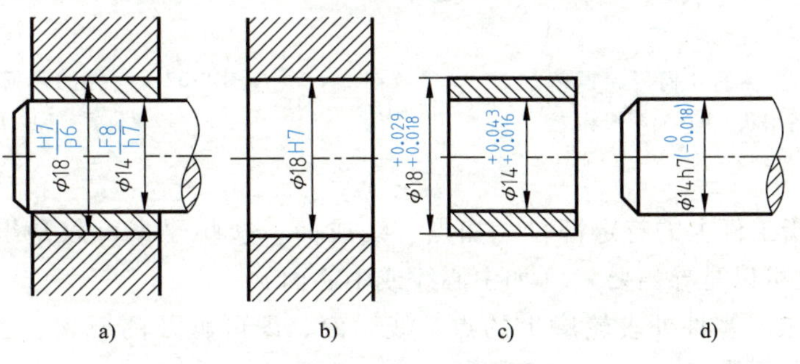

图 8-30　极限与配合在图样上的标注

如图 8-30c 所示；同时注公差带表示和极限偏差数值，这种注法适用于生产规模不确定的场合，如图 8-30d 所示。

根据公称尺寸和公差带表示，可通过查表获得孔（附录中表 E-2）和轴（附录中表 E-3）的极限偏差数值。查表时，根据某一孔和轴的公称尺寸查出对应的行，再由公差带表示查出对应的列，二者交汇处即可查出其上、下极限偏差值。也可以由其基本偏差代号得到基本偏差值，再由公差等级查表得到标准公差值，最后由标准公差与极限偏差的关系，算出另一极限偏差值。

例 8-1 已知 $\phi 30\dfrac{H7}{f6}$，试确定孔和轴的极限偏差。

解： 孔的尺寸是 ϕ30H7，轴的尺寸是 ϕ30f6。由公称尺寸 ϕ30（属于尺寸分段 18~30）和孔的公差带表示 H7，从附录中表 E-2 可查得孔的上极限偏差 $ES=21\mu m$，下极限偏差 $EI=0$。由公称尺寸 ϕ30 和轴的公差带表示 f6，查附录中表 E-3 可得轴的上极限偏差 $es=-20\mu m$，下极限偏差 $ei=-33\mu m$。由此可知，孔的尺寸为 $\phi 30^{+0.021}_{0}$，轴的尺寸为 $\phi 30^{-0.020}_{-0.033}$，从孔、轴的数值可以看出是基孔制的间隙配合，最大间隙为+0.054mm，最小间隙为+0.020mm。

8.4.3 几何公差的基本概念及其标注

在零件加工过程中，不仅会产生尺寸误差，也会出现形状和相对位置的误差，如加工轴时可能会出现轴线弯曲或一头粗、一头细的现象，这种现象属于零件形状误差。经过加工的零件，除了会产生尺寸误差外，也会产生表面形状和位置误差。图 8-31 所示小轴的弯曲和图 8-32 所示阶梯轴轴线不在同一水平位置的情况，若不加以控制，将会影响机器的工作性能。因此，对零件上精度要求较高的部位，必须根据实际需要对零件的加工提出相应的形状误差和位置误差的允许范围，即要在图纸上标出几何公差。国家标准 GB/T 1182—2018《产品几何技术规范（GPS） 几何公差 形状、方向、位置和跳动公差标注》中对有关的定义和术语作了相应的规定。

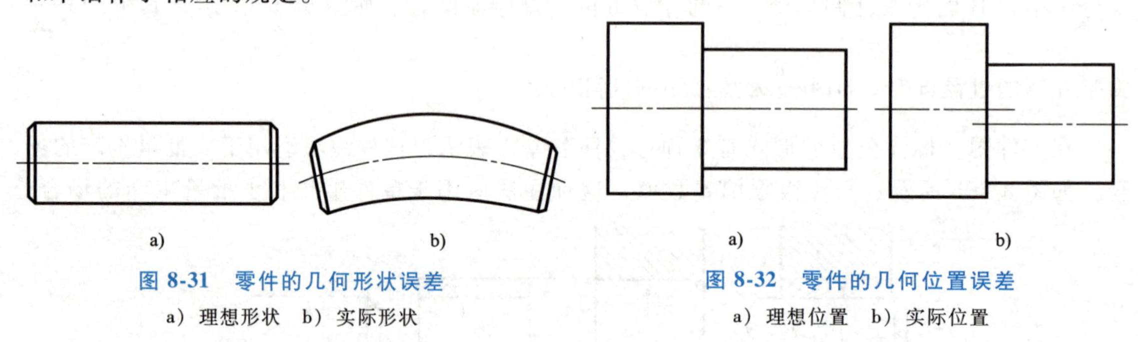

图 8-31 零件的几何形状误差
a）理想形状 b）实际形状

图 8-32 零件的几何位置误差
a）理想位置 b）实际位置

1. 几何要素

几何要素是指工件上的特定部位，如点、线或面。这些要素可以是组成要素（如圆柱体的外表面），也可以是导出要素（如中心线或中心面）。

（1）轮廓要素 零件外表轮廓上的点、线、面，即可触及的要素，如素线、顶点、球面、圆锥面、圆柱面等。

（2）中心要素 依附于轮廓要素而存在的点、线、面，如球心、轴线、中心线、对称面等。

（3）被测要素 给出几何公差要求的要素，是检测的对象。

（4）基准要素 用来确定被测要素几何关系的参照要素，应为理想要素。

（5）单一要素 按其功能要求给出几何公差的被测要素，是独立的、与基准无关的要素。

（6）关联要素 相对基准要素有功能关系而给出相互位置公差要求的被测要素。

2. 几何公差的概念

几何公差包括形状公差、位置公差、方向公差和跳动公差。零件形状、位置的误差过大会影响机器的工作性能，因此对精度要求高的零件，除了应保证尺寸精度外，还应控制其形状、位置公差。

（1）形状公差 被测要素的实际形状对其理想形状的允许变动量称为形状公差（如平面度、直线度、圆度等）。

（2）位置公差 被测要素的实际位置对其理想位置的允许变动量称为位置公差（如平行度、对称度等）。

（3）方向公差 被测要素的方向相对于基准所允许的变动量称为方向公差（如平行度、垂直度和倾斜度等）。

（4）跳动公差 跳动公差是由提取实际要素跳动量之差来控制实际表面形状、方向和位置的一项综合指标。跳动公差包括圆跳动公差和全跳动公差。圆跳动公差是指被测要素围绕基准轴线在无轴向移动的前提下在任一侧量平面内旋转一周时允许的最大变动量。全跳动公差是指被测要素围绕基准轴线在无轴向移动的前提下旋转，在整个表面上允许的最大变动量。

被测要素的理想位置必须相对“基准”而定。显然，基准要素本身的形状误差对被测要素的位置公差是有影响的。因此，被测要素的理想位置应由基准要素理想形状的位置来确定。基准要素的理想形状称为位置公差的基准。

3. 几何公差的代号

国家标准规定用代号来标注几何公差。几何公差代号包括几何公差各项目的符号、公差框格及指引线、公差数值以及基准代号和其他有关符号等。

图样中几何公差必须用代号标注，标注确有困难时，才允许在技术要求中用文字说明。各类几何公差的名称及符号见表 8-4。

表 8-4 各类几何公差的名称及符号

公差类型	名称	符号	基准	公差类型	名称	符号	基准
形状公差	直线度	—	无	方向公差	垂直度	⊥	有
	平面度	▱	无		倾斜度	∠	有
	圆度	○	无	位置公差	位置度	⌖	有或无
	圆柱度	⌭	无		同心（同轴）度	◎	有
	线轮廓度	⌒	无		对称度	⌯	有
	面轮廓度	⌓	无	跳动公差	圆跳动	↗	有
方向公差	平行度	//	有		全跳动	⌰	有

4. 几何公差带及其形状

几何公差带是由公差值确定的，它是限制实际形状或实际位置变动的区域。公差带的形状有两平行直线之间的区域、两等距曲线之间的区域、两同心圆之间的区域、一个圆内的区域、一个圆球面内的区域、一个圆柱面内的区域、两同轴圆柱面之间的区域、两平行平面之间的区域、两等距曲面之间的区域等，见表 8-5。

表 8-5 几何公差带的区域

两平行直线之间	两等距曲线之间	两同心圆之间
两平行平面之间	两等距曲面之间	两同轴圆柱面之间
一个圆柱面内	一个圆内	一个圆球面内

5. 标注几何公差的方法

在图样上标注几何公差时，应有公差框格、被测要素和基准要素（对位置公差）三组内容。

（1）公差框格　图 8-33 所示为几何公差的框格形式。框格用细实线画出，可画成水平或垂直，框格高度 H 是图样中尺寸数字高度 h 的两倍，填写几何特征符号的第一个框格的长度一般取 H，其他框格的长度视需要而定。框格中的数字、字母、符号与图样中的数字等高，线条宽度 d 取 $h/10$。框格中的内容从左到右分别填写几何特征符号、几何公差数值（若公差带是圆形或圆柱形的，则在公差值前加注“ϕ”，若是球形的，则加注“$S\phi$”），第三格及以后格为基准代号的字母和有关符号。公差框格可水平或垂直放置。

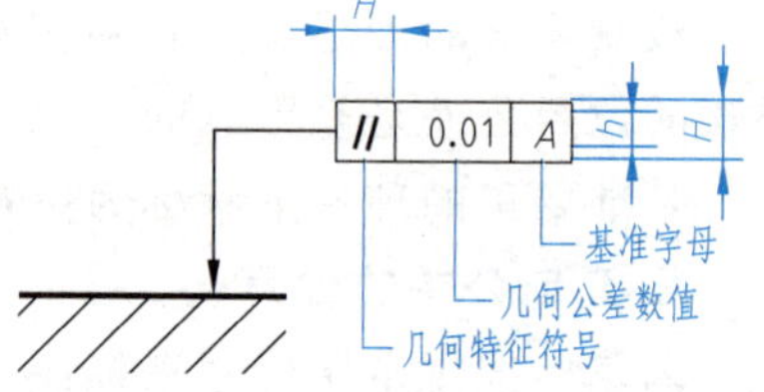

图 8-33 几何公差的框格形式

（2）基准符号　方向公差和位置公差等需要标注被测要素基准。与被测要素相关的基准用一个大写字母表示，字母标注在基准方框内，与一个涂黑或空白的三角形相连以表示基准；表示基准的字母还应标注在公差框格内。图 8-34 所示为基准符号。

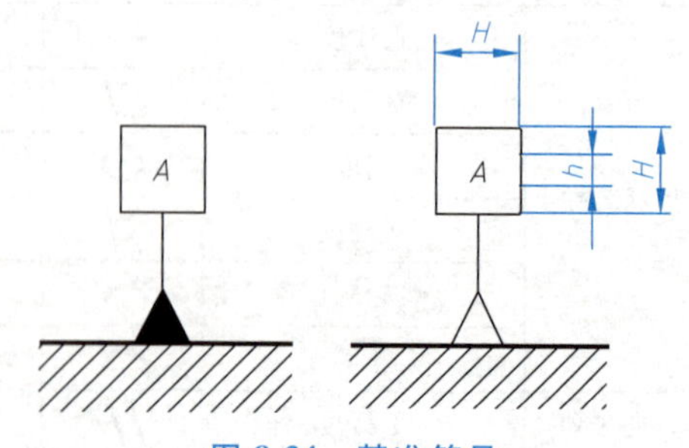

图 8-34 基准符号

（3）被测要素的标注　用带箭头的指引线将被测要素与公差框格一端相连，指引线箭头指向公差带的宽度方向或直径方向。按下列方式标注：

1）当被测要素为整体轴线或公共中心平面时，

指引线箭头可直接指在轴线或中心线上，如图 8-35a 所示。

2）当被测要素为轴线、球心或中心平面时，指引线箭头应与该要素的尺寸线对齐，如图 8-35b 所示。

3）当被测要素为线或表面时，指引线箭头应指向该要素的轮廓线或其引出线上，并应明显地与尺寸线错开，如图 8-35c 所示。

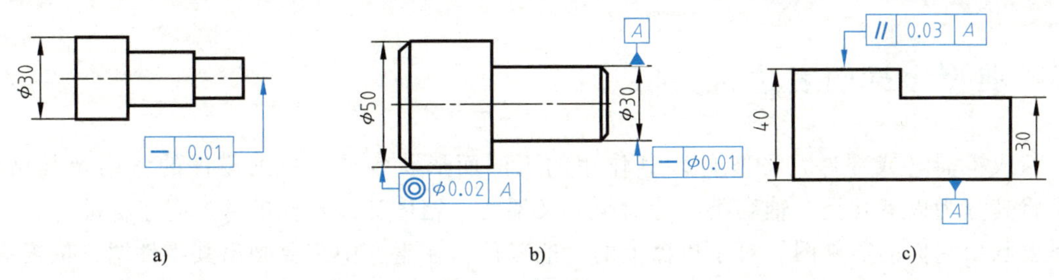

图 8-35　被测要素的标注

6. 基准要素的标注

1）当基准要素为素线或表面时，基准符号应靠近该要素的轮廓线或引出线标注，并应明显地与尺寸线箭头错开，如图 8-36a 所示。

2）当基准要素为实际平面时，基准三角形也可放置在该轮廓面引出线的水平线上，如图 8-36b 所示。

3）当基准是尺寸要素确定的轴线、中心平面或中心点时，基准三角形应放置在该尺寸线的延长线上。如果没有足够的位置标注基准要素尺寸的两个尺寸箭头，则其中一个箭头可用基准三角形代替，如图 8-36c 所示。

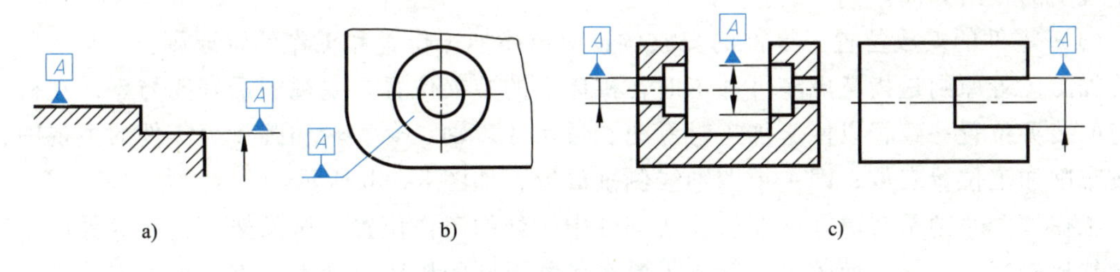

图 8-36　基准要素标注

例 8-2　分析如图8-37 所示气门阀杆的几何公差标注。

该气门阀杆共有 4 处几何公差要求：

1）左边 *SR*750 的球面对于 φ16 轴线的圆跳动公差是 0.003。

2）杆身 φ16 的圆柱度公差为 0.005。

3）M8×1 的螺纹孔轴线对于 φ16 轴线的同轴度公差是 φ0.1。

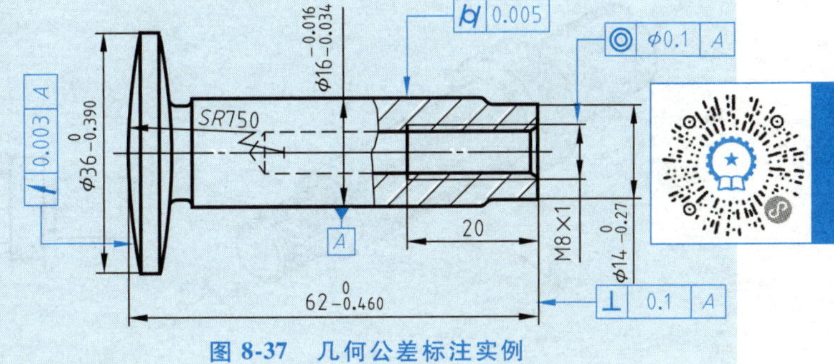

图 8-37　几何公差标注实例

4）底部（右端面）对于 $\phi16$ 轴线的垂直度公差是0.1。

从图中可以看到，当被测定的要素为线或表面时，从框格引出的指引线箭头应指在该要素的轮廓线或其延长线上。当被测要素是轴线时，应将箭头与该要素的尺寸线对齐，如M8×1轴线的同轴度注法。当基准要素是轴线时，应将基准符号与该要素的尺寸线对齐，如基准 A。

8.5 典型零件的表达与分析

组成机器（或部件）的零件因其作用的不同而形状各异，根据零件的作用及其结构，通常将其分为以下几类：轴套类、轮盘类、叉架类、箱体类以及标准件。对于标准件，一般不需要画出它们的零件图。对于机器上的一般零件，在生产中都要画出其零件图，依据零件图对它们进行加工，各类零件的视图选择都有一定的特点。

8.5.1 零件图的视图选择

零件图的视图选择，应在分析零件结构形状特点的基础上，选用适当的表达方法，完整、清晰地表达出零件各部分的结构形状。视图选择的原则：首先选好主视图，然后再根据需要选配其他视图，以确定表达方案。

1. 主视图的选择

主视图是零件图中最主要的视图，主视图选得是否合理，直接关系到看图和画图的方便与否。因此，画零件图时，必须选好主视图。主视图的选择应包括确定零件的安放位置和选择主视图的投射方向。

（1）零件的安放位置　零件的安放位置应遵循加工位置和工作位置原则。

加工位置原则是指考虑零件加工时在机床上的装夹位置，主视图最好能与零件在机械加工时的装夹位置一致，以便于加工时看图、看尺寸。轴、套、轮和圆盘等零件的主视图，一般按车削加工位置安放，即主视图轴线侧垂放置，如图8-38b所示。

工作位置原则是考虑零件在机器或部件中所处的工作位置，像叉架、箱体等零件由于结构形状比较复杂，加工面较多，并且需要在各种不同的机床上加工，因此这类零件主视图的安放位置应按该零件在机器中的工作位置画出，有利于画图和读图，也便于按图装配。

当零件的加工位置和工作位置不一致时，应根据零件的具体情况而定。

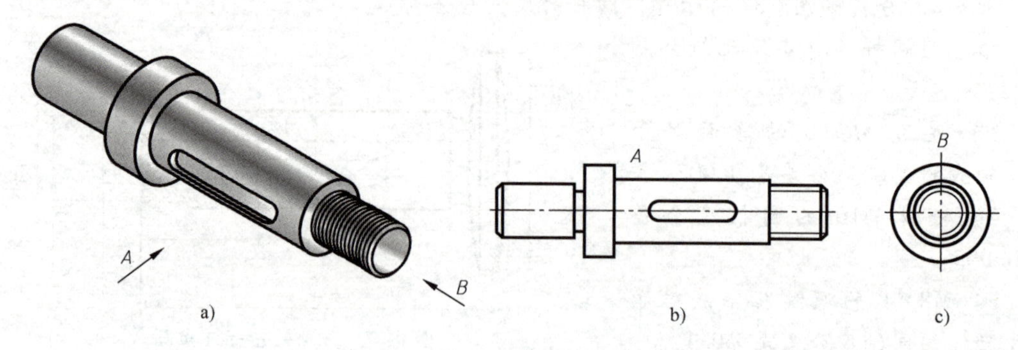

图8-38　轴主视图的选择

（2）主视图的投射方向　确定了零件的安放位置后，还应合理选择主视图的投射方向。主视图的投射方向应遵循形状特征原则，即主视图的投射方向应最能反映零件各组成部分的形状和相对位置。如图 8-38a 所示的轴，按不同的方向进行投射所得到的主视图如图 8-38b、c 所示。两视图相比较，前者反映形状特征好，因此应选用箭头 *A* 所指的方向作为主视图投射方向。

2. 其他视图的选择

根据零件的复杂程度及其内、外结构的特点，全面考虑选择所需的其他视图，以弥补主视图表达中的不足。

其他视图的选择原则，应在明确地表达机件内外结构形状及各形体相对位置的前提下，使视图（包括剖视图、断面图）的数量最少，而且图形也比较简单。在具体选择其他视图时应考虑如下几点：

1）应优先选用基本视图，并在基本视图上做适当剖视、剖面，以表达零件的内部结构。

2）为表达零件的局部形状或倾斜部分的内部形状而采用局部视图或剖视图时，应尽量按投影关系配置在有关视图的附近。

3）对于一些局部结构，如退刀槽、砂轮越程槽等，应尽量采用局部放大图。

必须指出，零件视图的表达方案并不是唯一的，选择时应进行比较，选择最优的表达方案。

8.5.2　典型零件的视图表达

下面将对轴套类、轮盘类、叉架类、箱体类零件的视图表达方案进行举例分析，为方便读者理解，同时给出了相应的立体图。

1. 轴套类零件

常见的轴套类零件如图 8-39 所示。轴一般用于传递运动和转矩。套类零件一般装在轴上，起轴向定位等作用。

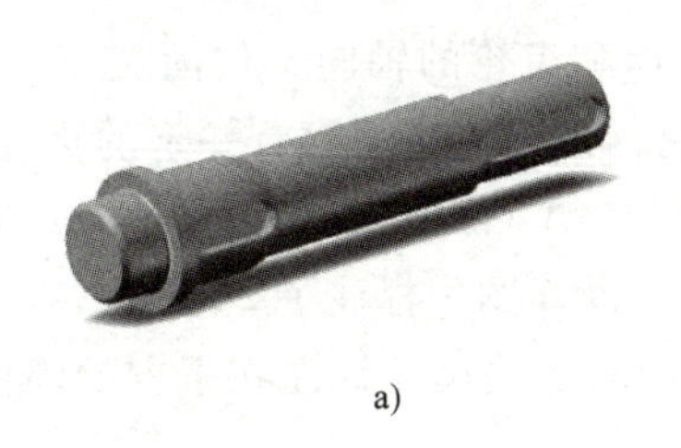

a)　　　　b)

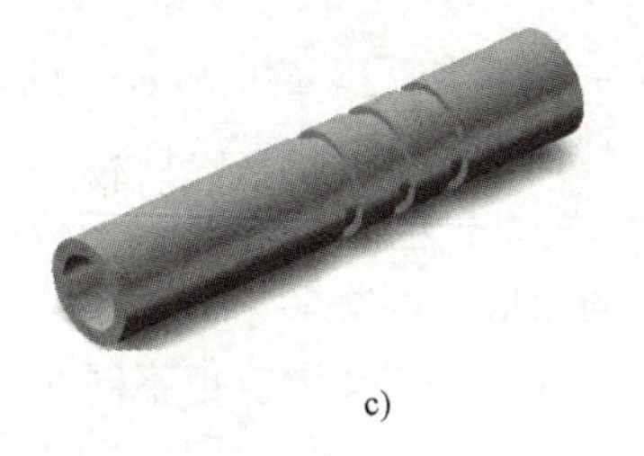

c)

图 8-39　常见的轴套类零件

a）主轴　b）柱塞套　c）柱塞

（1）结构特点　轴套类零件的主体部分大多数由同轴心线、不同直径的数段回转体组成，轴向尺寸比径向尺寸大得多。轴上常有一些典型工艺结构，如键槽、退刀槽、螺纹、倒角、中心孔等，其形状和尺寸大部分已标准化。

（2）表达方法　轴套类零件加工的主要工序一般都在车床、磨床上。这类零件常采用一个基本视图——主视图，轴线水平放置作为主视图的放置位置，尽可能把直径较小一端放在右边，便于加工时图与实物对照读图。应该将键槽和孔结构朝前方，作为主视图的投射方向，以反映轴上结构形状。轴上的孔、键槽等结构，常采用局部剖视或移出断面表示；对砂轮越程槽、退刀槽、中心孔等可用局部放大图表达。

将图 8-39a 所示的主轴画成零件图，如图 8-40 所示，为反映键槽特征，将键槽朝前方作为主视图投射方向，用移出断面表示键槽深度，用 *E* 向局部视图表示螺纹孔的分布。

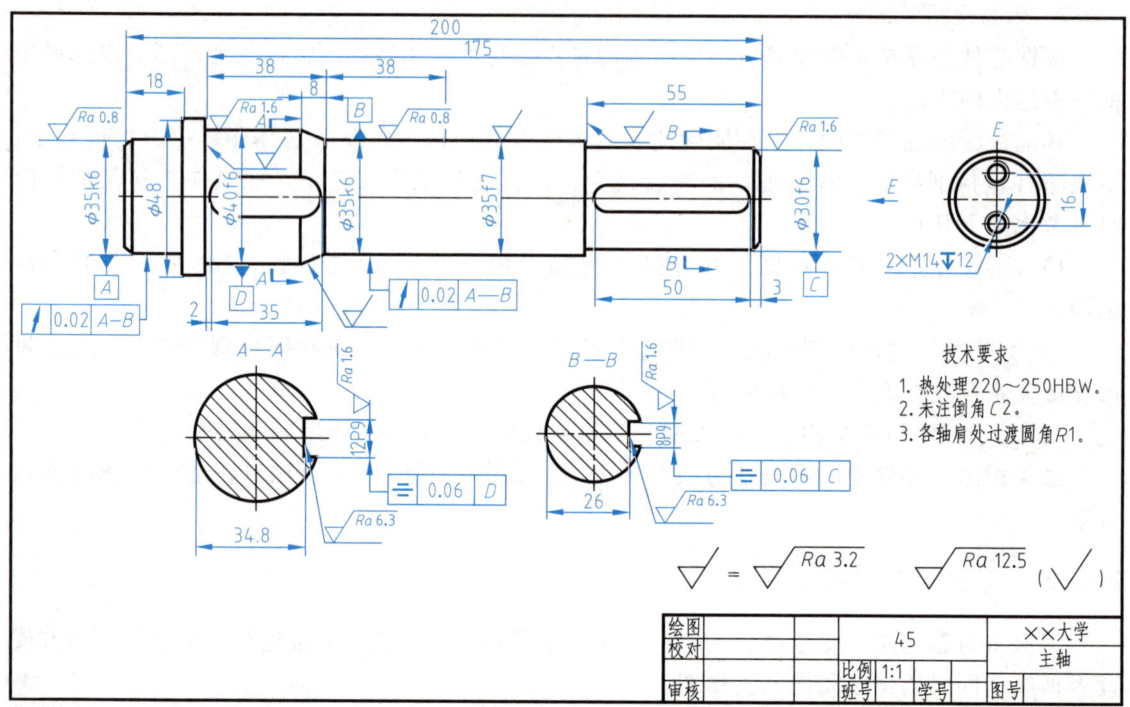

图 8-40　轴类零件的视图表达

（3）尺寸标注　轴套类零件需要标注径向和轴向尺寸。一般选择回转体轴线作为径向尺寸基准，以轴端或重要轴肩作为轴向尺寸基准。图 8-40 中以右端面为轴向主要基准，以 $\phi40$ 和 $\phi35$ 的轴肩为辅助基准，它是滚动轴承和齿轮的轴向定位面。

轴上常见结构要素的尺寸，应考虑加工、测量和检验方便，它们的注法都有一定的格式，如左边的键槽注总长 35 和定位尺寸 2、槽深不直接标注而是在 *A—A* 断面图中标注了 34.8；右边的键槽注总长 50 和定位尺寸 3、槽深不直接标注而是在 *B—B* 断面图中标注了 26。

为了便于读图应把不同加工方法的尺寸分开标注，如键槽的有关尺寸标注在下方的断面图中。

（4）技术要求　有配合要求的表面，其表面粗糙度、尺寸精度要求较严。有配合的轴颈和重要的端面应有几何公差要求，如同轴度、径向圆跳动、轴向圆跳动及键槽的对称度等。

1）表面粗糙度：与轴承、轮等配合面，常选用 $Ra=0.8\sim1.6\mu m$，轴肩 $Ra=1.6\sim3.2\mu m$，键槽两侧 $Ra=1.6\sim3.2\mu m$，其他加工面 $Ra=6.3\sim12.5\mu m$。

2）公差与配合：与轴承、轮等配合位置的轴径，一般选用 IT6～IT7，如图 8-40 中的 $\phi35k6$、$\phi35f7$、$\phi40f6$、$\phi30f6$。

3）几何公差：轴段之间常需要标注同轴度、径向圆跳动及轴向圆跳动。重要轴段常标注圆度，键槽常标注对称度。如图 8-40 中的 ϕ35k6 表面，要求相对于轴线的圆跳动为 0.02，两处键槽侧面要求相对于轴线的对称度为 0.06。

2. 轮盘类零件

常见的轮盘类零件结构如图 8-41 所示。这类零件主要有端盖、齿轮、手轮、带轮等。轮类零件一般用于传递运动和转矩，盘盖类零件主要起支承、密封和压紧作用。

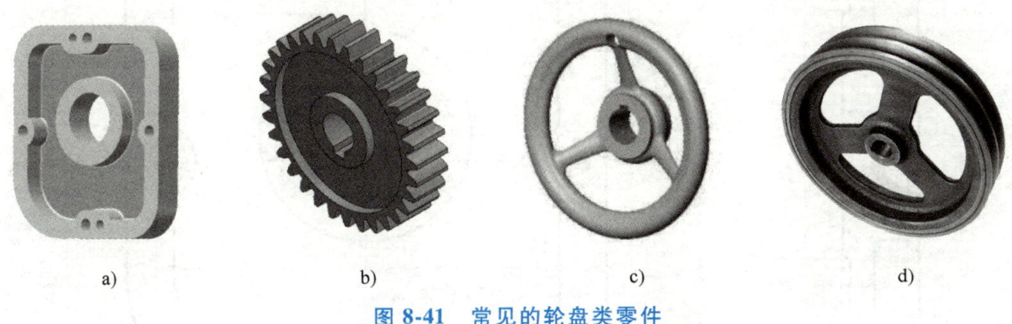

图 8-41　常见的轮盘类零件

a）端盖　b）齿轮　c）手轮　d）带轮

（1）结构特点　轮盘类零件的主体一般为同轴线不同直径的回转体或其他几何形状的扁平板，轴向尺寸小而径向尺寸较大。这类零件上常有轴孔、减少加工面的凸缘、凸台、凹坑、均布安装用的沉孔、螺孔、光孔和定位销孔及轮辐、肋板、油槽、键槽等，主要是在车床上进行加工。

（2）表达方法　这类零件一般需要两个基本视图来表达，主视图常按加工位置放置，即轴线侧垂放置。为了表达其上孔和槽的结构，常采用单一剖切面剖切、相交剖切面剖切或平行剖切面剖切等剖切方法作出的全剖主视图。主视图确定以后，其他视图一般采用左视图（或右视图），主要表达零件上均匀分布的孔、肋板、槽等在零件上的相对位置以及结构形状。依据需要，有时还可以采用断面图、局部剖视图、局部放大图等。

将如图 8-41a 所示的端盖画成零件图，如图 8-42 所示，该端盖零件图采用主、左视图，主视图采用平行剖切面剖切以表达内部结构，左视图表达各部分的结构形状及其上各种孔的分布。

（3）尺寸标注　轮盘类零件的宽度和高度方向尺寸的主要基准常选择回转体轴线或形体的对称平面，长度方向尺寸的主要基准是有一定精度、要求加工的结合面。如图 8-42 所示端盖的左端面为长度方向尺寸的主要基准，右端面为辅助基准，主要孔 ϕ42H7 的轴线为宽度和高度方向尺寸的主要基准。分布在其上的圆孔，应标注孔心距，如图 8-42 中的 148、74、66、15。

（4）技术要求　有配合要求的表面其表面粗糙度和尺寸精度要求较高，如孔 ϕ42H7 的表面粗糙度要求为 $Ra \leqslant 1.6\mu m$，轴向定位的端面其表面粗糙度要求次之。端面与轴心线之间常有垂直度或轴向圆跳动等要求。如图 8-42 所示，端盖的孔 ϕ42H7 的轴线与左端面的垂直度要求为 | ⊥ | ϕ0.08 | B |。对零件的表面处理要求、铸造圆角等也在技术要求中给出。

3. 叉架类零件

常见的叉架类零件如图 8-43 所示，包括支架、摇臂、拨叉、连杆等。这类零件主要起支承、传动、连接等作用。

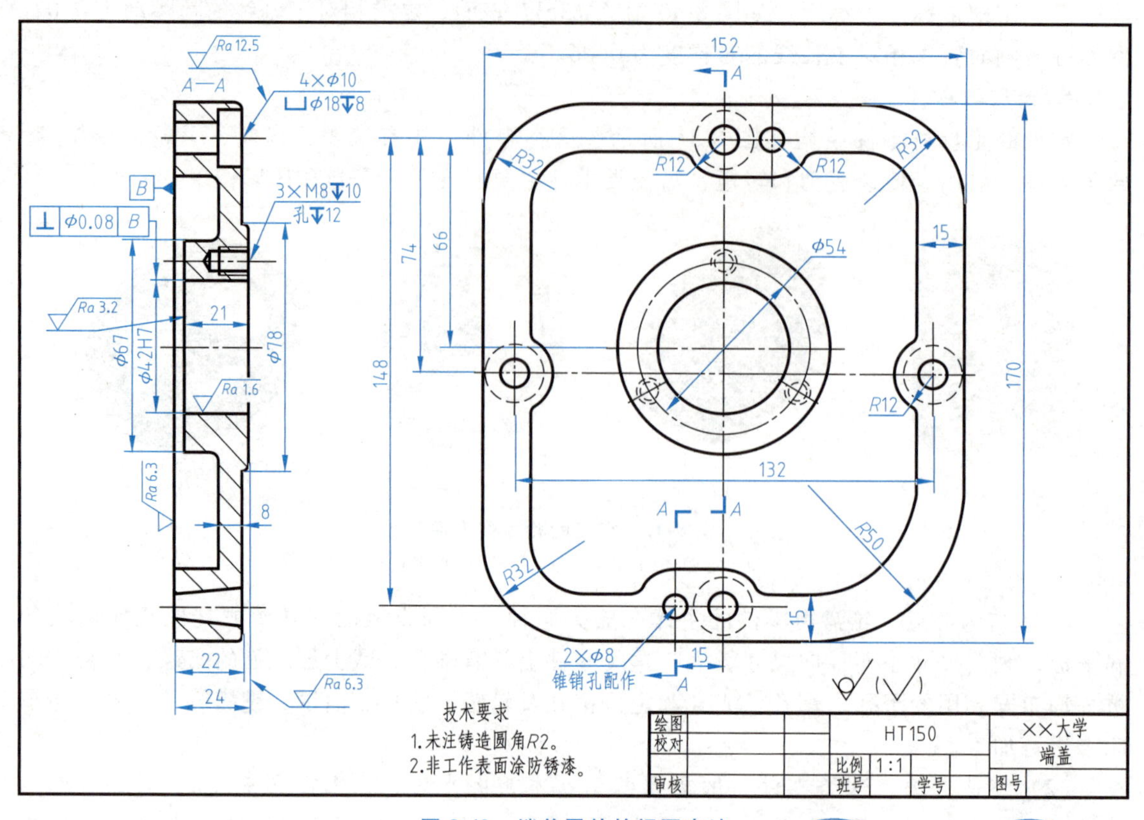

图 8-42 端盖零件的视图表达

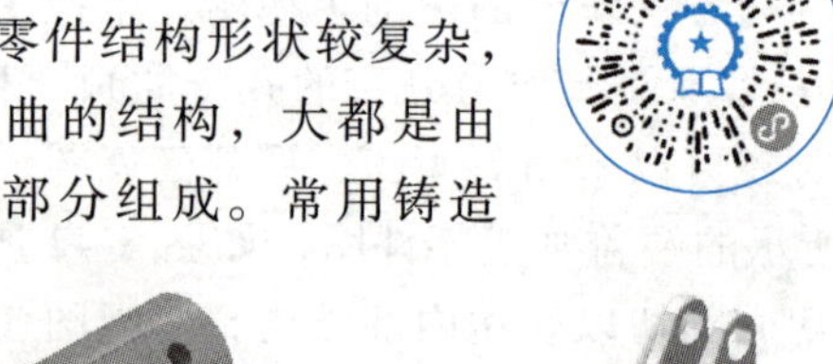

（1）结构特点 叉架类零件结构形状较复杂，形式多样，一般有倾斜、弯曲的结构，大都是由支承部分、工作部分和连接部分组成。常用铸造和锻压的方法制成毛坯，然后进行切削加工。

（2）表达方法 叉架类零件各加工面往往在不同机床上加工，零件按自然位置或工作位置放置，主视图投射方向选择最能反映其形状特征的方向。这类零件一般需要两个或者两个以上的基本视图。由于叉架类零件形状一般不规则，倾斜结构较多，除必要的基本视图以外，还需要采用斜视图、局部视图、断面图等表达零件的细部结构。对于某些较小的结构也可采用局部放大图。

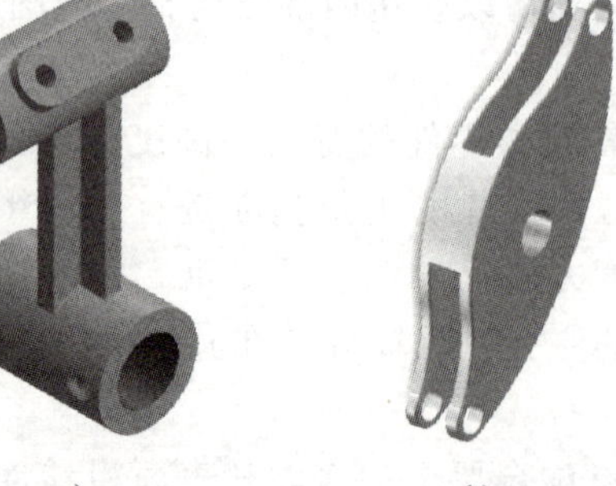

a) b) c)

图 8-43 常见的叉架类零件

a）支架 b）摇臂 c）拨叉

将如图 8-43a 所示的支架画成零件图，如图 8-44 所示，主视图采用局部剖视图，既表达了下部圆筒前方孔的分布及其与中部连接部分的位置关系、上部圆柱及其右上方凸台的相对位置，又表达了下部圆筒的内部结构；左视图上部采用相交剖切面剖切的局部剖视图，表达

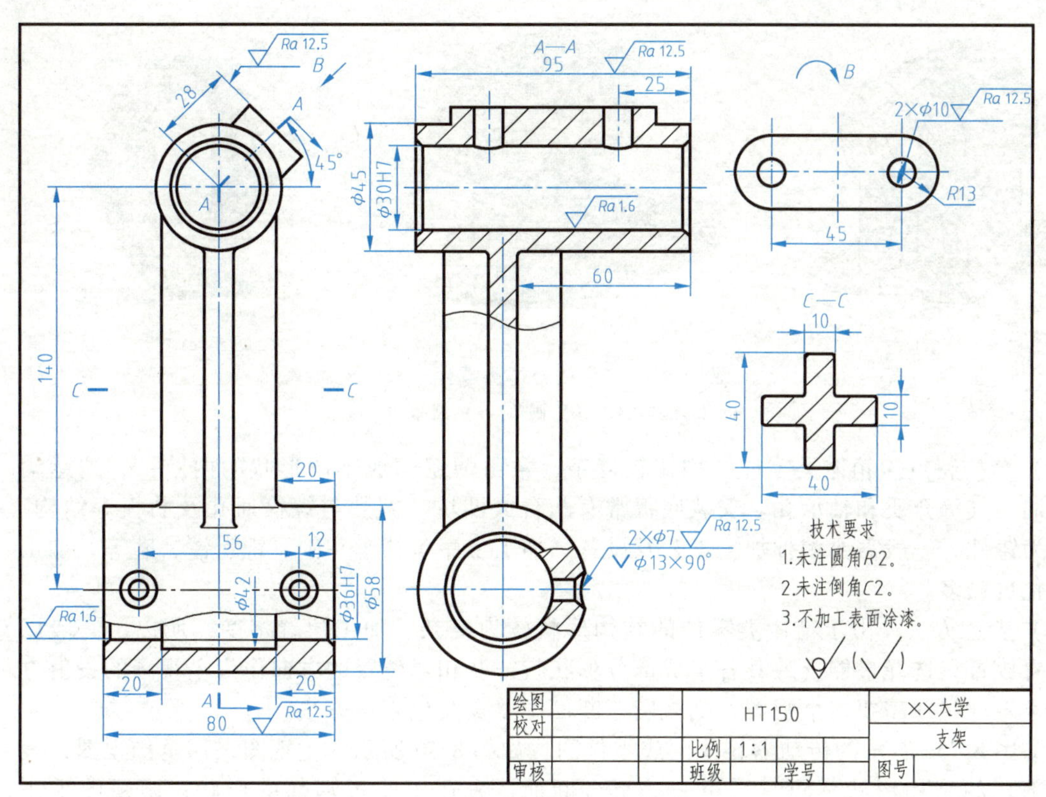

图 8-44　支架零件图

了其上部的倾斜通孔结构及大圆筒的内部结构形状，下部采用局部剖视图表达了下部圆筒上小孔的结构；此外还采用移出断面图表达了中间连接部分的截面形状；进一步通过斜视图 *B* 表达了上部倾斜凸台的形状。

（3）尺寸标注　叉架类零件常以主要孔轴线、对称平面、较大加工面、结合面为长度、宽度和高度三个方向尺寸的主要基准。

如图 8-44 所示，支架属于左右基本对称的结构，长度方向尺寸的主要基准为左右对称面，以此为基准标注了尺寸 80 和 56，ϕ58 圆柱的左右端面为长度方向的辅助基准，以此为基准标注了 ϕ36H7 圆孔的功能尺寸 20 以及中部连接部分的相对位置 20。宽度方向尺寸的主要基准为 ϕ45 圆柱的前端面，以此为基准标注了尺寸 95、25、60。高度方向尺寸的主要基准为 ϕ36H7 的轴线，以此为基准标注高度尺寸 140 以及 ϕ58、ϕ42、ϕ36H7。

（4）技术要求　孔 ϕ36H7 及 ϕ30H7 的尺寸精度要求较高，其尺寸精度要求为 7 级，因而其表面粗糙度要求也高，其表面粗糙度值为 $Ra \leqslant 1.6\mu m$。其他机加工表面，由于尺寸精度要求不高，其表面粗糙度要求也较低，为 $Ra \leqslant 12.5\mu m$。没有进行机加工的表面，就保持上一道工序（铸造）的原状。

对零件的热处理要求、铸造圆角等也应在技术要求中给出。

4. 箱体类零件

常见的箱体类零件如图 8-45 所示。传动器箱体、阀体、泵体等都属于箱体类零件，这类零件多为铸件或焊接件。箱体类零件是机器或部件的外壳或座体，它是机器或部件的骨架零件，起着支承、包容其他零件的作用。

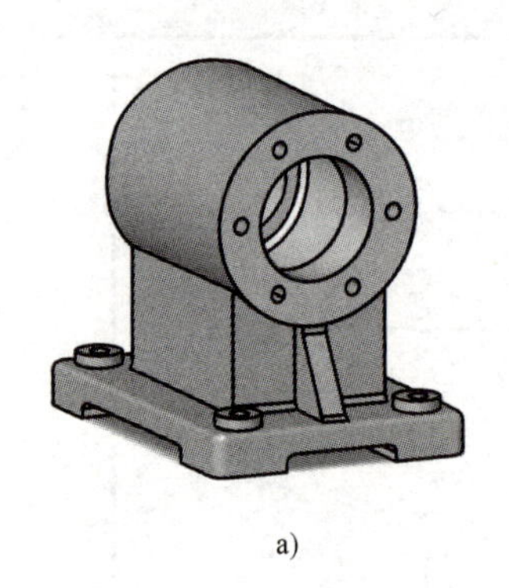
a)

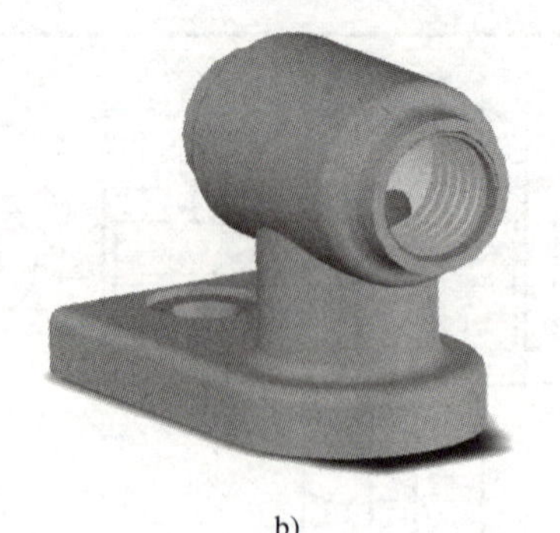
b)

c)

图 8-45　常见的箱体类零件

a）传动器箱体　b）阀体　c）泵体

（1）结构特点　箱体类零件结构比较复杂，常由薄壁围成不同形状的内腔，容纳运动零件及油、气等介质和轴承孔。安装底板常有凸台或凹坑、螺孔与螺栓通孔及肋板等结构。毛坯多为铸件，一般需要多种加工工艺及设备。加工工序包括车、刨、铣、镗、磨等，加工位置变化也较多。

（2）表达方法　由于箱体类零件的结构形状较为复杂、加工位置多变，所以，一般以工作位置放置，选择最能反映其各组成部分形状特征及相对位置的方向作为主视图的投射方向。这类零件往往需要多个视图、剖视图、断面图以及其他表达方法。

将如图 8-45a 所示的传动器箱体画成零件图，如图 8-46 所示，主视图采用全剖视图，表达其内部孔的结构形状，同时采用一处重合断面，表达了肋板端部的形状；俯视图采用 *A*—*A* 剖切表达底板、连接板、肋板形状及表面连接关系；左视图采用半剖和局部剖视以表达横断面内外形状和底板圆孔及圆筒端面螺纹孔的分布。这类零件要表达完整应采用形体分析法；要表达清晰简练应注意采用辅助视图、剖面图、简化画法等表达方法及虚线的应用，如俯视图的虚线就不能省略，若省略不画，则需画仰视图。

（3）尺寸标注　箱体类零件常以主要孔的轴线、对称平面、较大的加工平面或结合面作为长、宽、高三个方向尺寸的主要基准。箱体类零件的尺寸较多，必须运用形体分析法标注尺寸，才能避免尺寸的漏标。

图 8-46 中的箱体，以左右对称平面为长度方向尺寸的主要基准，以此为基准标注了俯视图中对称的尺寸 72、92、128、158 及主视图中对称的尺寸 140、82、102。以前后对称平面为宽度方向尺寸的主要基准，以此为基准标注了左视图中对称的尺寸 46、50、70 及俯视图中对称的尺寸 16、80、110。以底面为高度方向尺寸的主要基准，标注了高度方向上的尺寸 2、18、21、100。以轴承孔的轴线为水平方向的径向尺寸基准，标注了 ϕ62J7、ϕ75、ϕ90。

（4）技术要求　这类零件应根据具体要求确定其表面粗糙度、尺寸精度及几何公差。重要的轴线、结合面或加工端面之间应有几何公差要求，两孔轴线应有同轴度要求。

图 8-46 中的箱体其装轴承处孔 ϕ62J7 的尺寸精度和表面粗糙度要求最高，尺寸公差等级为 IT7，其表面粗糙度值 $Ra \leqslant 0.8\mu m$。对左右两边孔的同轴度要求为 |◎|0.025|B|，对该孔的圆柱度要求为 |⌭|0.008|，对该孔轴线与底面的平行度要求为 |//|0.01|C|。

对零件的铸造圆角、热处理要求等也应在技术要求中给出。

对于同一零件，通常可有几种表达方案，且往往各有优缺点，需全面地分析、比较。选择视图时，各视图要有明确的表达重点，使得所选的视图既表达清楚、完整，又便于看图。

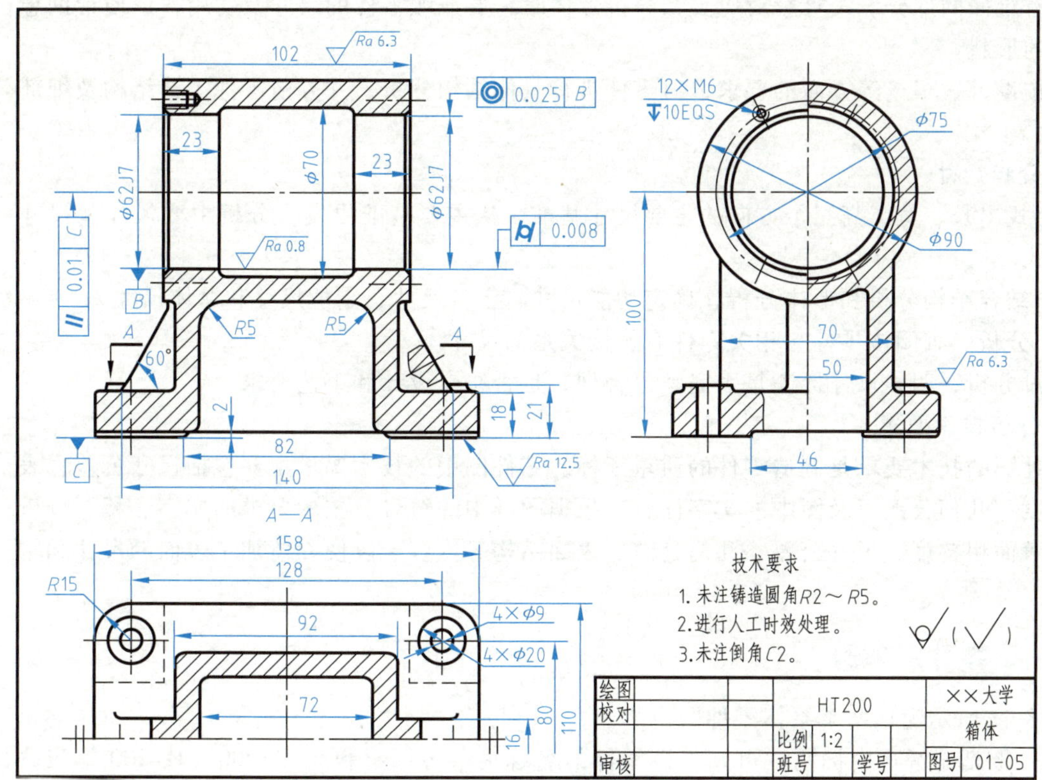

图 8-46 传动器箱体零件图

8.6 零件图的读图

读零件图的目的就是根据零件图想象出零件的结构形状，了解零件的尺寸及技术要求等，以便在制造过程中拟定合理的加工工艺方案，制造出合格的零件。

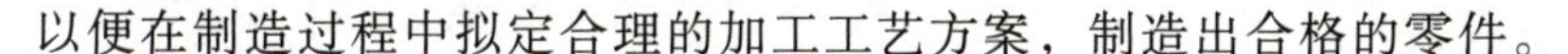

8.6.1 读零件图的方法和步骤

1. 概括了解

概括了解主要是阅读标题栏，从标题栏中获得零件的名称、比例、数量以及材料等信息，同时还要结合装配图了解该零件在部件中与其他零件的关系，从而对该零件的大小、加工方法以及作用有一个初步的印象。

2. 分析表达方案

分析视图时，首先要找出主视图，分析各视图之间的投影关系及所采用的表达方法。弄清所采用的各种表达方法在视图中所起的作用和目的。

3. 分析结构形状

零件的结构形状是按设计要求和工艺要求确定的。了解零件的结构形状是读图的重要目的。看图时：应先看主要部分，后看次要部分；先看整体，后看细节；先看容易看懂的部分，后看难懂的部分。按投影对应关系分析形体时，要兼顾零件的尺寸及功用，以便帮助想象零件的形状。

要按设计、工艺等方面的要求，对零件进行具体结构分析，并弄清零件工艺结构及细部形状。

4. 分析尺寸

1）找出长、宽、高三个方向的主要尺寸基准。从主要基准出发，分析主要尺寸和尺寸标注形式。

2）结合结构分析和形体分析，确定功能尺寸、定形尺寸、定位尺寸和总体尺寸。

3）分析、查阅该零件与相关零件有连接关系的尺寸。

经过分析，明确尺寸标注是否完整、合理，是否符合设计和工艺要求。

5. 分析技术要求

零件图的技术要求是制造零件的质量指标。零件图中的技术要求主要包括尺寸公差、表面粗糙度、几何公差以及图中的文字注解。根据图样中的符号及技术要求的文字注释，分析零件的表面粗糙度、尺寸公差、几何公差、表面结构等内容。以便弄清加工表面的尺寸和精度要求。

8.6.2 读零件图举例

图 8-47 所示为柱塞泵泵体零件图。

（1）概括了解　由标题栏可知，该零件的名称为泵体，材料是 HT200（HT200 是灰铸铁的牌号，HT200 表示 ϕ30mm 试样的最低抗拉强度为 200MPa），是铸造件；绘图比例为 1∶1。从名称可以看出，属箱体类零件，它的作用是容纳零件。通过查阅装配图或有关资料可以了解到泵体内部通过螺纹连接有柱塞套，柱塞套内装有柱塞、弹簧等零件，同时泵体还需要连接吸入阀和排出阀，因此结构上还有两处内螺纹，以连接吸入阀和排出阀。

（2）分析表达方案　该零件图采用了主视、左视、俯视三个基本视图。主视图采用全剖视图，主要表达零件的内部结构。俯视图采用了局部剖视图，表达泵体俯视的外部结构和内部螺纹孔的结构。左视图采用了外形视图，表达了零件左视方向的外部形状、2×M10-7H 螺孔的位置及三角形安装板的形状等。

（3）分析结构形状　从三个视图看，泵体由三部分组成：①外形主体为轴线铅垂的拱形体，有圆柱形的内腔，下部直径小的凹坑用于放置弹簧，中部大直径的孔不进行机加工，可减少加工面，而且用于容纳其他零件，上部螺纹孔与柱塞套连接。②两块三角形的安装板，其上有对称的两处内螺纹，用于安装固定柱塞泵。③两个圆柱形的进出油口，分别位于泵体的右边和后边，做成圆柱形的目的是便于加工内螺纹，螺纹用于连接吸入阀和排出阀。

通过以上各视图的分析，就可以想象出泵体的内外结构形状以及各部分形体的作用。泵体零件结构如图 8-48 所示。

（4）分析尺寸　该零件长度方向的主要尺寸基准为三角形安装板的左平面，以此为基准标注了尺寸 63、13、30。宽度方向的主要尺寸基准为零件前后对称平面，以这个基准对称标出了 36、50、60±0. 2 等宽度方向的尺寸。高度方向的主要尺寸基准为零件上表面，以这个基准标出了 60、15、47±0. 1、50、70 高度方向的尺寸。其中对于重要的尺寸都提出了精度要求，如尺寸 60±0. 2 表达了泵的安装固定尺寸，螺纹的尺寸 M14×1. 5-7H 、M33×1. 5-

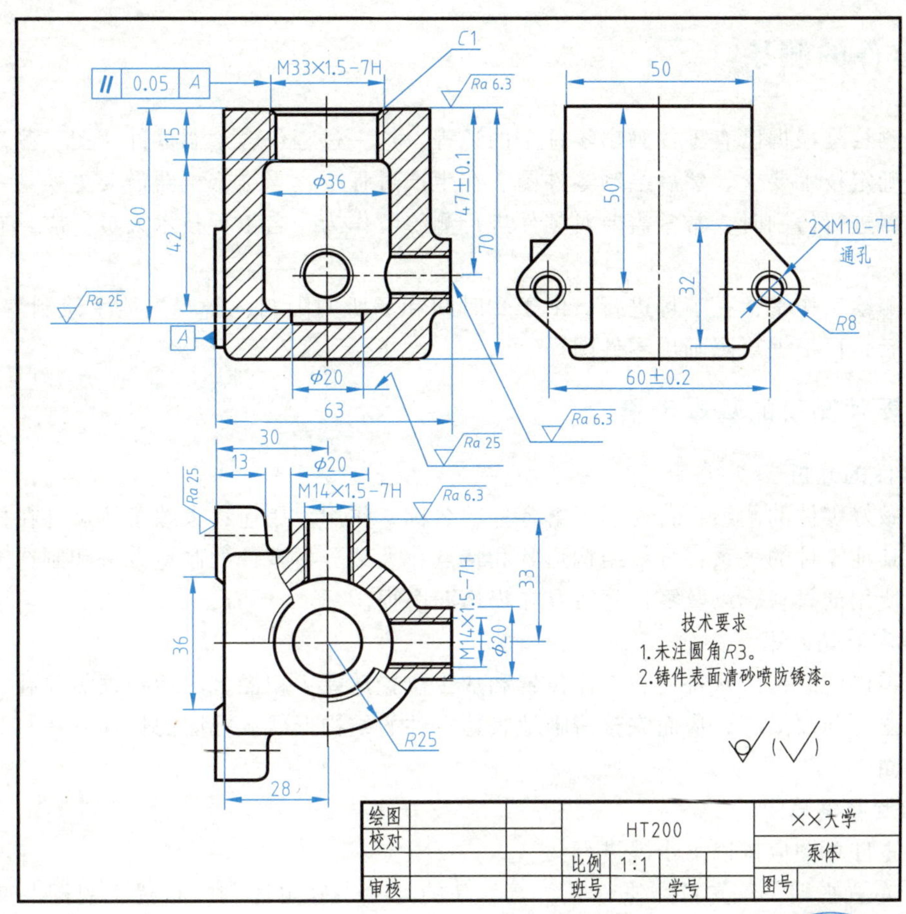

图 8-47 柱塞泵泵体零件图

7H 等，通过尺寸精度来保证其互换性。

（5）分析技术要求 图中重要的尺寸都提出了尺寸精度要求，如尺寸 60±0.2 关系到泵的安装，应保证其加工精度。从进出油口尺寸 M14×1.5-7H 及顶面尺寸 M33×1.5-7H 可知，它们都属于细牙普通螺纹，由于此处要和其他零件相配合，更应该保证其加工精度。

由主视图可看出，为了保证柱塞泵安装后的工作性能，要求 M33×1.5-7H 孔的轴线与三角形安装板的平行度为 0.05。

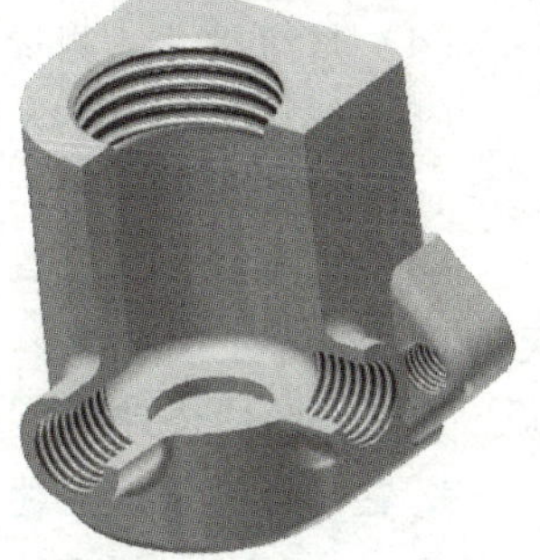

图 8-48 泵体零件结构

另外，由于螺纹的端面都需要密封，因而这几处端面表面几何特征在该零件中要求较高，为 $Ra \leqslant 6.3\mu m$，以便对外连接紧密，防止漏油。其他机加工表面的表面几何特征要求均不高，为 $Ra \leqslant 25\mu m$。

由图中技术要求的文字描述可以看出，该零件的铸造圆角为 $R3$，铸件表面要求清砂喷防锈漆。

8.7 零件的测绘

零件测绘是根据已有零件画出零件图的过程，这一过程包含绘制零件草图、测量出零件的尺寸和确定技术要求、然后绘制零件图。在生产过程中，当维修机器需要更换某一零件或对现有机器进行仿制时，常常需要对零件进行测绘。作为一名工程技术人员，应具有必要的测绘技能。

零件测绘工作常常在现场进行。由于受时间和场所的限制，需要先徒手绘制零件草图，草图整理后，再根据草图画出零件图。

8.7.1 零件测绘的基本步骤

1. 零件的分析

为了做好零件的测绘，首先要了解零件的名称、作用、用途；大致了解零件在机器中的位置及与其他零件的关系；分析结构形状和特点；大致分析零件的制造方法和制造工艺，确定零件所使用的材料，以及零件是否存在损坏和磨损。

2. 确定表达方案

根据零件的结构形状特征、工作位置和加工位置选择主视图，然后根据需要补充其他视图、剖视图、断面图等，从而完整清晰地表达零件的结构形状。视图的选择方法与8.5节所述方法相同。

3. 绘制零件草图

绘制零件草图应按以下步骤进行：

（1）布置视图　首先目测零件长、宽、高的尺寸，确定比例，布置主视图及其他视图的位置，画出各视图的基准线，布置视图时要考虑标注尺寸、技术要求及标题栏的位置。

（2）徒手画零件图　从主视图入手，运用形体分析的方法，用细实线按投影关系完成各视图。

（3）标注尺寸　选择尺寸基准，画出尺寸界线、尺寸线和箭头。

（4）量注尺寸　测量零件尺寸并标注尺寸。

（5）填写技术要求及标题栏　通过分析各部分形体的功用，查阅有关资料，标注尺寸公差、粗糙度代号、技术要求及标题栏等。

（6）审查整理零件草图　草图校核的内容包括表达方法是否恰当，视图布置是否合理；尺寸标注是否正确、完整、清晰、合理；技术要求的确定是否既满足零件的性能和使用要求，又比较经济合理。

4. 在零件测绘时应注意的问题

1）尺寸数值要取整。零件上一般的尺寸都是以毫米（mm）为单位取整数，对于实际测得的小数部分的数值，可以按四舍五入法取整数。但有些特殊尺寸或重要尺寸，不能随意取整，如中心距或齿轮轮齿尺寸等。

2）相互配合的孔和轴的公称尺寸应一致。对有配合关系的尺寸，可测量出公称尺寸，其上、下偏差值应经分析后选用合理的配合关系查表得出。测量已磨损部位的尺寸时，应考虑零件的磨损值。

3）对螺纹、键槽、沉头孔、螺孔深度、齿轮等已标准化的结构，在测得主要尺寸后，应查表采用标准结构尺寸。

5. 绘制零件工作图

零件草图完成后，应经校核、整理，进行必要的修改和补充。再根据零件草图画出正式的零件工作图。

8.7.2 常用的测量工具及其使用方法

1. 测量工具

测量尺寸用的简单工具有钢直尺、外卡钳和内卡钳；测量较精密的零件时，要用游标卡尺、千分尺或其他工具，如图 8-49 所示。钢直尺、游标卡尺和千分尺上有尺寸刻度，测量零件时可直接从刻度上读出零件的尺寸。用内、外卡钳测量时，必须借助钢直尺才能读出零件的尺寸。

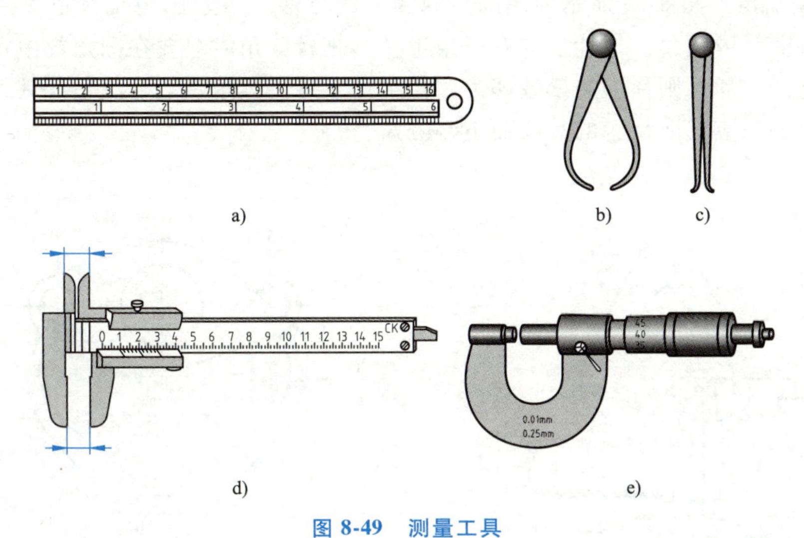

图 8-49 测量工具

a）钢直尺 b）外卡钳 c）内卡钳 d）游标卡尺 e）千分尺

2. 常用的测量方法

（1）测量直线尺寸 一般可用钢直尺直接测量，有时也可用三角板与钢直尺配合进行，如图 8-50 所示，可直接读出该段轴的长度为 54mm。若要求精确时，则用游标卡尺测量。

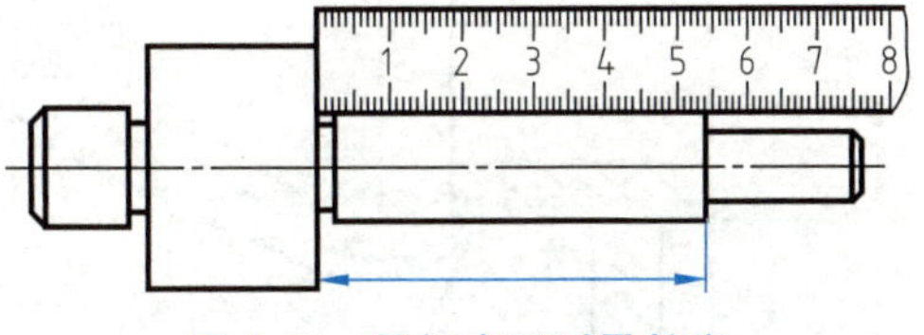

图 8-50 用钢直尺测量长度

（2）测量回转体的内、外径 测量外径用外卡钳，如图 8-51a 所示；测量内径用内卡钳，如图 8-51b 所示。测量时要将内、外卡钳上下、前后移动，量得的最大值为其内径或外径，再用钢直尺或三角板的刻度读取数值。用游标卡尺测量内、外径的方法与用内、外卡钳时相同，如图 8-51c 所示，主尺上显示 90 个小格，游标上的第 2 个格与主尺刻度重合，则该轴的直径应为 90.2mm。

（3）测量壁厚 如图 8-52 所示，可用外卡钳与钢直尺配合使用。

（4）测量孔间距 如图 8-53 所示，用外卡钳测量相关尺寸，再进行计算。

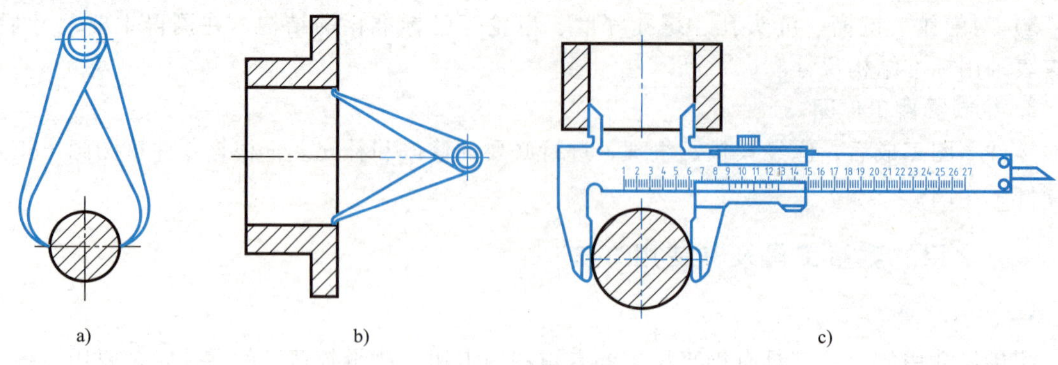

图 8-51　测量内外径

a）外卡钳测外径　b）内卡钳测内径　c）游标卡尺测内、外径

（5）测量轴孔中心高　如图 8-54 所示，用外卡钳及钢直尺测量相关尺寸，再进行计算。

（6）测量圆角　图 8-55 所示为用圆角规测量的方法。每套圆角规有很多片，一半测量外圆角，一半测量内圆角，每片上均有圆角半径，测量圆角时只要在圆角规中找出与被测量部分完全吻合的一片，则片上的读数即为圆角半径。铸造圆角一般目测估计其大小即可。若手头有工艺资料则应选取相应的数值而不必测量。

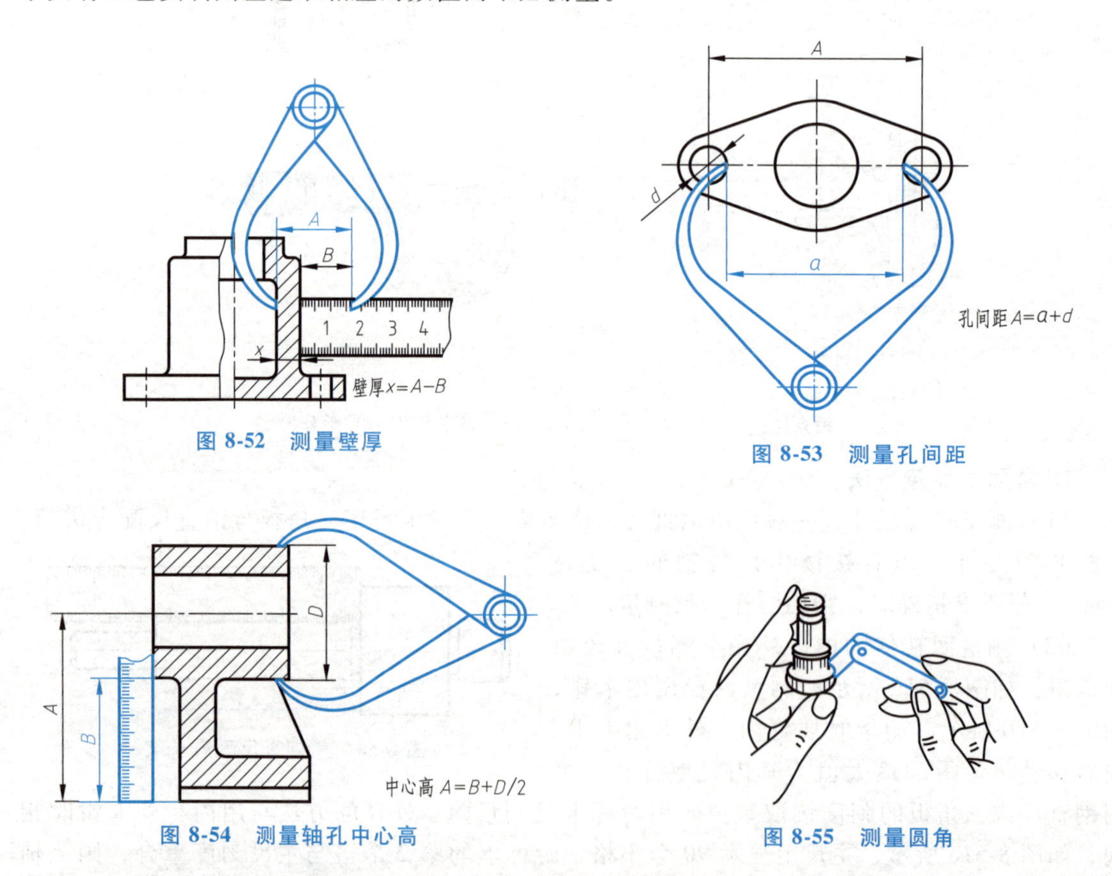

图 8-52　测量壁厚

图 8-53　测量孔间距

图 8-54　测量轴孔中心高

图 8-55　测量圆角

（7）测量螺纹　可用螺纹规或拓印法测量，测量螺纹要测出其直径和螺距的数据。对于外螺纹，测大径和螺距；对于内螺纹，测小径和螺距，然后查手册取标准值。

螺纹规测量螺距：螺纹规由一组钢片组成，每一钢片的螺距大小均不相同，测量时只要某一钢片上的牙型与被测量的螺纹牙型完全吻合，则钢片上的读数即为其螺距大小，如图 8-56 所示。

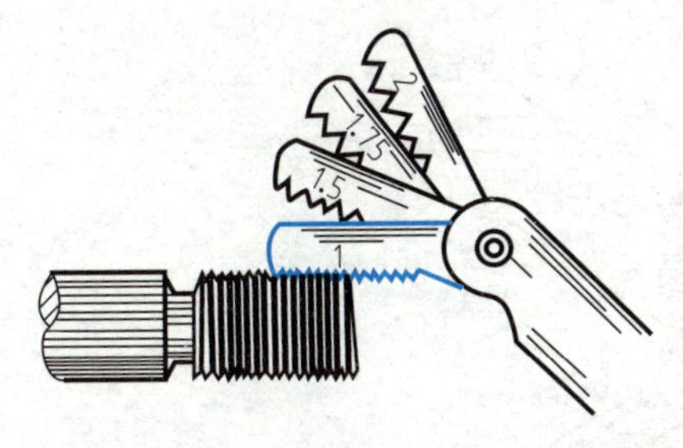

图 8-56 螺纹规测量螺距

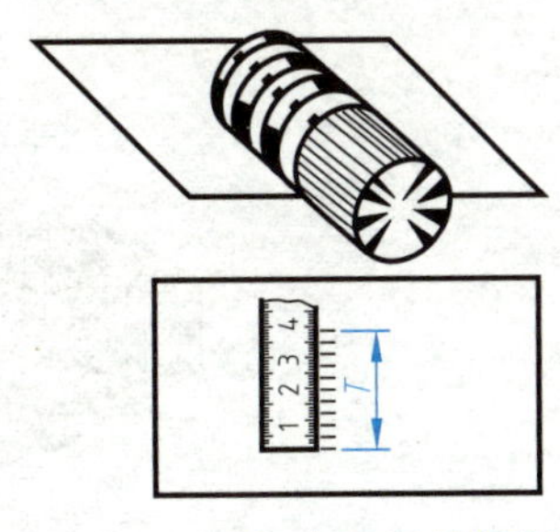

图 8-57 用钢直尺测量螺距

拓印法测量：在没有螺纹规的情况下，则可以在纸上压出螺纹的印痕，然后算出螺距的大小，即 $P=T/n$，T 为 n 个螺距的长度，n 为螺距数量，如图 8-57 所示。根据算出的螺距再查手册取标准值。

根据测绘的零件草图，整理绘制零件图。零件草图是现场绘制的，对图形的表达、尺寸的标注等表达得不一定完善，因此在绘制零件图时，要对草图进行审核，对一些设计、尺寸公差、表面结构，以及材料、热处理等进行归纳和修改。经复查、补充、修改才能进行零件图的绘制工作。

8.8 零件分析综合实训

前面学习了零件图的视图选择、零件图的尺寸标注、零件图的技术要求、典型零件的表达与分析、零件的测绘等知识。对于一个实际零件，还应学会进行综合分析与测绘，进而用正确的表达方法将其画成完整的零件工作图。

【综合实训案例】 根据图 8-58 给定的轴承底座结构，通过测绘、分析，完成其零件工作图的绘制。

1. 零件的结构分析

该零件的名称为轴承底座，其作用是与轴承上盖一起容纳滑动轴承的轴衬，以支承机器的轴，并固定机器。该零件上部通过螺栓连接与轴承上盖固定形成一完整的内部空腔，内部与轴衬相配合，下部通过螺栓连接与机器底座固定，其在滑动轴承装配体中的位置如图 8-59 所示。

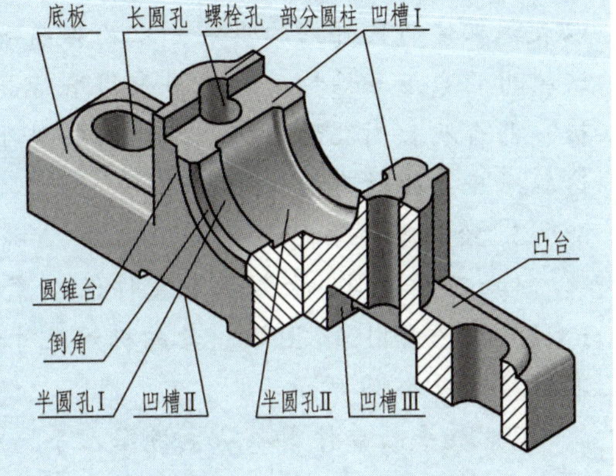

图 8-58 轴承底座结构

如图 8-58 所示，组成轴承底座各形体的作用如下。

1）半圆孔Ⅰ：用于支承下轴衬。

2）半圆孔Ⅱ：减少接触面和加工面。

3）凹槽Ⅰ：保证轴承盖与底座的正确位置。

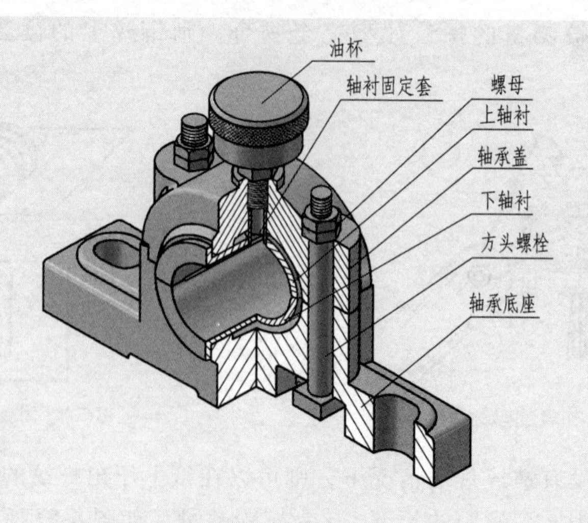

图 8-59　滑动轴承结构

4）螺栓孔：用于穿入螺栓。

5）部分圆柱：使螺栓孔壁厚均匀。

6）圆锥台：保证轴衬沿半圆孔的轴向定位。

7）倒角：保证下轴衬与半圆孔Ⅰ配合良好。

8）底板：主要用来固定机器。

9）凹槽Ⅱ：保证安装面接触良好并减少加工面。

10）凹槽Ⅲ：容纳螺栓头部并防止其旋转。

11）长圆孔：安装时放置螺栓，便于调整轴承位置。

12）凸台：减少加工面和加强底板连接强度。

该零件的制造方法为铸造，其上有铸造圆角；对于工作面根据需要进行了机加工。该零件所使用的材料为 HT200 属于灰铸铁。

2. 确定表达方案

该零件属于箱体、支架类零件，主视图按其工作位置放置，选定显示轴承孔形状特征的方向作为主视图的投射方向，由于其前、后、左、右对称，主视图应采用半剖视图，可以表达零件的内外结构形状，以及各组成部分的相对位置。为了补充表达圆锥台的锥度及凹槽Ⅲ的宽度等结构，左视图采用平行剖切面剖切的全剖视图，在此基础上，为了表达底板、凸台及长圆孔的形状，俯视图采用外形视图。通过这三个视图，就可以完整清晰地表达轴承底座的所有内外结构形状。

3. 绘制零件草图

1）布置视图：大致量取零件长、宽、高的尺寸分别为 180、50、56，选取绘图比例 1∶1，确定采用 A3 图纸，考虑标注尺寸和技术要求及标题栏的位置后，画出各视图的基准线，如图 8-60 所示。

2）徒手画零件图：从主视图入手，运用形体分析的方法，用细实线按投影关系完成各视图，如图 8-60b 所示。

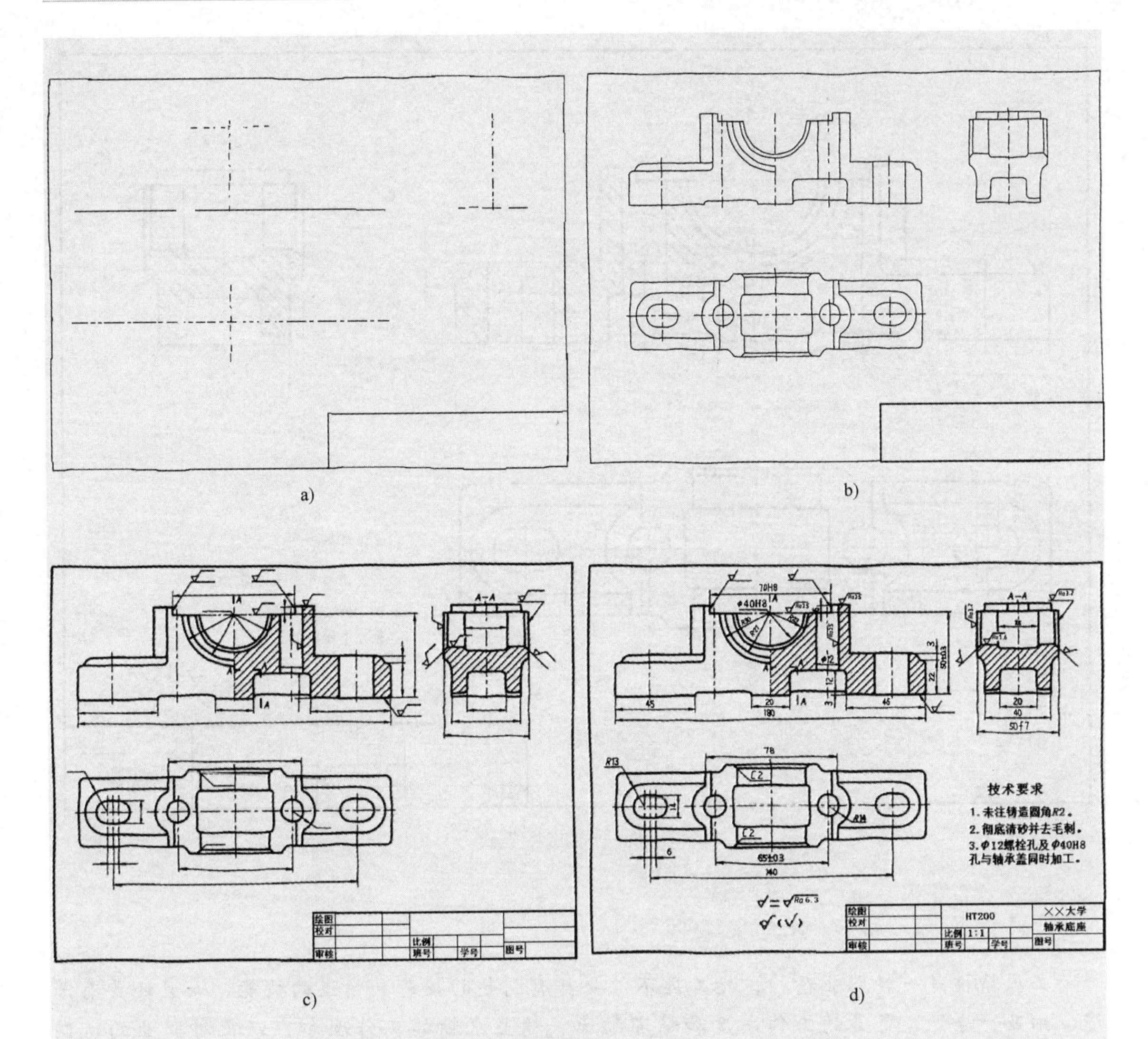

图 8-60　轴承底座草图绘制步骤

3）标注尺寸：该零件长度和宽度方向的尺寸基准分别为其对称面，高度方向的尺寸基准为下表面。对称的形体将尺寸基准夹在中间标注尺寸界线，非对称的形体从尺寸基准或辅助基准处标注尺寸界线，并标注尺寸线和箭头。找出需要标注粗糙度的表面并标注符号，如图 8-60c 所示。

4）量注尺寸：测量零件尺寸并标注尺寸，查资料或用类比法确定公差带代号（或公差值）及粗糙度代号。半圆孔Ⅰ的孔径是重要尺寸，选用公差带代号为 H8，凹槽Ⅰ的左右两面距离的尺寸及半圆孔Ⅰ的轴线高度也是重要尺寸，需要标注精度要求。

5）填写技术要求及标题栏等，审查整理零件草图。最终结果如图 8-60d 所示。

4. 绘制零件工作图

零件草图完成后，经校核、整理，再根据零件草图画出较完整的零件工作图，如图 8-61 所示。

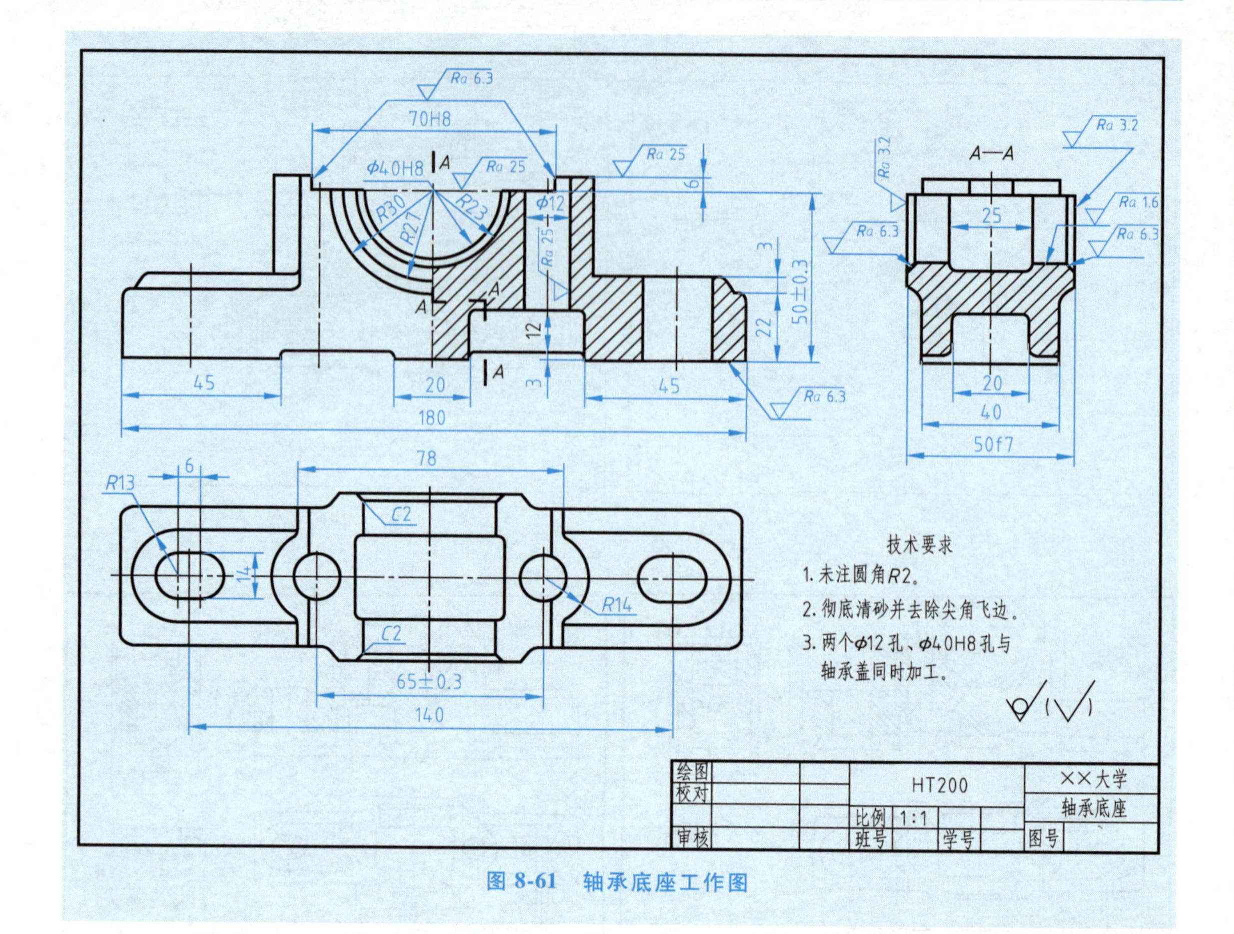

图 8-61　轴承底座工作图

大国工匠精神

工匠精神是一种职业精神，指工匠不仅要具有高超的技艺和精湛的技能，而且还要有严谨、细致、专注、负责的工作态度和精雕细琢、精益求精的工作理念，以及对职业的认同感、责任感、荣誉感和使命感。

工匠精神在每个国家有不同的说法，德国人称之为“劳动精神”，美国人称之为“职业精神”，日本人称之为“匠人精神”，韩国人称之为“达人精神”。

经过对德国、日本等工匠精神盛行国家的比较研究，以及对我国古今工匠精神的收集整理，大国工匠精神主要表现在以下五个方面：执着专注、作风严谨、精益求精、敬业守信、推陈出新。

课外拓展训练

8-1　在模型室以小组为单位，找出轴类零件、轮盘类零件、箱体类零件、叉架类零件及各种标准件，分析讨论它们的结构设计过程和特点。

8-2　在模型室以小组为单位分析某轴类零件、箱体类零件等的各部分形体及其作用，分析其尺寸标注方法、技术要求、加工方式、结构工艺性等。在小组讨论的基础上，用最佳表达方案画出一张完整的零件图。

第9章　装　配　图

本章学习要点

了解装配图的作用和内容；掌握装配图的规定画法、特殊画法和简化画法；了解装配图的尺寸标注方法；掌握画装配图的方法和步骤、配合代号等技术要求的标注和识读；掌握读装配图及拆画零件图的方法和步骤。

引例

图 9-1 所示为球阀的立体图、爆炸图和装配图，由图 9-1a、b 可见球阀是由多个零件组合而成的，实际上，所有的机器和部件都是由若干个零件按照装配图的要求组装而成的。比较装配图与零件图，我们可以发现两者之间的关系，它们有哪些不同之处。

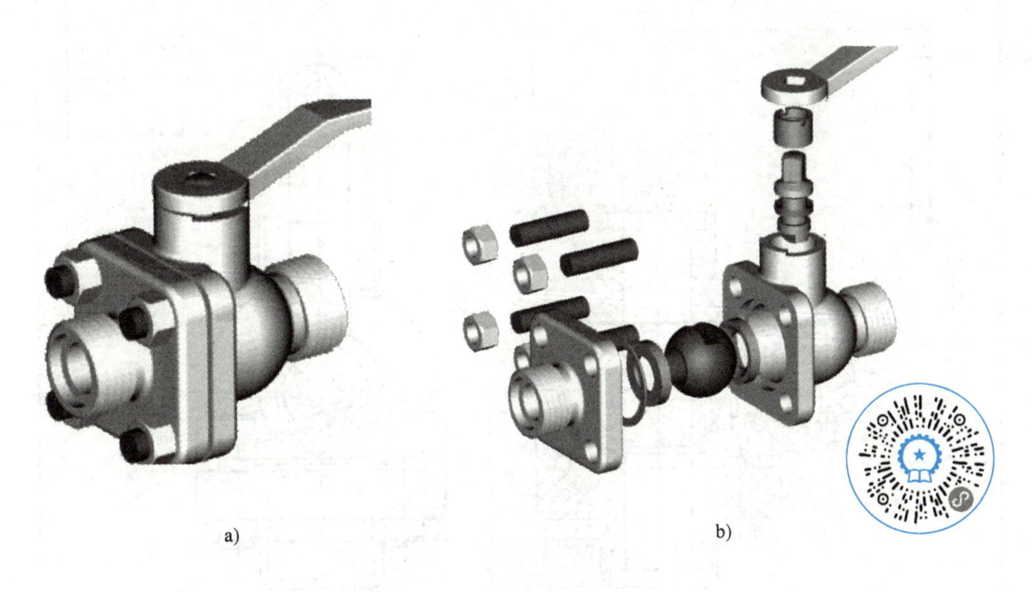

图 9-1　球阀的装配图

a）立体图　b）爆炸图

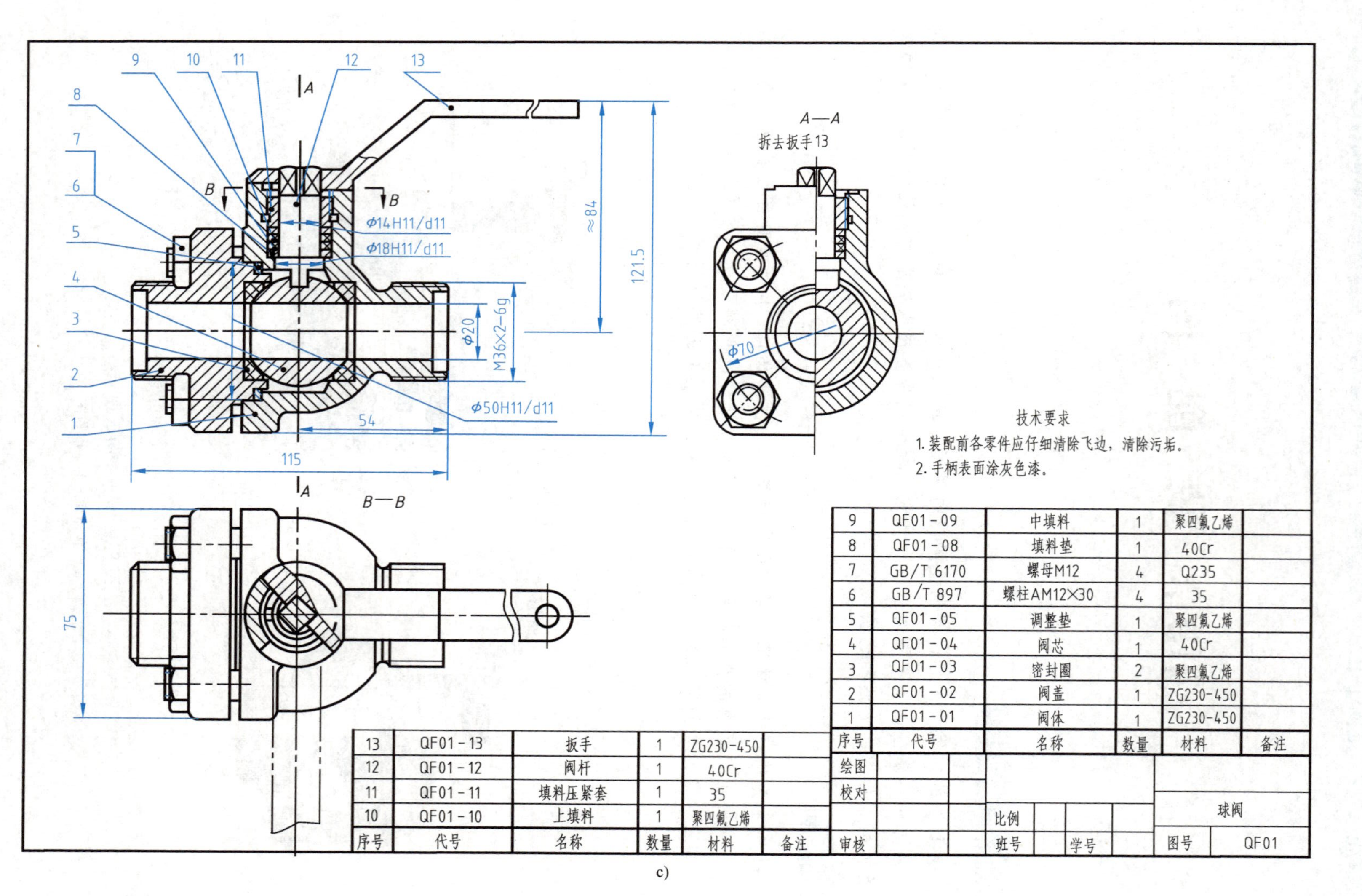

序号	代号	名称	数量	材料	备注
13	QF01-13	扳手	1	ZG230-450	
12	QF01-12	阀杆	1	40Cr	
11	QF01-11	填料压紧套	1	35	
10	QF01-10	上填料	1	聚四氟乙烯	
9	QF01-09	中填料	1	聚四氟乙烯	
8	QF01-08	填料垫	1	40Cr	
7	GB/T 6170	螺母M12	4	Q235	
6	GB/T 897	螺柱AM12×30	4	35	
5	QF01-05	调整垫	1	聚四氟乙烯	
4	QF01-04	阀芯	1	40Cr	
3	QF01-03	密封圈	2	聚四氟乙烯	
2	QF01-02	阀盖	1	ZG230-450	
1	QF01-01	阀体	1	ZG230-450	

绘图			球阀	
校对		比例		
审核		班号	学号	图号 QF01

图 9-1　球阀的装配图（续）

c）装配图

9.1　装配图的作用和内容

装配图是表达机器、部件或组件的图样。表达机器中某个部件或组件的装配图，称为部件装配图或组件装配图。表达一台完整机器的装配图，称为总装配图。

装配图是设计与生产过程中的一项重要技术文件，在产品设计中，一般先依据所要生产的产品性能画出装配图，然后再根据装配图拆画出相应的零件图；生产出的零件必须根据装配图装配成机器或部件；同时，装配图还是检验、安装、调试、维修机器或部件的重要参考资料。

图 9-1c 所示为球阀的装配图，以此为例来说明装配图一般应包括的内容。

1. 一组图形

采用各种表达方法，正确、完整、清晰和简便地表达出机器、部件的工作原理与结构、零件间的相对位置、装配连接关系。

2. 必要的尺寸

与机器、部件有关的性能、规格、装配、安装、外形等方面的尺寸。

3. 技术要求

提出与机器、部件有关的性能、装配、检验、试验、验收等方面的要求。

4. 零、部件序号和明细栏

说明机器、部件的组成情况，对装配图中的每种零件编号，并在明细栏中注明各零件的序号、名称、数量和材料等相关信息。

5. 标题栏

填写图名、图号、设计单位、制图、审核、日期和比例等。

9.2　装配图的表达方法

绘制零件图所采用的视图、剖视、断面等表达方法，在绘制装配图时，仍可使用。但是零件图所表达的是单个零件，而装配图主要表达各零件之间的装配关系、相对位置、运动情况和零件的主要结构形状，因此在绘制装配图时还需采用一些规定画法和特殊画法。

9.2.1　装配图上的规定画法

1. 零件间接触面和配合面画法

两相邻零件的接触面和配合面只画一条轮廓线，不接触或非配合表面应画两条轮廓线。若间隙很小时，可夸大表示，如图 9-2a、b 所示。

2. 剖面符号的画法

1）同一个零件在各视图中的剖面线方向和间隔必须一致，如图 9-2c 所示。

2）为了区别不同零件，在装配图中，相邻两个或两个以上金属零件的剖面线的倾斜方向应相反，或者方向一致间隔不同以示区分，如图 9-2c 所示。

在装配图中，对于紧固件以及轴、手柄、连杆、球、键、销等实心零件，若按纵向剖切，且剖切平面通过其对称中心线或轴线时，这些零件按不剖绘制，只画零件外形，如图

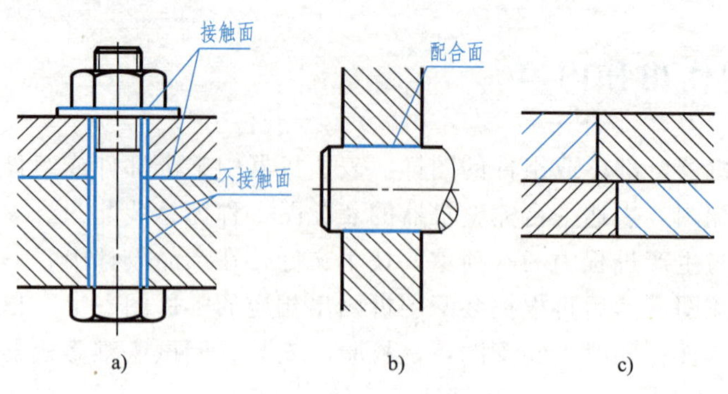

图 9-2 规定画法

9-2a、b 所示。如果需要特别表明这些零件的局部结构，如凹槽、键槽、销孔等则用局部剖视图表示，如图 9-3 所示。当剖切平面垂直其轴线剖切时，需要画出剖面线，如图 9-4 所示的剖视图 *A—A* 中小轴、螺钉及销的画法。

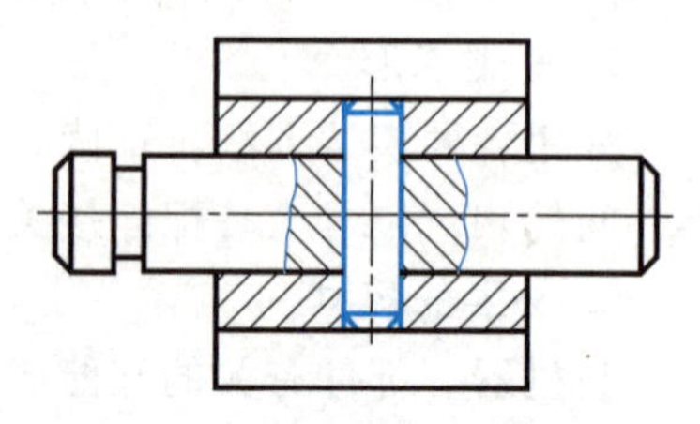

图 9-3 用局部剖视图表示实心零件的装配结构

9.2.2 装配图上的特殊画法

1. 沿零件间的结合面剖切

为了清楚表达部件的内部结构，可假想沿某些零件的结合面剖切，这时，零件的结合面不画剖面线，但被剖到的其他零件一般都应画剖面线，如图 9-4 中 *A—A* 所示。

2. 拆卸画法

当需要表达部件中被遮挡部分的结构，或者为了简化图形时，可将某些零件在视图中拆去不画，这种画法称为拆卸画法。为了便于看图而需要说明时，可加标注“拆去××等”，图 9-1c 中的左视图就是拆去了 13 号件画出的。

3. 单独表示某个零件（移出画法）

在装配图中可以单独画出某个零件的视图，但必须在所画的视图上方标注该零件的视图名称，在相应的视图附近用箭头指明投射方向，并注上相同的字母，如图 9-4 中 *B* 向视图所示。

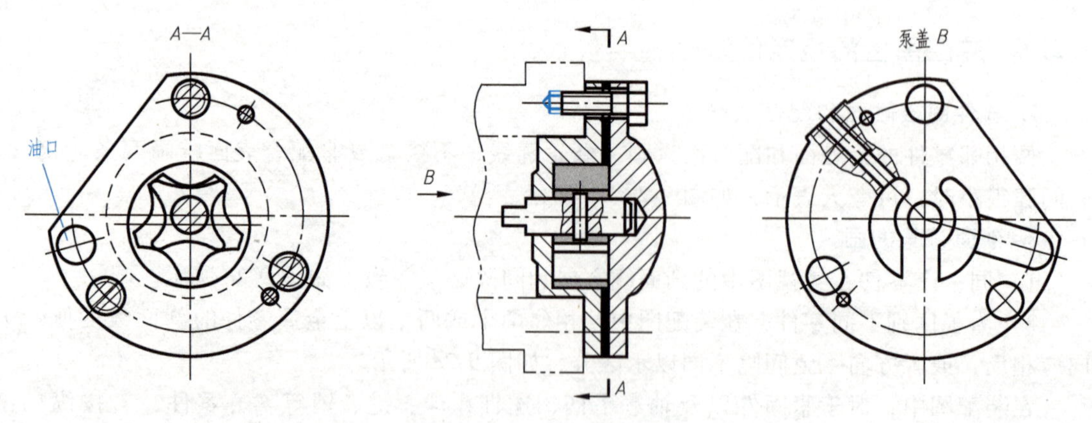

图 9-4 转子油泵装配图

4. 假想画法

在装配图中，用细双点画线画出某些零件的外形，用以表示：

1）某些运动零件、操作手柄等的极限位置或中间位置，如图 9-5 中手柄的另一个极限位置。

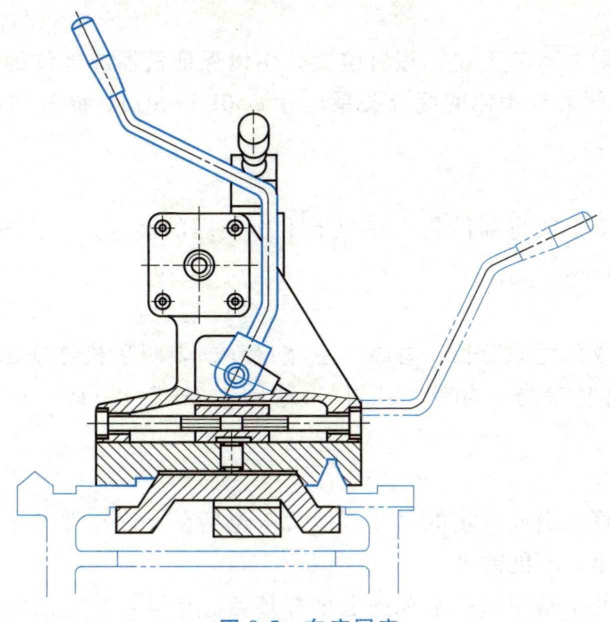

图 9-5　车床尾座

2）不属于本部件，但能表明部件的作用或安装情况的辅助零、部件的投影，如图 9-5 中下方与车床尾座相邻的车床导轨。

5. 夸大画法

在装配图中，对薄片零件、细丝弹簧或较小间隙等，允许适当夸大画出，如图 9-6 中垫片的画法。

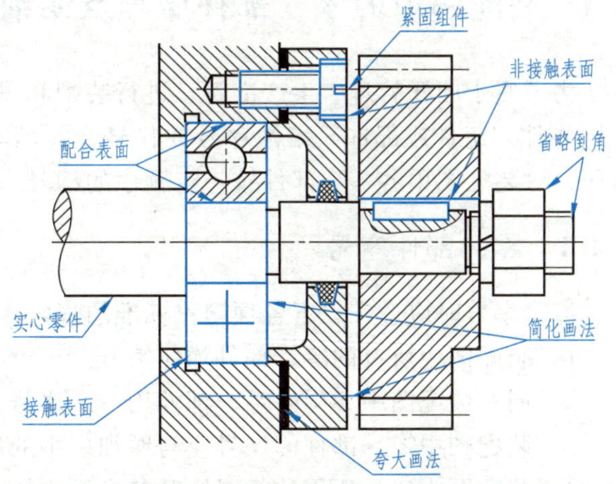

图 9-6　螺钉、滚动轴承等在装配图中的画法

6. 简化画法

1）在装配图中，零件的工艺结构，如起模斜度、小圆角、倒角、退刀槽等可以不画。

2）对于装配图中若干相同的零件组，如螺栓连接等，可仅详细地画出一组或几组，其余只用中心线表示装配位置，如图 9-6 所示。

3）装配图中的滚动轴承可以一半画成剖视图，另一半按特征画法绘制，如图 9-6 所示。

9.3　装配图中的尺寸标注

装配图与零件图的作用完全不同，对于尺寸标注的要求也不同。在装配图中只需要标注以下几类尺寸，如图 9-1c 所示。

1. 规格尺寸

表示机器、部件的性能或规格的重要尺寸，是设计和使用机器的重要参数，如球阀的公称通径尺寸 ϕ20。

2. 装配尺寸

表示零件间的装配关系和重要的相对位置，用以保证机器或部件的工作精度和性能要求的尺寸。如图 9-1c 中阀盖与阀体的配合关系尺寸 ϕ50H11/d11，阀杆与填料压紧套的配合关系尺寸 ϕ14H11/d11 等。

3. 安装尺寸

将机器安装在基座上或将部件装配在机器上所使用的尺寸，如图 9-1c 中球阀管道的接口尺寸 M36×2、54 和 84。

4. 外形尺寸

外形尺寸是机器或部件的总长、总高、总宽尺寸，表明了机器或部件所占的空间大小，供安装、包装和运输时参考，如图 9-1 中的球阀总长尺寸 115、总宽尺寸 75、总高尺寸 121.5。

5. 其他重要尺寸

在设计中经过计算确定或选定的尺寸，但又未包括在上述几类尺寸之中。这类尺寸在拆画零件图时应照样标出，不能改变。

以上的五类尺寸并不是在每张装配图上全都具备。在学习装配图的尺寸标注时，要根据装配图的作用，真正领会标注上述尺寸的意义，从而做到合理地标注尺寸。

9.4 装配图中的零、部件序号及明细栏、技术要求

为了便于图样管理、生产准备、进行装配和看懂装配图，必须对机器或部件的各组成部分（零件、组件或部件）编注序号或代号，并填写明细栏。序号是为了看图时便于图、栏对照，对装配图中各零、部件按一定顺序的编号。

9.4.1 零、部件序号

编写序号时应遵守以下各项国家标准的规定：

1）装配图中所有的零、部件均应编号。

2）同一装配图中相同的零、部件用一个序号，一般只标注一次。

3）装配图中零、部件的序号应与明细栏中的序号一致。

4）装配图中序号所用的指引线和基准线应按 GB/T 4457.2—2003 的规定绘制。

如图 9-7a 所示：

5）装配图中编写零、部件序号的表示方法有三种。指引线（细实线）从所指零件的可见轮廓内引出，并在指引线的末端画一圆点；若所指部分（很薄的零件或涂黑的剖面）内不宜画圆点时，可在指引线末端画出箭头，并指向该部分的轮廓，如图 9-7c 中件 2 所示。

6）序号应写在基准线（细实线）上方或圆（细实线）内；序号字号比图中尺寸数字的字号大一号或两号。

7）如果序号直接写在指引线附近，序号字号则应比尺寸数字的字号大一号或两号。

8）同一装配图中，编号的形式应一致。

9）各指引线不允许相交。当通过剖面线区域时，指引线不应与剖面线平行。

10）指引线可画成折线，但只可曲折一次。

11）一组紧固件或装配关系清楚的零件组可采用公共指引线。

12）序号编写时应排列整齐、顺序明确，因此规定按水平或竖直方向排列在直线上，并按顺时针或逆时针方向顺次排列。

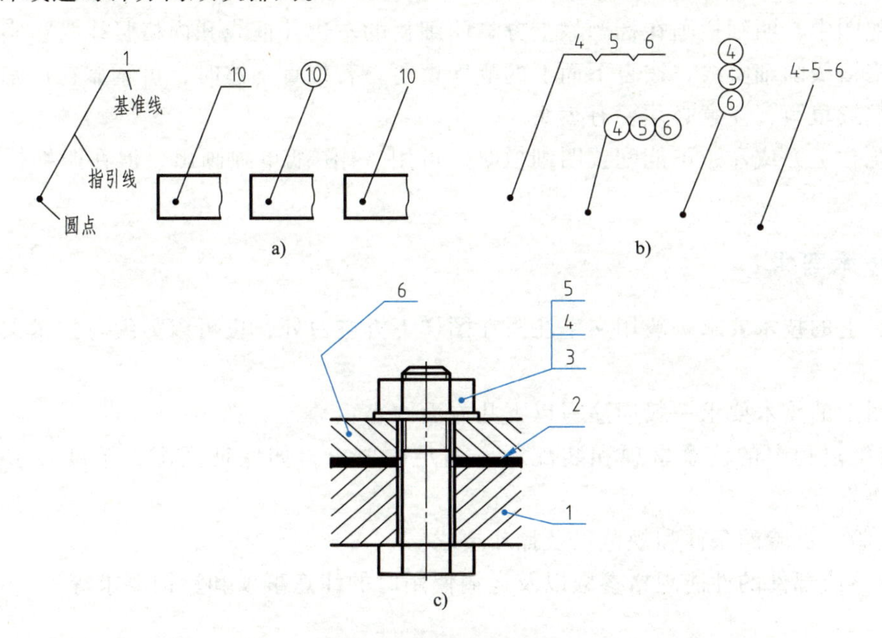

图 9-7　序号的编注形式

a）序号的形式　b）组件序号的形式　c）序号的标注

9.4.2　明细栏

明细栏是机器或部件中全部零、部件的详细目录，是组织生产的重要资料，其格式如图 9-8 所示。

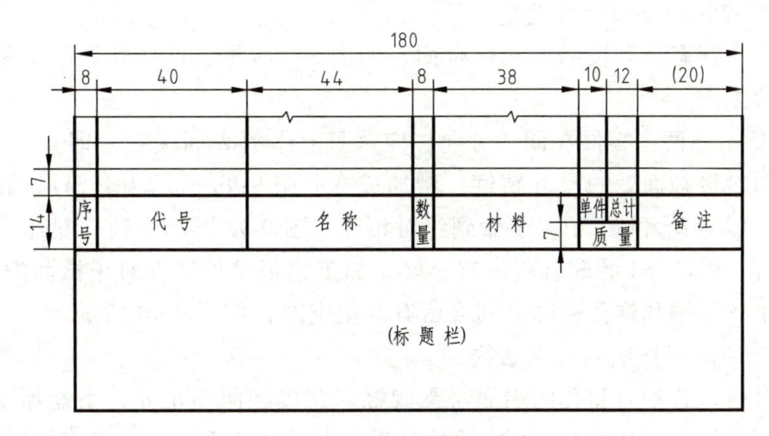

图 9-8　明细栏的格式

（1）序号　填写图样中相应组成部分的序号。应与图样中所注零、部件序号一致。

（2）代号　填写图样中相应组成部分的图样代号或标准编号。

（3）名称　填写图样中相应组成部分的名称。必要时，也可写出其型式和尺寸。

（4）数量　填写图样中相应组成部分在装配图中的数量。

（5）材料　填写图样中相应组成部分的材料标记。

（6）备注　填写该项的附加说明（如该零件的热处理、表面处理等）或其他相关内容。

在装配图中，明细栏画在标题栏上方，明细栏的左边外框线和内格竖线为粗实线，内格横线和顶格横线画细实线，按自下而上的顺序填写，若位置不够时，可紧靠在标题栏左边再自下而上继续填写，注意必须要有表头。

当标题栏上方或左边不能配置明细栏时，可用 A4 图纸单独画出，但在明细栏下方应配置标题栏。

9.4.3　技术要求

装配图上的技术要求一般用文字注写在图样下方空白处，也可以另编写技术文件，附于图样后。

装配图上的技术要求一般应注写以下几方面内容：

1）装配过程中的注意事项和装配后应满足的要求，如保证间隙、精度要求、润滑方式、密封要求等。

2）检验、试验的条件和规范以及操作要求。

3）机器或部件的性能规格参数以及运输使用时的注意事项和涂饰要求等。

9.5　常见的装配结构

为了使机器或部件装配，达到设计要求，并且便于拆装、加工和维修，在设计时必须注意装配结构的合理性。下面介绍一些常见的装配结构。

9.5.1　接触面、配合面的合理结构

1. 两零件的接触面及配合面数量

在同一方向只宜有一对接触面或配合面，如图 9-9 所示。这样既保证了零件接触良好，又便于加工和装配。

如图 9-9a 所示，两个零件在同一方向，应该只有一对表面接触，即 $a_1>a_2$。若 $a_1=a_2$，就必然会提高两对接触面处的尺寸精度，增加成本。图 9-9b 所示为套筒沿轴线方向不应有两个平面接触，因为 a_1 和 a_2 不可能做到绝对相等。图 9-9c 所示为轴孔配合，由于 ϕB 已组成所需要的配合，因此 ϕA 的配合就没有必要，加工也很难保证。对于锥面配合，只要求两锥面接触，而锥体下端和锥孔底部之间应留有调整空隙，如图 9-9d 所示。

2. 轴肩与孔的端面接触的合理结构

孔与轴配合时，若轴肩和孔的端面需要接触，在接触面拐角处，不能加工成如图 9-10a 所示的结构，而应加工成如图 9-10b 所示的结构，以保证两垂直表面都接触良好。

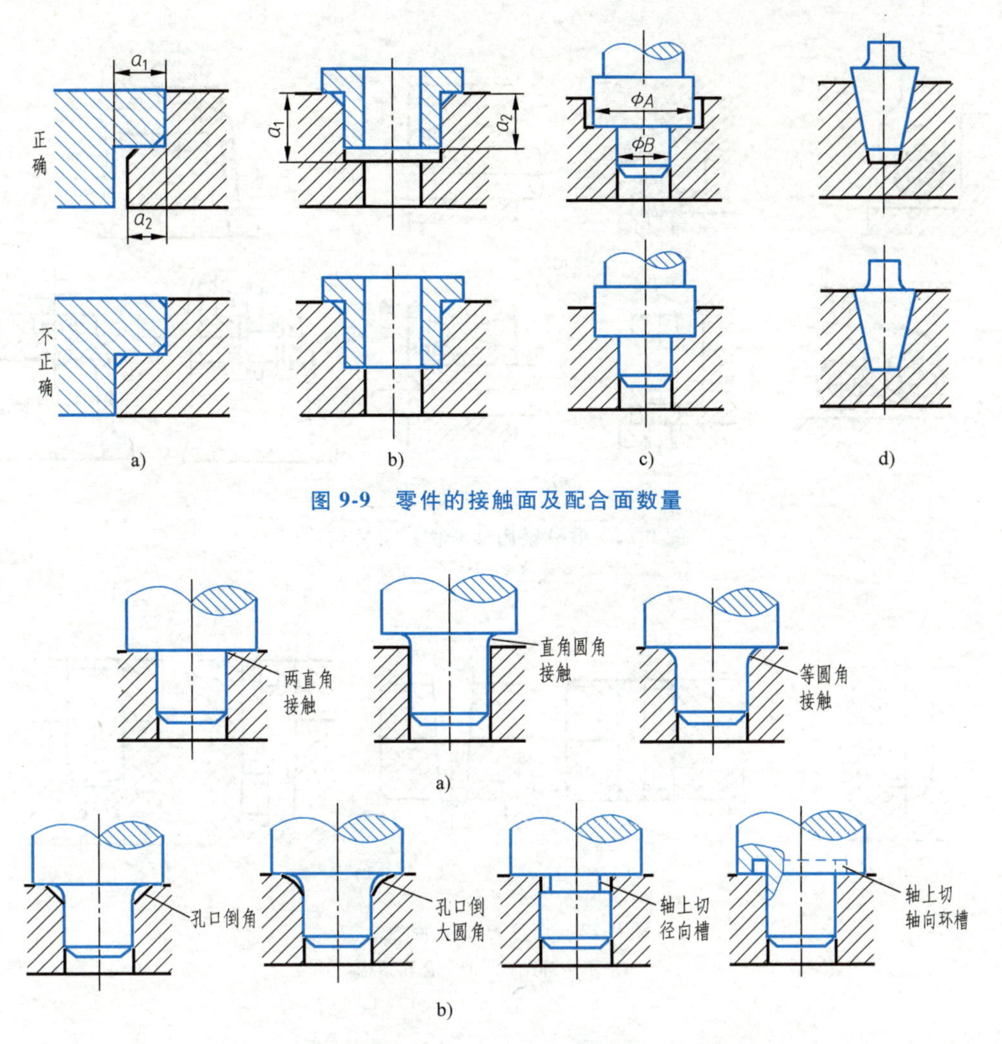

图 9-9 零件的接触面及配合面数量

图 9-10 轴肩与孔的端面接触的合理结构

a）不合理结构 b）合理结构

9.5.2 方便拆装的合理结构

1. 螺纹紧固件方便拆装的合理结构

对于螺纹紧固件，为了便于拆装，必须留出扳手和零件的活动空间，或改用适当类型的连接件，如图 9-11 所示。

2. 销钉方便拆装的合理结构

为了保证装配后两零件间相对位置的精度，常用圆柱销或圆锥销定位，所以对销及销孔要求较高。为了便于拆装，在可能的情况下，销钉孔应做成通孔或使用上端制有螺孔的内螺纹圆柱销，或者在销孔下面加工出排气小通孔，如图 9-12 所示。

3. 滚动轴承方便拆装的合理结构

在用轴肩或孔肩定位滚动轴承时，应注意到维修时拆卸的方便与可能，如图 9-13 所示。

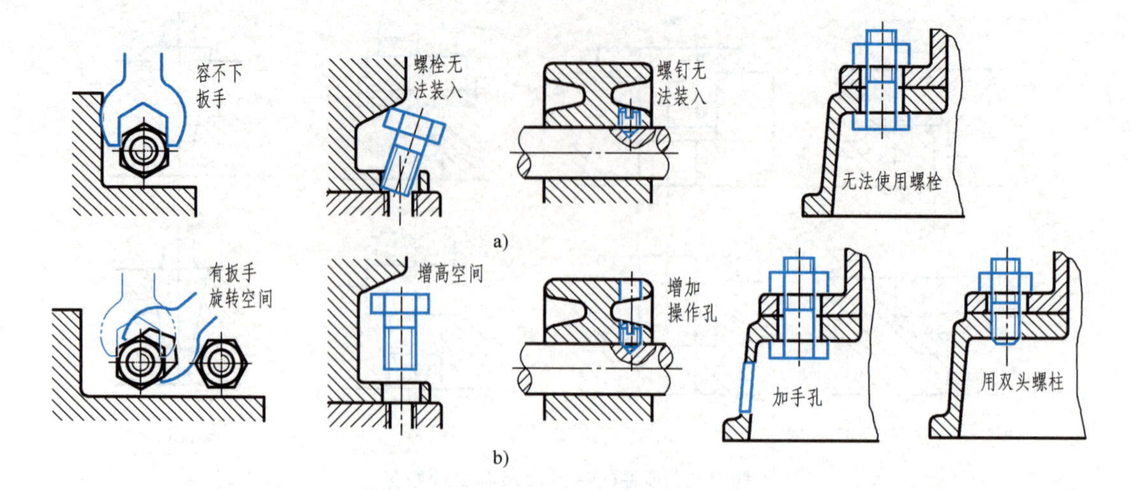

图 9-11　螺纹紧固件方便拆装的结构

a）不合理结构　b）合理结构

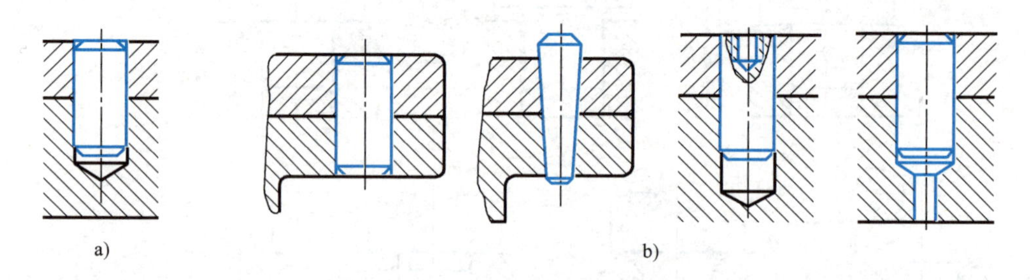

图 9-12　销钉方便拆装的结构

a）不合理结构　b）合理结构

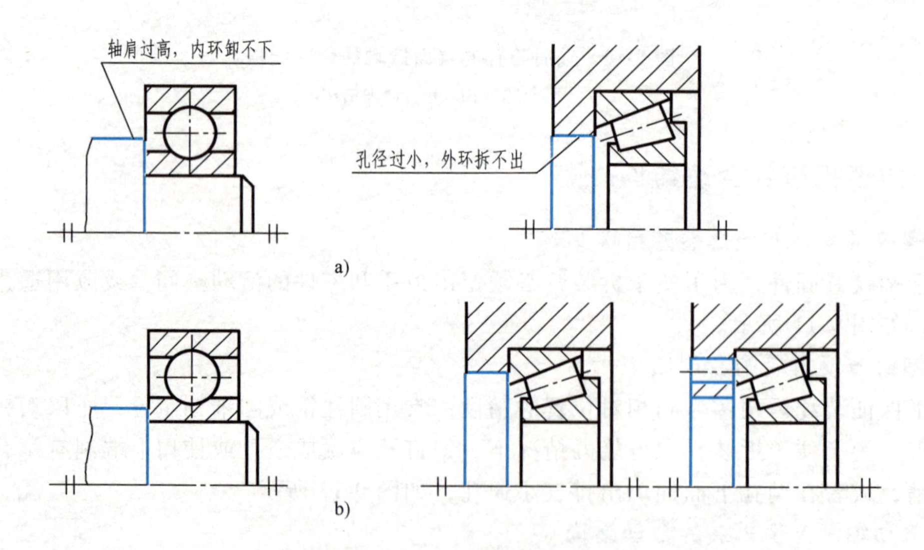

图 9-13　滚动轴承方便拆装的结构

a）不合理结构　b）合理结构

9.5.3　常见的密封装置

一般对于伸出机器壳体之外的旋转轴、滑动杆，其上都必须有合理的密封装置，以防止工作介质（液体或气体）沿轴、杆泄漏或外界灰尘等杂质侵入机器内部。密封的结构形式很多，最常见的是在旋转轴（或滑动杆）伸出处的机体或压盖上做出填料槽，如图 9-14a 所示，在槽内填入毛毡圈；两个静止零件间的密封常采用如图 9-14b 所示的矩形橡胶圈密封装置；图 9-14c 所示为常用在阀（泵）中滑动杆的填料箱密封（压盖填料密封）装置，它是通过压盖使填料紧贴住杆（轴）与壳体，以达到密封的作用。画装配图时，填料压盖的位置应使填料处于压紧之初的工作状态，同时还要保持有继续调整的余地。

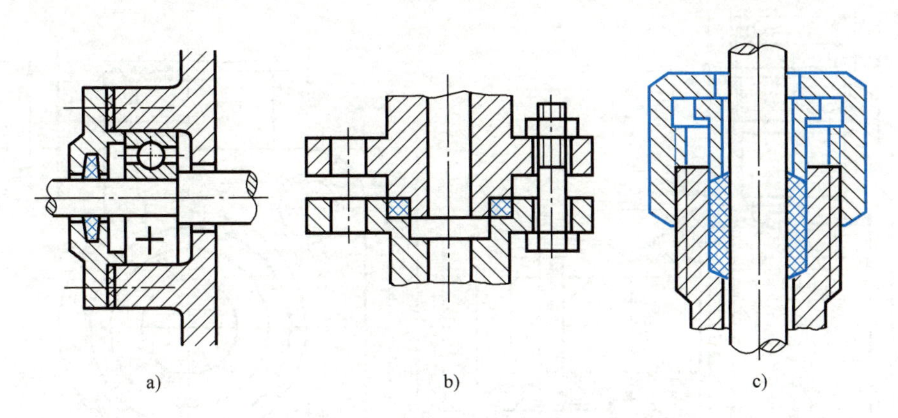

图 9-14　常见的密封装置

a）毛毡圈密封　b）矩形橡胶圈密封　c）填料箱密封

9.5.4　常见的螺纹锁紧装置

由于机器运转时会受到振动和冲击，有些紧固件会产生松动，为避免螺母松动脱落，常采用如图 9-15 所示的几种螺纹锁紧装置。

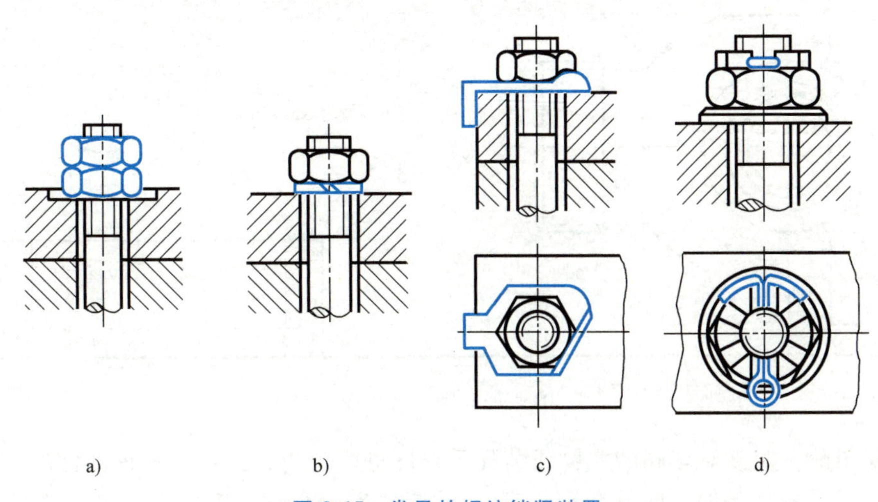

图 9-15　常见的螺纹锁紧装置

a）双螺母锁紧　b）弹簧垫圈锁紧　c）止推垫圈锁紧　d）开口销锁紧

9.6 由零件图拼画装配图

机器或部件都是由一些零件按照一定的相对位置和装配关系组装而成的，因此，根据完整的零件图即可拼画出装配图。现以图 9-1 所示的球阀为例，说明由零件图拼画装配图的方法和步骤。球阀中各零件的零件图如图 9-16～图 9-23 所示，调整垫、填料和标准件图略。

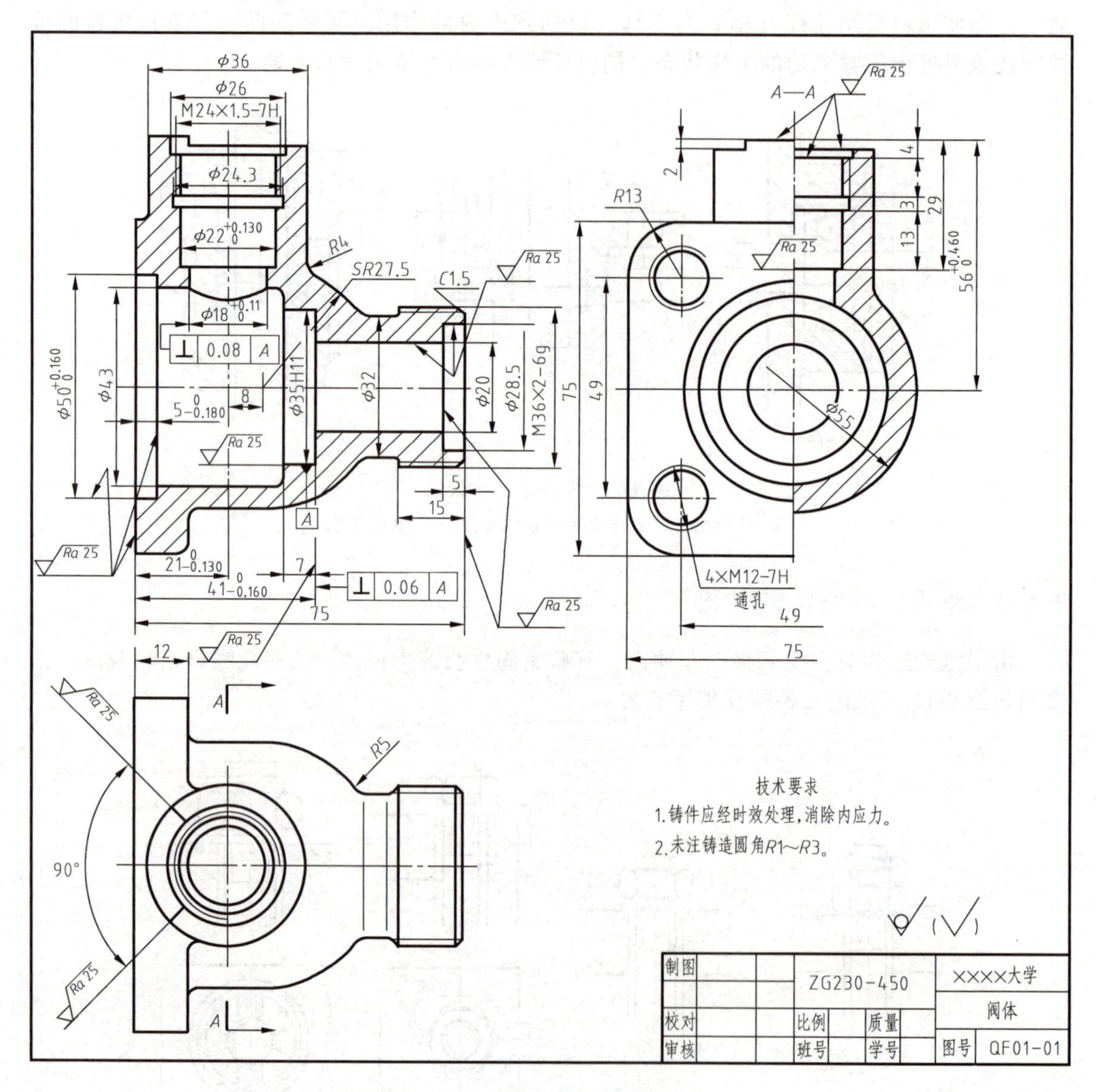

图 9-16　阀体零件图

画装配图前，应该对球阀的实物或装配示意图进行分析，详尽了解该部件的工作原理和结构情况，了解各个零件之间的装配关系（连接关系、传动关系）以及各个零件的表达方法。球阀的立体图和装配示意图如图 9-1 和图 9-24 所示。

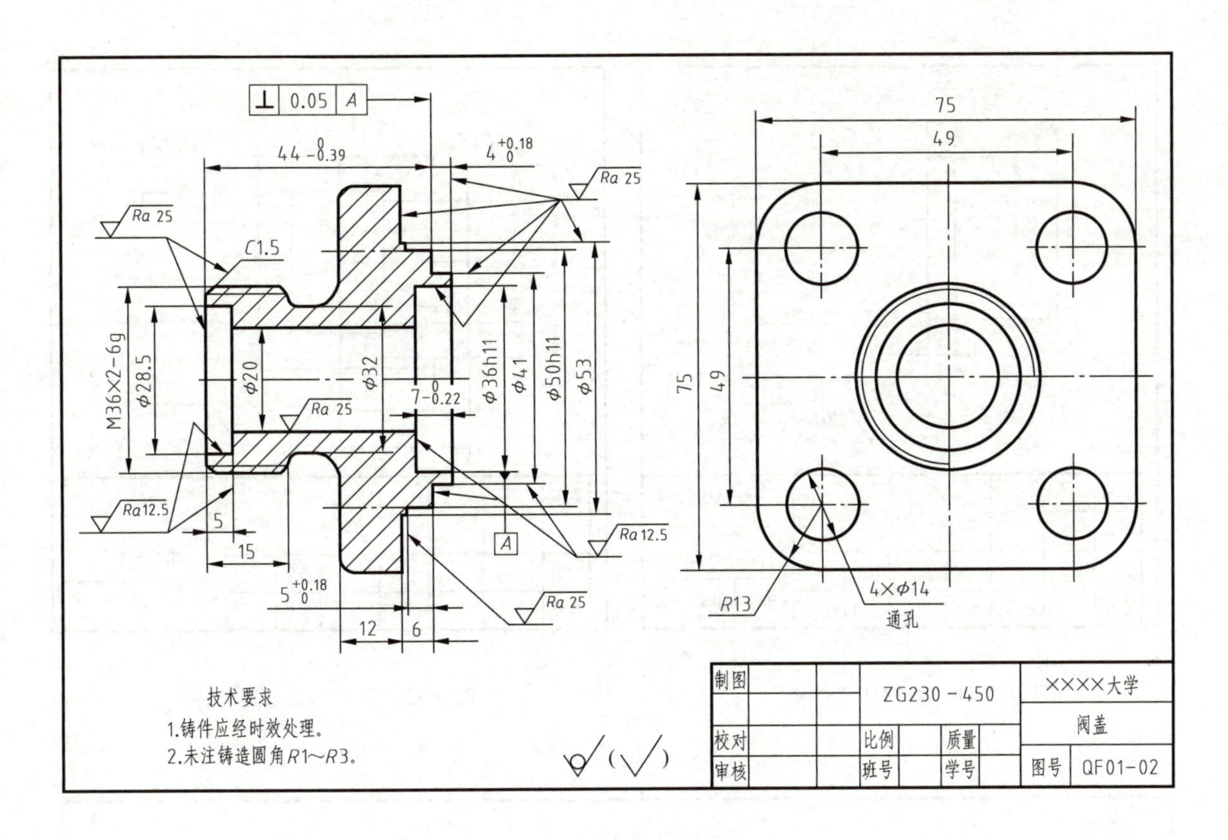

图 9-17　阀盖零件图

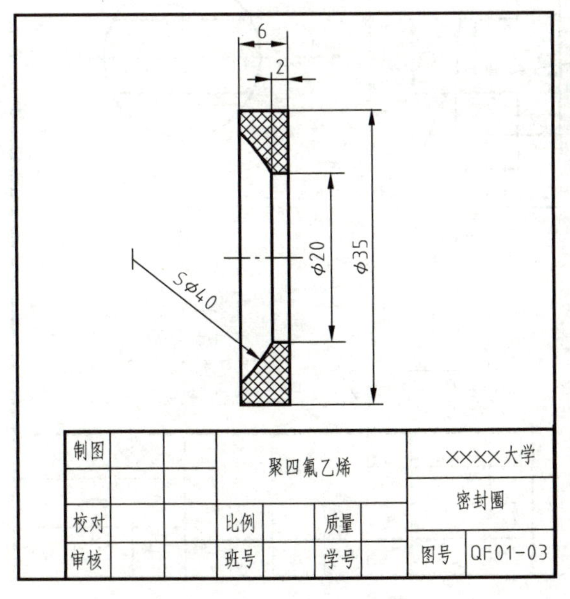

图 9-18　密封圈零件图

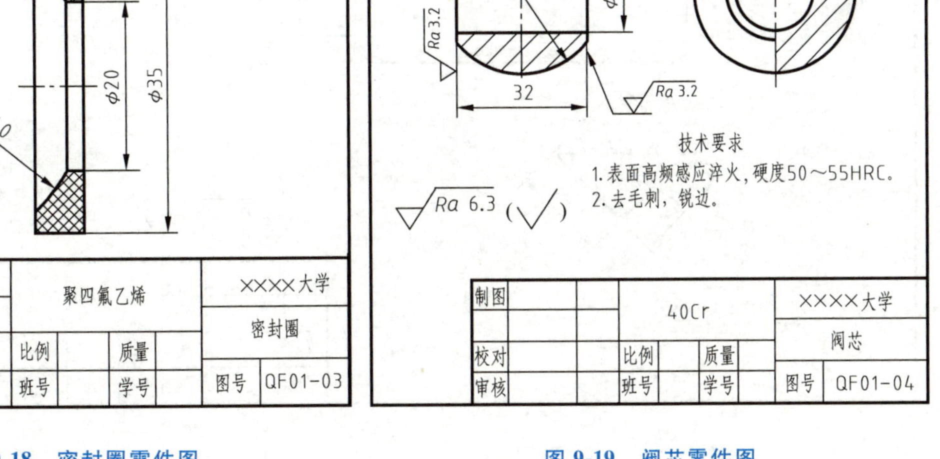

图 9-19　阀芯零件图

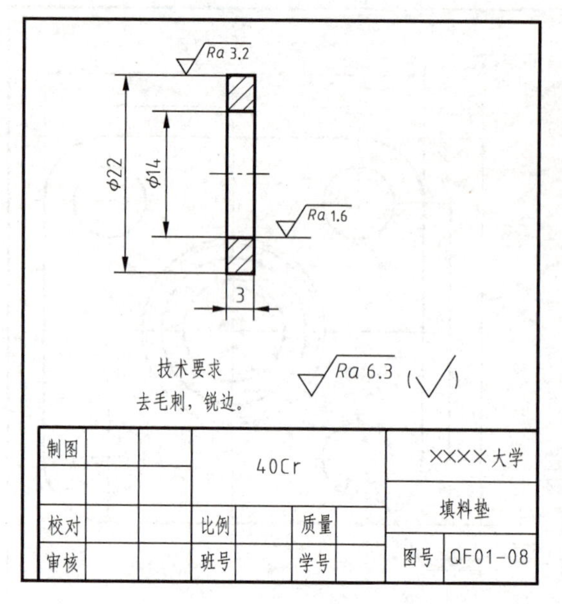

图 9-20　填料垫零件图

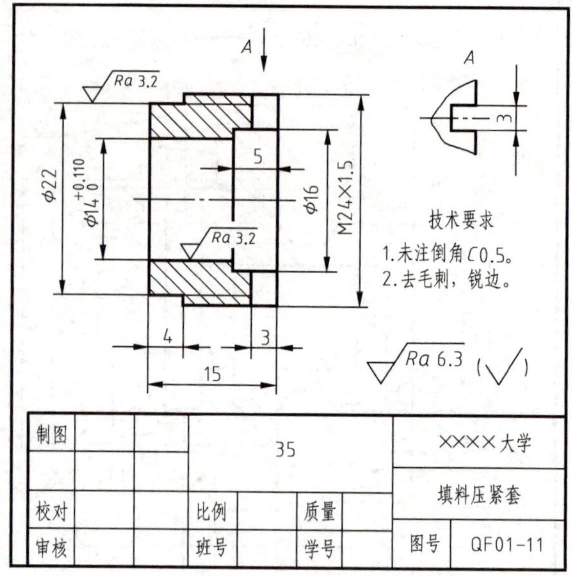

图 9-21　填料压紧套零件图

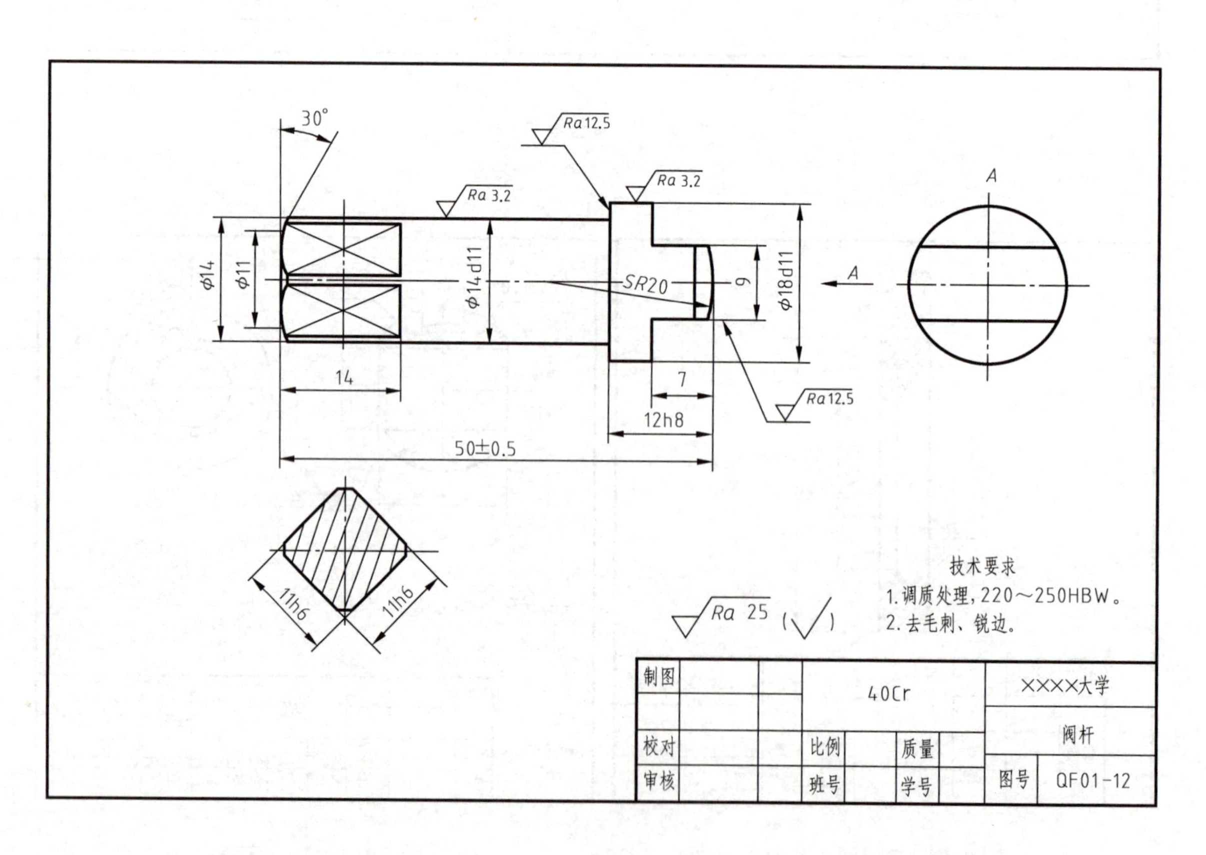

图 9-22　阀杆零件图

阀在管道系统中是用于启闭和调节流体流量的部件。球阀是阀的一种，因为它的阀芯为球形而得名。

1. 了解部件的装配关系（参见图9-1、图9-24）

阀体1和阀盖2均带有方形的凸缘，被螺柱6（4个）和螺母7连接，阀芯4与密封圈3之间的松紧度由调整垫5调整，阀杆12下部的凸块榫接阀芯4上的凹槽，扳手13上的方孔套入阀杆12上部的方头结构，阀体1与阀杆12之间的密封由填料垫8、中填料9、上填料10和填料压紧套11完成。

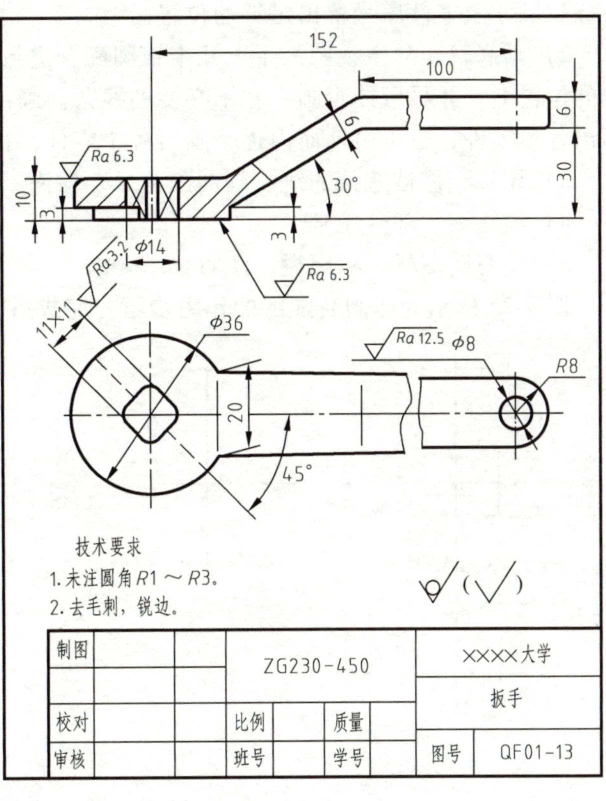

图9-23　扳手零件图

2. 了解部件的工作原理

当扳手13处于图9-1所示位置时，阀芯4上的孔与阀盖2上的通道孔连通，球阀处于全开状态，当扳手13按顺时针旋转90°后，阀门关闭。

3. 确定视图表达方案

主视图选择的位置应与部件的工作位置相符合，而且应最能清楚地反映主要装配关系和工作原理，并采用适当的剖视，以便清晰地表达各个主要零件以及零件间的相互关系。主视图选定后，再进一步分析还有哪些应该表达的内容尚未表达清楚，可采用什么样的其他视图予以补充，并进一步充实，使视图表达方案趋于完善。最终确定用主、俯、左三个视图：主视图采用全剖视图（扳手除外），主要表达零件间的装配关系和工作原理等；俯视图采用*B—B*局部剖视图，主要表达限位结构和外形等；左视图采用*A—A*半剖视图（拆去扳手13），进一步表达与阀芯相关的阀杆、填料、填料压紧套等的装配关系，同时也表达了阀盖的外形等。

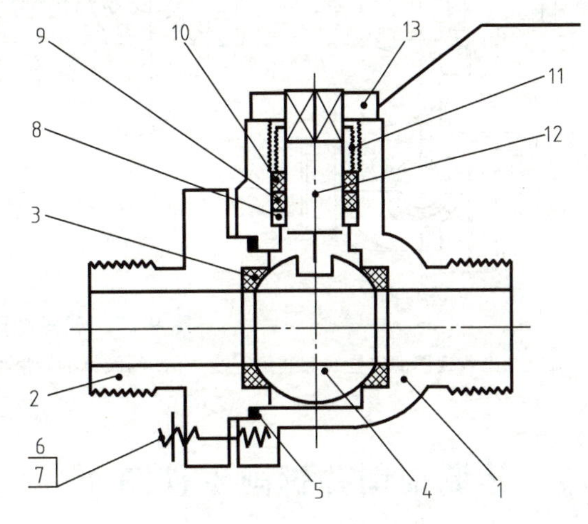

图9-24　球阀的装配示意图

1—阀体　2—阀盖　3—密封圈　4—阀芯　5—调整垫　6—螺柱　7—螺母　8—填料垫　9—中填料　10—上填料　11—填料压紧套　12—阀杆　13—扳手

4. 画装配图

按照选定的表达方案，根据机器或部件的大小，选取适当的比例，并考虑标题栏和明细栏所需的幅面，确定图幅大小，然后按以下步骤画装配图。

1）布置视图，画出各视图的主要轴线、中心线和作图基准线。布图时，要注意为标注尺寸及零件序号留出足够的位置。

2）画底稿。从主视图入手，几个视图配合进行。画图时要特别注意使每个零件画在正确的位置上，并尽可能少画一些不必要的线条。画剖视图时以装配干线为准，由内而外逐个画出各个零件，也可由外而内逐个画出各个零件，视作图方便而定。

3）校核、擦被遮挡的线、画剖面符号、描深、标注尺寸。

4）编写零、部件序号。

5）填写明细栏、标题栏，注写技术要求。

图 9-25 所示为球阀装配图的作图步骤。完成后的球阀装配图如图 9-1c 所示。

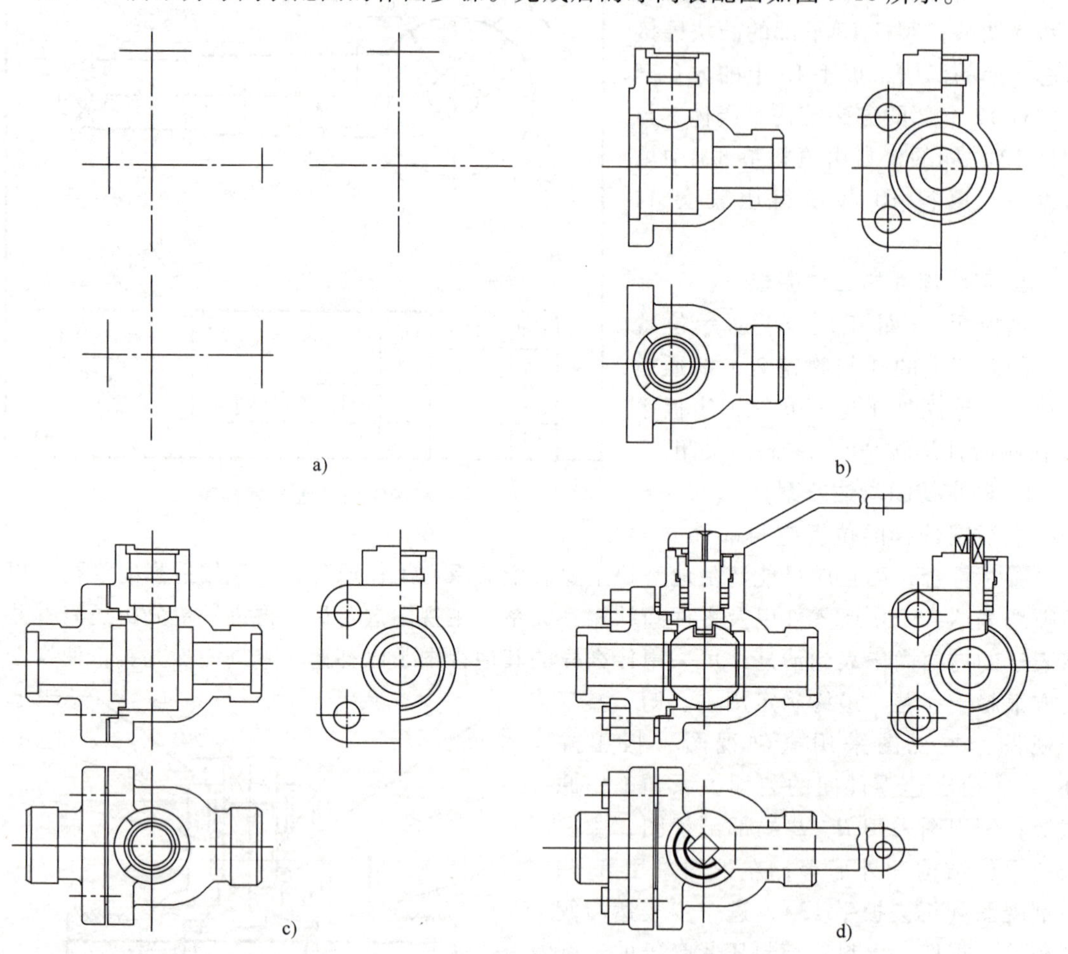

图 9-25 球阀装配图的作图步骤

a）画出各视图的定位线和装配干线 b）画阀体的轮廓线 c）画阀盖的轮廓线 d）画其他零件，完成装配图

9.7 读装配图并拆画零件图

9.7.1 读装配图

在设计、制造、使用及维修和技术交流等生产活动中，都要阅读装配图。在设计部件和

机器时，通常先画装配图，然后根据装配图拆画零件图。因此，读装配图和由装配图拆画零件图是工程技术人员必备的一项技术。

读装配图的主要目的如下：

1）了解机器或部件的用途、工作原理、结构。

2）了解零件间的装配关系以及它们的装拆顺序。

3）了解组成零件的名称、数量、材料、主要结构形状和作用。

下面以图 9-26 所示的钻床夹具装配图为例，介绍读装配图的方法和步骤。

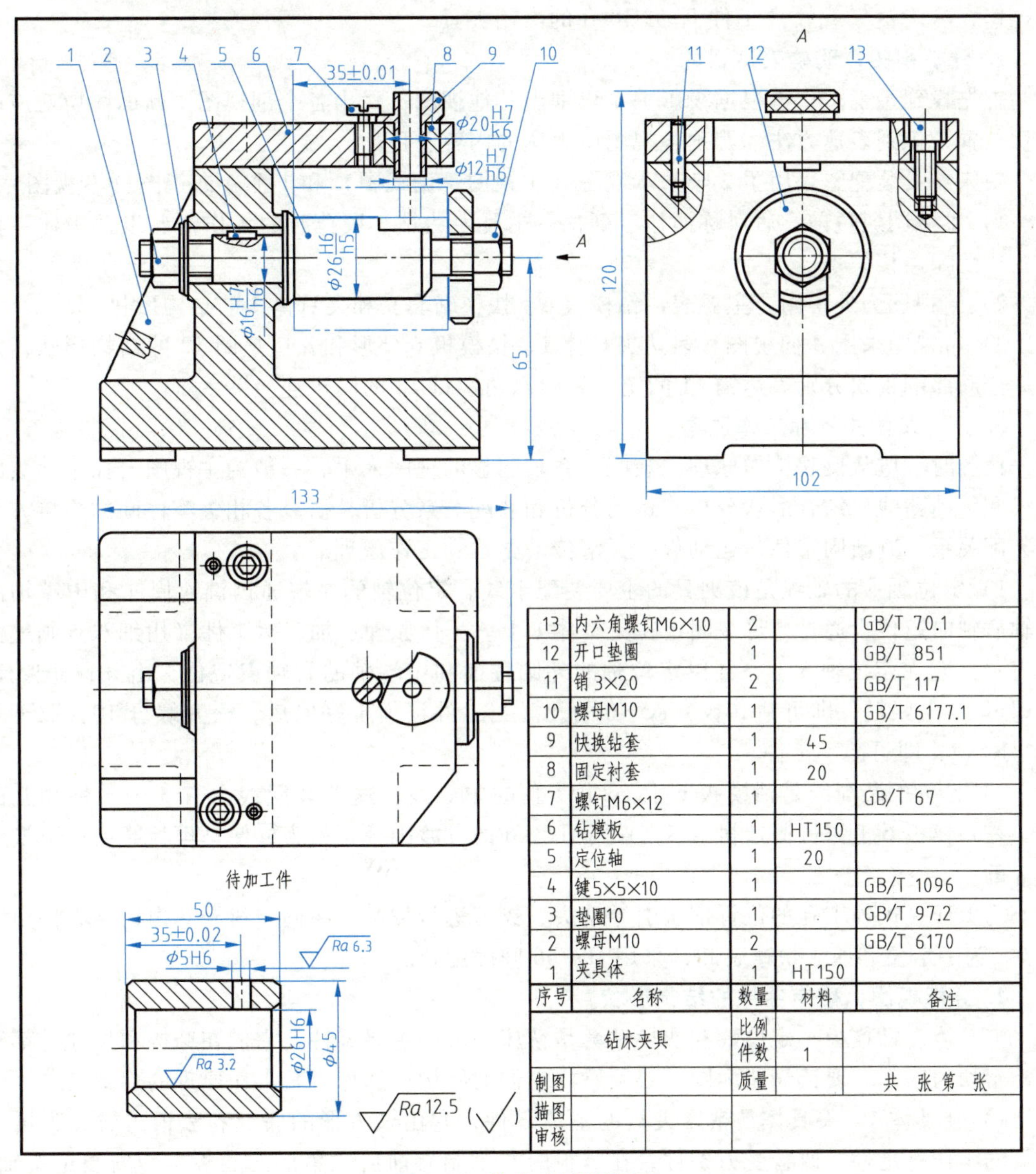

序号	名称	数量	材料	备注
13	内六角螺钉M6×10	2		GB/T 70.1
12	开口垫圈	1		GB/T 851
11	销 3×20	2		GB/T 117
10	螺母M10	1		GB/T 6177.1
9	快换钻套	1	45	
8	固定衬套	1	20	
7	螺钉M6×12	1		GB/T 67
6	钻模板	1	HT150	
5	定位轴	1	20	
4	键5×5×10	1		GB/T 1096
3	垫圈10	1		GB/T 97.2
2	螺母M10	2		GB/T 6170
1	夹具体	1	HT150	

钻床夹具		比例		
		件数	1	
制图		质量		共　张第　张
描图				
审核				

图 9-26　钻床夹具装配图

1. 概括了解

首先阅读标题栏、明细栏、说明书以及相关技术资料，了解部件的名称、性能和用途；

了解组成该部件的零件名称、数量、材料及标准件的规格等；了解画图的比例、视图的大小和装配的外形尺寸等，对部件的基本功能、结构复杂程度及全貌有个概要的了解，为进一步细读装配图做准备。

如图 9-26 所示，部件名称为钻床夹具，采用 1∶2 的比例绘制，该部件由夹具体、钻模板等 13 种零件组成，其中螺母 2、键 4、螺钉 7、螺母 10、销 11、开口垫圈 12 和内六角螺钉 13 是标准件，其他为非标准件，对照零件序号和明细栏可找出零件的大致位置。根据实践知识或查阅说明书及相关资料，可知钻床夹具是安放在钻床工作台上，用以引导钻头和铰刀迅速、准确钻（或铰）工件上 ϕ5H6 孔的专用夹具。

2. 分析视图，明确表达目的

首先找到主视图，再根据投影关系识别出其他视图，找出各个剖视图、断面图所对应的剖切位置，识别表达方法，明确各视图所表达的内容和目的。

钻床夹具装配图采用了 2 个基本视图（主视图、俯视图）和 1 个 *A* 向视图（右视图）。

1）主视图通过前、后对称面作全剖视，主要表达钻、铰孔时的工作情况以及主体零件的主要装配连接关系。

2）俯视图为外形图，主要表达钻模板 6、快换钻套 9 和夹具体 1 的结构形状。

3）右视图采用 *A* 向视图，表达夹具体 1、钻模板 6 外形和开口垫圈 12 的结构形状，采用 2 个局部剖视图分别表达销 11 的定位和内六角螺钉 13 的固定连接关系。

3. 分析装配关系和工作原理

读图时，应从反映工作原理、装配关系较明显的视图入手，一般为主视图，抓主要装配干线和传动路线，结合形状分析、运动分析和装配关系分析，研究各相关零件间的连接方式和装配关系，判断固定件与运动件，弄清传动路线和工作原理。

1）定位轴 5 的轴线是该夹具的主要装配干线，定位轴的左端通过键 4 周向和中端轴的左轴肩轴向定位，通过螺母 2 固定在夹具体 1 上。工作原理：加工时工件（用细双点画线假想表示）套在定位轴 5 上，并以定位轴的外圆柱面和中端轴的右轴肩定位，由开口垫圈 12 和螺母 10 夹紧后，即可钻（铰）ϕ5H6 的孔。当工件被加工好以后，松开螺母 10，取下开口垫圈 12，即可卸下工件。

2）另一条装配线是钻模板 6 上 ϕ20H7 孔的中心线，这条装配线上有 3 个零件相互配合。在钻模板 6 上镶嵌固定衬套 8，采用 H7/k6 的过渡配合，是为方便钻模板磨损后更换而设计的。

为保证在被加工孔的位置依次引导钻头、铰刀进行加工，在固定衬套 8 内还装有快换钻套 9，为了定位和便于快速装卸，采用 H7/h6 间隙配合。

4. 分析视图，确定零件的结构形状

夹具体、钻模板、定位轴和快换钻套是钻床夹具的主要零件，它们在结构和尺寸上都有非常密切的联系，要读懂装配图，必须看懂它们的结构，加深对其工作原理的理解。

1）夹具体 1。夹具体是钻床夹具的主体零件，它由长方形的底板和竖板组成，为增加夹具的工作稳定性，改善受力条件，在竖板的左侧制有前后三角形的肋板；为安装定位轴，竖板上制有键槽通孔；为减少加工面积，底板的底部开出两个方向的通槽。

2）钻模板 6。钻模板主体为切去两角的长方形板，由两个销 11 定位，通过两个内六角螺钉 13 紧固在夹具体 1 的竖板上。

3）快换钻套9。快换钻套的凸肩部制有凹面和圆弧缺口，加工时，凹面与紧定螺钉7的凸肩作用，可防止快换钻套9随同刀具一起转动，或随刀具的抬起而脱出。更换钻套时也是如此，钻套装入后，转动一定的角度，使凹面置于紧定螺钉7的凸肩之下，即可继续工作。

4）定位轴5。定位轴为直径不同的阶梯轴，左端轴颈制螺纹、开键槽用于与夹具体的定位与安装；中端轴颈左侧设大台肩用于定位轴5的轴向定位，右侧设小台肩，用于工件的轴向定位；右端轴颈制螺纹，用于工件的夹紧。为了加工时便于排屑和容屑，在定位轴5上制有纵向切槽。

钻床夹具的立体图如图9-27所示。

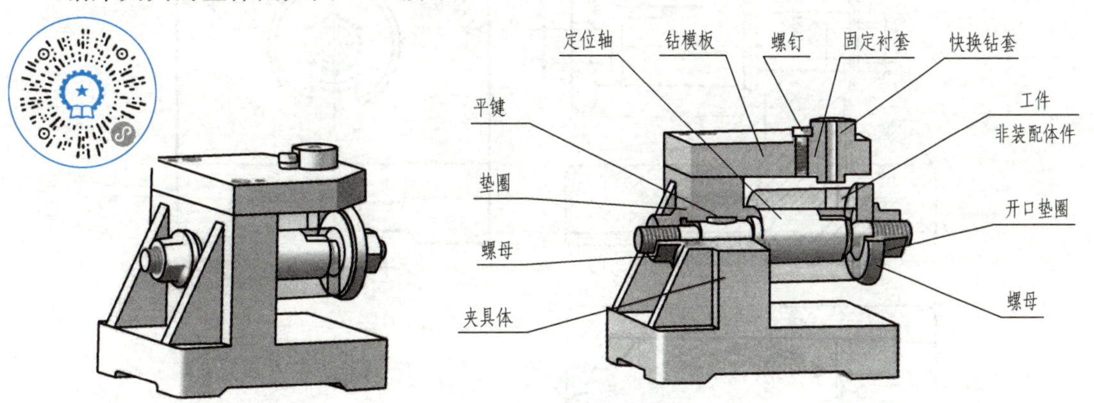

图9-27　钻床夹具的立体图

5. 分析尺寸和技术要求

分析装配图上所注的尺寸，有助于进一步了解部件的规格、外形大小、钻床夹具结构、零件间的装配关系、配合性质以及该部件的安装方法等。

如图9-26所示，ϕ26H6/h5为规格尺寸，ϕ20H7/k6、ϕ12H7/h6、ϕ16H7/h6为配合尺寸，133、102和120为总体尺寸。

6. 归纳总结

为了加深对所看装配图的全面认识，还需从装拆顺序、安装方法、技术要求等方面综合考虑，以加深对整个部件的进一步认识，从而对整台机器或部件有一个完整的概念。

9.7.2　由装配图拆画零件图

在设计过程中，根据装配图画出零件图，称为拆图。拆图时，要在全面看懂装配图的基础上，根据该零件的作用及其与其他零件的装配关系，确定结构形状、尺寸和技术要求等内容。由装配图拆画零件图，是设计工作中的一个重要环节。

1. 分离零件

看懂装配图后，根据画装配图的基本原则，将需拆画的零件从装配图中分离出来，重点关注与保留与其相接触的其他零件，分离零件的基本步骤如下。

1）先从明细栏中找到要拆画零件的序号和名称。例如，夹具体是1号零件，根据序号1的指引线起始端圆点，找到需拆画的零件在装配图中所在的位置和大致轮廓范围。

2）将该零件从有关的视图中分离出来。因为只保留要分离的零件，其他零件可以采用

“排除法”，逐一拆除。对于与保留零件在同一装配线上的其他零件，按由外向内的顺序逐个拆除，对于与保留零件没有装配关系的零件可以整组拆除。

① 先拆除图 9-28 中**彩色**线框所围成与钻模板 6 相关的部分。钻模板 6 通过内六角螺钉 13 与夹具体 1 固定在一起，由销 11 定位，只要拆除内六角螺钉 13 和销 11，钻模板 6 以及其上装配螺钉 7、快换钻套 9、固定衬套 8 即可成组拆除。

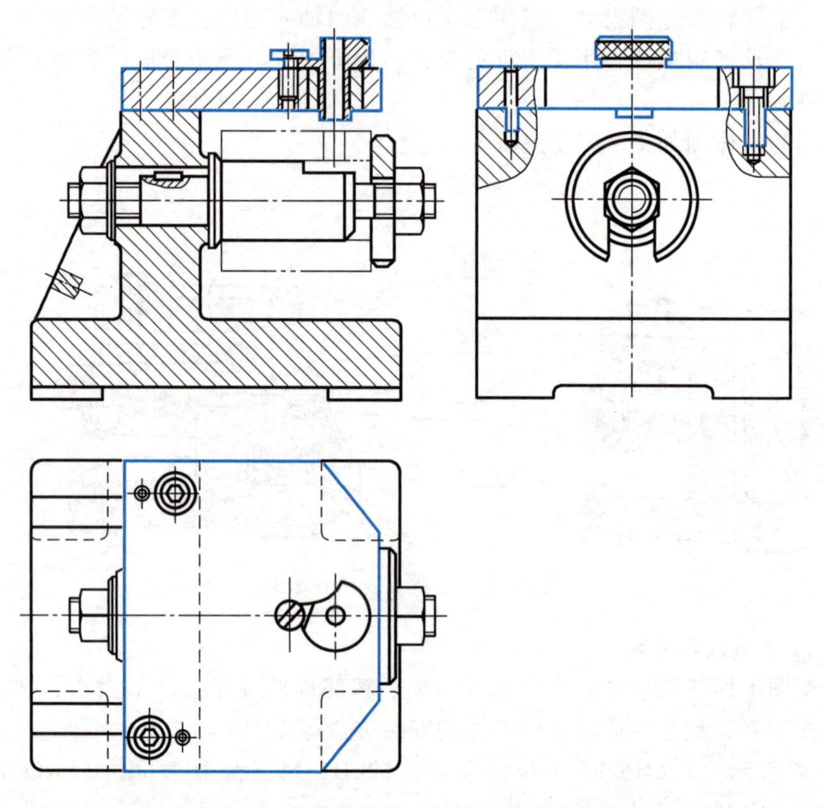

图 9-28　去除钻模板 6 以及所属装配零件

② 再去除定位轴装配线上的相关零件，如图 9-29 中**彩色**线框所围成的部分。按由外向内的顺序，先拆除螺母 2，再取下垫圈 3，之后将定位轴 5 右移即可成组拆除其上的键 4、定位轴 5、螺母 10、开口垫圈 12。至此，只剩下夹具体 1 号零件，如图 9-30 所示。

2. 确定零件形状

部件中大部分零件的结构可以在装配图中确定，少数复杂零件的某些局部结构，有时在装配图上无法表达清楚，需要进行构形设计。另外，装配图的简化画法中允许省略的结构，需要在零件图上补画齐全。

1）对装配图中省略不画的细小结构，如退刀槽、倒角、螺纹紧固件等，在拆画零件时，应查阅相关手册，把省略的结构补画出来。

2）在装配图中零件间相互遮挡的一些结构和线条，在零件图中要补画出来。

3）有些结构在装配图中没必要表达得十分清楚，根据零件已知的结构、作用、相邻零件间的连接形状、工艺性和零件结构常识等因素，进行构思、补充和完善。

补画零件间相互遮挡的结构和线条后，夹具体的三视图及立体图如图 9-30 所示。

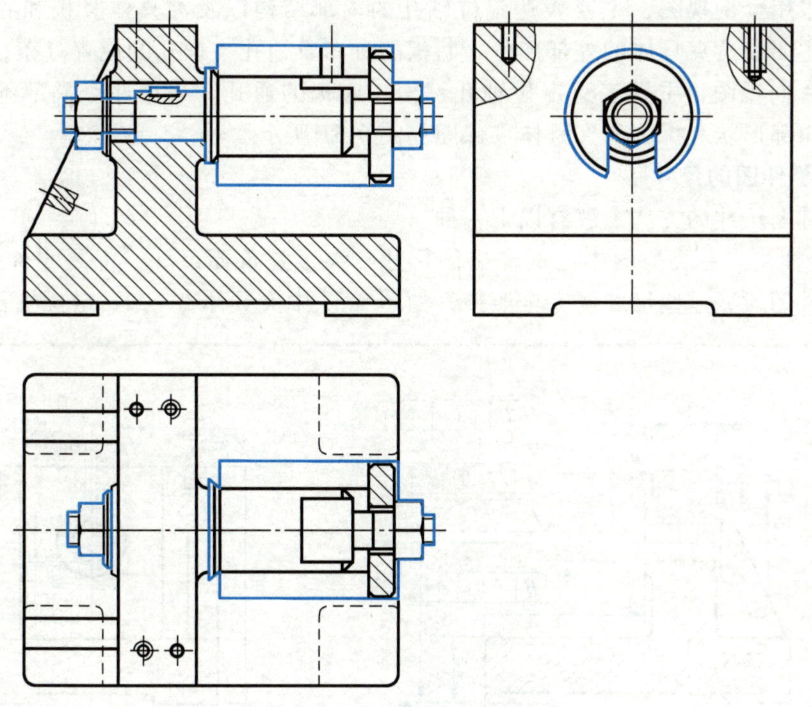

图 9-29　去除定位轴装配线上的相关零件

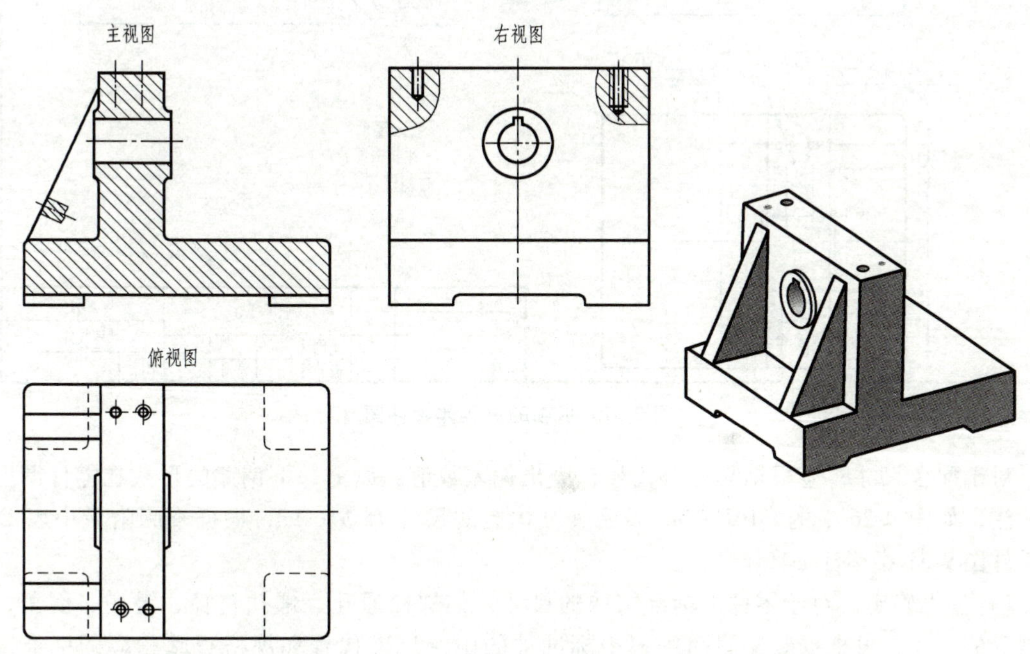

图 9-30　去除其他零件后的夹具体的三视图及立体图

3. 确定零件的表达方案

由于装配图注重表达装配关系，零件图注重表达结构形状，因此零件图的表达方案不能照搬装配图，要根据零件的结构特点和零件图的视图选择原则重新确定。

夹具体的主视图应按工作位置选择，即与装配图一致，便于读图和画图。根据结构形状，主视图采用全剖视图，主要表达定位轴孔的内部结构以及夹具体竖板和底板的连接关系；俯视图主要表达夹具体的外部形状、肋板的分布及销孔与螺孔的位置分布；左视图代替原装配图的 *A* 向视图，主要表达定位轴孔键槽、底板的通孔，采用两个局部剖视图表达销孔和螺孔的内部形状。拆画的夹具体零件图如图 9-31 所示。

4. 标注零件图的尺寸

标注零件图尺寸的方法一般有以下 4 种。

1）直接抄注。在装配图中已标注出的尺寸，大多是重要尺寸，都是零件设计的依据。在拆画其零件图时，这些尺寸要完全照抄，如图 9-31 中夹具体宽 102、定位轴孔高 65。

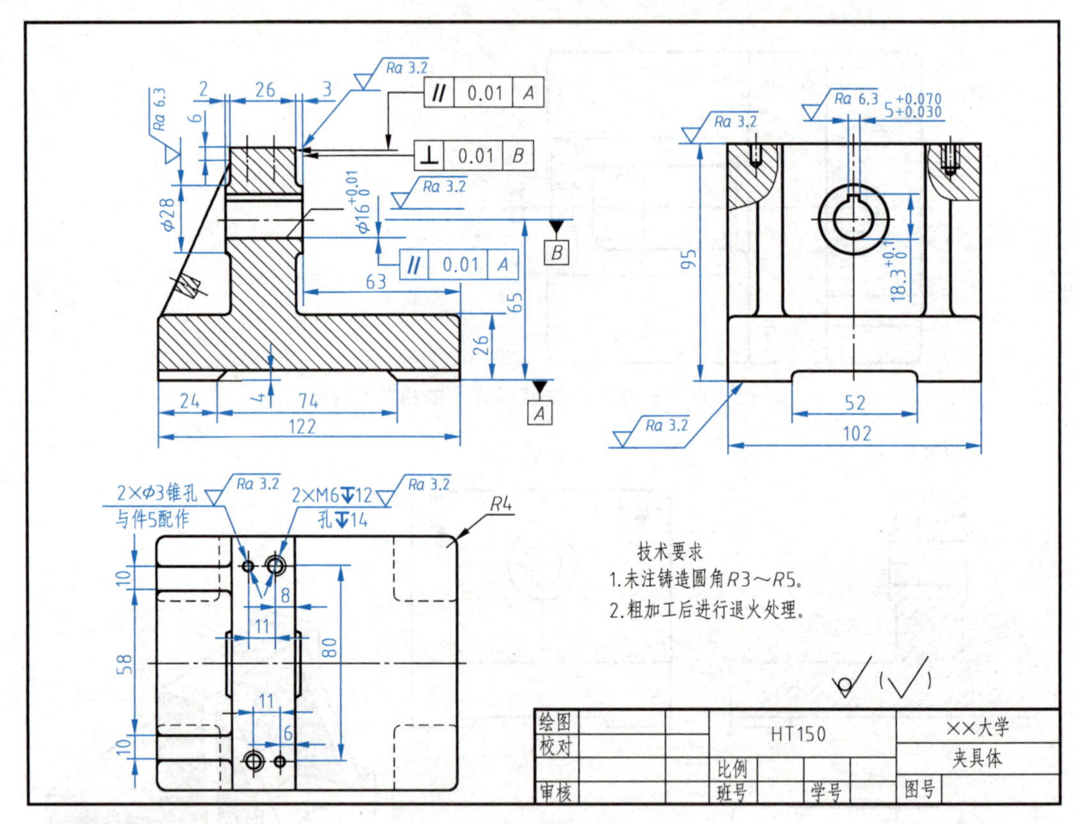

图 9-31　拆画的夹具体零件图

对于配合尺寸，应根据其配合代号，查出偏差数值，以上、下偏差的形式在零件图上进行标注，如图 9-26 中的 $\phi16H7/h6$ 表明夹具体孔的尺寸为 $\phi16H7$，根据查阅附录中表 E-2，在零件图 9-31 中标注 $\phi16^{+0.01}_{0}$。

2）查表确定。对于零件上标准结构的尺寸，如螺栓通孔、螺孔直径、键槽、倒角、退刀槽等的尺寸，可根据装配图明细表中标准件的国家标准代号和规格查阅相应的标准来确定，如图 9-31 中的键槽尺寸 $5^{+0.070}_{+0.030}$、$18.3^{+0.1}_{0}$，销孔尺寸 $2\times\phi3$，螺孔尺寸 2×M6。

3）计算确定。某些尺寸数值，应根据装配图所给定的尺寸，通过计算确定，如齿轮轮齿部分的分度圆尺寸、齿顶圆尺寸等，应根据所给的模数和齿数来计算。

4）量取确定。在装配图上没有标注出的其他尺寸，可从装配图中按比例直接量取。量得尺寸应圆整成整数，如夹具体的总长 122、总高 95 等。

5. 标注零件的技术要求

标注零件的技术要求时，应根据零件在部件中的功用及与其他零件的相互关系，并结合结构与工艺方面的知识来确定，必要时可参考同类产品的图样要求。

由于钻床夹具在工作时，夹具体与其上的安装件没有相对的运动，故其对表面结构的要求不高。较为重要的表面（如定位轴的安装孔、键槽及端面等）的表面粗糙度 $Ra=3.2\mu m$，一般的接触面 $Ra=6.3\mu m$，不接触表面仍为铸造表面，未注圆角半径为 $R3\sim R5$。

为保证钻床夹具装配图中的技术要求，对定位轴孔的轴线、端面和夹具体的上端面分别设计了 0.01 的平行度和垂直度的几何公差要求。

6. 填写标题栏

根据装配图中的明细栏，在零件图的标题栏中填写零件的名称、材料等信息。

7. 检查校对

最后，必须对所拆画的零件图进行仔细校核。校核时应注意：每张零件图的视图、尺寸、表面粗糙度和其他技术要求是否完整、合理，有装配关系的尺寸是否协调，零件的名称、材料、数量等是否与明细栏一致。

《新仪象法要》

《新仪象法要》是宋朝天文学家苏颂为水运仪象台所作的设计说明书，成书于宋神宗绍圣初年，约公元 1094—1096 年间。全书共三卷，书卷首有《进仪象状》，介绍了建台的缘起、经过和特点。上卷描述了一座复杂而完善的浑仪，不仅附有仪器全图，还画出了每一重要部件。中卷描述了一座天球仪（即浑象），并附有多幅星图，从而保存下北宋元丰年间（1078—1085）天象观测的成果，成为我国留存至今最早、最完整的星图之一。下卷描述了天球仪的机械装置，这种装置的动力由装有特种擒纵器的水轮提供，使天球和机轮保持不停地转动。据统计，全书所绘各类工程详图六十多种，描绘了一百五十多种机械零件，各图均附有文字说明，图文并茂地解释了“水运仪象台”的总体和各部结构，为我们保存了仪器的全部制作方法，也显示了宋代高超的工艺制造水平。此外，其结构图采用透视和示意画法，是我国现存最早的机械图纸。

《新仪象法要》是一部具有世界意义的古代科技著作，尤其是《进仪象状》和运仪象台被全文翻译成英文刊出。这部不足三万字的著作，记下了中华民族古代的许多光辉成果，其中有世界上最早的机械钟表的锚状擒纵器；它记录的游仪窥管随天体运动，是现代天文台的跟踪机械——转仪钟的雏形；它记录的水运仪象台观测室活动屋板，是现代天文台圆顶的祖先。

课外拓展训练

在模型室以小组为单位，取传动器、千斤顶、球阀等模型，进行拆装实验。分析每个零件的结构特点及作用，分辨出哪些是一般零件，哪些是标准件。讨论装配体的装配顺序和相邻零件的连接关系。在对该装配体充分认知的基础上，用合理的表达方案画出其完整的装配图。

第10章　CAXA二维计算机绘图基础

本章学习要点

重点掌握CAXA的基本操作方法，熟悉图库操作，能够熟练运用CAXA的各种常用命令绘制二维工程图。

引例

CAXA CAD电子图板是一款拥有完全自主知识产权的二维CAD软件，由北京数码大方科技有限公司推出。该软件符合我国工程设计人员的使用习惯，与我国现行机械制图国家标准接轨，具有丰富的图库资源，是功能齐全的通用CAD系统。由于其具有易学、使用方便、体系结构开放等优点，因而深受广大学习者的喜爱。图10-1a所示为用CAXA CAD电子图板绘制的平面图形，图10-1b所示为图库中提取的标准件及常用图形。

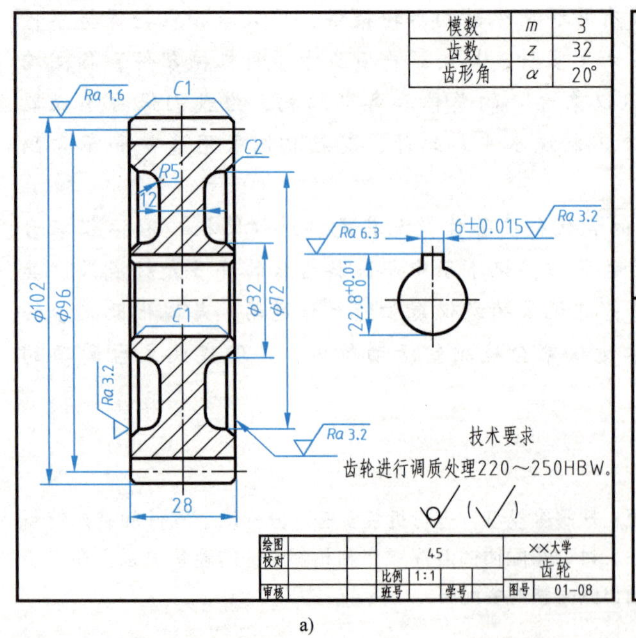

a)

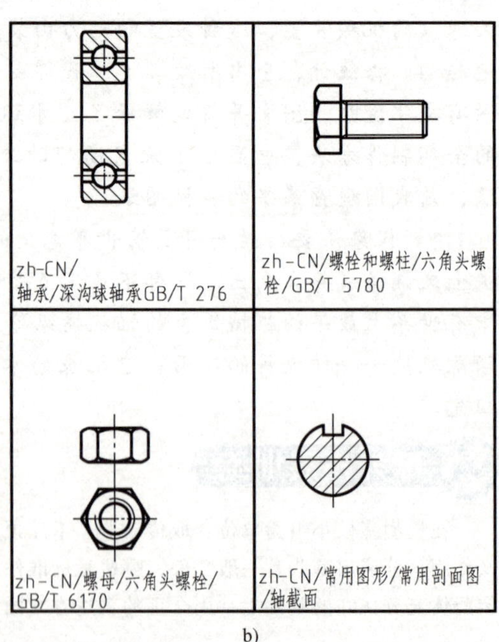

b)

图10-1　CAXA CAD电子图板绘图样例

a）绘制图形　b）图库中提取的图形

10.1 CAXA CAD 电子图板简介

10.1.1 概述

计算机绘图的应用领域非常广泛，主要有工程图、科学计算的可视化、统计管理图、测量图和美术设计等。国外有代表性的计算机绘图软件主要是美国 Autodesk 公司的 AutoCAD，国内有代表性的计算机绘图软件主要有 CAXA CAD 电子图板、武汉开目信息技术有限责任公司的开目 CAD 等。

CAXA CAD 电子图板包括二维 CAD 和三维 CAD，操作界面和操作习惯与 AutoCAD 完全一致，用户可以快速地直接打开、编辑、存储各版本的 DWG 文档，并可实现 DWG 图样的双向和批量转换，是具有中国特色的、机械行业内优秀的 CAD 软件。

本书以 CAXA CAD 电子图板 2020 为例，介绍其工程应用。

10.1.2 用户界面组成

打开计算机，从“开始”菜单中或桌面双击“CAXA CAD 电子图板 2020”图标，进入 CAXA CAD 电子图板绘图系统，“CAXA CAD 电子图板 2020”基本界面如图 10-2 所示。通过操作鼠标可以迅速切换接口的内容，以满足当前操作的需要。

如果所打开的“CAXA CAD 电子图板 2020”基本界面的当前绘图颜色不符合个人习惯，可以单击图 10-2 中的“工具”→“选项”→“显示”，即可弹出如图 10-3 所示的对话框，单击“模型背景”→“白色”，可以进行系统配置。

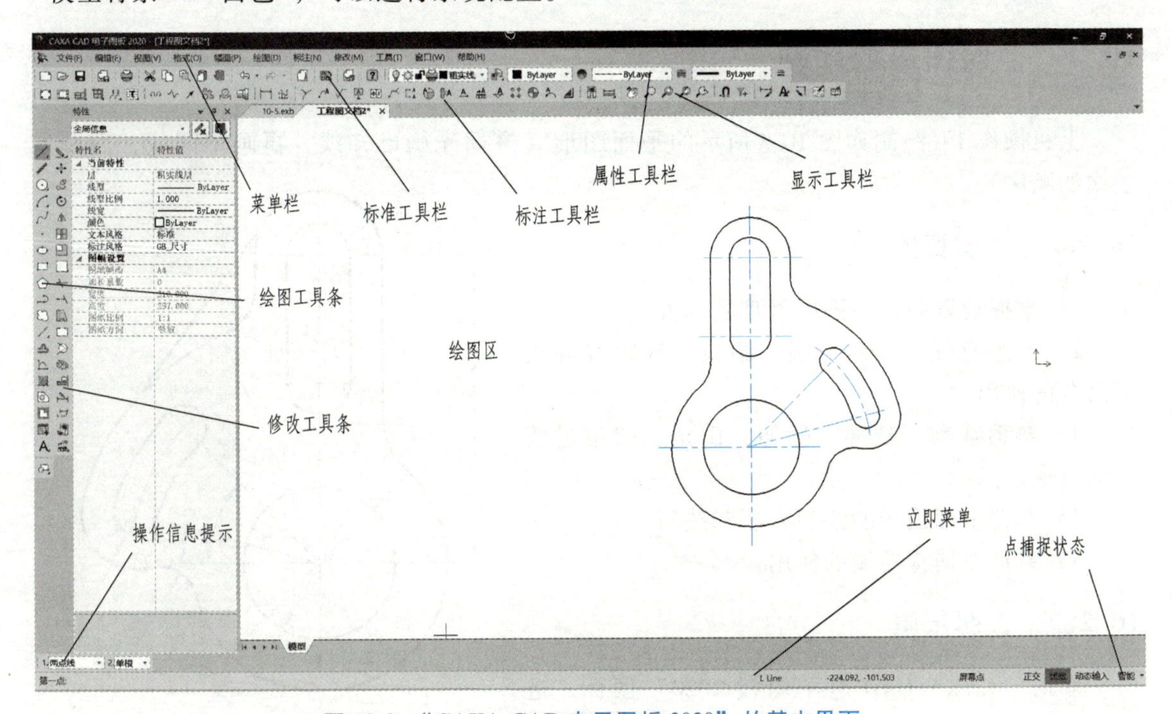

图 10-2 “CAXA CAD 电子图板 2020”的基本界面

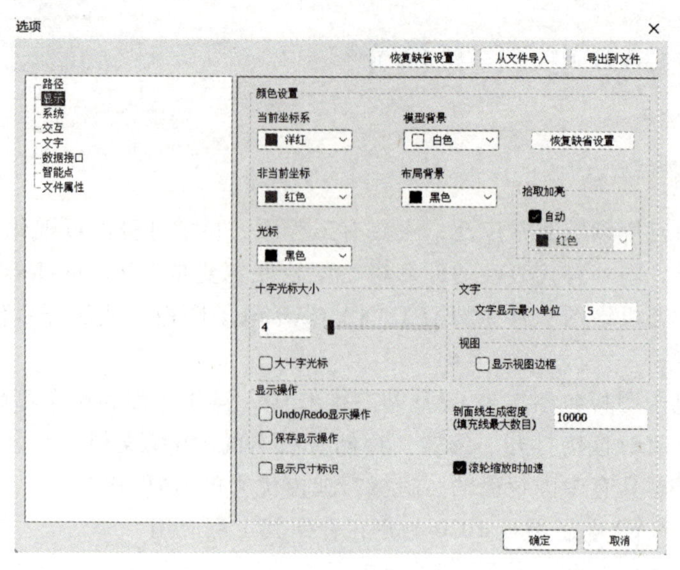

图 10-3　选项设置

重要提示：

1）键盘上的<Space>键（本书称其为“空格键”）——出现工具点菜单；<Enter>键（本书称其为“回车”）——确认、结束；鼠标左键——拾取；鼠标右键——确认；鼠标中轮——视图缩放或平移窗口。

2）在所有工程标注的立即菜单中，有倒三角（▼）的菜单项，均为多选项；有数字的菜单项，均为可改变项。

10.2　平面图形的绘制

上机操作 1：绘制如图 10-4 所示的平面图形（遵循先画已知线，再画中间线，后画连接线的顺序）。

10.2.1　作图目的

1）掌握设置和使用图层管理器的方法。

2）熟悉直线、切线、圆、圆弧、等距线等绘图命令的使用。

3）熟悉裁剪、延伸、拉伸、倒角、圆角过渡等编辑命令。

4）掌握平面图形的绘图方法和技巧。

5）掌握点捕捉功能的使用。

10.2.2　作图步骤

双击“CAXA CAD 电子图板 2020”图标，进入 CAXA CAD 电子图板绘图系统。

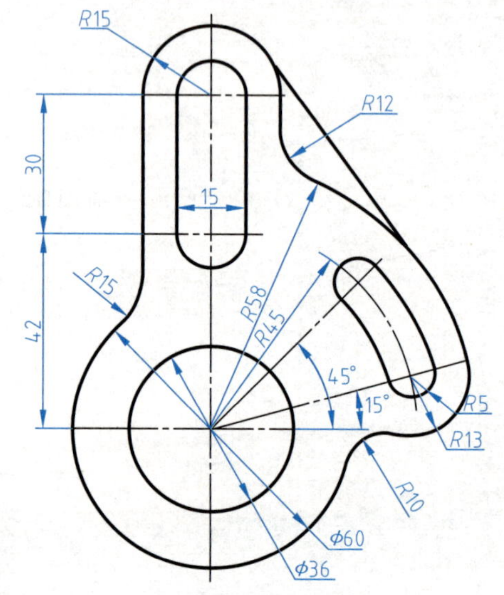

图 10-4　平面图形

1. 设置绘图环境

在绘图工具条左上角单击【新建】工具，选择“GB-A3”，单击【确定】按钮，得到A3图纸的绘图区域。

可以采用系统默认的图层颜色进行绘图，也可以单击图标，进行各层图线颜色设置。各种线宽可以在打印时进行设定。

2. 画基准线（图10-5）

（1）设置当前绘图层　单击“图层”■0层右侧的黑色三角形，在弹出的下拉菜单中选择“中心线层”，即可将当前绘图层设为点画线层。

（2）绘制直线　单击绘图工具条中的“直线”工具，界面左下角出现立即菜单及操作信息提示（图10-2），选择“1. 两点线；2. 单根”，在右下角单击选择“正交”，绘制直线点画线 a、b。

单击绘图工具条中的“平行线”工具，界面左下角出现立即菜单及操作信息提示，选择“1. 偏移方式；2. 单向”，拾取直线 b，用键盘输入偏移距离“42”并回车，即可画出直线点画线 c，再输入“72”并回车，即可画出直线点画线 d。调整直线 c 和 d 的长度，如图10-5所示。

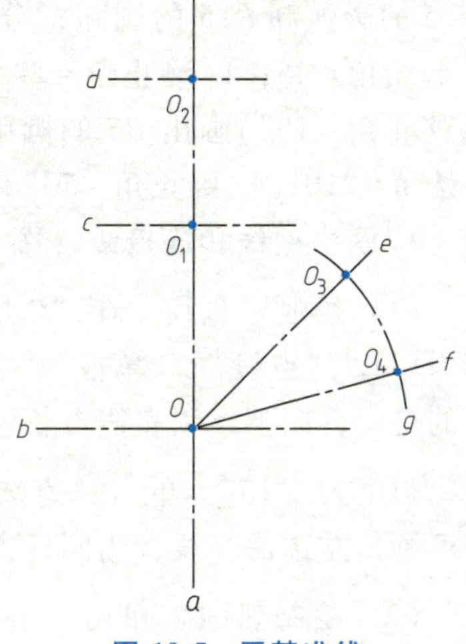

图10-5　画基准线

注意：改变直线长度的方法是，单击拾取直线，单击拾取其端部的箭头将其放到适当的位置后，再次单击即可实现直线的伸缩。

单击绘图工具条中的“直线”工具，左下角立即菜单选择为“1. 角度线；2. X 轴夹角；3. 到点；4. 度 = 45”，按空格键出现“工具点”菜单，如图10-6所示，选择“交点（I）”，捕捉交点 O，过交点 O 画45°角度线，绘制直线点画线 e。用同样的方法绘制直线点画线 f，对应角度“4. 度 = 15”。

屏幕点(S)
端点(E)
中点(M)
圆心(C)
孤立点(L)
象限点(Q)
交点(I)
插入点(R)
垂足点(P)
切点(T)
最近点(N)

图10-6　“工具点”菜单

（3）绘制圆弧　单击绘图工具条中的“圆弧”工具，左下角立即菜单选择“1. 圆心-半径-起终角；2. 半径 = 45；3. 起始角 = 0；4. 终止角 = 60”，按空格键后出现“工具点”菜单，如图10-6所示，选择“交点（I）”，捕捉交点 O 为圆心点，画出圆弧点画线 g。

3. 画已知线（图10-7）

（1）设置当前绘图层　单击“图层”图标■0层右侧的下三角按钮，在弹出的下拉菜单中选择“0层”，即可将当前绘图层设置为粗实线层。

（2）绘制圆　单击绘图工具条中的“圆”工具，左下角显示的立即菜单选择为“1. 圆心-半径；2. 直径；3. 无中心线”，按空格键出现“工具点”菜单，如图10-6所示，选择“交点（I）”，捕捉交点 O 为圆心点，键盘输入直径“36”，即可画出 $\phi 36$ 的圆。

（3）绘制圆弧　单击绘图工具条中的“圆弧”工具，左下角立即菜单选择为“1. 圆心-半径-起终角；2. 半径 = 30；3. 起始角 = 120；4. 终止角 = 360”，按空格键出现“工具点”菜单，如图 10-6 所示，选择“交点（I）”，捕捉交点 O 为圆心点，画出 $\phi60$ 的圆弧。用同样的方法以 O 为圆心画出半径 $R58$ 的圆弧（“1. 圆心-半径-起终角；2. 半径 = 58；3. 起始角 = 15；4. 终止角 = 80”）和 $R40$ 的圆弧（“1. 圆心-半径-起终角；2. 半径 = 40；3. 起始角 = 15；4. 终止角 = 45”），用同样的方法画出 $R50$ 的圆弧；分别以 O_1、O_2 为圆心画出 $R7.5$ 的圆弧和 $R15$ 的圆弧；分别以 O_3、O_4 为圆心（“1. 圆心-半径-起终角；2. 半径 = 5；3. 起始角 = 45；4. 终止角 = 225”）（“1. 圆心-半径-起终角；2. 半径 = 5；3. 起始角 = 195；4. 终止角 = 15”）画出 $R5$ 的圆弧；以 O_4 为圆心（“1. 圆心-半径-起终角；2. 半径 = 13；3. 起始角 = 210；4. 终止角 = 50”）画出 $R13$ 的圆弧。结果如图 10-7 所示。

4. 画中间线和连接线（图 10-8）

（1）绘制竖直线　在“0 层”，单击绘图工具条中的“直线”工具，左下角立即菜单为“1. 两点线；2. 单根”，将右下角的正交模式选为“正交”，过 $R15$ 圆弧与点画线 d 左边的交点，向下绘制直线，长度由键盘输入“40”；用同样的方法过右边的交点向下绘制直线，长度为“15”。单击“直线”工具，再分别单击拾取 $R7.5$ 的两圆弧左端上下两点，即可画出左边的竖线，用同样方法画出右边的竖线。

（2）绘制切线　单击“直线”工具，左下角立即菜单为“1. 两点线；2. 单根”，将右下角的正交模式取消选中，按空格键出现“工具点”菜单，如图 10-6 所示，选择“切点（T）”，拾取 $R58$ 圆弧右侧，再次键盘输入“T”，并单击拾取 $R15$ 圆弧中部（选择大约的切点即可，系统会自动捕捉切点），即可画出该两圆弧的切线。

（3）绘制连接圆弧　单击“过渡”工具，左下角立即菜单选择为“1. 圆角；2. 裁剪；3. 半径 15”，再单击拾取 $\phi60$ 圆弧的左端和上部的直线下端，即可画出 $R15$ 连接圆弧。用同样的方法可以画出 $R12$ 和 $R10$ 的连接圆弧，如图 10-8 所示。

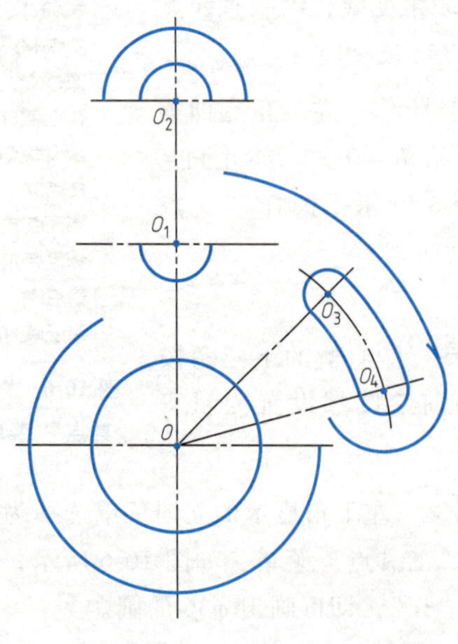

图 10-7　画已知圆和圆弧

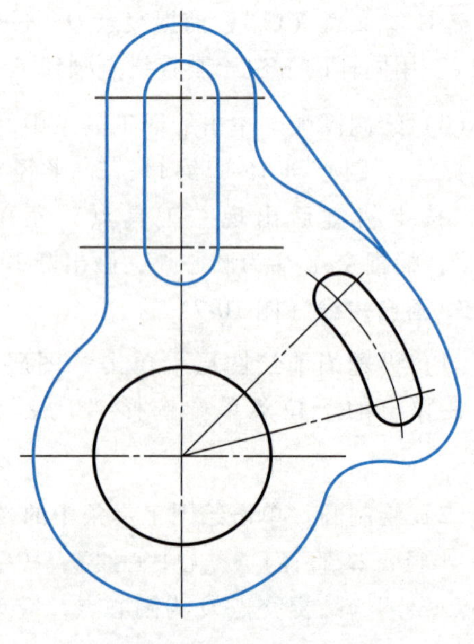

图 10-8　画中间线和连接线

(4) 修剪 单击“裁剪”工具，单击拾取圆弧 $R13$ 多余的部分，用裁剪工具修剪后结果如图 10-8 所示。

10.3 组合体三视图的绘制及尺寸标注

上机操作 2：绘制如图 10-9 所示组合体的三视图。

10.3.1 作图目的

1）熟悉三视图的绘制方法和技巧。

2）进一步练习部分绘图、编辑命令以及对象捕捉等辅助功能。

3）掌握尺寸标注的方法。

4）掌握线型修改的操作方法。

5）掌握对称图形的镜像画法。

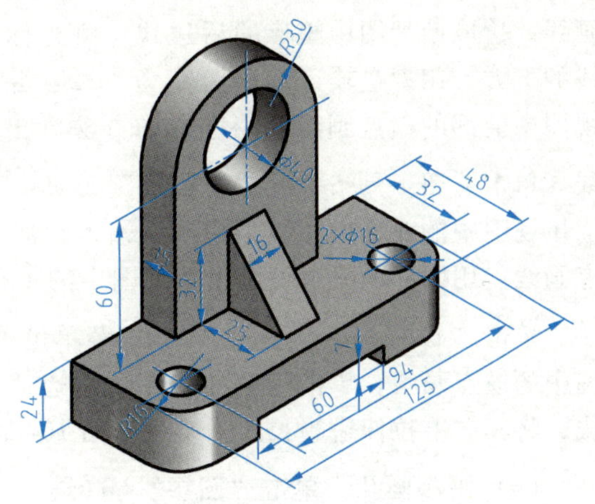

图 10-9 组合体模型及尺寸

10.3.2 作图步骤

双击“CAXA CAD 电子图板 2020”图标，进入 CAXA CAD 电子图板绘图系统，在“新建”对话框中选择 BLANK 后单击“确定”按钮，单击“保存”，将文件命名为“组合体三视图”。将右下角的“点捕捉状态”设置为导航。

1. 画底板

(1) 画矩形 单击“图层”图标■0层右侧的下三角按钮，在弹出的下拉菜单中选择“0 层”，即可将当前绘图层设置为粗实线层（0 层也是系统的默认层）。单击“矩形”工具，将绘图区的左下角出现的立即菜单“1”~“6”项分别设置为“1. 长度和宽度；2. 中心定位；3. 角度 0；4. 长度 125；5. 宽度 24；6. 无中心线”，即可画出底板主视图矩形。单击“矩形”工具，将“2. 中心定位”改为“2. 左上角点定位”，“5. 宽度 24”改为“5. 宽度 48”，光标与主视图的矩形横边左边端点对齐（注意导航线以保证主、俯视图长对正），在下方适当的位置单击得到底板俯视图的矩形。用同样的方法画出底板左视图的矩形，如图 10-10 所示。

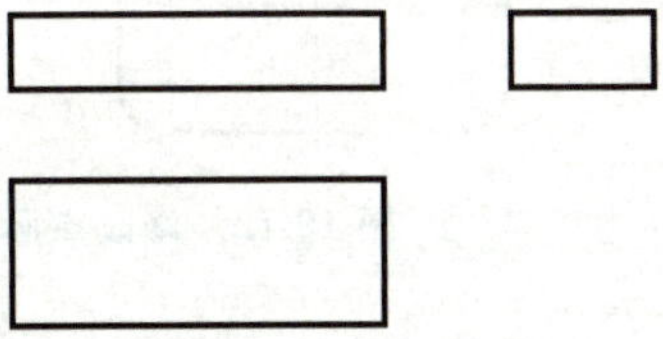

图 10-10 画四棱柱投影

(2) 画过渡圆角 单击“过渡”工具，左下角立即菜单选择为“1. 圆角；2. 裁剪；3. 半径 16”，再单击拾取俯视图矩形的左边和前边，即可画出左边 $R16$ 的连接圆弧。用同样的方法可以画出右边 $R16$ 的连接圆弧。结果如图 10-11 所示。

(3) 画点画线 单击绘图工具条中的“中心线”工具，单击拾取主视图中矩形的左边线和右边线，即可得到主视图的对称中心线。用同样的方法画出俯视图的对称中心线。

如果其长度不够，可以拉伸成如图 10-11 所示的长度。

单击“图层”右侧的下三角按钮，在弹出的下拉菜单中选择“中心线层”。单击绘图工具条中的“平行线”工具，将左下角的立即菜单设置为“1. 偏移方式；2. 单向”，拾取主视图中矩形的上边线，用键盘输入偏移距离“60”并回车，即可画出主视图中上部的点画线。拾取俯视图中矩形的后边线，将光标移到矩形后边线的下方，用键盘输入偏移距离为“32”并回车，画出俯视图中前部的横点画线。用同样的方法画出左视图的点画线。单击绘图工具条中的“平行线”工具，将左下角的立即菜单设置为“2. 双向”，拾取主视图中的对称中心线，用键盘输入距离“47”并回车，即可画出主视图中的左右两条点画线。用同样的方法可画出俯视图中的左右两条点画线，如图 10-11 所示。

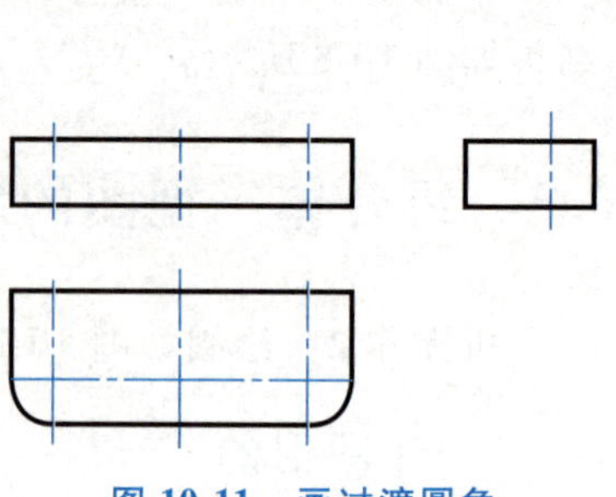
图 10-11　画过渡圆角

单击“打断”工具，将立即菜单设置为“1. 两点打断；2. 单独拾取点”，拾取俯视图中的横点画线，单击竖对称线左右两边适当位置将其打断成两段。拾取主视图中的对称线，将其向上拉伸适当长度。结果如图 10-12 所示。

（4）画小圆孔　单击“图层”右侧的下三角按钮，在弹出的下拉菜单中选择“0 层”。单击“圆”工具，将立即菜单设置为“1. 圆心-半径；2. 直径；3. 无中心线”，按空格键出现“工具点”菜单，选择“交点（I）”，将圆心点设定为交点。拾取俯视图中右边两条点画线的交点，用键盘输入直径“16”并回车，即可得到右边小圆孔的水平投影圆，如图 10-13 所示。

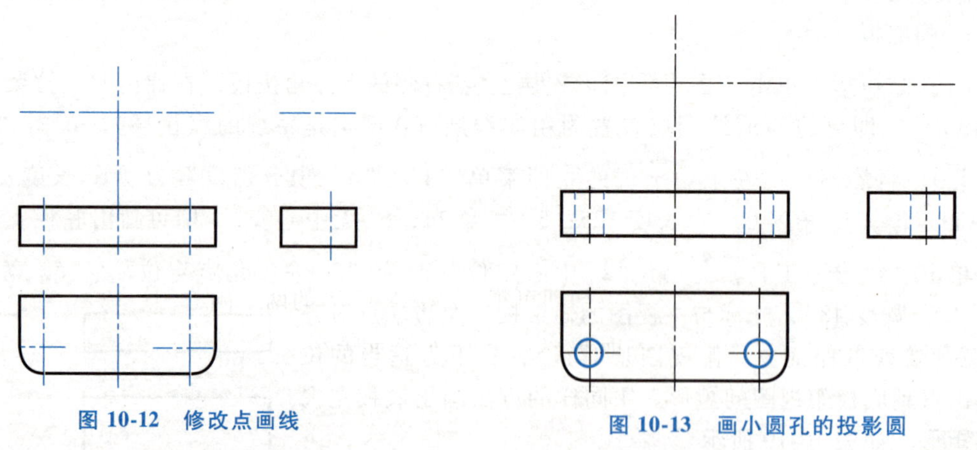
图 10-12　修改点画线

图 10-13　画小圆孔的投影圆

将当前层设定为虚线层，单击“平行线”工具，将立即菜单设置为“1. 偏移方式；2. 双向”，拾取主视图中右边的点画线，偏移距离“8”由键盘输入并回车，可画出圆孔主视图的投影。用同样的方法画出圆孔左视图的投影，再单击“裁剪”工具，将多余的线剪掉。

单击拾取底板右侧小圆孔正面投影的虚线及水平投影的圆，再单击“镜像”工具，将左下角的立即菜单设置为“1. 选择轴线；2. 拷贝”，再拾取中间对称线，可得到左边小圆孔的投影。结果如图 10-13 所示。

（5）画下部凹槽　单击“图层”右侧的下三角按钮，在弹出的下拉菜单中选择“0 层”。单击“平行线”工具，将立即菜单设置为“1. 偏移方式；2. 单向”，拾取主视图下边线，偏移距离“7”由键盘输入并回车。单击“平行线”工具，将立即菜单设置为“1. 偏移方式；2. 双向”，拾取主视图对称线，偏移距离“30”由键盘输入并回车。将当前层设定为虚线层，单击“平行线”工具，拾取俯视图中的对称线，偏移距离“30”由键盘输入并回车。再次单击“平行线”工具，将立即菜单设置为“1. 偏移方式；2. 单向”，拾取左视图中的下边线，偏移距离“7”由键盘输入并回车。结果如图 10-14 所示。

单击“裁剪”工具，将多余的线剪掉。结果如图 10-15 所示。

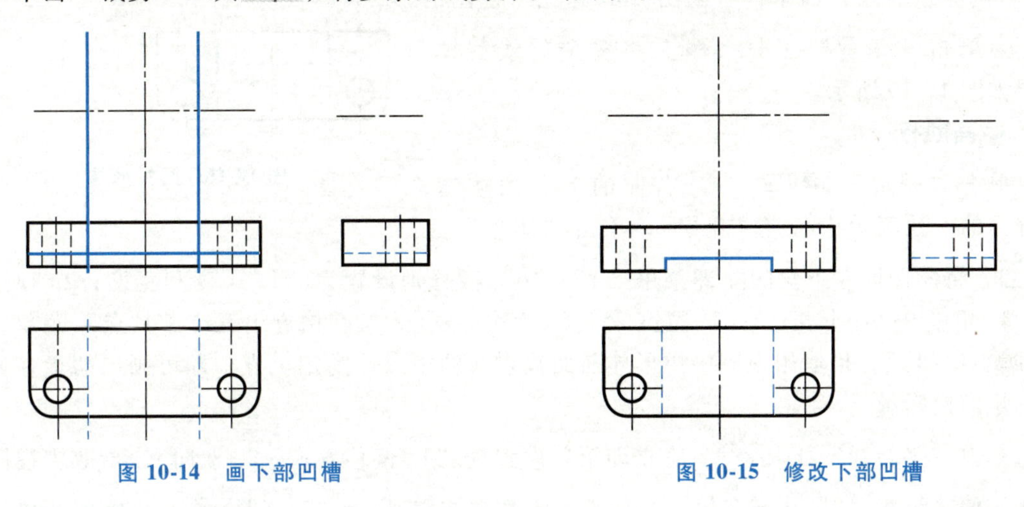

图 10-14　画下部凹槽　　　图 10-15　修改下部凹槽

2. 画拱形体

单击“图层”图标右侧的下三角按钮，在弹出的下拉菜单中选择“0 层”。单击“圆”工具，将立即菜单设置为“1. 圆心-半径；2. 直径；3. 无中心线”，按空格键出现“工具点”菜单，选择“交点（I）”，拾取主视图中上边两条点画线的交点，键盘输入直径“40”并回车、“60”并回车，即可得到主视图上方的两个同心圆。单击绘图工具条中的“直线”工具，左下角立即菜单选择为“1. 两点线；2. 单根”将右下角的正交模式选为“正交”，过 $R30$ 圆与点画线的左边的交点，向下绘制直线，长度由键盘输入“60”并回车。用同样的方法过右边的交点向下绘制直线长度为“60”的直线。单击“裁剪”工具，将 $R30$ 圆下方的半圆剪掉。结果如图 10-16 的主视图所示。

单击“矩形”工具，将绘图区左下角的立即菜单“1”~“6”项分别设置为“1. 长度和宽度；2. 顶边中点；3. 角度 0；4. 长度 60；5. 宽度 15；6. 无中心线”，按空格键出现“工具点”菜单，选择“交点（I）”，拾取俯视图后边线的中点作为定位点，即可画出拱形体俯视图的矩形。单击“矩形”工具，将立即菜单设置为“1. 长度和宽度；2. 左上角点定位；3. 角度 0；4. 长度 15；5. 宽度 90”，光标沿着左视图后边线上移并与主视图的最高点对齐（注意导航线以保证主左视图高平齐）后单击，即可画出拱形体左视图的矩形投影。

单击“图层”右侧的下三角按钮，在弹出的下拉菜单中选择“虚线层”，单击“矩形”工具，将绘图区左下角的立即菜单“1”~“6”项分别设置为“1. 长度和宽度；2. 顶边中点；3. 角度 0；4. 长度 40；5. 宽度 15；6. 无中心线”，按空格键出现“工具点”菜单，选择“交点（I）”，拾取俯视图中后边线的中点作为定位点，即可画出 ϕ40 圆孔俯视图的矩形投影。单击“平行线”工具，将立即菜单设置为“1. 偏移方式；2. 双向”，拾取左视图上边的点画线，偏移距离“20”由键盘输入并回车，可画出 ϕ40 圆孔左视图的投影。单击“裁剪”工具，将多余的线剪掉。结果如图 10-16 所示。

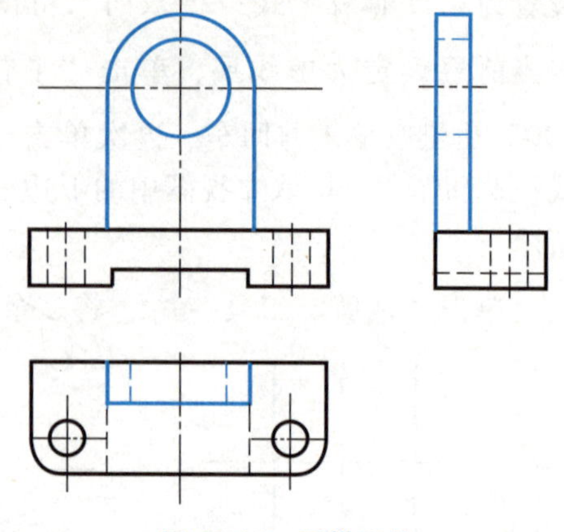

图 10-16　画拱形体

3. 画肋板

单击“图层”右侧的下三角按钮，在弹出的下拉菜单中选择“0 层”，单击“矩形”工具，将绘图区左下角的立即菜单“1”~“6”项分别设置为“1. 长度和宽度；2. 顶边中点；3. 角度 0；4. 长度 16；5. 宽度 25；6. 无中心线”，按空格键出现“工具点”菜单，选择“交点（I）”，拾取俯视图中拱形体前面投射线的中点作为定位点，即可画出肋板在俯视图的矩形投影。

单击“平行线”工具，将立即菜单设置为“1. 偏移方式；2. 双向”，拾取主视图对称线，偏移距离“8”由键盘输入并回车。再次单击“平行线”工具，将立即菜单设置为“1. 偏移方式；2. 单向”，拾取主视图中底板的上边线，向上偏移距离“32”由键盘输入并回车。结果如图 10-17 主视图所示。单击“平行线”工具，拾取左视图中拱形体前面的投射线，向前偏移距离“25”由键盘输入并回车；再次单击“平行线”工具，拾取左视图中底板上表面投射线，向“上偏移距离”“32”由键盘输入并回车。单击“直线”工具（注意右下角的正交模式应是未选状态），将立即菜单设置为“1. 两点线；2. 单根”，按空格键出现“工具点”菜单，选择“交点（I）”，拾取拱形体前面的交点，键盘输入“I”，拾取底板上的交点，即可画出肋板的侧面投影线。结果如图 10-17 的左视图所示。

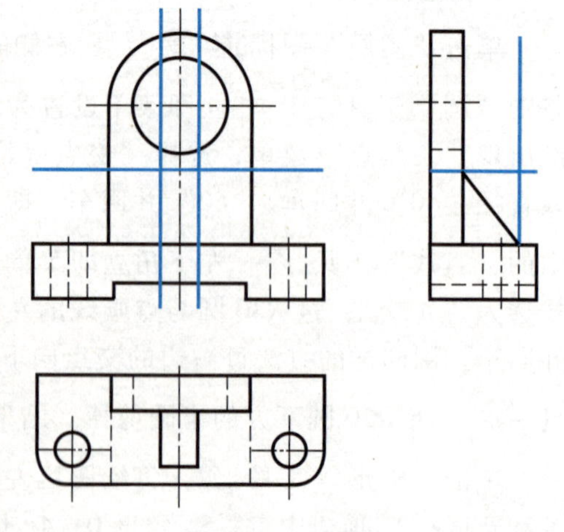

图 10-17　画肋板

单击“裁剪”工具，从端部开始将主视图中多余的线剪掉，拾取左视图中两条多余的线，单击“删除”工具，即可将其删除。结果如图 10-18 所示。

4. 标尺寸

单击绘图区上方的“尺寸标注”工具，将立即菜单设置为“1. 基本标注”，拾取俯视图中底板矩形的前边线和后边线，将其拖动到适当位置后单击确定尺寸线位置，自动标出底板的宽度 48。拾取底板上的圆弧线，将立即菜单设置为“1. 基本标注；2. 半径；3. 文字水平；4. 文字居中；5. 前缀 *R*；6. 后缀；7. 基本尺寸 16”，将其拖动到适当位置后单击确定尺寸线位置，自动标出底板连接圆弧的尺寸 *R*16。拾取俯视图中右边的小圆，将立即菜单设置为“2. 文字平行”；“6. 前缀 2%x%c”，其中“2”为小圆个数，“%x”显示为乘号，“%c”显示为直径 ϕ；“8. 尺寸值 16”。拖动到适当位置后单击，自动标出小圆直径 2×ϕ16，如图 10-18 所示。用同样的方法标出其他形体的定位和定形尺寸。结果如图 10-18 所示。

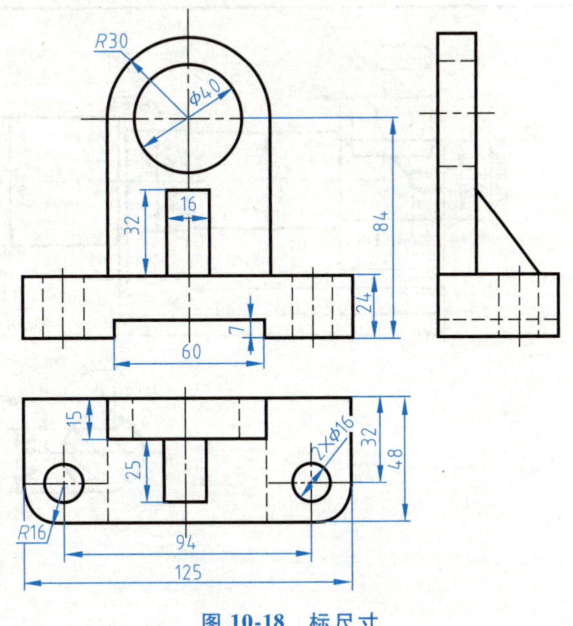

图 10-18　标尺寸

10.4　零件图的绘制

上机操作 3：画出如图 10-19 所示轴的零件图。

10.4.1　作图目的

1）熟悉轴类零件的绘图方法和技巧。
2）熟悉常用图形的提取方法。
3）掌握剖切符号的标注技巧。
4）熟悉尺寸及公差的标注、文字注写以及粗糙度符号的标注。
5）熟悉图幅操作与设置、标题栏的填写。

10.4.2　作图步骤

进入“CAXA CAD 电子图板 2020”绘图系统，在“新建”对话框中选择“BLANK”后单击“确定”，单击“保存”，将文件命名为“轴”。

1. 画轴主体（图 10-20）

单击“图层” 0层 右侧下三角按钮，在弹出的下拉菜单中选择“0 层”。单击“孔/轴”工具（注意“孔/轴”工具从左向右画，光标要向右引导）。立即菜单设置为“1. 轴；2. 直接给出角度；3. 中心线角度 0”，单击紫色坐标系附近某点作为插入点，此时

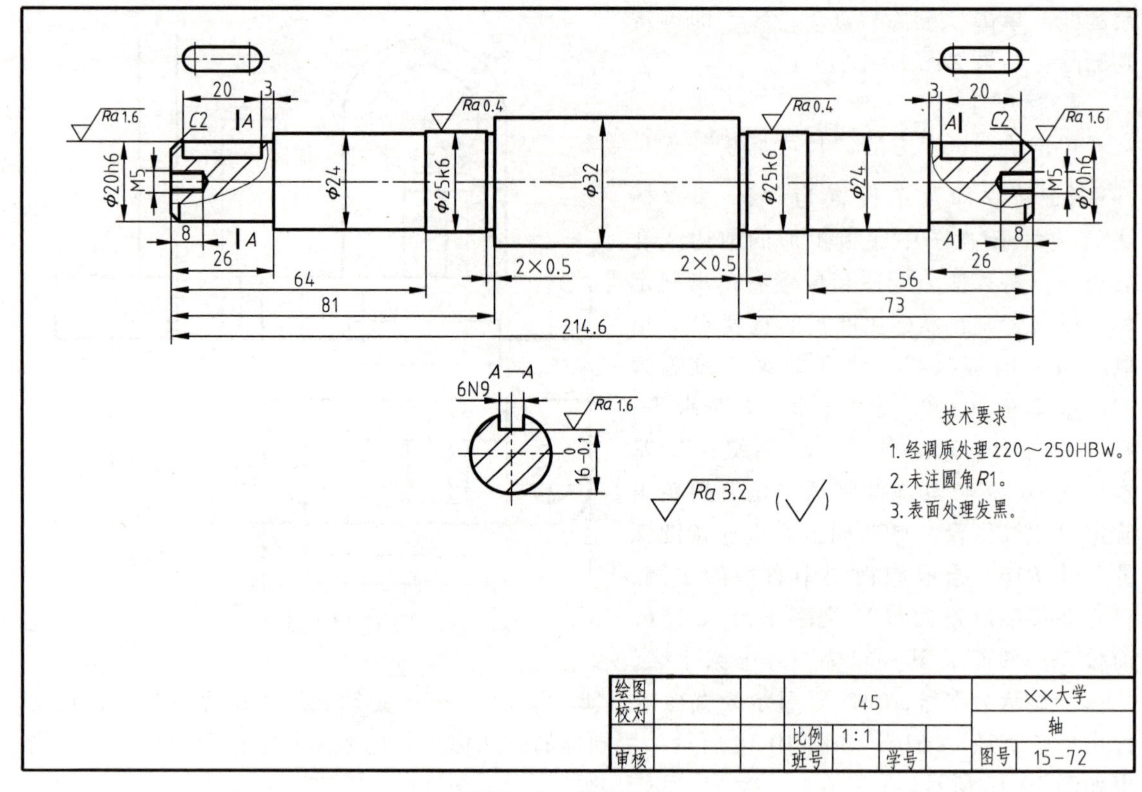

图 10-19 轴的零件图

立即菜单设置为“1. 轴；2. 起始直径 20；3. 终止直径 20；4. 有中心线；5. 中心线延伸长度 3”，键盘输入此段轴的长度为“26”并回车，即可画出左边第一段轴，用同样的方法画出右边各段轴，右击结束。如果绘制轴的过程中发生错误，可以删除有错误的部分，重新选插入点接着往右边绘制，右击结束。结果如图 10-20 所示。

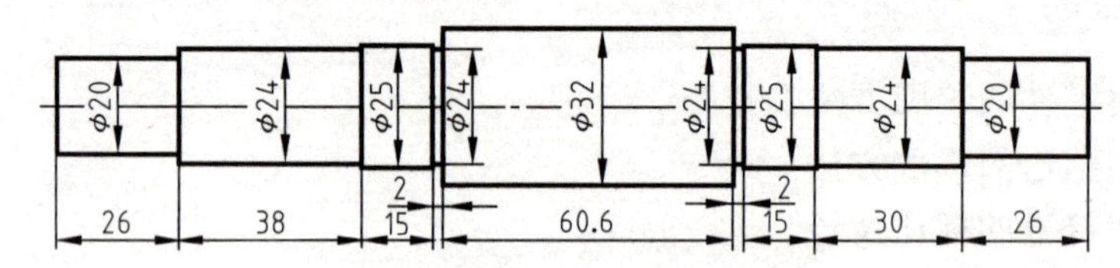

图 10-20 画轴主体

2. 画倒角及键槽（图 10-21）

单击修改工具条中的“过渡”工具，将左下角的立即菜单设置为“1. 外倒角；2. 长度和角度方式；3. 长度 2；4. 角度 45”，依次拾取图 10-20 中左端面投影线及其上、下轮廓线，再依次拾取图 10-20 所示的右端面投影线及其上、下轮廓线，即可画出左端及右端的外倒角，右击结束。结果如图 10-21 所示。

单击“平行线”工具，画出键槽的三条投影线，如图 10-21 左端所示，用同样的方法画出右端轴上的键槽。单击“裁剪”工具，剪去多余的线，如图 10-21 右端所示。

单击“插入图符”工具→双击“常用图形”→双击“常用剖面图”→双击“A 型轴

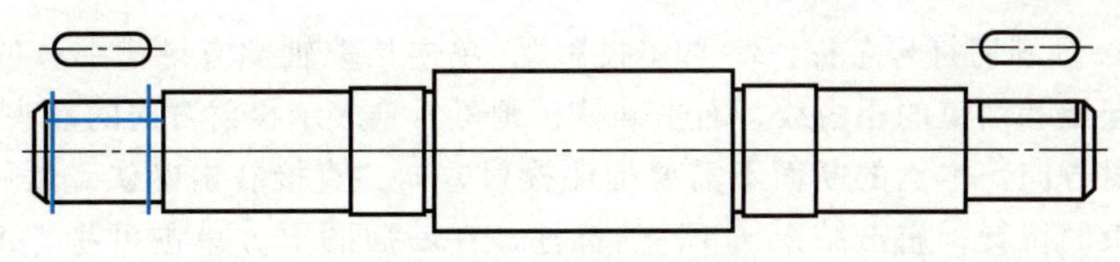

图 10-21 画倒角及键槽

平键”，在“D”下方列表中选择“22”，双击并将其改写为“20”；双击“b”下方的“8”并将其改写为“6”；“l*”下方列表中选择“20”，单击“完成”，即可提取A型普通平键的视图。在导航状态下将光标沿着左端键槽左轮廓线向上移动到适当位置后单击，输入角度“0”并回车。用同样的方法画出轴右端键槽的视图。结果如图10-21上部所示。

3. 画断面及内螺纹孔

单击→双击“常用图形”→双击“常用剖面图”→双击“轴截面”，在“d”下方列表中选择“22”，双击并将其改写为“20”，“b”下方列表中选择“6”，双击“t”并将其下方列表中的“3.5”改为“4”，单击“完成”。将插入点选在轴下方适当的位置，“图符旋转角度”由键盘输入“0”并回车，如图10-22所示。

单击→双击“常用图形”→双击“螺纹”→双击“螺纹盲孔”→尺寸规格选择：在“M”下方选择“5”，双击并将“L?”及“l?”下的数字“30”和“20”都改为“8”，单击“完成”。按空格键出现“工具点”菜单，选中“交点（I）”，拾取插入点为轴左端面投影线与中心线的交点位置，“图符旋转角度”由键盘输入“90”，用同样的方法画出右端的螺纹盲孔。

将轴两端的孔及槽做局部剖视：单击“图层” 0层 右侧下三角按钮，在弹出的下拉菜单中选择“细实线层”，单击“样条”工具，将立即菜单设置为“1. 直接作图；2. 缺省切矢；3. 开曲线；4. 拟合公差0”，单击轴端面外部（1次）、轴内部（2次）、轴上部（1次）四点画出波浪线，拾取该线并将其调整为适当形状。单击“剖面线”工具，将立即菜单设置为“1. 拾取点；2. 不选择剖面图案；3. 非独立；4. 比例5；5. 角度45；6. 间距错开0；7项不变”，单击拾取需要画剖面线的区域（注意：① 必须拾取封闭环内点；② 比例就是剖面线的间距）后右击确认，即可在剖面区域内画出剖面线。单击“裁剪”工具，剪掉多余的波浪线。结果如图10-22所示。

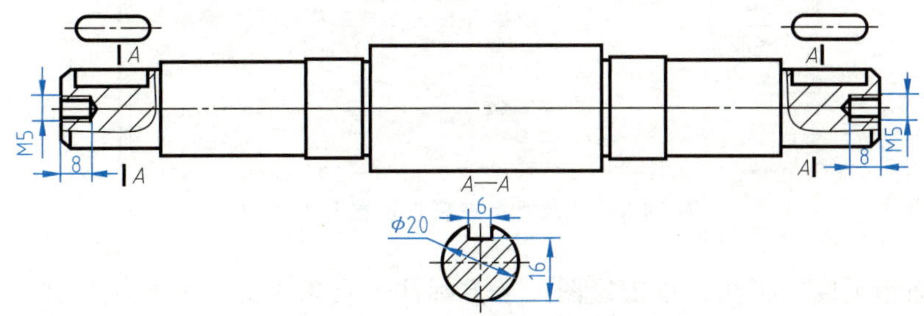

图 10-22 画断面及内螺纹孔

4. 进行剖切的标注（图10-22）

拾取绘图区上方标注工具条中的“剖切符号”工具，将立即菜单设置为“1. 垂直导航；2. 手动放置剖切符号名称；3. 真实投影”，单击拾取轴端有键槽部分的上方和下方，画出表示剖切起始和结束的粗短线，右击确认，则可看到表示投射方向的箭头，单击左边或右边以确定投射方向。本例的断面不需要标注投射方向，直接右击确认，然后单击将“*A*”放在起始和结束的位置，右击结束“*A*”的标注，在断面图上方单击可将“*A*—*A*”放置在断面图的上方。同理对另一端进行剖切标注。结果如图 10-22 所示。注意：在右击结束“*A*”的标注后须单击取消标注，因为此时不需要标注“*A*—*A*”。

5. 标注尺寸及表面粗糙度（图 10-19）

（1）线性尺寸的标注　单击“尺寸标注”工具 ，将左下角的立即菜单设置为“1. 基本标注”，标注出各线性尺寸。

注意：拾取两条平行的直线，则标注出该两线之间的距离；只拾取一条直线，则标注出该线的长度；拾取两条不平行的线，则标注出该两直线的夹角。

（2）直径的标注　标注直径 ϕ 时，应将立即菜单中的“3. 长度”设置为“3. 直径”，则立即菜单中的“5. 前缀”自动变为“5. 前缀 %c”（其中“%c”显示为直径 ϕ）。

（3）公差带表示及尺寸偏差的标注　标注“ϕ25k6”时，也可以保留立即菜单中的“3. 长度”，而在“5. 前缀”的后面填写“%c”，在“6. 后缀”的后面填写“k6”，即可标注出“ϕ25k6”。标注断面图中的尺寸 $16_{-0.1}^{0}$ 时，单击拾取键槽底面投影线，按空格键出现“工具点”菜单，选择“交点（I）”，单击拾取点画线与圆的下部交点后右击，出现如图 10-23 所示的对话框，将“输入形式”设置为“偏差”，“输出形式”设置为“偏差”，并在“上偏差”文本框内输入“0”，“下偏差”文本框内输入“-0. 1”，单击“确定”，即可标注出 $16_{-0.1}^{0}$。

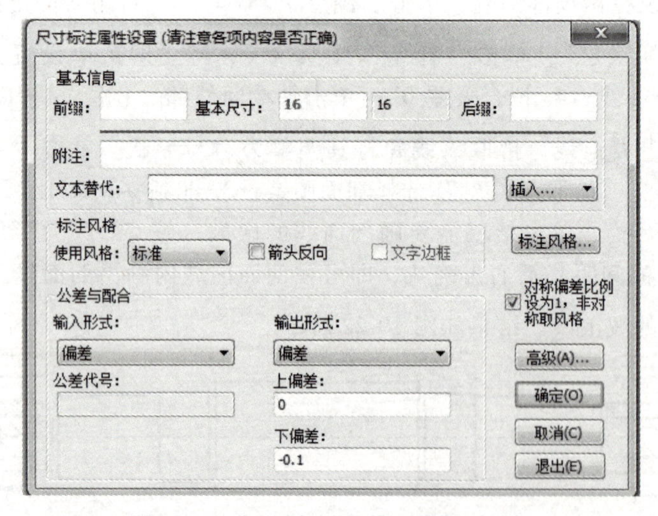

图 10-23　“尺寸标注属性设置”对话框

（4）表面粗糙度的标注　单击绘图区上方标注工具条中的“粗糙度”工具 ，系统默认的立即菜单为“1. 简单标注；2. 默认方式；3. 去除材料；4. 数值”，单击“1. 简单标注”右侧的下三角按钮，将“1. 简单标注”改为“1. 标准标注”，此时出现如图 10-24 所示的对话框，删除“下限值”中的数字，在横线下面的方框中填入“*Ra* 0. 4”，单击最左边的基本符号 ，再单击“确定”按钮，拾取“ϕ25k6”段轴的上轮廓线后单击，标注出如

图 10-19 所示的表面粗糙度，用同样的方法标注其他部位的表面粗糙度。

6. 调入图框及标题栏

单击绘图区上方菜单栏中的“幅面”，在下拉菜单中单击 “图幅设置（S）”，出现“图幅设置”对话框，选择：“图纸幅面”为“A4”，“图纸方向”为“横放”，“调入图框”为“A4A-A-Normal（CHS）”，“标题栏”为 Mechanical - A（CHS），单击“确定”按钮。

注意：如果所画图形不在图框中适当位置，可拾取图形后单击“平移”工具 ，单击选择第一输入点（即所移图形的作用点），平移至第二输入点（即落脚点）后再次单击，即可将图形移至图框中适当的位置。

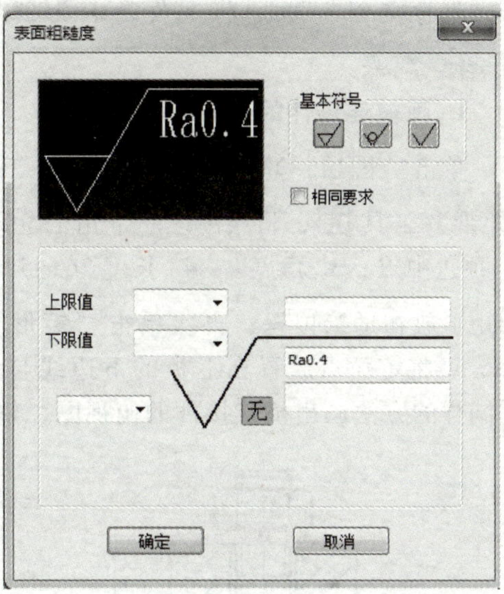

图 10-24 “表面粗糙度”对话框

7. 填写标题栏及技术要求

单击“幅面”→“标题栏”→“填写”，在出现的“填写标题栏”对话框中，填写相应的内容，填写完毕单击“确定”按钮即可。

单击“文字”工具 A，在标题栏上方按下鼠标左键并拖动给出第一角点和第二角点，画出指定要标注文字的矩形区域，在出现的“文字标注与编辑”对话框中，单击“插入”右侧的下三角按钮，选中粗糙度，删除“下限值”中的数字，在说明中填写“*Ra* 3.2”，单击“确定”按钮，即可插入“$\sqrt{Ra\ 3.2}$”，输入括号，在括号内用同样的方法再次插入粗糙度，删除各项数据，单击“确定”按钮，即可插入“$\sqrt{}$”。设置字高，再单击“确定”。用同样的方法可以在标题栏上方填写技术要求。

完成轴的零件图（图 10-19）后，单击“保存文档” 将其保存，完成作图。

10.5 标准件的绘制

上机操作 4：画出如图 10-25 所示螺柱连接的装配图。其中：螺柱 GB/T 898—1988 M10×30。

10.5.1 作图目的

1）熟悉图库的操作方法和技巧。
2）熟悉标准件图形的提取方法。
3）巩固剖面线的画法。
4）初步了解装配图的装配技巧。

10.5.2 作图步骤

进入“CAXA CAD 电子图板 2020”绘图系统，在“新建”对话框中选择 BLANK 后单击“保存文档”，将文件命名为“螺柱连接装配图”。将右下角的点捕捉状态设置为 导航 。

1. 画被连接件的俯视图和主视图

单击“图层” 0层 右侧的下三角按钮，在弹出的下拉菜单中选择“0 层”。单击“矩形”工具，将绘图区左下角的立即菜单“1”~“6”项分别设置为“1. 长度和宽度；2. 顶边中点；3. 角度 0；4. 长度 36；5. 宽度 16；6. 有中心线”，单击将表示上板正面投影的矩形放在适当位置；再次单击“矩形”工具，将“4. 长度”和“5. 宽度”均改为“36”，将定位点放置在上板的下边线与中心线交点处，即可画出表示下板主视图的矩形；用同样的方法画出被连接件的俯视图，整理点画线。结果如图 10-26 所示。

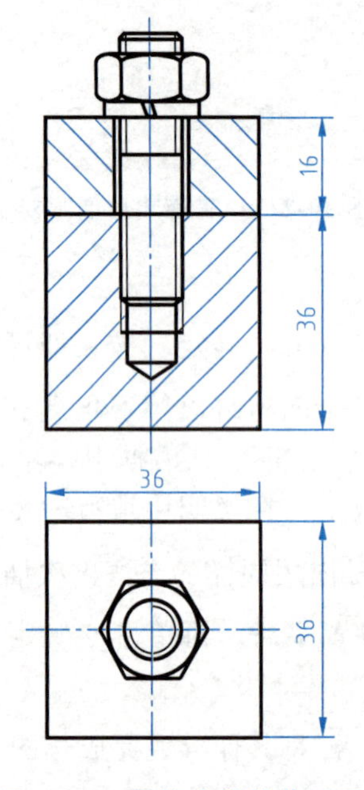

图 10-25 螺柱连接的装配图

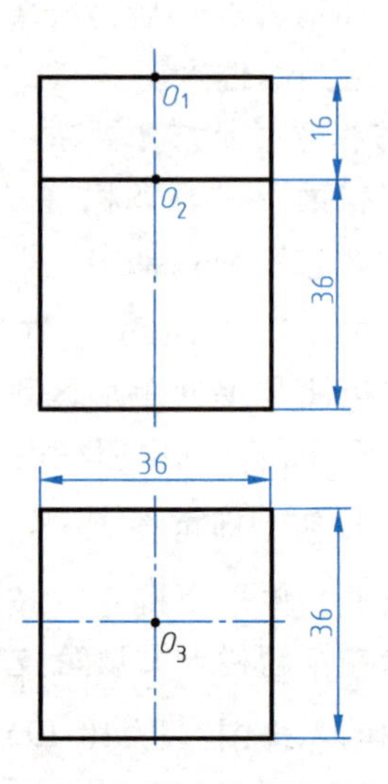

图 10-26 画被连接件及定位点

2. 从图库中提取标准件

（1）提取下板中的螺纹盲孔　单击“图库”工具，弹出“提取图符”对话框，如图 10-27 所示，依次双击“常用图形”→“螺纹”→“螺纹盲孔”，在如图 10-28 所示的“图符预处理”对话框中进行“尺寸规格选择”（规格“M10”，将“L?”下面的“30”改为“25”，其中“l?”不变，“尺寸开关”选择“关”，只保留视图“1”），然后单击“完成”，即可提取下板中的螺纹盲孔，将图符的定位点放在如图 10-26 所示的 O_2 处，键盘输入角度“0”并回车。结果如图 10-29 所示。

（2）画上板中的孔　单击“图层” 0层 右侧的下三角按钮，在弹出的下拉菜单中选择“0 层”。单击“平行线”工具，将立即菜单设置为“1. 偏移方式；2. 双向”，拾取主视图对称线，偏移距离“6”由键盘输入并回车。单击“裁剪”工具，将多余的线剪掉。结果如图 10-29 所示。

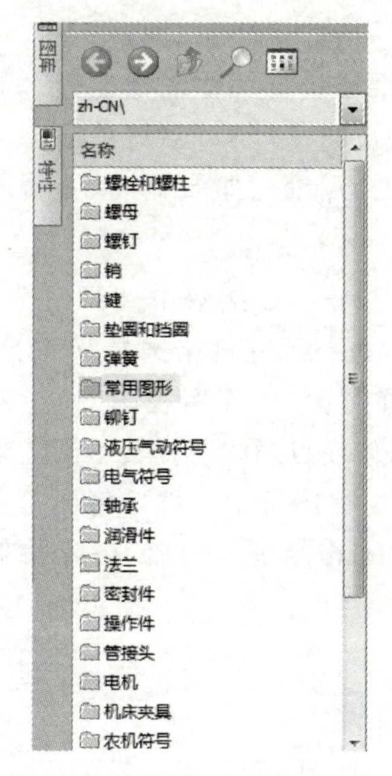

图 10-27　“提取图符”对话框

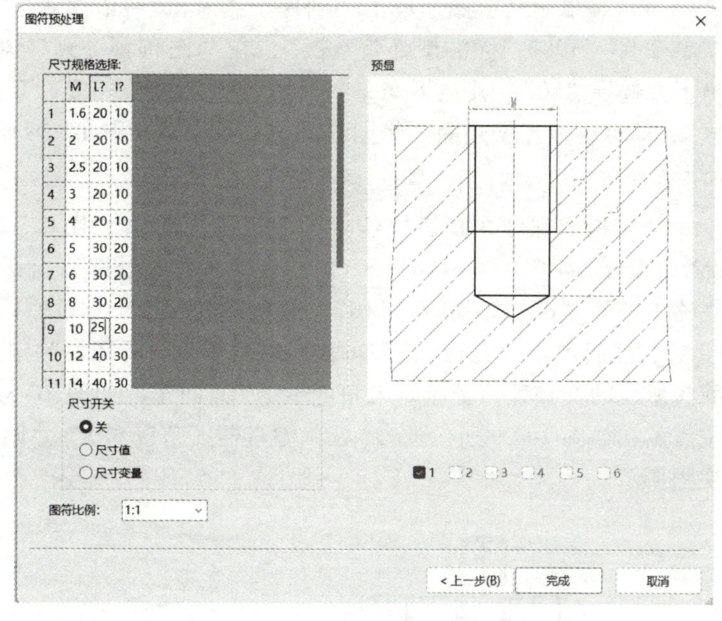

图 10-28　“图符预处理”对话框

（3）提取螺柱　单击“图库”工具→依次双击“螺栓和螺柱”→“双头螺柱”→“GB/T 899—1988 双头螺柱（bm = 1.5d）-A 型”，在“图符预处理”对话框中进行尺寸规格选择（规格“d”下方选择 18 行的“10”，“b”下方把“16”改为“20”，“l * ?”下方选择“30”，“bm”下方不变，“X”下方的“2.5”改为“0”，“尺寸开关”选择“关”，只保留视图“1”），然后单击“完成”，即可提取双头螺柱。单击将双头螺柱放在图纸适当的位置，键盘输入角度“90”并回车。单击双头螺柱，单击“平移”工具，立即菜单选项不变，按空格键出现“工具点”菜单，选择“交点（I）”，单击点画线与螺柱旋入端螺纹终止线的交点，然后单击图 10-26 中的 O_2 处。结果如图 10-30 主视图所示。

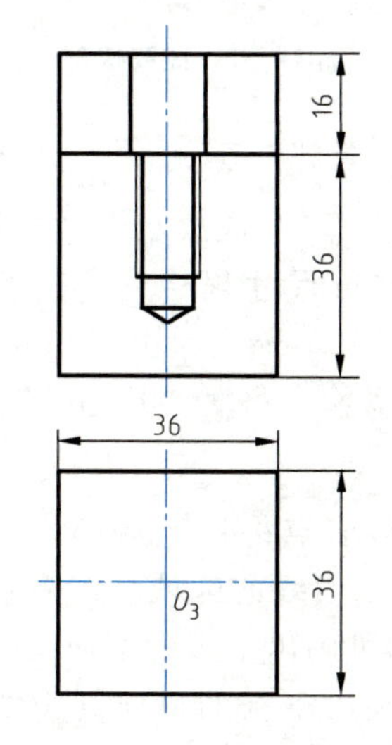

图 10-29　提取孔及定位点

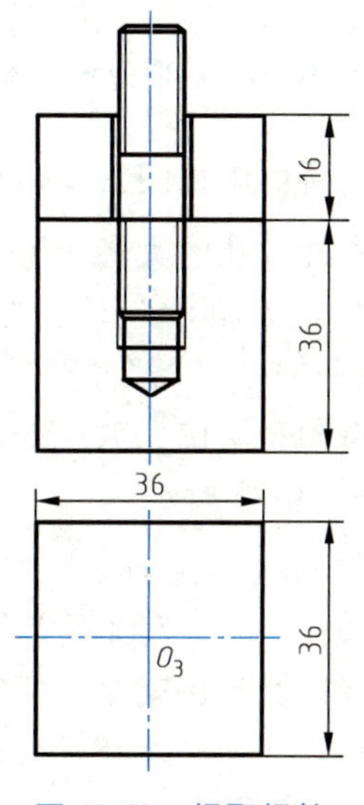

图 10-30　提取螺柱

（4）提取弹簧垫圈　单击“图库”工具→依次双击“垫圈和挡圈”→“弹簧垫圈”→“GB/T 93—1987　标准型弹簧垫圈”，在“图符预处理”对话框中进行尺寸规格选择（规格下方选择“10”，其他不变，“尺寸开关”选择“关”，只保留视图“1”），然后单击“完成”，即可提取弹簧垫圈。将图符的定位点放在如图 10-26 所示的 O_1 处，如图 10-31 主视图所示。

（5）提取螺母并画螺柱连接的俯视图　单击“图库”工具→依次双击“螺母”→“六角螺母”→“GB/T 6170—2015”，在“图符预处理”对话框中进行尺寸规格选择（注意：规格下方的“d”选项选择“10”，其他不变，“尺寸开关”选择“关”，保留视图“1”和“2”），然后单击“完成”，即可提取六角螺母。将图符的定位点放在点画线与弹簧垫圈上端面投影线的交点处，键盘输入角度“0”并回车，如图 10-32 的主视图所示。然后将图符定位点放在如图 10-29 所示的 O_3 处，键盘输入角度“0”并回车，右击结束，如图 10-32 的俯视图所示。

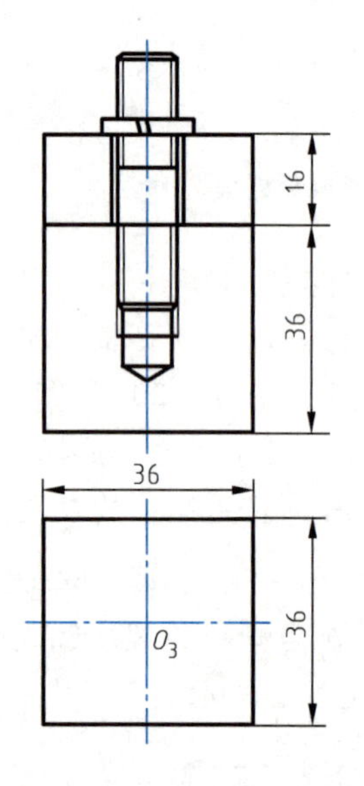

图 10-31　提取弹簧垫圈

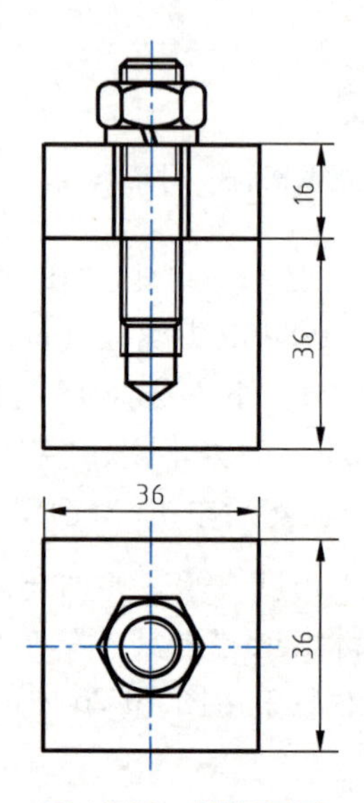

图 10-32　提取螺母

画螺柱连接的俯视图。单击螺母俯视图的投影，单击“分解”工具。单击拾取螺母俯视图中代表螺纹孔的大径圆和小径圆，单击“删除”工具。依次双击“常用图形”→“螺纹”→“外螺纹-粗牙”，在“图符预处理”对话框中进行尺寸规格选择，规格下方的“d”选项选择“10”，“尺寸开关”选择“关”，保留视图“1”，然后单击“完成”，即可提取外螺纹。将图符定位点放在如图 10-29 所示的 O_3 处，键盘输入角度“0”并回车，右击结束。结果如图 10-25 所示。

单击“剖面线”工具，将立即菜单设置为“1. 拾取点；4. 比例 5；5. 角度 45；6. 间距错开 0；2、3、7 项不变”，单击拾取上板中需要画剖面线的区域（注意：①必须拾取封闭环内点；②比例就是剖面线的间距），右击确认，即可画出上板的剖面线。用同样的方法，只需将“3. 角度 45 ”改成“3. 角度 135”即可画出下板的反向剖面线。结果如图 10-25 的主视图所示。

单击左上角的按钮保存，完成作图。

注意：以上介绍的提取图符方法不是唯一的，也可以单击绘图区左侧的“图库”，从中提取标准件。

螺栓、轴承、键等标准件的提取方法，与螺柱的提取方法类似。

10.6　装配图的绘制

上机操作5：完成如图10-33所示传动器装配图的主视图。

10.6.1　作图目的

1）掌握装配图的绘图方法和过程。
2）掌握块操作的方法和技巧。
3）巩固标准件及常用图形的提取技巧。
4）掌握零件序号的标注及明细栏的填写方法。

10.6.2　作图步骤

1. 各种零件的块创建

（1）绘制零件图并创建“块”保存　根据所给的各种规格零件的尺寸，按照装配图中所需要的视图画好，并生成块保存为：01-01、01-02、…、01-08，其基准点设定为定位面投影线与轴线的交点，例如件2带轮的定位点为右端面投影线与轴线的交点。

以图10-19所示轴的块创建为例，拾取轴主视图的所有几何元素（不包括尺寸和表面粗糙度），单击左侧绘图工具条下部的“创建块”工具（或右击选择“块创建”），单击拾取该轴中间段中点与轴线的交点作为基点，则出现如图10-34所示的“块定义”对话框，在“名称”右侧下拉列表框中填写“轴”，单击“确定”即可将轴创建为块。

（2）标准件的提取　按图10-33所示明细栏中所提供的标准件型号和规格从图库中提取，如果在图库中提取的标准件基点与装配要求不符合，则需要单击“分解”工具将其打散，重新选择基点将其创建为块。

2. 图幅设置

单击主菜单中的“幅面”，在其下拉菜单中选中 图幅设置(S)，则出现“图幅设置”对话框，如图10-35所示。“图纸幅面”选“A3”，“绘图比例”选“1∶1”，“图纸方向”选择“横放”，“调入图框”选择“A3A-A-Normal（CHS）”，“标题栏”选择“Mechanical-A（CHS）”，单击“确定”，得到带有标题栏的图框。单击“保存文档”，将其命名为“传动器”。

3. 装配——“并入”零件

单击“文件”，在其下拉菜单中单击“并入”，在“传动器”文件夹中选中“01-05”（箱体），单击“打开”，选择“并入到当前图纸”，单击“确定”，单击将其放在图纸中适当的位置，键盘输入旋转角度“0”并回车。用同样的方法并入“01-04”（纸垫圈），将纸垫圈的定位点与箱体右端面投影线的中点重合。拾取元素“纸垫圈”，再单击“镜像”工具

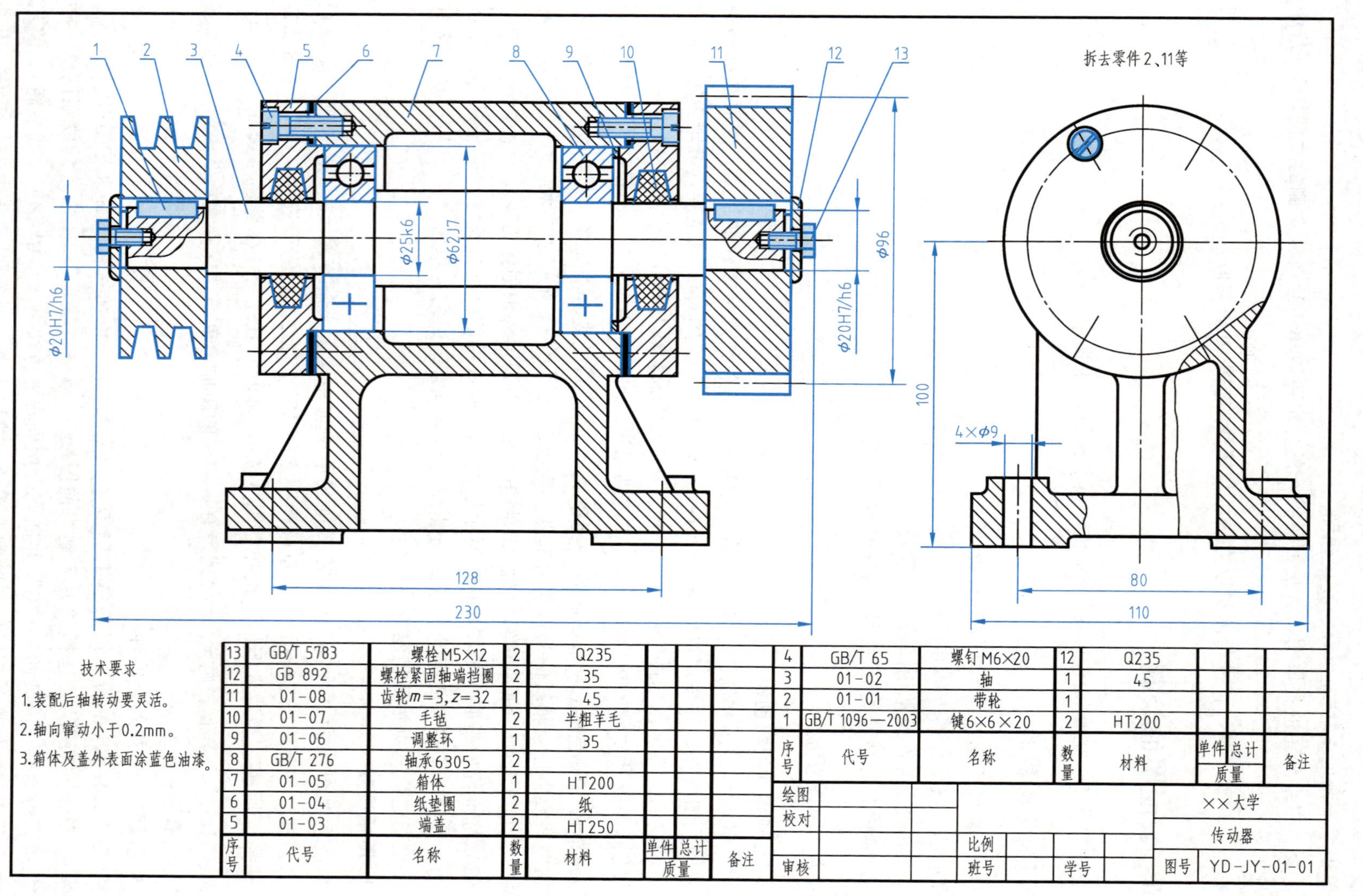

图 10-33 传动器装配图

，左下角立即菜单设置为“1. 选择轴线；2. 拷贝”，再拾取箱体左右对称线为轴线，可得到箱体左边的纸垫圈。为了便于装配，将三者打包生成块，在“块定义”对话框中输入“箱体组件”，基点设置为箱体左右对称线与中孔轴线的交点，如图 10-36 所示。

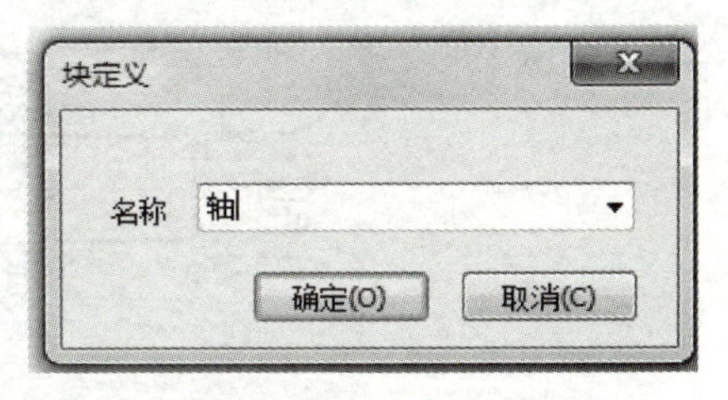

图 10-34 “块定义”对话框

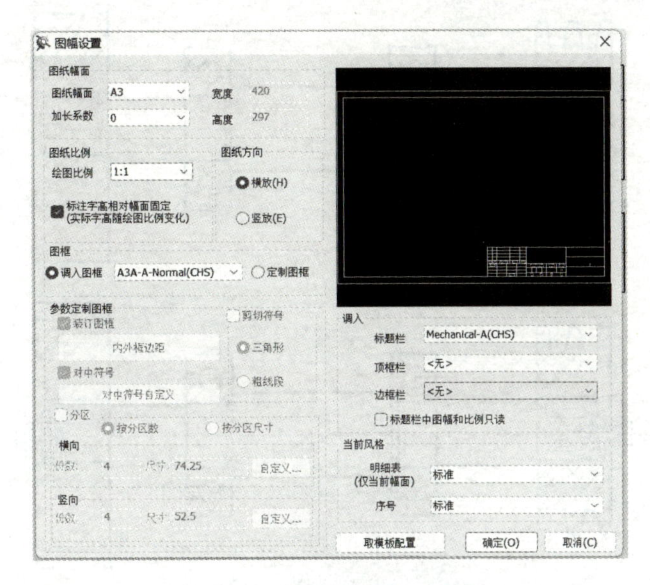

图 10-35 “图幅设置”对话框

单击“文件”，在下拉菜单中单击“并入”，在“传动器”文件夹中选中“01-02”(轴)，单击“打开”，选择“并入到当前图纸”，单击“确定”，单击将其放在图纸中图框外的空闲位置，键盘输入旋转角度“0”并回车。单击绘图区左侧上方的“图库”→双击“轴承”→双击“深沟球轴承”→双击“GB/T 276—2013 深沟球轴承 60000 型 03 系列”→单击选择代号“6305”（系统默认“尺寸开关”为“关”，视图“1”）→单击“完成”，即可提取该轴承。将定位点与轴上 $\phi32$ 段右端面投影线与轴线交点重合，键盘输入旋转角度“0”并回车。拾取该轴承，再单击“镜像”工具，左下角立即菜单设置为“1. 选择轴线；2. 拷贝”，拾取轴上 $\phi32$ 段左右对称线为轴线，可得到轴上左边的轴承。拾取轴后右击，在出现的下拉菜单中选择“消隐”，如图 10-37a 所示。

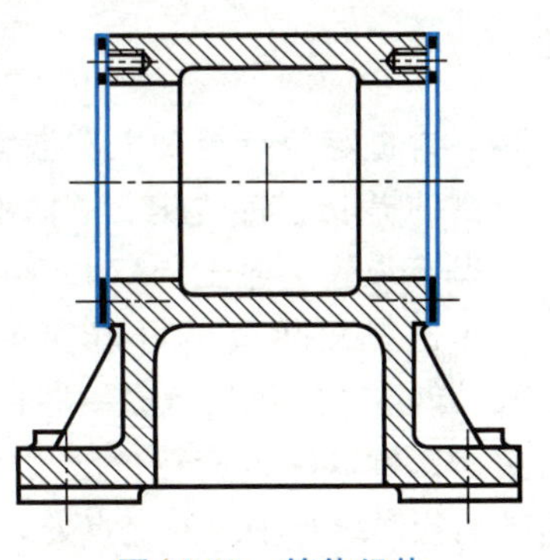

图 10-36 箱体组件

单击绘图区左侧上方的“图库”→双击“键”→双击“平键”→双击“GB/T 1096—2003 普通平键-A 型”→在“图符预处理”对话框中进行尺寸规格选择（规格“b”选 6，“L＊?”选 20，“s”选项改为“0”，“尺寸开关”默认为“关”，只保留视图“1”）→单击“完成”，即可提取该键。将键的定位点与轴上左端键槽左下角的点重合，键盘输入旋转角度“0”并

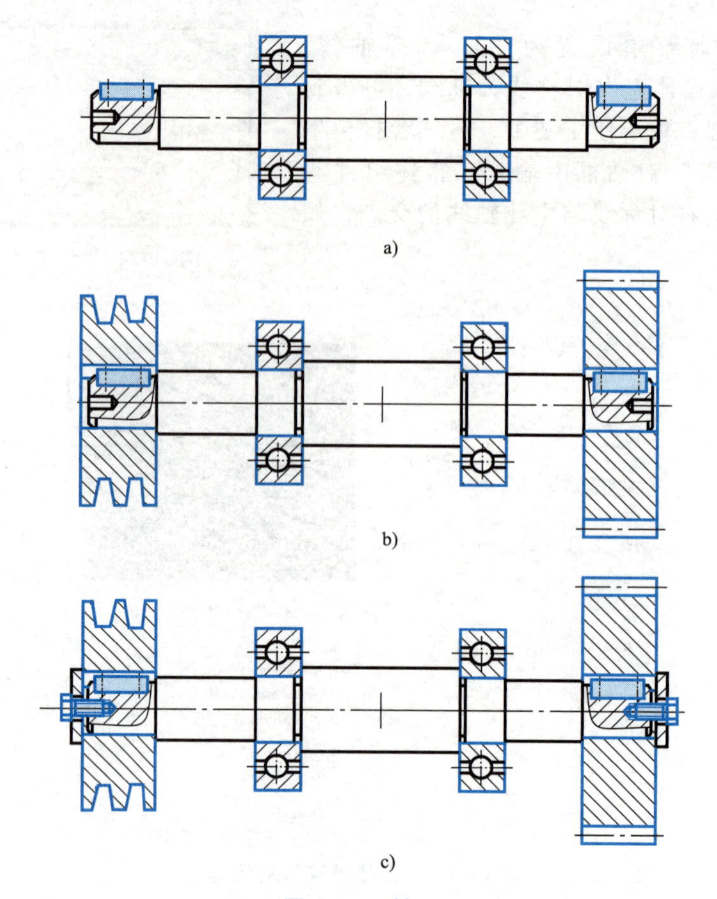

图 10-37　轴系

a）轴系 1　b）轴系 2　c）轴系 3

回车。再将定位点与轴上右端键槽左下角的点重合，键盘输入旋转角度“0”并回车。右击结束键的提取。将“键”“轴承”“轴”打包生成块，在“块定义”对话框中输入“轴系1”，基点设置为轴上 ϕ32 段轴的轴线中点。结果如图 10-37a 所示。

单击“文件”，在下拉菜单中单击“并入”，在“传动器”文件夹中选中“01-01”（带轮），单击“打开”，选择“并入到当前图纸”，单击“确定”，将其放在图纸中适当的位置后单击，键盘输入旋转角度“0”并回车。单击拾取“带轮”，将其基点放在轴上 ϕ24 段左边轴肩投影线与轴线的交点处。用同样的方法并入“01-08”（齿轮），拾取“轴系 1”后右击，在出现的下拉菜单中选择“消隐”。为了便于装配，将带轮、齿轮、“轴系 1”打包生成块，在“块定义”对话框中输入“轴系 2”，基点与“轴系 1”相同。结果如图 10-37b 所示。

单击绘图区左侧上方的“图库”→双击“垫圈和挡圈”→双击“轴端挡圈”→双击“GB/T 892—1986 螺栓紧固轴端挡圈”→选择轴径 = 20（系统默认“尺寸开关”为“关”，保留视图“2”）→单击“完成”，即可提取该挡圈。将定位点与齿轮右端面投影线与轴线的交点重合，键盘输入旋转角度“0”并回车。用镜像的方法获得左端的轴端挡圈，将其基点平移放在带轮左端面投影线与轴线交点处。单击绘图区左侧上方的“图库”→双击“螺栓和螺柱”→双击“六角头螺栓”→双击“GB/T 5783—2016 六角头螺栓 全螺纹”→在“图符预处理”对话框中选择“M5”，“L * ?”选 12（系统默认“尺寸开关”为“关”，视图“1”）→单击

“完成”，即可提取该螺栓。将定位点放在左边轴端挡圈左端面投影线与轴线交点处，键盘输入旋转角度“0”并回车。再将螺栓定位点放在右边轴端挡圈右端面投影线与轴线交点处，键盘输入旋转角度“180”并回车。将轴端挡圈、螺栓、“轴系2”再一次打包生成块，在“块定义”对话框中输入“轴系3”，基点与“轴系2”相同。结果如图10-37c所示。

用前述方法并入“01-03”（端盖），放置在空闲位置，再并入“01-07”（毛毡），将毛毡的定位点和端盖内凹槽右上角点重合。拾取“毛毡”后右击，在下拉菜单中选择“消隐”。为了便于装配，将毛毡、端盖打包生成块，在“块定义”对话框中输入“毛毡及端盖”，基点为端盖左侧第2个端面的最上顶点。结果如图10-38所示。

拾取“毛毡及端盖”将其定位点与纸垫圈的右端面顶点重合，用镜像的方法可得到左边的“毛毡及端盖”。结果如图10-39所示。

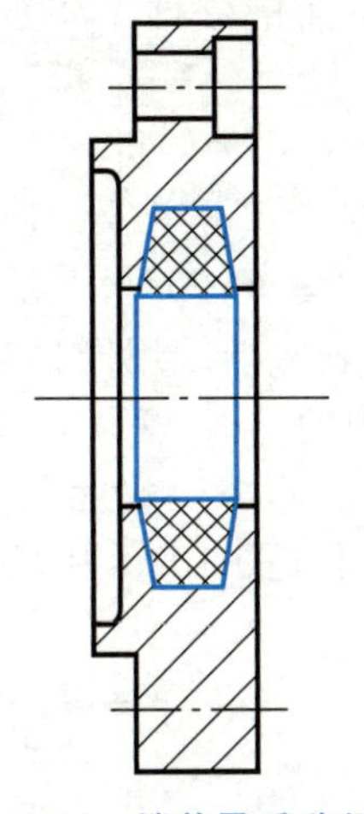

图10-38　端盖及毛毡组件

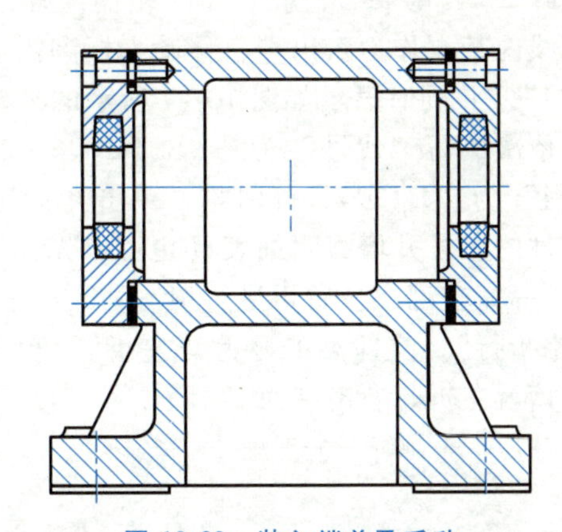

图10-39　装入端盖及毛毡

拾取“轴系3”，将其定位点与“箱体组件”基点重合，然后平移调整“轴系3”，使得“轴系3”中左边轴承的左端面与左端盖的最右端重合。并入文件“01-06”（调整环），将其定位点与右边轴承的右端面中点重合。拾取“轴系3”后右击；在下拉菜单中选择“消隐”。结果如图10-40所示。

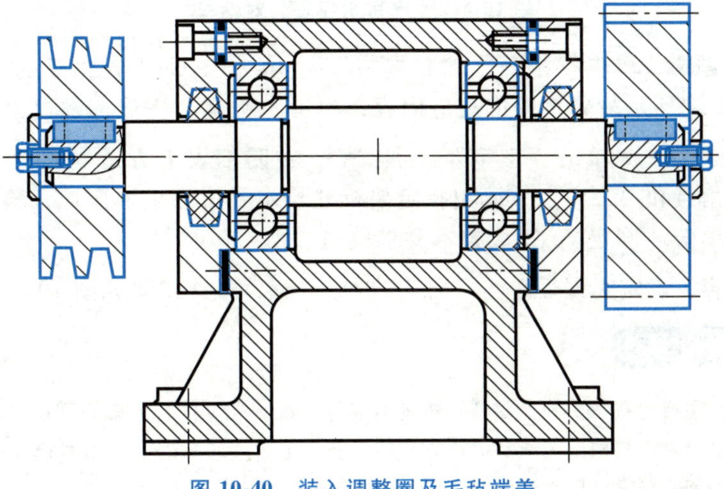

图10-40　装入调整圈及毛毡端盖

单击绘图区左侧上方的“图库”→双击“螺钉”→双击“圆柱头螺钉”→双击“GB/T 65—2016 开槽圆柱头螺钉”→在“图符预处理”对话框中进行尺寸规格选择（规格“M6”，“L＊?”选“20”，“尺寸开关”选择“关”，只保留视图“1”)→单击“完成”，即可提取该螺钉。将定位点放在左边端盖上沉孔底部投影线与轴线交点处，键盘输入旋转角度“0”并回车。将定位点放在右边端盖上沉孔底部投影线与轴线交点处，键盘输入旋转角度“180”并回车，右击结束螺钉的提取。结果如图 10-33 的主视图所示。

4. 标注尺寸

单击“尺寸标注”工具，标注装配图中必要的尺寸。作图结果如图 10-33 的主视图所示。

5. 生成序号并填写明细栏、标题栏等

（1）生成序号　单击“幅面”→“序号”→“生成”，左下角的立即菜单设置为“1. 序号=1；2. 数量 1；3. 水平；4. 由内向外；5. 显示明细表；6 填写；7. 单折”，单击左边键轮廓线内某点作为引出点，移动光标到图形轮廓线之外适当位置作为转折点，自动标注出序号“1”，并同时显示如图 10-41 所示的“填写明细表”对话框。双击序号“1”右侧的各空格，依次填写“代号”为“GB/T 1096—2003”、“名称”为“键 6×20”、“数量”为“2”、“材料”为“HT200”等内容，单击“确定”，即可生成明细表。继续用同样的方法标注其他零件的序号并填写明细表（也可以先标序号，将立即菜单中的“6. 填写”改为“6. 不填写”，标完全部序号后再进行填写）。当需要将明细表折行时，单击“幅面”→“明细表”→“表格折行”，立即菜单显示“左折”，单击拾取要折行的表项（图 10-33 中的第 5 行），即可从该行左折，右击结束。

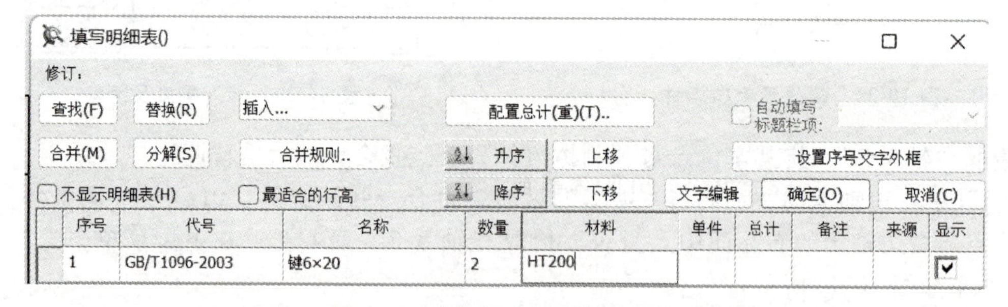

图 10-41　“填写明细表”对话框

（2）填写标题栏　单击“幅面”→“标题栏”→“填写”，即可在出现的“标题栏”对话框中填写如图 10-33 所示标题栏中的相应内容，单击“确定”完成标题栏的填写。

（3）填写技术要求　单击“文字”工具 **A**，在明细表上方适当位置，按下鼠标左键并拖动给出第一角点和第二角点，画出指定要标注技术要求的矩形区域，输入图 10-33 中的技术要求内容，单击“确定”，完成技术要求填写。

检查各项内容，确定无误后单击“保存文档”，最终结果如图 10-33 所示。

课外拓展训练

以小组为单位，在模型室找出轴类零件、轮盘类零件、箱体类零件、叉架类零件等，测量出它们的尺寸，分析它们的技术要求、结构工艺性及表达方法等。在小组讨论的基础上，用 CAXA CAD 电子图板，画出一张最佳表达方案的完整零件图。

第11章　SolidWorks三维建模基础

本章学习要点

重点掌握 SolidWorks 2021 的基本操作方法，掌握草图绘制及编辑技巧，掌握三维建模方法，能够熟练运用 SolidWorks 2021 的各种常用命令绘制三维立体图；掌握由三维立体生成工程图样的操作方法。

本章学习难点：草图绘制及编辑，三维建模方法（建模思路）。

引例

随着计算机技术以及 3D 打印技术的发展，三维计算机绘图应用越来越普遍，并在产品设计与制造中体现出极大优越性，用三维绘图软件设计的三维图形，不仅可以多视角观察，而且可以直接投影为二维工程图，也可以直接通过 3D 打印机输出实际产品，可大大缩短产品的设计周期、提升工作效率、降低设计成本。对于复杂的零件，先建模再出二维图已经逐渐成为设计人员的首选。为了"加快建设制造强国"，达到新工科培养的目的，新时代的工程技术人员有必要掌握三维建模设计技术。

图 11-1a 所示为用 SolidWorks 2021 绘制的三维立体图形，图 11-1b 所示为用 SolidWorks 2021 将图 11-1a 中的三维立体图生成的二维三视图。

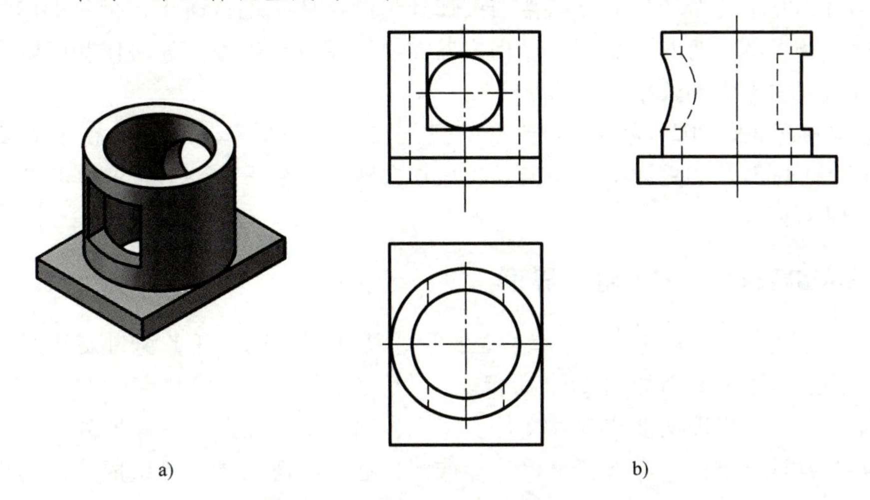

图 11-1　SolidWorks 2021 两种图形

a）三维立体图　b）由三维立体图生成的二维三视图

11.1 SolidWorks 2021 软件简介

11.1.1 概述

SolidWorks 软件是美国 SolidWorks 公司开发的三维 CAD 产品，是一个在 Windows 环境下进行的数字化造型设计软件，因其交互界面友好，在国际上得到了广泛的应用。SolidWorks 软件将产品设计置于 3D 空间环境中进行，可以实现机械零件设计、装配体设计、电子产品设计、钣金设计、模具设计等。除了进行产品设计外，SolidWorks 软件还集成了强大的辅助功能，可以对设计的产品进行三维浏览、装配干涉模拟、碰撞和运动分析、受力分析等。SolidWorks 软件不仅是一个简单的三维建模工具，而且是一套高度集成的 CAD/CAE/CAM 一体化软件，是一个产品级的设计和制造系统，可以为工程师提供一个功能强大的模拟工作平台。

SolidWorks 软件主要有以下几个方面的特点：

1）SolidWorks 软件是基于三维造型的设计软件，它的基本设计思路是实体造型→虚拟装配→二维图纸。

2）SolidWorks 软件采用的是参数化尺寸驱动建模技术。当改变尺寸时，相应的模型、装配体、工程图的形状和尺寸将随之变化，非常有利于新产品在设计阶段的反复修改。

3）SolidWorks 软件的 3 个基本模块联动。SolidWorks 具有 3 个基本模块，即零件、装配体及工程图模块，改动任意一个模块，其他的两个模块会自动跟着改变。

4）SolidWorks 软件利用设计树（特征管理器）技术，详细地记录零件、装配体和工程图环境下的每一个操作步骤，修改更加便利。

5）SolidWorks 软件为用户提供了功能完整的 API 开发工具接口，通过数据转换接口，可以将目前市场上绝大多数的机械 CAD 软件集成到 SolidWorks 软件的设计环境中来。其支持的数据标准有 IGES、STEP、SAT、STL、DWG、DXF、VDAFS、VRML、Parasolid 等。

SolidWorks 2021 的新增功能可以帮助设计人员的设计实现自动化，精简工作流程、提高性能和质量，从根本上改变产品开发过程，以加快产品设计进程；为协作和团队合作提供扩展支持，以提高创造力和效率。

本章以 SolidWorks 2021 为例，重点介绍三维实体建模的基本方法。在工程设计中使用 SolidWorks 2021 所涉及的更详细的功能及其操作方法，请参看软件自带的 SolidWorks 课程指导教程及专门书籍。

11.1.2 SolidWorks 2021 用户界面

SolidWorks 的用户界面包括菜单栏、工具栏、特征管理区、任务窗口及状态栏等。新建一个零件文件后，用户界面如图 11-2 所示。

装配体文件、工程图文件与零件文件的用户界面类似，在此不一一罗列。

界面最上方是菜单栏，由下拉菜单、标准工具栏、状态工具栏等组成。菜单栏下方有特征、草图、标注、评估等工具栏（单击不同的操作，显示相应的工具栏，图 11-2 中显示的是特征工具栏），界面左侧是特征管理区，中间是绘图（三维建模）区，绘图区上方有视图工具栏。其中特征造型工具栏、草图工具栏是三维建模时经常使用的，窗口底部的状态栏则可以提供设计人员正执行的功能有关信息。SolidWorks 软件采用图标的方法，通过一种特定的窗口（树状特征管理设计窗口），让使用者了解模型基本特征的结构。借助树状特征管理设计窗口，可以显示建立的特征顺序，如图 11-2 左边区域所示，可以看到通过凸台-拉伸 1、凸台-拉伸 2、切除-拉伸 1 三步创建出图中的三维模型。

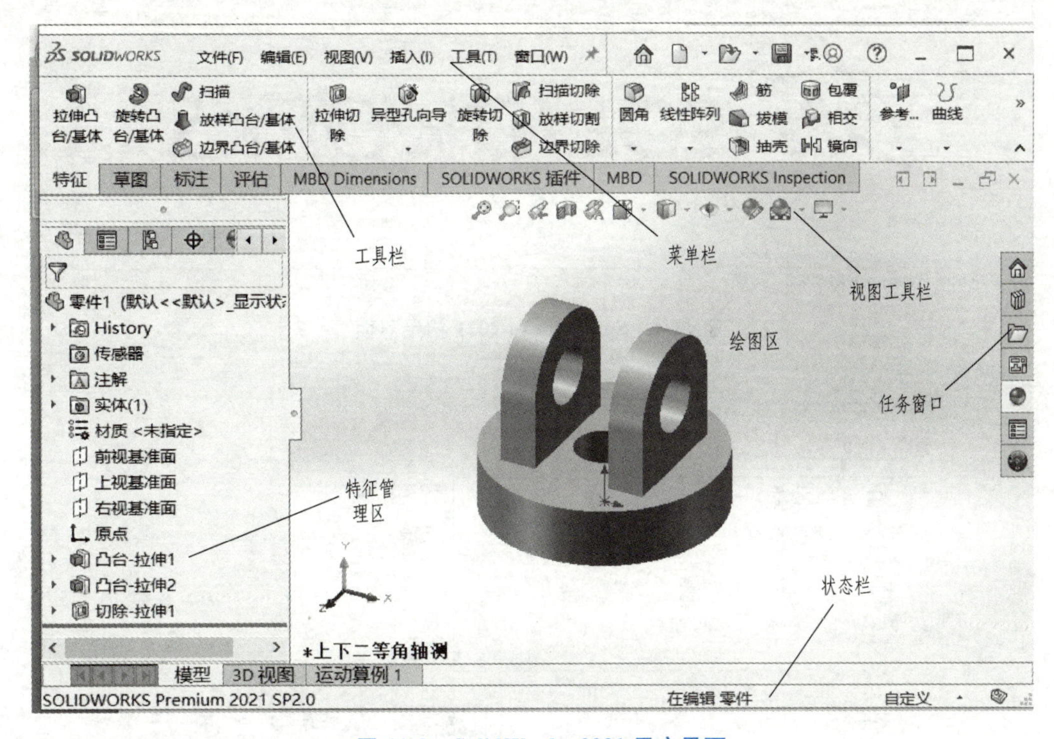

图 11-2　SolidWorks 2021 用户界面

SolidWorks 软件采用可驱动尺寸的方法设计。制作特征时，需要确定草图中各实体的尺寸大小，采用可驱动尺寸或智能尺寸的方法，使实体的尺寸符合设计者的要求。

SolidWorks 软件的下拉菜单，提供了 SolidWorks 软件所有的命令。对于常用的命令，可以在绘图区域四周的各工具栏中直接选择相应按钮。用户也可以自定义工具栏，以便于绘制图样。

11.1.3　SolidWorks 2021 基本操作

（1）新建文件　双击计算机桌面上如图 11-3 所示的图标，运行该软件后，弹出的 SolidWorks 2021 初始界面如图 11-4 所示。单击“文件”，在出现的下拉菜单中单击“新建”或单击主界面上方的“新建”图标，出现“新建 SOLIDWORKS 文件”对话框。

“新建 SOLIDWORKS 文件”对话框有两个版本可供选择：一个是高级版本，另一个是新手版本。高级版本的对话框如图 11-5 所示，依次为“gb_part”“gb_assembly”“gb_a0”~“gb_a4”和“gb_a4p”图标，生成工程图后按国家标准规定的单位显示尺寸。单击图 11-5

图 11-3　SolidWorks 2021 图标

中的“新手”按钮，将切换成如图 11-6 所示的新手版本显示模式，依次为“零件”“装配体”“工程图”图标，根据要创建的文件类型，单击相应图标后，单击“确定”按钮，就可以建立相应类型的文件。

图 11-4　SolidWorks 2021 初始界面

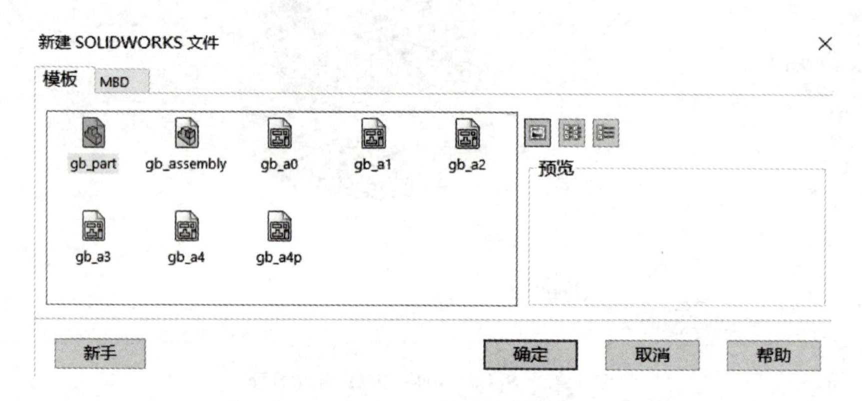

图 11-5　高级版本的“新建 SOLIDWORKS 文件”对话框

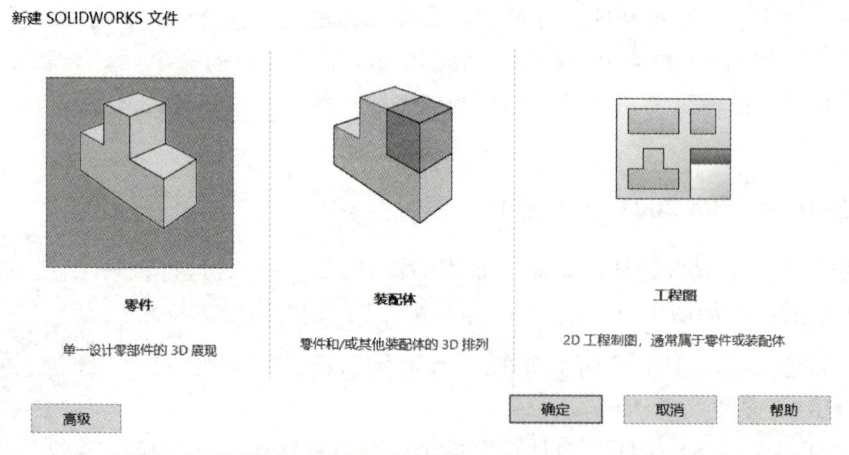

图 11-6　新手版本的“新建 SOLIDWORKS 文件”对话框

（2）打开文件　当需要打开已有的文件继续编辑时，单击菜单栏中的“文件”，在弹出的下拉菜单中单击“打开”或单击主界面上方的图标，执行打开文件命令。系统弹出

“打开”文件对话框，找到所存文件的位置，选取了需要的文件后，单击对话框中的“打开”按钮，就可以打开所选择的文件，对其进行相应的编辑和操作。

（3）保存文件　已编辑和操作的图形只有保存起来，才能在后续需要使用时打开该文件进行相应的编辑和操作。在菜单栏中单击“文件”→“保存”命令，或者单击“保存”图标右侧的下三角按钮，出现 保存、另存为、保存所有、发布到 eDrawings 四个选项，单击选择相应的选项，执行保存文件命令。

（4）鼠标操作　在使用 SolidWorks 软件绘制三维实体时，必须使用鼠标键。鼠标的左键、右键和中键在 SolidWorks 软件中有着不同的意义。鼠标键的作用如下。

1）鼠标左键：在特征管理器窗口中可以选取几何形状图的对象、选项和其他对象。

2）鼠标右键：针对光标所指的位置会出现不同的下拉菜单。菜单的内容会随着光标所在对象的不同而改变，其中包括常用命令的快捷方式。

3）鼠标中键（中轮）：只能在图形区使用，一般用于旋转、平移和缩放。在零件图和装配体的环境下，按住鼠标中键不放，移动鼠标就可以实现旋转；在零件图和装配体的环境下，先按住<Ctrl>键，然后按住鼠标中键不放，移动鼠标就可以实现平移；在工程图的环境下，按住鼠标中键，就可以实现平移。

11.2　常用工具命令

SolidWorks 常用的工具栏有标准工具栏、特征工具栏、草图工具栏、装配体工具栏、工程图工具栏、视图工具栏、插件工具栏，当鼠标指针放在工具栏上时会出现相应说明，使用与 Windows 一致，简要说明如下。

11.2.1　标准工具栏

标准工具栏如图 11-7 所示，这是一个简化后的工具栏，本节只说明其常用部分。

图 11-7　标准工具栏

①：打开“欢迎使用 SolidWorks”对话框。

②：创建新的文件。

③：打开已有的文件。

④：保存活动文档。

⑤：显示“打印”对话框。

⑥：撤销上次操作。

⑦：选择按钮，用来选择草图实体、边线、顶点、零部件等。

⑧：启动 SolidWorks 提供的在线帮助文件，解答用户对系统操作的疑惑。

11.2.2 草图工具栏

草图工具栏包含了绝大多数与草图绘制有关的功能，如图 11-8 所示。单击“直线”或“圆”等相应的图标即可进行草图绘制。SolidWorks 2021 在草图中，把“倒角”操作放在选项中，单击右侧下三角按钮，有“绘制圆角”“绘制倒角”可供选择。“中心线”放在选项中，单击右侧的下三角按钮，有“直线”“中心线”“中点线”可供选择。

图 11-8 草图工具栏

11.2.3 特征工具栏

特征工具栏提供生成模型特征的工具，其中命令功能很多，如图 11-9 所示。特征包括多实体零件功能，可在同一零件文件中包括单独的拉伸、旋转、放样或扫描特征。

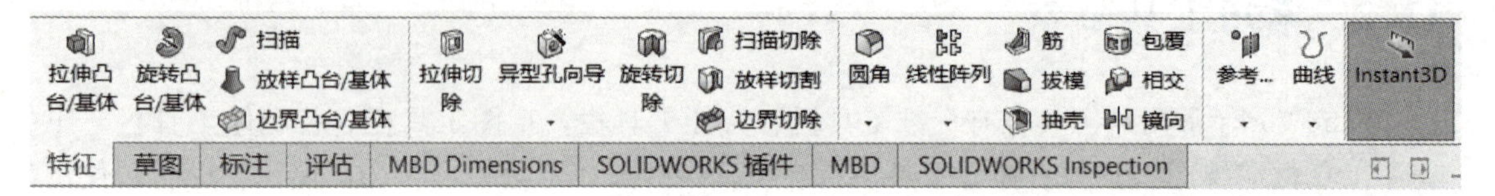

图 11-9 特征工具栏

在建模过程中，单击所需要进行的特征操作图标，即可出现相应的对话框，填入相应参数，单击即可完成建模。对于圆角过渡、倒角过渡不需要画草图，可以直接单击进行操作。SolidWorks 2021 把“倒角”操作放在选项中，单击下方的下三角按钮，有“圆角”和“倒角”可供选择。

11.2.4 装配体工具栏

装配体工具栏用于控制零部件的管理、移动及其配合，插入智能扣件等，如图 11-10 所示。

图 11-10 装配体工具栏

通常第一个插入的零件是不能移动的，后面插入的零件，可以按照指定的装配关系进行移动，实现装配。

11.2.5 工程图工具栏

工程图工具栏用于对零件或装配体提供生成工程视图的工具，如图 11-11 所示。一般来说，工程图包含几个由模型建立的视图，也可以由现有的视图建立视图。例如，剖面视图是由现有的工程视图所生成的，这个过程是由工具栏实现的。

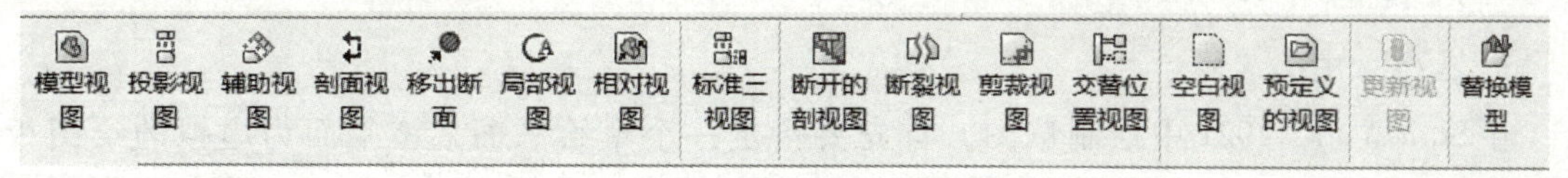

图 11-11　工程图工具栏

11.2.6　视图工具栏

常用的视图工具栏如图 11-12 所示，常驻于绘图区上方。

图 11-12　视图工具栏

① 整屏显示全图：缩放模型到所有可见项目。

② 局部放大：将选定的部分放大到屏幕区域。

③ 上一视图：显示返回上一视图。

④ 剖面视图：使用基准面或面显示零件或装配体的剖面图。

⑤ 动态注解视图：仅显示与模型方向垂直的注解视图。

⑥ 视图定向：显示可以更改当前视图方向或视口数的弹出窗口。

⑦ 显示类型：显示可以更改活动视图显示样式的弹出窗口。单击其右侧的下三角按钮，有“带边线上色”“消除隐藏线”“线框”可供选择。

⑧ 隐藏所有类型：控制所有类型的可见性。

⑨ 编辑外观：编辑模型中实体的外观。

⑩ 应用布景：显示可以为模型选择可视背景的弹出框口。

⑪ 视图设定：切换各种视图设定，如 RealView、阴影、环境封闭及透视图。

11.3　SolidWorks 的草图绘制

草图是一个平面轮廓，用于定义特征的界面形状、尺寸和位置。三维零件的造型设计离不开二维草图，因为零件的实体造型或曲面建模都依赖于事先绘制好的二维图形，因此二维草图的绘制是整个零件造型设计的前提。

SolidWorks 2021 将草图绘制功能嵌入到其他每个功能模块中，如零件模块、装配体模块、工程图模块等。在这些功能模块中，在工具栏上通过单击“草图”→“草图绘制”按钮，即可进行草图绘制。

在进行草图绘制之前，有必要介绍一下 SolidWorks 的草图环境。作为一款面向对象的三维设计软件，SolidWorks 最大的特点在于**基于尺寸驱动草图**，在 SolidWorks 绘制草图时，是通过尺寸标注来完成指定的大小图形的绘制。

11.3.1 绘图环境

1. 草绘平面

在 SolidWorks 2021 中绘制草图，首先要指定一个草绘平面，该平面为虚拟的绘图板，在该平面上可以随意绘制并修改几何图形。草绘平面可以是基准面，也可以是特征实体的表面（平面）。指定一个草绘平面后，系统会自动添加一个坐标原点作为绘图的参照，从而方便用户以该坐标原点为基点绘制图形。如何正确选择草绘平面，是正确建模的关键，如图 11-2 中的下部带孔的圆柱，在水平投影面上反映实状，所以应该在上视基准面上绘制草图（同心圆）；上部的带孔拱形体在侧立投影面上反映实形，所以应该在右视基准面上绘制草图（带孔的拱形）。

2. 草图设置

单击菜单栏“工具”→“草图设置”命令，打开关于草图设置的命令项，如图 11-13 所示。根据个人绘图习惯，勾选相应选项进行设置。当激活“自动添加几何关系”后，在绘制草图时，系统通过鼠标指针的形状变化，提示正在推理的几何关系。鼠标指针的形状变化提供了有关鼠标指针的当前任务、位置和自动应用几何关系的反馈信息。当鼠标指针沿着直线方向移动时，端点和直线中点处的鼠标指针是不一样的。

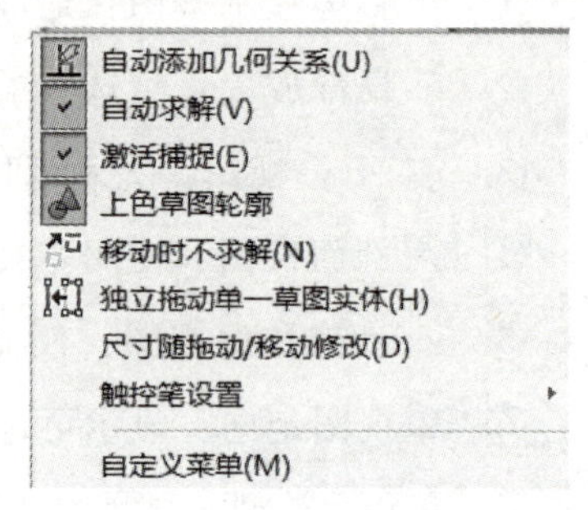

图 11-13 SolidWorks 2021 草图设置

3. 草图几何约束

草图几何约束是指草图实体之间或草图实体与基准面、基准轴、边线，以及顶点之间的几何约束，可以自动或手动添加几何关系。几何关系可用来确定几何体的空间位置和相互之间的关系。在绘制草图时利用几何关系可以更容易控制草图的形状，以表达设计者的意图。几何关系和捕捉是相对应的，表 11-1 详细列出了常用的几何关系类型及使用效果。

表 11-1 几何关系类型及使用效果

几何关系	要选的实体	所产生的几何关系
水平或竖直	一条或多条直线，两个或多个点	直线会变成水平或竖直，而点会变成水平或竖直对齐
共线	两条或多条直线	实体位于同一条无限长的直线上
全等	两个或多个圆弧	实体会用相同的圆心和半径
垂直	两条直线	两条直线相互垂直
平行	两条或多条直线	实体相互平行
相切	圆弧、椭圆或样条曲线，直线和圆弧	两个实体保持相切
同心	两个或多个圆弧，一个点和一个圆弧	所选圆弧共用同一个圆心，所选点成为圆弧的圆心
中心	一个点和一条直线段	点保持位于线段中点
交叉	两条直线和一个点	点保持位于直线的交叉点处

（续）

几何关系	要选的实体	所产生的几何关系
重合	一个点和一直线、圆弧或椭圆	点位于直线、圆弧或椭圆上
相等	两条或多条直线，两个或多个圆弧	直线长度或圆弧半径保持相等
对称	一条中心线和两个点、直线、圆弧或椭圆	实体保持与中心线相等距离，并位于一条与中心线垂直的直线上（两实体关于中心线对称）
固定	任何实体	实体的大小和位置被固定
穿透	一个草图点和一个基准轴、边线、直线或样条曲线	草图点与基准轴、边线、直线或样条曲线在草图基准面上穿透的位置重合
合并点	两个草图点或端点	所选的两个点合并为一个点

在 SolidWorks 中，二维和三维草图中草图曲线和模型几何体之间的几何关系是设计意图中的重要创建手段。所以每一个 SolidWorks 软件使用者都必须掌握 SolidWorks 草图几何关系这一个重要内容。

手动添加几何关系的操作如下：

1）单击“草图”选项卡中“显示/删除几何关系”按钮下方的下三角按钮，在下拉菜单中单击“添加几何关系”按钮，属性管理器将显示“添加几何关系”窗口，如图 11-14a 所示。

2）在图 11-14b 所示的草图中拾取要添加几何关系的实体，例如圆和左边的直线，拾取完实体后，在属性管理器窗口弹出“添加几何关系”属性面板，如图 11-14c 所示。

3）在“添加几何关系”选项区中选择所能添加的几何关系，如“相切”，如图 11-14d 所示。选择完要添加的几何关系后，单击✓按钮，完成添加几何关系操作。

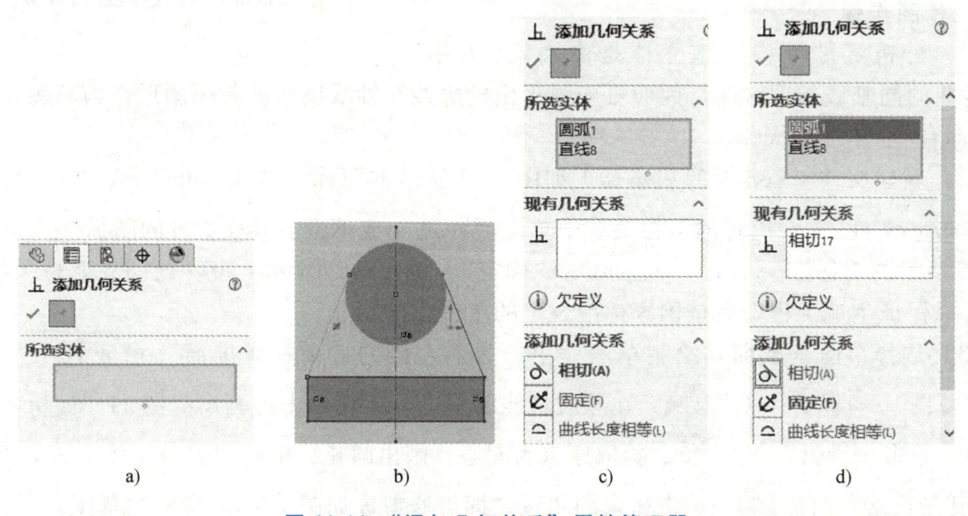

图 11-14 “添加几何关系”属性管理器

“现有几何关系”选项区表示目前几何实体间存在的几何关系，在下面信息栏显示所选实体的状态。如果要删除或添加几何关系，在“现有几何关系”列表框中右击该几何关系后，在弹出的快捷菜单中选择“删除”命令，单击“确定”按钮即可。

注意：添加几何关系时，必须有一个实体是草图实体，其他项目实体可以是外草图实体、边线、面、顶点、原点、基准面和基准轴等。

初步绘图时尺寸不需要太精确，可以通过单击“智能尺寸”图标，将各部分尺寸标注精确。

11.4 SolidWorks 三维建模方法

SolidWorks 三维建模流程一般分为以下几步：

1）分析零件结构，构思最优建模方法（通常草图画得越完善，则建模步骤越少）。

2）进入 SolidWorks 绘图环境，新建文件。

3）选择草图基准面并绘制草图。

4）尺寸标注，添加几何关系，退出草图绘制。

5）进行特征操作。

6）重复步骤 3）~5）。

11.4.1 基本立体的三维建模

上机操作 1：绘制如图 11-15 所示的立体图形。

1. 作图目的

1）掌握基准面的选取和创建。

2）熟悉草图绘制工具的使用及编辑草图。

3）熟悉“旋转凸台/基体”特征操作命令的使用。

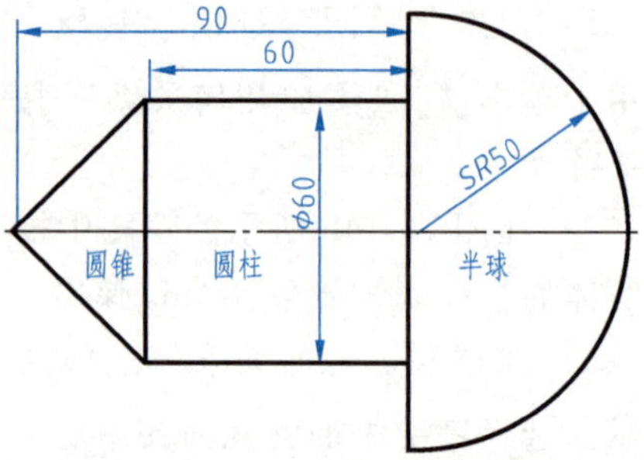

图 11-15 同轴线组合回转体

2. 作图步骤

（1）分析零件结构　该立体是由圆锥、圆柱、半球组成的同轴线的回转体。因而可先画出由轮廓线和轴线围成的封闭图形作为草图，再用“旋转凸台/基体”来操作。

（2）新建文件　双击计算机桌面上如图 11-3 所示的图标，进入 SolidWorks 2021 初始界面，单击“文件”，在出现的下拉菜单中单击“新建”或单击主界面上方的图标，出现如图 11-5 所示的对话框，单击“gb_part”→“确定”，进入 SolidWorks 2021 绘图界面高级状态，这样可以保证生成工程图后按国家标准规定的单位标注尺寸。

（3）选择草图基准面并绘制草图　单击界面左侧的“前视基准面”→“正视于”图标→“草图”→“直线”工具，在导航功能的引导下连续单击可画出如图 11-16a 所示的直线部分。单击“圆弧”工具，拾取原点为圆心，画出圆弧，单击“剪裁实体”工具→“剪裁到最近端”图标→单击多余的线段，即可修剪成如图 11-16b 所示的草图。

（4）尺寸标注　单击“智能尺寸”图标，标注尺寸如图 11-16b 所示，单击“退出草图”，完成“草图 1”的绘制。

（5）特征操作　拾取“草图 1”，单击“特征”工具栏中的“旋转凸台/基体”，界面左侧出现如图 11-17 所示的“旋转”对话框，“旋转轴”选取长度为 140 的直线，单

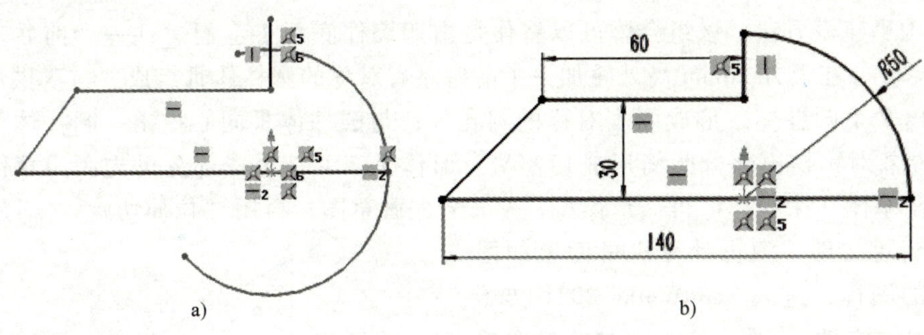

图 11-16　草图绘制步骤

击图标，即可完成作图，三维建模结果如图 11-18 所示，单击“保存”图标保存文件。

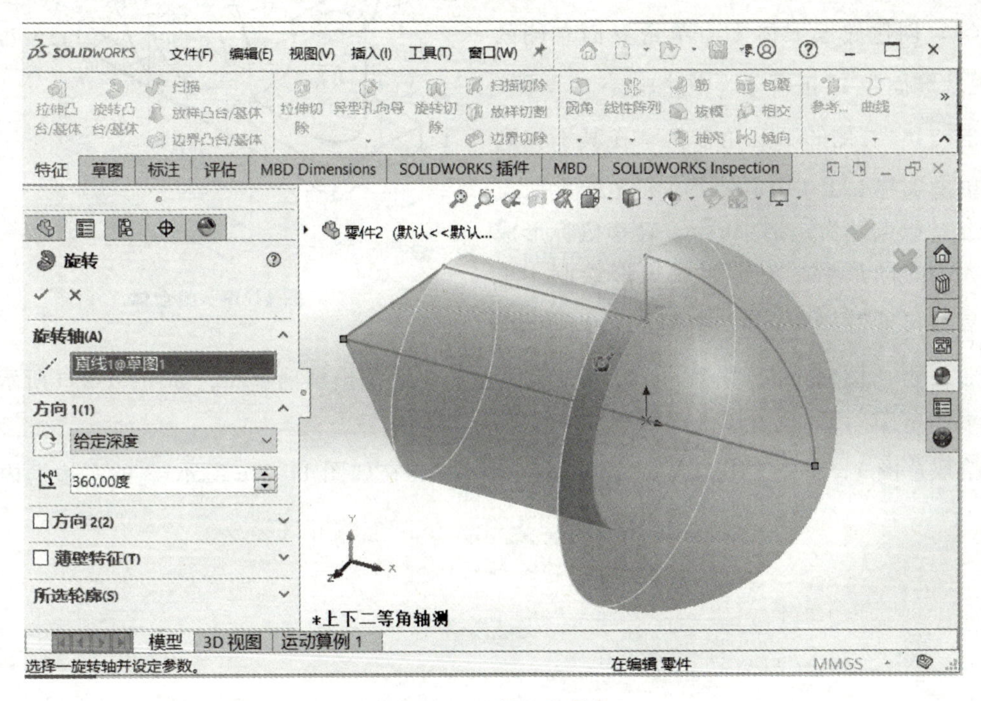

图 11-17　旋转凸台基体

11.4.2　组合体的三维建模

上机操作 2：绘制如图 11-19 所示组合体的立体图形。

1. 作图目的

1）掌握基准面的选取和创建。

2）熟悉草图绘制工具的使用及编辑草图。

3）熟悉“拉伸凸台/基体”“拉伸切除”特征等操作命令的使用。

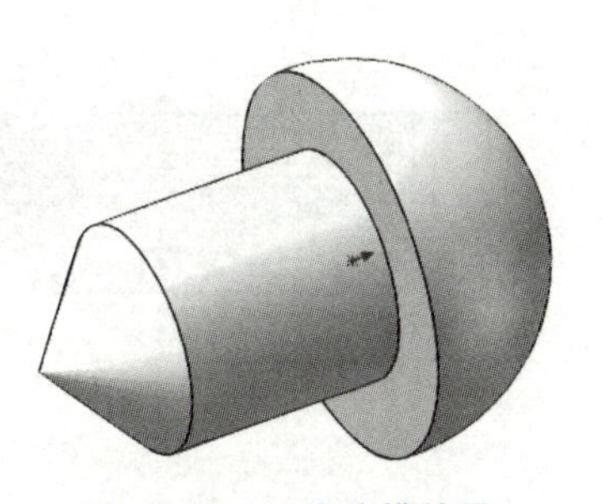

图 11-18　三维建模结果

2. 作图步骤

（1）构思建模方法　该组合体可以看作是由四棱柱底板Ⅰ上面叠加一个前后左右对称的双拱形体Ⅱ，在上方26mm高处叠加一个前后左右对称的圆柱体Ⅲ组成。与双拱形的半圆柱同心挖出2个圆柱体，形成两个对称的圆孔Ⅳ；与圆柱体Ⅲ同心挖出一圆柱体Ⅴ形成圆筒，上方左右对称挖出部分圆筒形成切槽Ⅵ。形体Ⅰ、Ⅱ、Ⅲ三部分可先画出草图，再用“拉伸凸台/基体”来操作即可。形体Ⅳ、Ⅴ、Ⅵ先画草图，再用“拉伸切除”来操作。

（2）新建文件　双击计算机桌面上如图11-3所示的图标，进入SolidWorks 2021初始界面，单击“文件”，在出现的下拉菜单中单击“新建”或单击主界面上方的图标，单击“零件”→“确定”，进入SolidWorks 2021绘图界面。

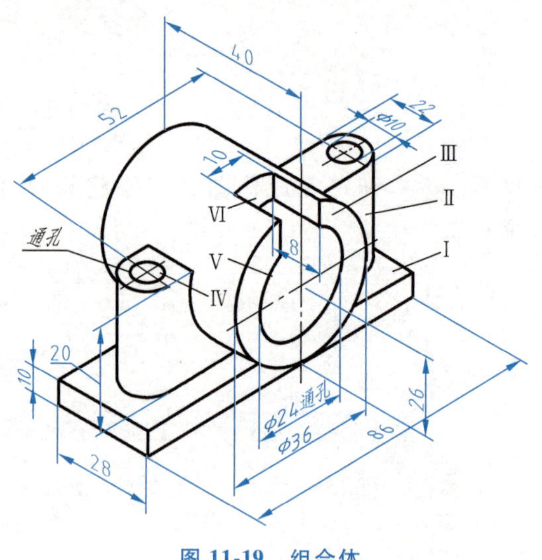

图 11-19　组合体

（3）创建底部形体Ⅰ　单击界面左侧的“上视基准面”→“正视于”图标→“草图”→单击右侧的下三角按钮，在其下拉列表中单击选择（中心矩形），光标过原点画矩形（原点即为矩形中心），轻移鼠标形成合适大小的图形后，单击完成矩形绘制。单击“智能尺寸”图标，按图11-19所示标注矩形尺寸（长86mm，宽28mm），单击图标，绘制出精确草图，如图11-20a所示，单击“退出草图”，完成草图1的绘制。

拾取草图1，单击“特征”→“拉伸凸台/基体”，在如图11-20b所示的右边框内输入

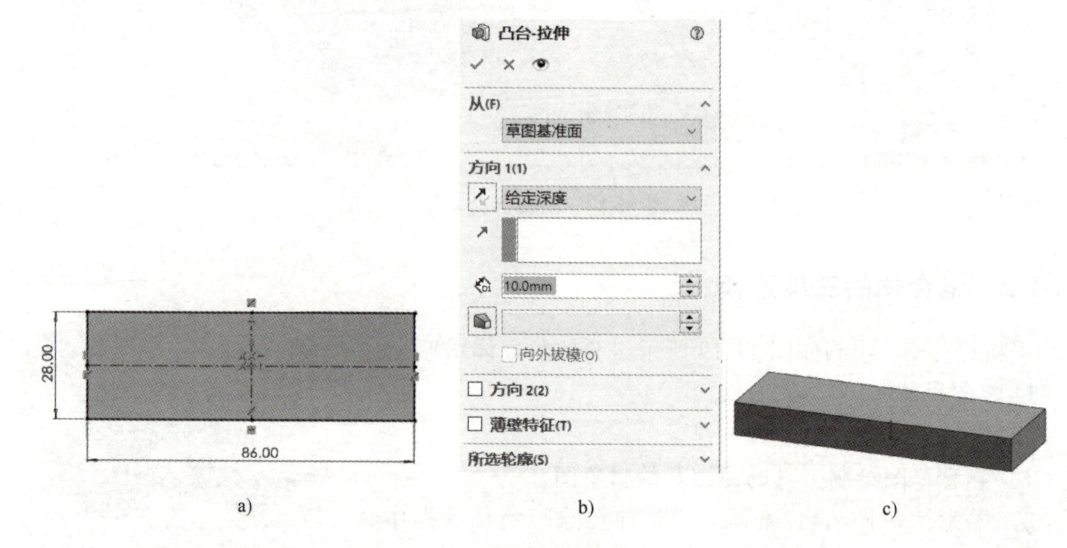

图 11-20　创建形体Ⅰ

a）形体Ⅰ的草图　b）“凸台-拉伸”属性管理器　c）形体Ⅰ的三维图

给定深度尺寸为 10mm，单击图标，生成底部形体 I，如图 11-20c 所示。

（4）创建上部双拱形体 II　拾取形体 I 的上表面作为基准面，单击“正视于”图标→“草图”→单击（直槽口）右侧的下三角按钮，在其下拉列表中单击选择 中心点直槽口，单击原点，向右拖动鼠标至适当位置，形成一个中心点与原点重合的双拱形，单击“智能尺寸”图标，按图 11-19 所示标注尺寸（52mm 和 22mm），单击图标，单击“退出草图”，完成草图 2 的绘制。拾取草图 2，单击“特征”→“拉伸凸台/基体”，在如图 11-20b 所示的右边框内输入给定深度尺寸为 20mm，单击图标，生成上部双拱形体 II，如图 11-21 所示。

（5）创建上部圆柱体 III　拾取前视基准面，单击“正视于”图标→“草图”→图标，在导航状态下使圆心在原点正上方画一个圆（或者先画一个圆，单击 添加几何关系，拾取圆心、原点，在下方选择 竖直(V)，保持圆心在原点上方），单击“智能尺寸”图标，按图 11-19 所示标注尺寸（圆的直径 36mm、圆心高度 26mm），单击图标，单击“退出草图”，完成草图 3 的绘制。拾取草图 3，单击“特征”→“拉伸凸台/基体”，分别在如图 11-20b 所示“方向 1”和“方向 2”中的右边框内输入给定深度尺寸为 20mm，单击图标，生成上部圆柱体 III，如图 11-22 所示。

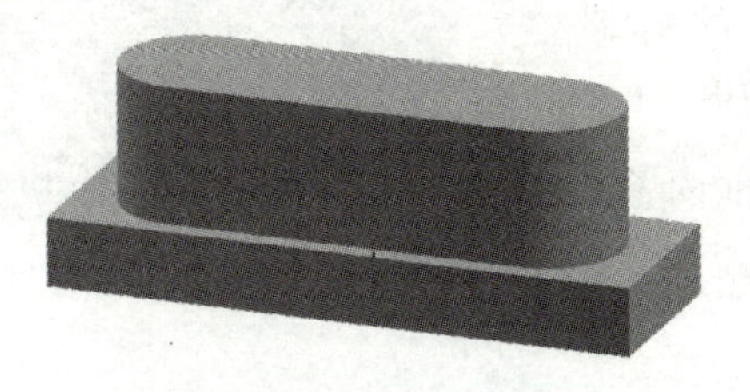

图 11-21　创建形体 II

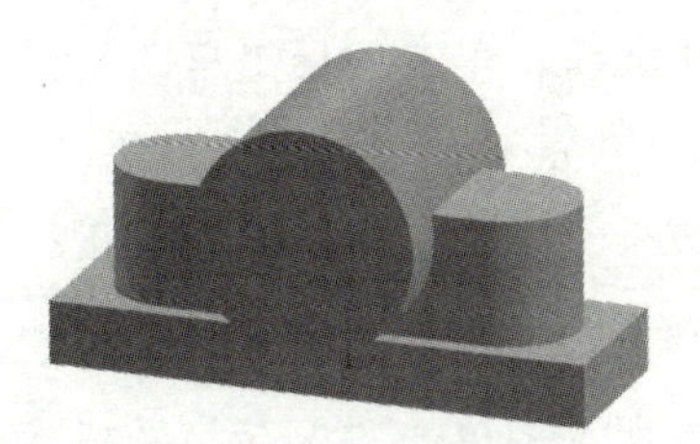

图 11-22　创建形体 III

（6）创建双圆孔 IV　拾取形体 II 上表面为基准面，单击“正视于”图标→“草图”→图标，在导航状态下使圆心与双拱形的圆柱部分同心（或者先画一个圆，单击 添加几何关系，拾取该圆的圆心、双拱形的圆柱部分圆心，在下方选择 同心(N)，保持二者同心），单击“智能尺寸”图标，按图 11-19 所示标注尺寸（ϕ10mm），单击图标，单击“退出草图”，完成草图 4 的绘制。拾取草图 4，单击“特征”→“拉伸切除”，在如图 11-23 所示“方向 1”中选择“完全贯穿”，单击图标，生成双圆孔 IV，如图 11-24 所示。

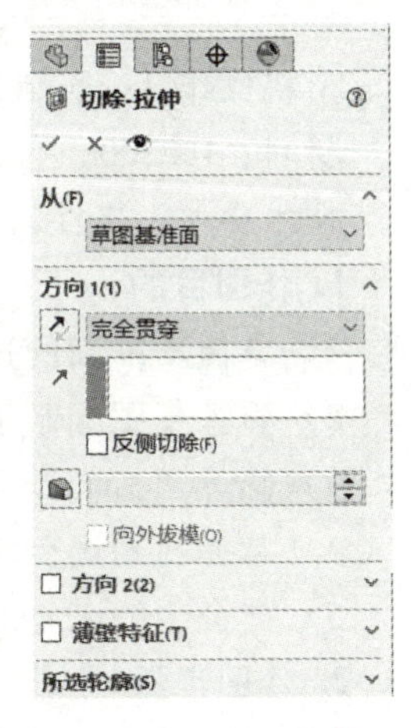

图 11-23　“切除-拉伸”属性管理器

（7）创建圆孔 V　拾取形体 III 前面为基准面，单击“正视于”图标→“草图”→图标，在导航状态下使圆心与形体 III 圆柱部分同心（或者先画一个圆，单击 添加几何关系，拾取该圆的圆心、形体 III 的圆心，在下方选择 同心(N)，保持二者同心），单击“智能尺寸”图标，按图 11-19 所示标注尺寸（ϕ24mm），单击图标，单击“退出草图”，完成草图 5 的绘制。拾取草图 5，单击“特征”→“拉伸切除”，在如图 11-23 所示“方向 1”中选择“完全贯穿”，单击图标，生成圆孔Ⅴ，如图 11-25 所示。

图 11-24　创建双圆孔Ⅳ

图 11-25　生成上部圆孔Ⅴ

（8）创建切槽Ⅵ　拾取形体Ⅲ前面为基准面，单击“正视于”图标→“草图”→右侧的下三角按钮，在其下拉列表中单击选择（中心矩形），移动鼠标在原点正上方适当位置画矩形（矩形中心在原点上方可以保持切槽左右对称），轻移鼠标形成合适大小的矩形后，单击完成矩形绘制。单击“智能尺寸”图标，按图 11-19 所示标注矩形尺寸（左右长度为 10mm），单击图标，单击“退出草图”，完成“草图 6”的绘制。拾取“草图 6”，单击“特征”→“拉伸切除”，在如图 11-23 所示“方向 1”中选择“给定深度”，在的右边框内输入给定深度尺寸为 8mm，单击图标，生成上部切槽Ⅵ，如图 11-26 所示。单击“保存”图标，保存文件。

图 11-26　创建上部切槽Ⅵ

11.5　由三维立体零件生成工程图

上机操作 3：绘制如图 11-27 所示端盖零件的二维工程图。

材料：HT200。

技术要求：未注铸造圆角 $R3$。

1. 作图目的

1）掌握基准面的选取和创建。

2）熟悉草图绘制工具的使用及编辑草图。

3）熟悉“旋转凸台/基体”“拉伸切除”“阵列”特征操作命令的使用。

4）掌握视图调色板工具的使用方法。

5）体会注解工具的使用方法。

2. 作图步骤

（1）构思模型　该零件可以看作由图 11-28b 所示的草图，绕着中心线回转 360°而形成的立体，在此基础上，叠加了四个过渡圆角为 7mm 的直角形耳朵，再在四个耳朵上均匀分

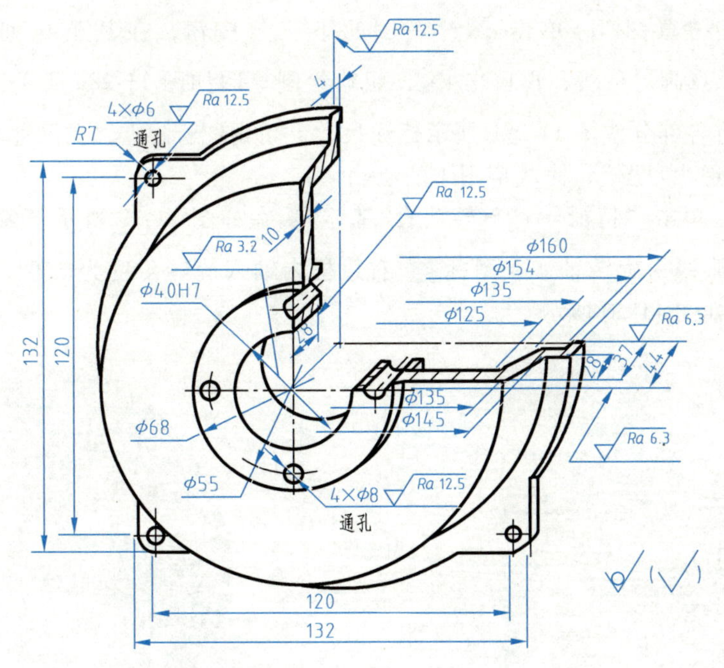

图 11-27　端盖的三维建模图

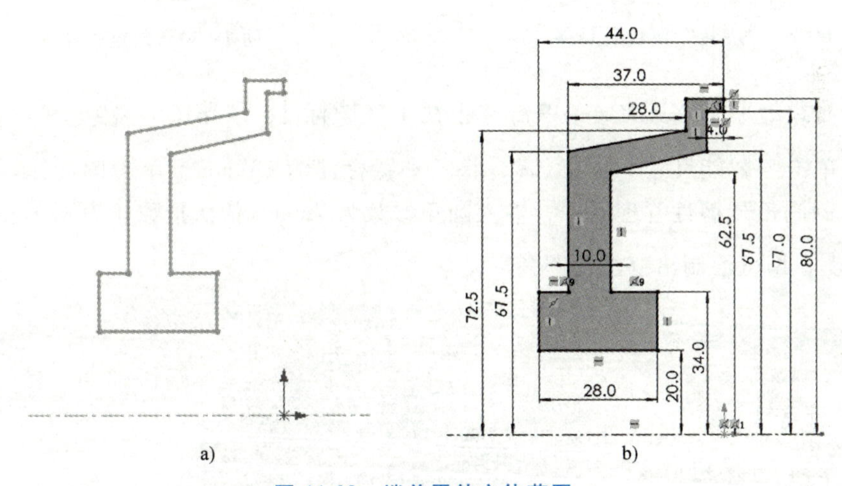

图 11-28　端盖零件主体草图

布挖切了四个直径为 6mm 的通孔，中间的圆柱形凸台上也有四个直径为 8mm 的通孔。

创建过程：草图 1→旋转 1、草图 2→凸台-拉伸 1、草图 3→拉伸切除 1→圆周草图阵列、草图 4→圆周草图阵列→拉伸切除 2，完成模型创建。

（2）表达方案分析　该零件是轮盘类零件，主视图应该画成轴线侧垂的全剖视图，为了表达四角上的通孔，可以采用两个相交剖切面进行剖切，这样所有类型的通孔结构都得以表达，为了表达各部分形状及小孔的具体位置需要补画一个左视图，不需画出其他视图。

（3）创建零件三维图　双击计算机桌面上如图 11-3 所示的图标，进入 SolidWorks 2021 初始界面，单击“文件”，在出现的下拉菜单中单击“新建”或单击主界面上方的图标，单击“零件”→“确定”，进入 SolidWorks 2021 绘图界面，单击“前视基准面”→“正视于”图标→“草图”→单击右侧的下三角按钮，在其下拉列表中单击选择中心线(N)，过原点画对称线，再单击，粗略绘制草图如图 11-28a 所示，单击“智能尺寸”图标，将各部分按图 11-28b 所示标注尺寸，单击图标，在尺寸驱动下绘制出精确草图，单击“退出草图”，完成草图 1 的绘制。

拾取草图 1，单击“特征”→“旋转凸台/基体”，在如图 11-29 所示“旋转轴（A）”下边的框中选定点画线为旋转轴，在图标右边框内输入旋转角度为 360°，单击图标，生成端盖主体，如图 11-30 所示。

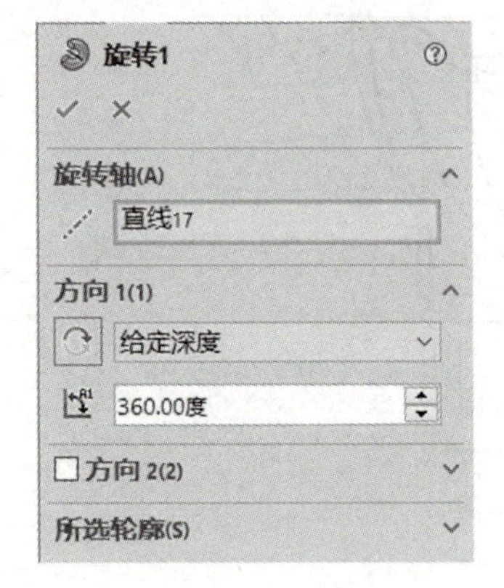

图 11-29 “旋转”属性管理器

图 11-30 创建端盖主体

拾取最右边的平面为基准面→单击“正视于”图标→“草图”→，以原点为中心画出矩形，单击“智能尺寸”图标，将长和宽标注为 132mm。单击图标，在 11-31 所示的“绘制圆角”属性管理器中，输入圆角参数为 7mm，依次拾取正方形的相邻两条边，单击图标，即可绘制出草图的圆角。

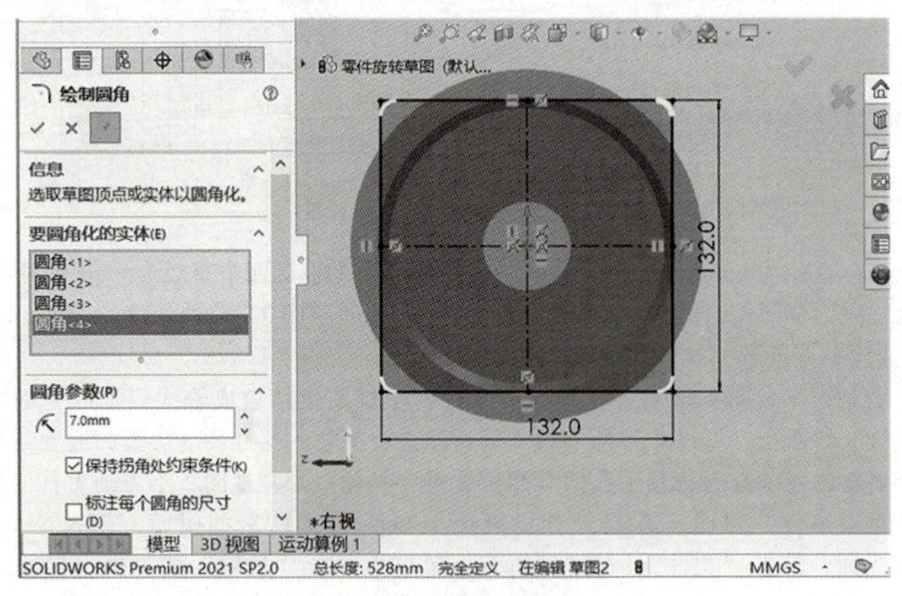

图 11-31 绘制圆角草图

拾取 ϕ160mm 的圆，单击 转换实体引用 （也可以重新画一个 ϕ160mm 的圆），单击“剪裁实体”，出现 11-32 所示的“剪裁”属性管理器，选择“剪裁到最近端”，拾取多余的圆弧和正方形边线，剩下四角的圆弧斜边三角形，如图 11-33 所示。单击“退出草图”，完成草图 2 的绘制。

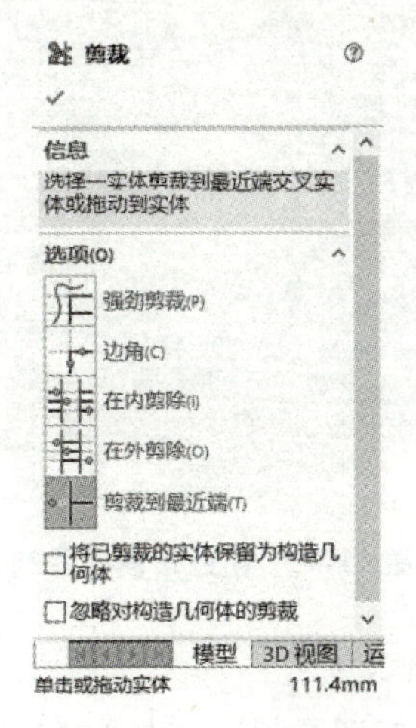

图 11-32　“剪裁”属性管理器

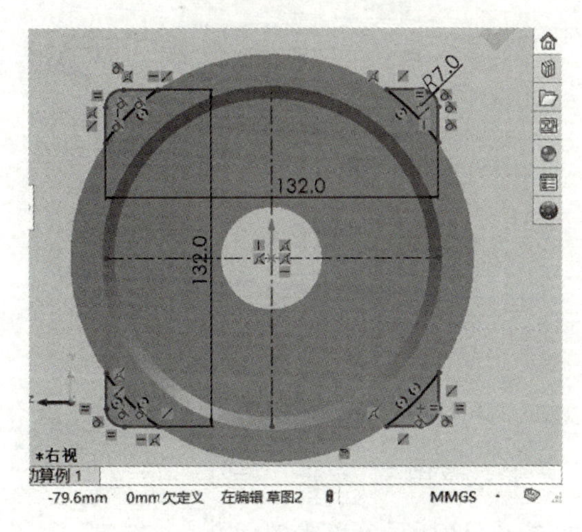

图 11-33　创建的草图 2

拾取草图 2，单击“特征”→“拉伸凸台/基体”，单击选择合适的方向，在“方向 1”中的右边框内输入 9.0mm，如图 11-34 所示，单击图标，创建凸台-拉伸 1，生成四个带圆弧的直角，如图 11-35 所示。

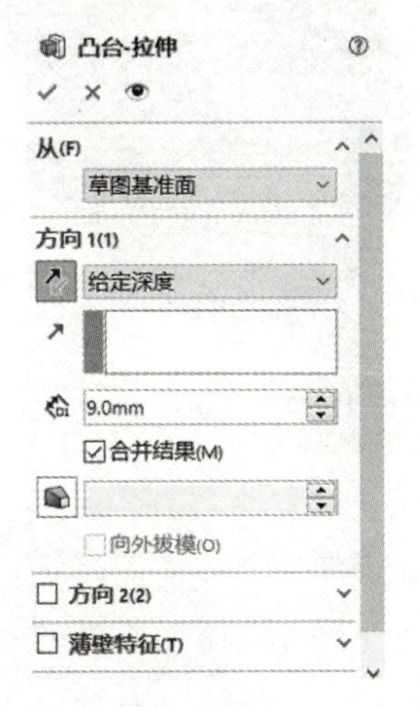

图 11-34　“凸台-拉伸”属性管理器

图 11-35　创建的凸台-拉伸 1

拾取凸台拉伸 1 的最右边的平面（ϕ160mm 圆柱的右端面）为基准面→单击“正视于”图标→“草图”→图标，在其中一个角上画圆，单击“智能尺寸”图标，标注该圆的定形尺寸和定位尺寸。单击 线性草图阵列 右侧的下三角按钮，在下拉菜单中选取 圆周草图阵列 ，出现如图 11-36 所示的“圆周阵列”属性管理器，设置陈列中心为圆心，选中“等间距”复选框，阵列个数为4，单击图标，单击“退出草图”，完成草图3的创建和阵列，如图11-37所示。

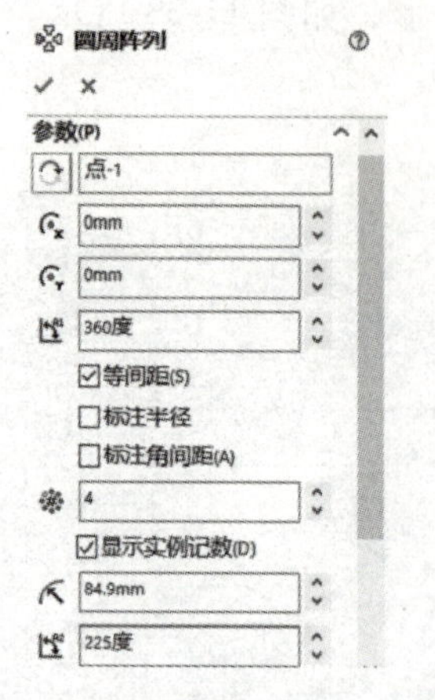

图11-36 “圆周阵列”属性管理器

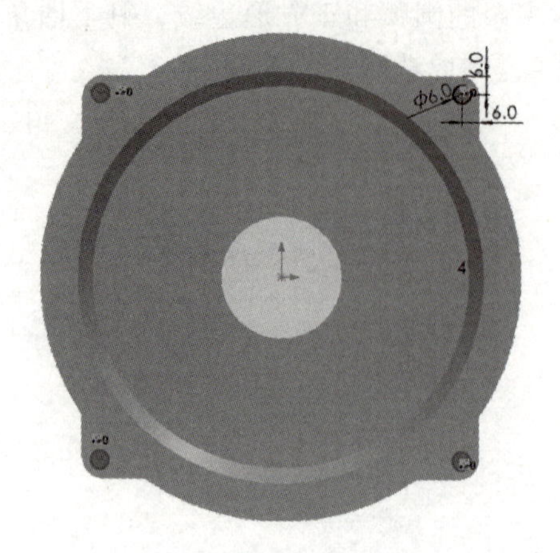

图11-37 创建草图3阵列

拾取草图3，单击“特征”→“拉伸切除”，在“方向1”下方的框中选择“完全贯穿”，如图11-38所示，单击图标，创建“切除-拉伸1”，生成四个通孔，如图11-39所示。

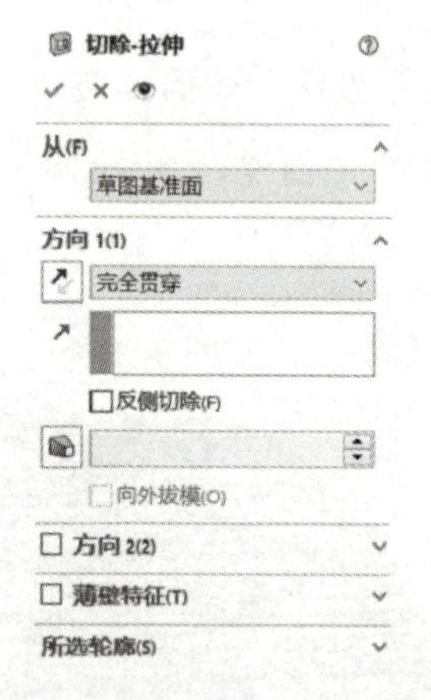

图11-38 “切除-拉伸”属性管理器

图11-39 创建切除-拉伸1

拾取旋转凸台/基体1最左边的平面（ϕ68mm圆柱左端面）为基准面→单击“正视于”图标→“草图”→图标，以原点为圆心画圆，在弹出的对话框下方的“选项”下选取 作为构造线(C)，将这个圆设定为点画线，单击“智能尺寸”图标标注直径55mm。再次单击图标，圆心在点画线圆上12点钟位置画圆，单击“智能尺寸”图标，标注该圆直径为8mm。单击 线性草图阵列 右侧的下三角按钮，在下拉菜单中选取 圆周草图阵列，出现如图11-36所示的“圆周阵列”属性管理器，设置陈列中心为圆心，选中“等间距”

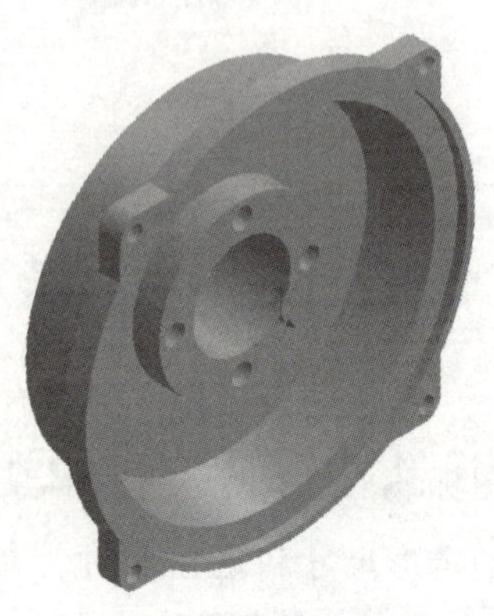

图11-40 端盖三维模型

复选按钮，阵列个数为4，单击图标✓，单击“退出草图”，完成草图4的创建，拾取“草图4”，单击“特征”→“拉伸切除”，在“方向1”下方的框中选择“完全贯穿”，单击图标✓，创建“切除-拉伸2”，生成4个通孔，如图11-40所示，至此完成了端盖三维模型的创建（忽略铸造圆角）。

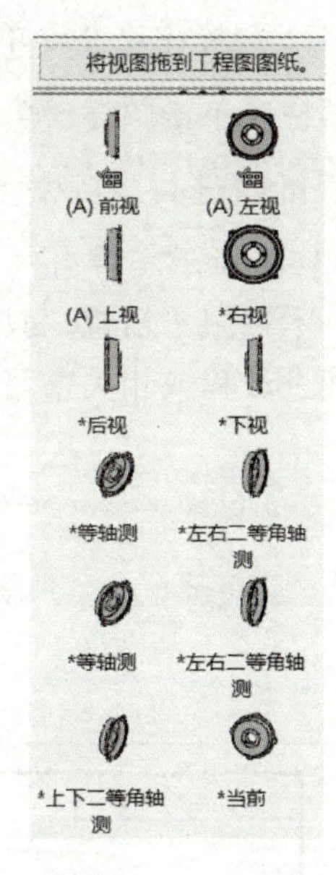

图11-41　“视图调色板”工具区

（4）生成工程图　单击“文件”→ “从零件生成工程图”→出现如图11-5所示的对话框，单击“gb_a3”（选定A3图纸）→“确定”，出现A3图纸绘图区，在图纸的右下角选择绘图比例为1∶1，单击右边“视图调色板”图标，在绘图区右边出现如图11-41所示的“视图调色板”工具区，单击“左视”并拖动至左视图的位置，单击图标✓，完成左视图。再单击“视图布局”，出现如图11-42所示的视图布局工具栏，单击“剖面视图”图标，出现11-43所示的“剖面视图辅助”属性管理器，单击→左视图中端盖圆心→右上角小圆的圆心→中间6点钟位置小圆的圆心，向左拖动，将两个相交剖切面剖切的全剖主视图放在左视图左边适当的位置，单击图标✓，完成全剖的主视图，系统自动标注剖切符号，如图11-44所示。

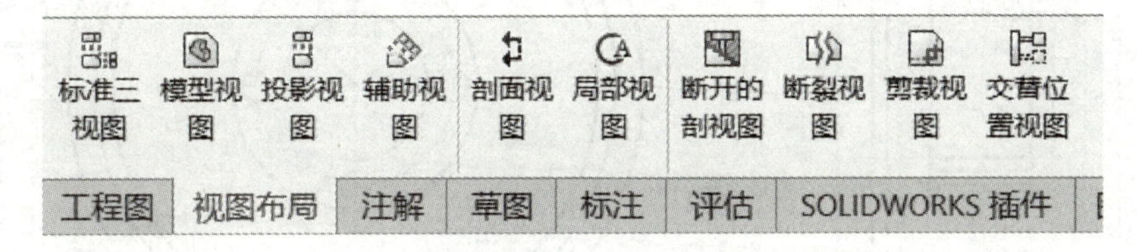

图11-42　视图布局工具栏

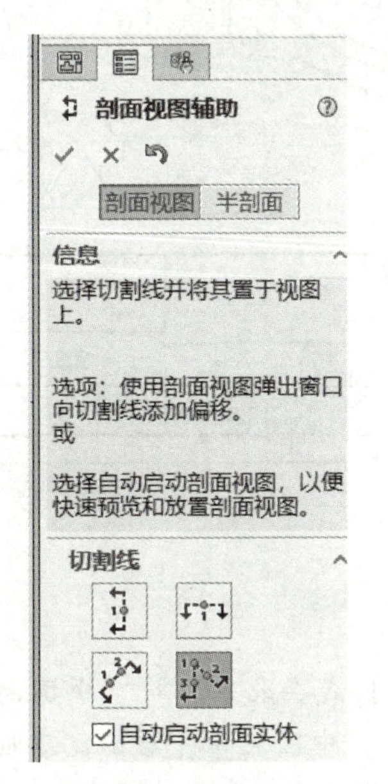

图11-43　“剖面视图辅助”属性管理器

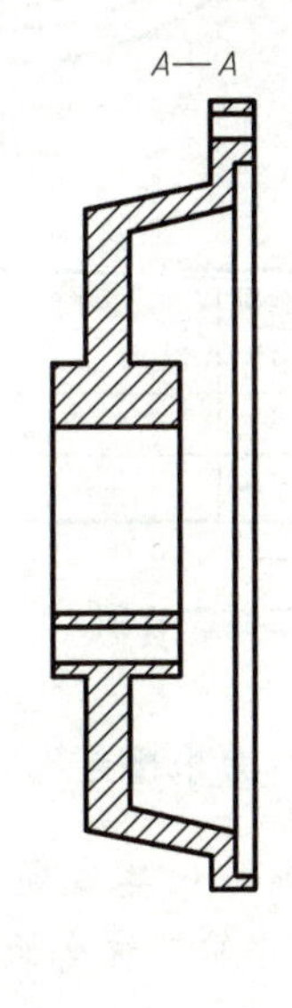

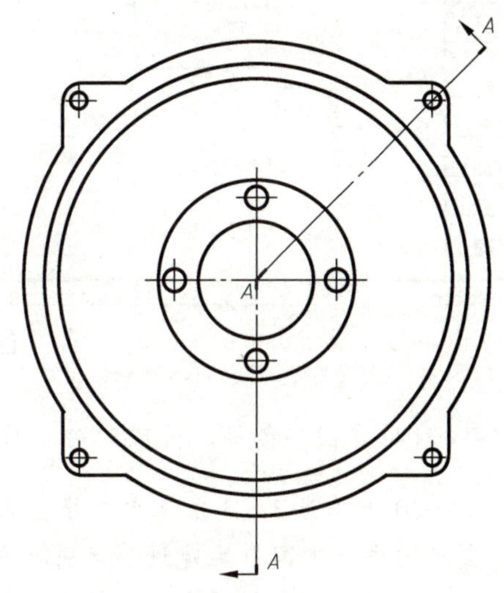

图11-44　全剖主视图

（5）标注尺寸　单击绘图区上方的“注解”，在绘图区上方显示如图 11-45 所示的注解工具栏，单击图标，可以进行尺寸标注，单击图标可以进行粗糙度标注，单击图标可以进行文字标注。根据需要，也可以进行其他标注。最终得到的二维工程图如图 11-46 所示。单击“保存”图标，保存文件。

本章限于篇幅，只做了简单的介绍，对于 SolidWorks 的更多高级功能，感兴趣的读者可以通过教程或相关书籍进行更广泛的功能学习。

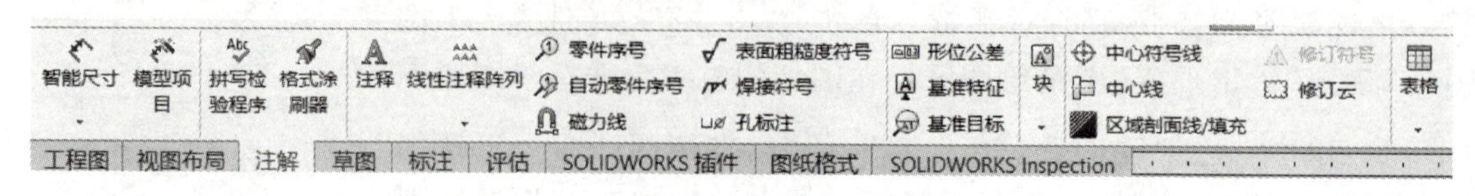

图 11-45　注解工具栏

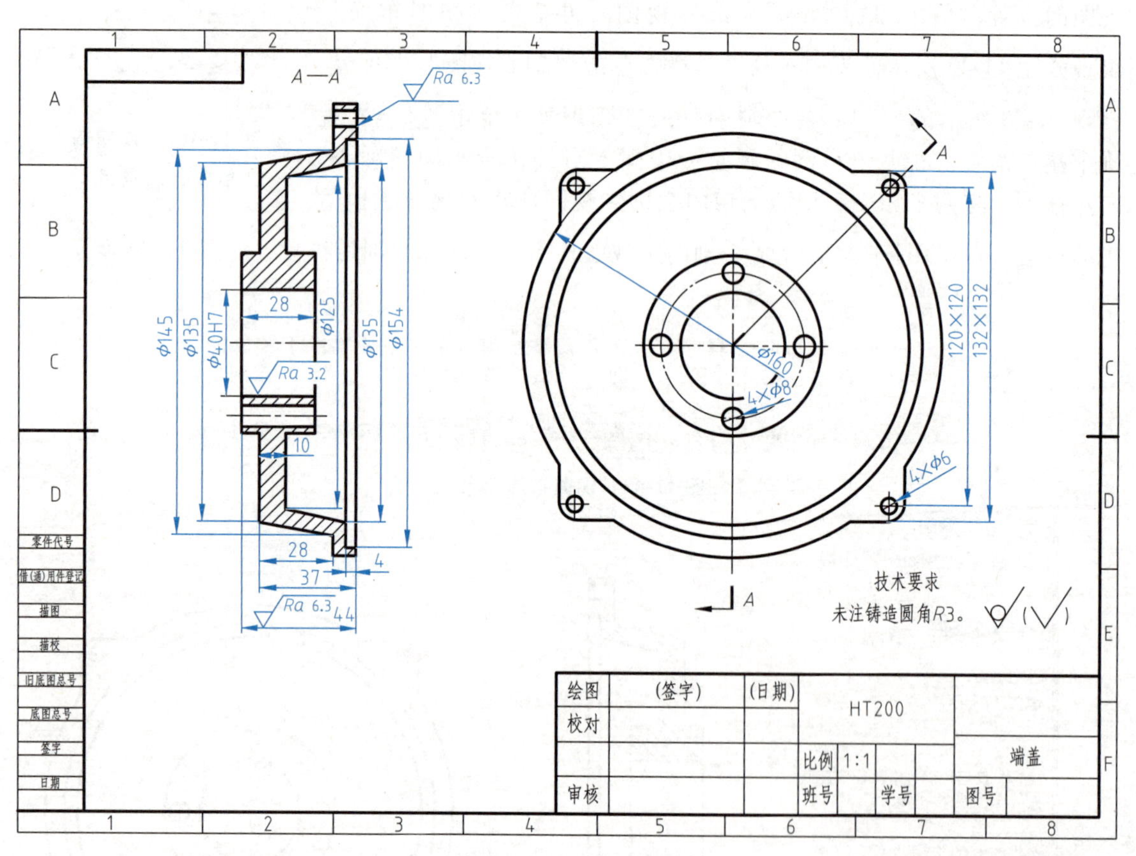

图 11-46　二维工程图

北斗精神：“自主创新、开放融合、万众一心、追求卓越”

2020 年 7 月 31 日，北斗三号全球卫星导航系统建成暨开通仪式在北京举行。中国向世界庄严宣告，中国自主建设和运营的全球卫星导航系统全面建成，中国北斗开启了优质服务世界、造福人类的新篇章。该系统已经向“一带一路”沿线国家和地区亿级以上用户提供服务，相关产品出口 120 余个国家和地区。

北斗全球卫星导航系统是我国迄今为止规模最大、覆盖范围最广、服务性能最高、与人民生活关联最紧密的巨型复杂航天系统。参研参建的400多家单位、30余万名科研人员合奏了一曲大联合、大团结、大协作的交响曲，孕育了“自主创新、开放融合、万众一心、追求卓越”的新时代北斗精神。“以国为重”是北斗精神的核心价值观。

作为我国自主创新的结晶，北斗系统的发展浓缩着我国科技创新的不凡之路。面对缺乏频率资源、没有自己的原子钟和芯片等难关，广大科技人员集智攻关，首获占“频”之胜、攻克无“钟”之困、消除缺“芯”之忧、破解布“站”之难，走出一条自主创新的发展道路。

从贡献“中国方案”到彰显“中国智慧”，再到创造“中国速度”，北斗一次次向世界彰显了“中国力量”。

课外拓展训练

11-1 在模型室，找出圆柱、圆锥、圆球、棱柱、棱锥等模型，测量出它们的尺寸，用SolidWorks 2021进行实体造型，体会它们的建模过程，思考各形体有哪些建模方法。

11-2 以小组为单位，在模型室找出轴类零件、轮盘类零件、箱体类零件、叉架类零件等，测量出它们的尺寸，分析它们的建模过程，用SolidWorks 2021进行实体造型，并生成二维工程图。

附　录

附录 A　螺纹

表 A-1　普通螺纹直径与螺距（GB/T 193—2003）

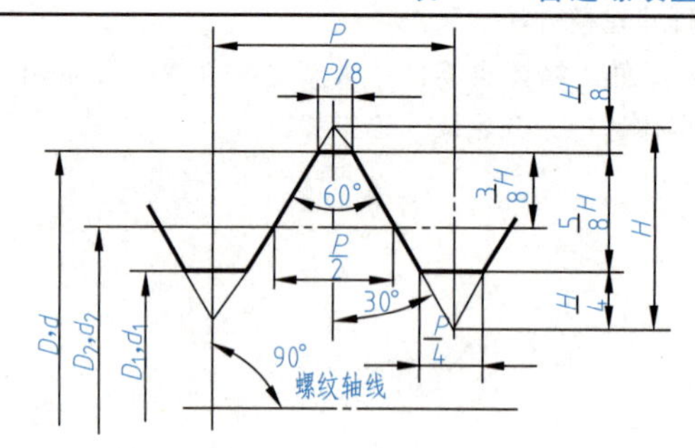

D—内螺纹大径，　d—外螺纹大径

D_2—内螺纹中径，d_2—外螺纹中径

D_1—内螺纹小径，d_1—外螺纹小径

P—螺距，　　　H—原始三角形高度

标记示例

粗牙普通外螺纹，公称直径 $d=10$mm，右旋，中径及顶径公差带均为 6g，中等旋合长度：M10-6g

细牙普通内螺纹，公称直径 $D=10$mm，螺距 $P=1$mm，左旋，中径及顶径公差带均为 6H，中等旋合长度：M10×1-6H-LH

（单位：mm）

公称直径 D、d			螺距 P		粗牙螺纹
第一系列	第二系列	第三系列	粗牙	细牙	小径 D_1、d_1
4			0.7	0.5	3.242
5			0.8		4.134
6			1	0.75、(0.5)	4.917
	7				5.917
8			1.25	1、0.75、(0.5)	6.647
10			1.5	1.25、1、0.75、(0.5)	8.376
12			1.75	1.5、1.25、1、(0.75)、(0.5)	10.106
	14		2		11.835
		15		1.5、(1)	13.376①
16			2	1.5、1、(0.75)、(0.5)	13.835
	18		2.5	2、1.5、1、(0.75)、(0.5)	15.294
20					17.294
	22				19.294
24			3	2、1.5、1、(0.75)	20.752
		25		2、1.5、(1)	22.835①
	27		3	2、1.5、1、(0.75)	23.752
30			3.5	(3)、2、1.5、1、(0.75)	26.211
	33			(3)、2、1.5、(1)、(0.75)	29.211

注：1. 优先选用第一系列，其次是第二系列，第三系列尽可能不用。

2. 括号内尺寸尽可能不用。

3. M14×1.25 仅用于发动机的火花塞；M35×1.5 仅用于轴承的锁紧螺母。

① 为细牙参数，是对应于第一种细牙螺距的小径尺寸。

表 A-2 梯形螺纹直径与螺距（GB/T 5796.3—2022）

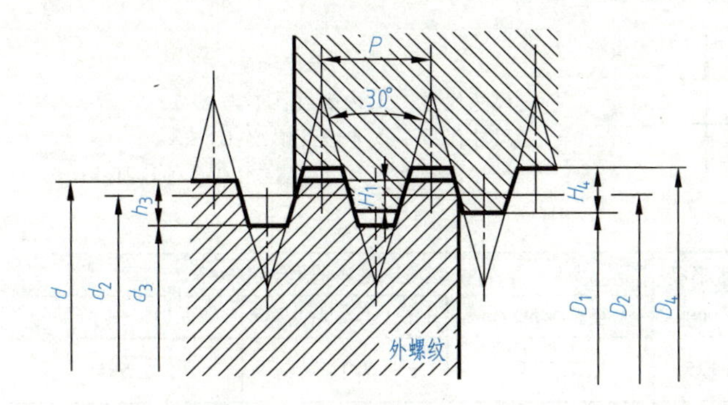

标记示例

公称直径 40mm，导程 14mm，螺距为 7mm 的双线左旋梯形螺纹：Tr 40×14P7-LH

（单位：mm）

公称直径 d 第一系列	公称直径 d 第二系列	螺距 P	中径 $d_2=D_2$	大径 D_4	小径 d_3	小径 D_1
8		1.5	7.25	8.30	6.20	6.50
	9	1.5	8.25	9.30	7.20	7.50
		2	8.00	9.50	6.50	7.00
10		1.5	9.25	10.30	8.20	8.50
		2	9.00	10.50	7.50	8.00
	11	2	10.00	11.50	8.50	9.00
		3	9.50	11.50	7.50	8.00
12		2	11.00	12.50	9.50	10.00
		3	10.50	12.50	8.50	9.00
	14	2	13.00	14.50	11.50	12.00
		3	12.50	14.50	10.50	11.00
16		2	15.00	16.50	13.50	14.00
		4	14.00	16.50	11.50	12.00
	18	2	17.00	18.50	15.50	16.00
		4	16.00	18.50	13.50	14.00
20		2	19.00	20.50	17.50	18.00
		4	18.00	20.50	15.50	16.00
	22	3	20.50	22.50	18.50	19.00
		5	19.50	22.50	16.50	17.00
		8	18.00	23.00	13.00	14.00
24		3	22.50	24.50	20.50	21.00
		5	21.50	24.50	18.50	19.00
		8	20.00	25.00	15.00	16.00

公称直径 d 第一系列	公称直径 d 第二系列	螺距 P	中径 $d_2=D_2$	大径 D_4	小径 d_3	小径 D_1
	26	3	24.50	26.50	22.50	23.00
		5	23.50	26.50	20.50	21.00
		8	22.00	27.00	17.00	18.00
28		3	26.50	28.50	24.50	25.00
		5	25.50	28.50	22.50	23.00
		8	24.00	29.00	19.00	20.00
	30	3	28.50	30.50	26.50	27.00
		6	27.00	31.00	23.00	24.00
		10	25.00	31.00	19.00	20.00
32		3	30.50	32.50	28.50	29.00
		6	29.00	33.00	25.00	26.00
		10	27.00	33.00	21.00	22.00
	34	3	32.50	34.50	30.50	31.00
		6	31.00	35.00	27.00	28.00
		10	29.00	35.00	23.00	24.00
36		3	34.50	36.50	32.50	33.00
		6	33.00	37.00	29.00	30.00
		10	31.00	37.00	25.00	26.00
	38	3	36.50	38.50	34.50	35.00
		7	34.50	39.00	30.00	31.00
		10	33.00	39.00	27.00	28.00
40		3	38.50	40.50	36.50	37.00
		7	36.50	41.00	32.00	33.00
		10	35.00	41.00	29.00	30.00

表 A-3 55°非密封管螺纹（GB/T 7307—2001）

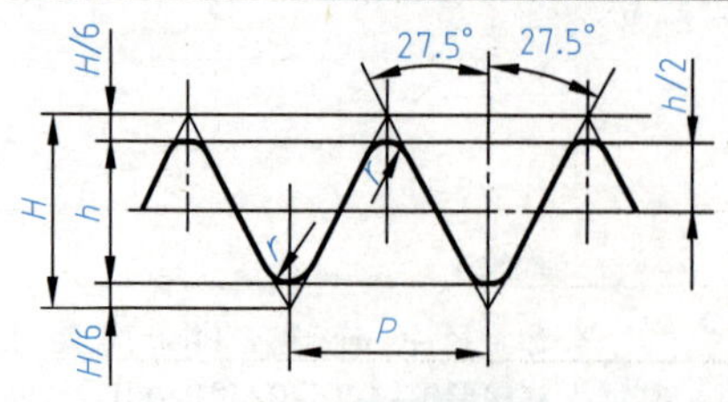

标记示例

尺寸代号 1/2,内螺纹:G1/2

尺寸代号 1/2,A 级外螺纹:G1/2A

尺寸代号 1/2,B 级外螺纹,左旋:G1/2B-LH

尺寸代号	每 25.4mm 内的牙数 n	螺距 P/mm	牙高 h/mm	圆弧半径 $r\approx$/mm	基本直径		
					大径($d=D$)/mm	中径($d_2=D_2$)/mm	小径($d_1=D_1$)/mm
$\frac{1}{16}$	28	0.907	0.581	0.125	7.723	7.142	6.561
$\frac{1}{8}$	28	0.907	0.581	0.125	9.728	9.147	8.566
$\frac{1}{4}$	19	1.337	0.856	0.184	13.157	12.301	11.445
$\frac{3}{8}$	19	1.337	0.856	0.184	16.662	15.806	14.950
$\frac{1}{2}$	14	1.814	1.162	0.249	20.955	19.793	18.631
$\frac{5}{8}$	14	1.814	1.162	0.249	22.911	21.749	20.587
$\frac{3}{4}$	14	1.814	1.162	0.249	26.441	25.279	24.117
$\frac{7}{8}$	14	1.814	1.162	0.249	30.201	29.039	27.877
1	11	2.309	1.479	0.317	33.249	31.770	30.291
$1\frac{1}{8}$	11	2.309	1.479	0.317	37.897	36.418	34.939
$1\frac{1}{4}$	11	2.309	1.479	0.317	41.910	40.431	38.952
$1\frac{1}{2}$	11	2.309	1.479	0.317	47.803	46.324	44.845
$1\frac{3}{4}$	11	2.309	1.479	0.317	53.746	52.267	50.788
2	11	2.309	1.479	0.317	59.614	58.135	56.656
$2\frac{1}{4}$	11	2.309	1.479	0.317	65.710	64.231	62.752
$2\frac{1}{2}$	11	2.309	1.479	0.317	75.184	73.705	72.226
$2\frac{3}{4}$	11	2.309	1.479	0.317	81.534	80.055	78.576
3	11	2.309	1.479	0.317	87.884	86.405	84.926
$3\frac{1}{2}$	11	2.309	1.479	0.317	100.330	98.851	97.372
4	11	2.309	1.479	0.317	113.030	111.551	110.072
$4\frac{1}{2}$	11	2.309	1.479	0.317	125.730	124.251	122.772
5	11	2.309	1.479	0.317	138.430	136.951	135.472
$5\frac{1}{2}$	11	2.309	1.479	0.317	151.130	149.651	148.172
6	11	2.309	1.479	0.317	163.830	162.351	160.872

表 A-4　55°密封管螺纹（GB/T 7306.2—2000）

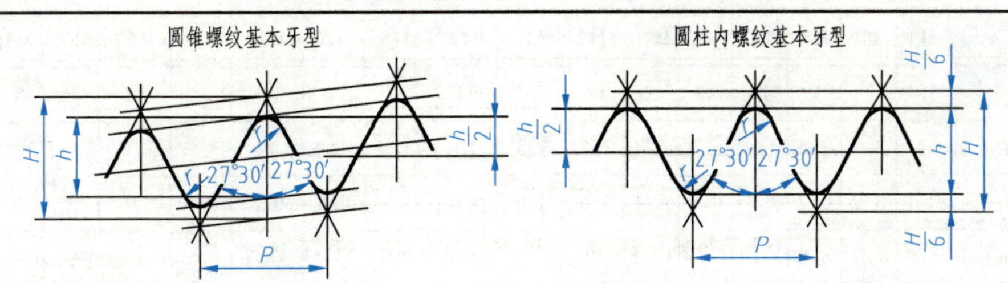

$P=\frac{25.4}{n}, H=0.960237P$

$h=0.640327P, r=0.137278P$

$P=\frac{25.4}{n}, H=0.960491P, h=0.640327P$

$r=0.137329P, \frac{H}{6}=0.160082P$

标记示例

Rc 1½（圆锥内螺纹）

R_2 1½ LH（圆锥外螺纹，左旋）

尺寸代号	每 25.4mm 内的牙数 n	螺距 P/mm	牙高 h/mm	圆弧半径 r/mm	基面上的基本直径			基准距离/mm	有效螺纹长度/mm
					大径（基准直径）($d=D$)/mm	中径 ($d_2=D_2$)/mm	小径 ($d_1=D_1$)/mm		
1/16	28	0.907	0.581	0.125	7.723	7.142	6.561	4.0	6.5
1/8	28	0.907	0.581	0.125	9.728	9.147	8.566	4.0	6.5
1/4	19	1.337	0.856	0.184	13.157	12.301	11.445	6.0	9.7
3/8	19	1.337	0.856	0.184	16.662	15.806	14.950	6.4	10.1
1/2	14	1.814	1.162	0.249	20.955	19.793	18.631	8.2	13.2
3/4	14	1.814	1.162	0.249	26.441	25.279	24.117	9.5	14.5
1	11	2.309	1.479	0.317	33.249	31.770	30.291	10.4	16.8
1¼	11	2.309	1.479	0.317	41.910	40.431	38.952	12.7	19.1
1½	11	2.309	1.479	0.317	47.803	46.324	44.845	12.7	19.1
2	11	2.309	1.479	0.317	59.614	58.135	56.656	15.9	23.4
2½	11	2.309	1.479	0.317	75.184	73.705	72.226	17.5	26.7
3	11	2.309	1.479	0.317	87.881	86.405	84.926	20.6	29.8
4	11	2.309	1.479	0.317	113.030	111.551	110.072	25.4	35.8
5	11	2.309	1.479	0.317	138.430	136.951	135.472	28.6	40.1
6	11	2.309	1.479	0.317	163.830	162.351	160.872	28.6	40.1

附录 B　常用标准件

表 B-1　六角头螺栓（GB/T 5782—2016、GB/T 5783—2016）

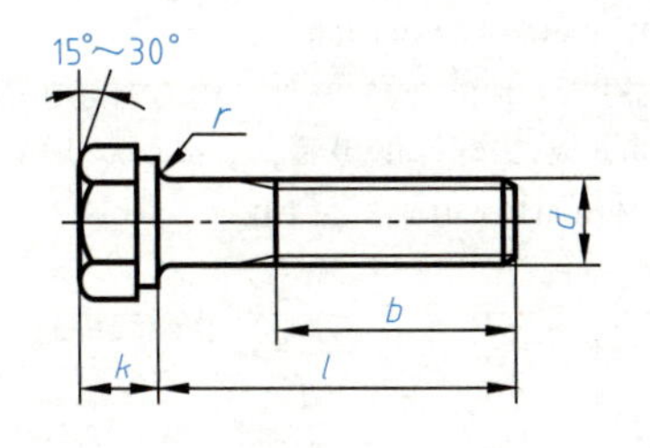

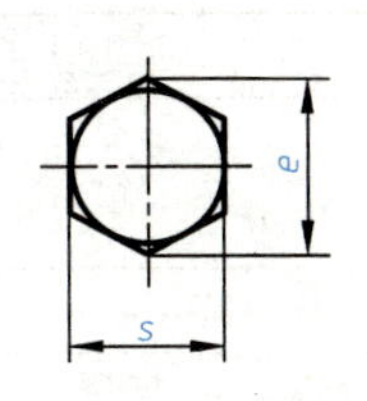

标记示例

螺纹规格 M12，公称长度 $l=80$mm，性能等级为 8.8 级，表面氧化，A 级的六角头螺栓

螺栓 GB/T 5782　M12×80

（单位：mm）

（续）

螺纹规格 d		M3	M4	M5	M6	M8	M10	M12	(M14)	M16	(M18)	M20	(M22)	M24	(M27)	M30	M36	M42	M48
s(公称)		5.5	7	8	10	13	16	18	21	24	27	30	34	36	41	46	55	65	75
k(公称)		2	2.8	3.5	4	5.3	6.4	7.5	8.8	10	11.5	12.5	14	15	17	18.7	22.5	26	30
r(min)		0.1	0.2	0.2	0.25	0.4	0.4	0.6	0.6	0.6	0.6	0.8	0.8	0.8	1	1	1	1.2	1.6
e(A 级 min)		6.0	7.7	8.8	11.1	14.4	17.8	20	23.4	26.8	30.1	33.5	37.7	40	—	—	—	—	—
b 参考	$l \leqslant 125$	12	14	16	18	22	26	30	34	38	42	46	50	54	60	66	—	—	—
	$125<l \leqslant 200$	18	20	22	24	28	32	36	40	44	48	52	56	60	66	72	84	96	108
	$l>200$	31	33	35	37	41	45	49	53	57	61	65	69	73	79	85	97	109	121
GB/T 5782 l		20~30	25~40	25~50	30~60	35~80	40~100	45~120	60~140	55~160	80~180	65~200	90~220	80~240	100~260	90~300	110~360	130~400	140~400
GB/T 5783 (全螺纹)l		6~30	8~40	10~50	12~60	16~80	20~100	25~100	30~140	35~100	35~180	40~100	45~200	40~100	55~200	40~100	40~100	80~500	100~500
l 系列		6,8,10,12,16,20,25,30,35,40,45,50,(55),60,(65),70,80,90,100,110,120,130,140,150,160,180,200,220,240,260,280,300,320,340,360,380,400,420,440,460,480,500																	

注：1. A 级用于 $d \leqslant 24$ 和 $l \leqslant 10d$（或≤150）的螺栓，B 级用于 $d>24$ 和 $l>10d$（或>150）的螺栓（按较小值）。

2. 不带括号的为优先系列。

表 B-2　双头螺柱 $b_m = 1d$（GB/T 897—1988）、$b_m = 1.25d$（GB/T 898—1988）、$b_m = 1.5d$（GB/T 899—1988）、$b_m = 2d$（GB/T 900—1988）

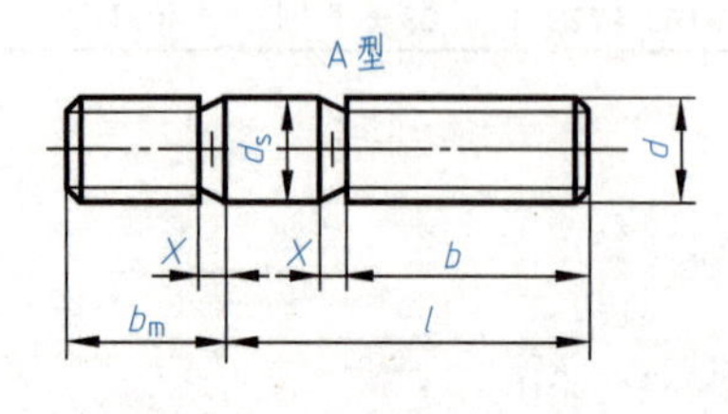

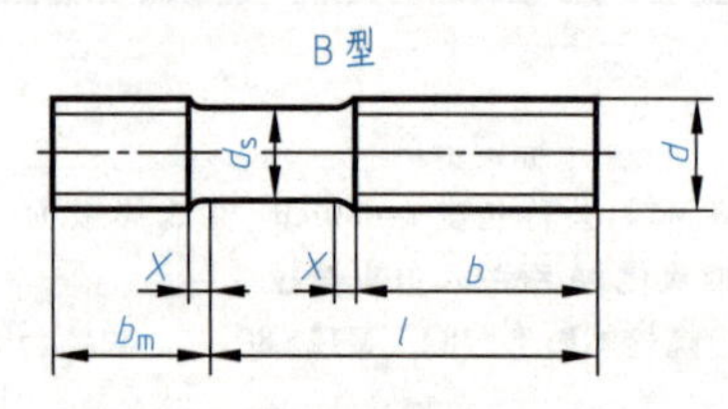

标记示例

1. 两端均为粗牙普通螺纹，d = 10mm，l = 50mm，性能等级为 4.8 级，不经表面处理，B 型，$b_m = d$ 的双头螺柱：

螺柱 GB/T 897　M10×50

2. 旋入机体一端为粗牙普通螺纹，旋螺母一端为螺距 P = 1mm 的细牙普通螺纹，d = 10mm，l = 50mm，性能等级为 4.8 级，不经表面处理，A 型，$b_m = d$ 的双头螺柱：

螺柱 GB/T 897　AM10-M10×1×50

3. 旋入机体一端为过渡配合螺纹的第一种配合，旋螺母一端为粗牙普通螺纹，d = 10mm，l = 50mm，性能等级为 8.8 级，镀锌钝化，B 型，$b_m = d$ 的双头螺柱：

螺柱 GB/T 897 GM10-M10×50-8.8-Zn · D

（单位：mm）

（续）

螺纹规格 d	b_m				l/b
	GB/T 897—1988	GB/T 898—1988	GB/T 899—1988	GB/T 900—1988	
M2			3	4	(12~16)/6,(18~25)/10
M2.5			3.5	5	(14~18)/8,(20~30)/11
M3			4.5	6	(16~20)/6,(22~40)/12
M4			6	8	(16~22)/8,(25~40)/14
M5	5	6	8	10	(16~22)/10,(25~50)/16
M6	6	8	10	12	(20~22)/10,(25~30)14,(32~75)/18
M8	8	10	12	16	(20~22)/12,(25~30)/16,(32~90)/22
M10	10	12	15	20	(25~28)/14,(30~38)/16,(40~120)/30,130/32
M12	12	15	18	24	(25~30)/16,(32~40)/20,(45~120)/30,(130~180)/36
(M14)	14	18	21	28	(30~35)/18,(38~45)/25,(50~120)/34,(130~180)/40
M16	16	20	24	32	(30~38)/20,(40~55)/30,(60~120)/38,(130~200)/44
(M18)	18	22	27	36	(35~40)/22,(45~60)/35,(65~120)/42,(130~200)/48
M20	20	25	30	40	(35~40)/25,(45~65)/35,(70~120)/46,(130~200)/52
(M22)	22	28	33	44	(40~45)/30,(50~70)/40,(75~120)/50,(130~200)/56
M24	24	30	36	48	(45~50)/30,(55~75)/45,(80~120)/54,(130~200)/60
(M27)	27	35	40	54	(50~60)/35,(65~85)/50,(90~120)/60,(130~200)/66
M30	30	38	45	60	(60~65)/40,(70~90)/50,(95~120)/66,(130~200)/72,(210~250)/85
M36	36	45	54	72	(65~75)/45,(80~110)/60,120/78,(130~200)/84,(210~300)/97
M42	42	52	63	84	(70~80)/50,(85~110)/70,120/90(130~200)/96,(210~300)/109
M48	48	60	72	96	(80~90)/60,(95~110)/80,120/102,(130~200)/108,(210~300)/121
l 系列	12,(14),16,(18),20,(22),25,(28),30,(32),35,(38),40,45,50,(55),60,(65),70,(75),80,(85),90,(95),100,110,120,130,140,150,160,170,180,190,200,210,220,230,240,250,260,280,300				

注：1. $b_m=d$ 一般用于旋入机体为钢的场合；$b_m=(1.25\sim1.5)d$ 一般用于旋入机体为铸铁的场合；$b_m=2d$ 一般用于旋入机体为铝的场合。

2. 不带括号的为优先选择系列，仅 GB/T 898—1988 有优先系列。

3. b 不包括螺尾。

4. $d_s\approx$ 螺纹中径。

5. $X_{max}=1.5P$（螺距）。

表 B-3　常用螺钉

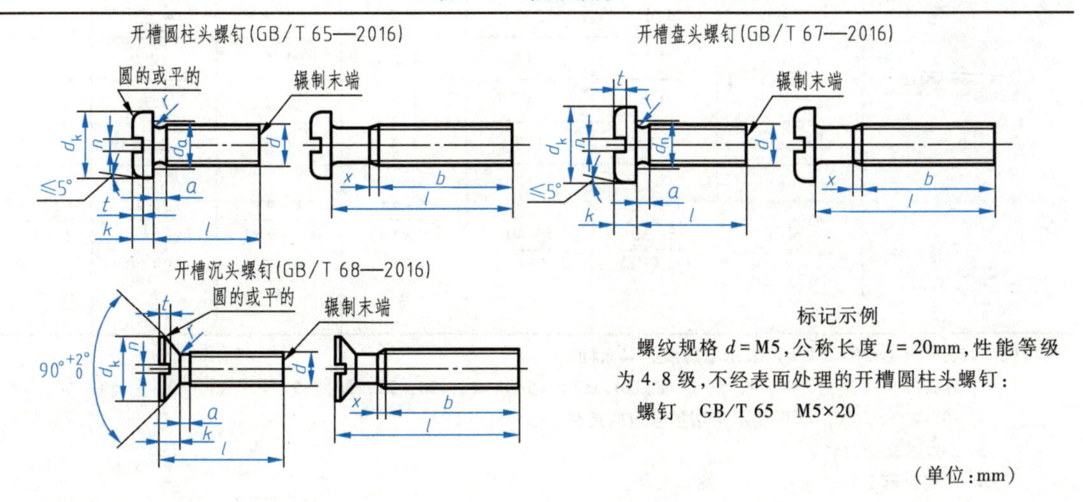

标记示例

螺纹规格 d=M5，公称长度 l=20mm，性能等级为 4.8 级，不经表面处理的开槽圆柱头螺钉：

螺钉　GB/T 65　M5×20

（单位：mm）

（续）

螺纹规格 d				M3	M4	M5	M6	M8	M10
a max				1	1.4	1.6	2	2.5	3
b min				25	38	38	38	38	38
x max				1.25	1.75	2	2.5	3.2	3.8
n 公称				0.8	1.2	1.2	1.6	2	2.5
GB/T 65—2016	d_k	max		—	7	8.5	10	13	16
		min		—	6.78	8.28	9.78	12.73	15.73
	k	max		—	2.6	3.3	3.9	5	6
		min		—	2.45	3.1	3.6	4.7	5.7
	l min			—	1.1	1.3	1.6	2	2.4
GB/T 67—2016	d_k	max		5.6	8	9.5	12	16	20
		min		5.3	7.64	9.14	11.57	15.57	19.48
	k	max		1.8	2.4	3	3.6	4.8	6
		min		1.6	2.2	2.8	3.3	4.5	5.7
	l min			0.7	1	1.2	1.4	1.9	2.4
GB/T 65—2016 GB/T 67—2016	r min			0.1	0.2	0.2	0.25	0.4	0.4
	d_a max			3.6	4.7	5.7	6.8	9.2	11.2
	$\frac{l}{b}$			$\frac{4\sim30}{l-a}$	$\frac{5\sim40}{l-a}$	$\frac{6\sim40}{l-a}$ $\frac{45\sim50}{b}$	$\frac{8\sim40}{l-a}$ $\frac{45\sim60}{b}$	$\frac{10\sim40}{l-a}$ $\frac{45\sim80}{b}$	$\frac{12\sim40}{l-a}$ $\frac{45\sim80}{b}$
GB/T 68—2016	d_k	理论值 max		6.3	9.4	10.4	12.6	17.3	20
		实际值	max	5.5	8.4	9.3	11.3	15.8	18.3
			min	5.2	8	8.9	10.9	15.4	17.8
	k max			1.65	2.7	2.7	3.3	4.65	5
	r max			0.8	1	1.3	1.5	2	2.5
	t	min		0.6	1	1.1	1.2	1.8	2
		max		0.85	1.3	1.4	1.6	2.3	2.6
	$\frac{l}{b}$			$\frac{5\sim30}{l-(k+a)}$	$\frac{6\sim40}{l-(k+a)}$	$\frac{8\sim45}{l-(k+a)}$ $\frac{50}{b}$	$\frac{8\sim45}{l-(k+a)}$ $\frac{50\sim60}{b}$	$\frac{10\sim45}{l-(k+a)}$ $\frac{50\sim80}{b}$	$\frac{12\sim45}{l-(k+a)}$ $\frac{50\sim80}{b}$

注：1. 表中（4~30）/（$l-a$）表示全螺纹，其余同。

2. 螺钉的长度系列 l 为：4，5，6，8，10，12，（14），16，20，25，30，35，40，45，50，（55），60，（65），70，（75），80，尽可能不采用括号内的规格。

3. d 为过渡圆直径。

4. 无螺纹部分杆径≈中径或=螺纹大径。

表 B-4　内六角圆柱头螺钉（GB/T 70.1—2008）

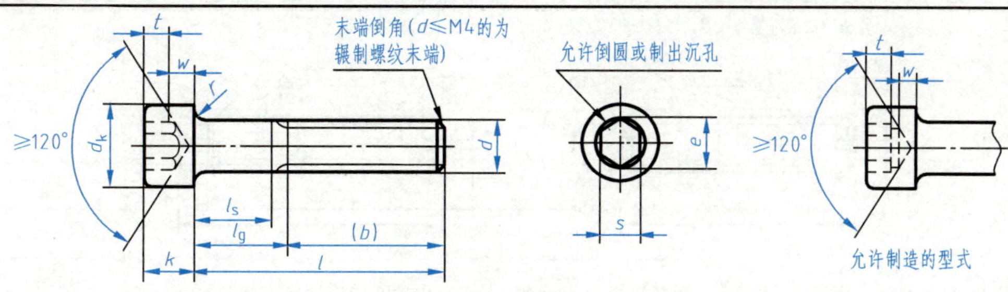

标记示例

螺纹规格 d=M5，公称长度 l=20mm，性能等级为 8.8 级，表面氧化的内六角圆柱头螺钉

螺钉　GB/T 70.1　M5×20

（单位：mm）

螺纹规格 d		M4	M5	M6	M8	M10	M12	M16	M20	M24	M30
b 参考		20	22	24	28	32	36	44	52	60	72
d_k	max①	7	8.5	10	13	16	18	24	30	36	45
	max②	7.22	8.72	10.22	13.27	16.27	18.27	24.33	30.33	36.39	45.39
	min	6.78	8.28	9.78	12.73	15.73	17.73	23.67	29.67	35.61	44.61
k	max	4	5	6	8	10	12	16	20	24	30
	min	3.82	4.82	5.70	7.64	9.64	11.57	15.57	19.48	23.48	29.48
t min		2	2.5	3	4	5	6	8	10	12	15.5
s 公称		3	4	5	6	8	10	14	17	19	22
e min		3.44	4.58	5.72	6.68	9.15	11.43	16.00	19.44	21.73	25.15
w min		1.4	1.9	2.3	3.3	4	4.8	6.8	8.6	10.4	13.1
r min		0.2		0.25	0.4		0.6		0.8		1
l	③	6~25	8~25	10~30	12~35	(16)~40	20~45	25~(55)	30~(65)	40~80	45~90
	④	30~40	30~50	35~60	40~80	45~100	50~120	60~160	70~200	90~200	100~200

注：l 的长度系列为 6，8，10，12，(14)，(16)，20，25，30，35，40，45，50，(55)，60，(65)，70，80，90，100，110，120，130，140，150，160，180，200。

① 光滑头部。

② 滚花头部。

③ 杆部螺纹制到距头部 3P（螺距）以内。

④ $l_{gmax}=l_{公称}-b_{参考}$；$l_{smin}=l_{gmax}-5P$。l_g 表示最末一扣完整螺纹到支承面的距离，l_s 表示无螺纹杆部长度。

表 B-5　紧定螺钉

开槽锥端紧定螺钉(GB/T 71—2018)

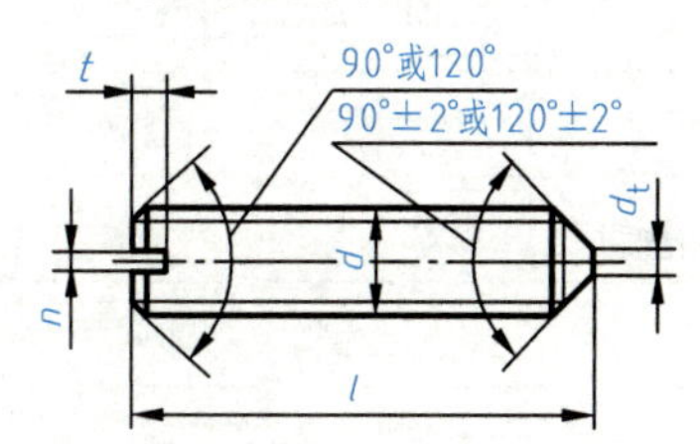

开槽平端紧定螺钉(GB/T 73—2017)

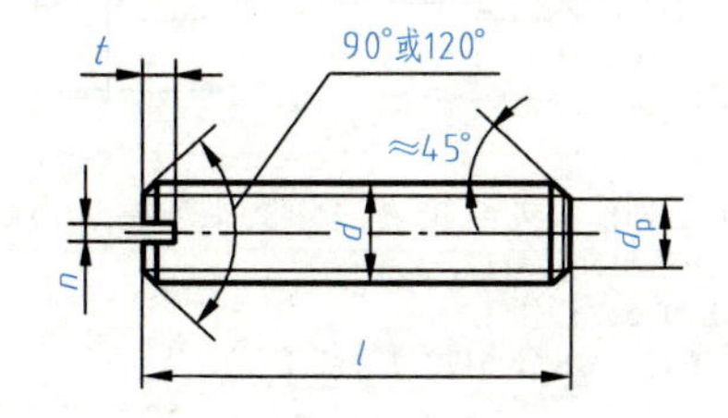

（续）

开槽凹端紧定螺钉(GB/T 74—2018)　　　　开槽长圆柱端紧定螺钉(GB/T 75—2018)

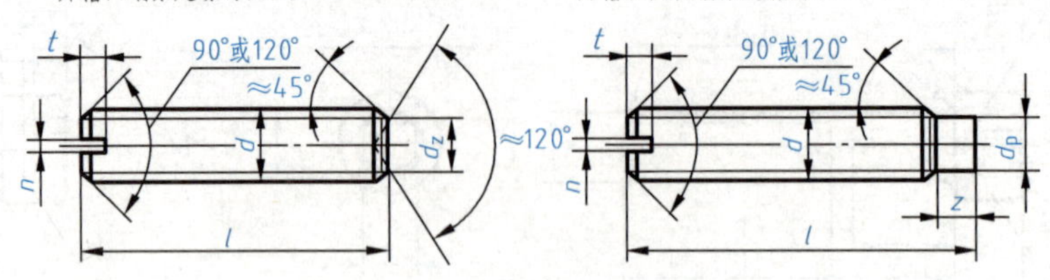

标记示例

螺纹规格 d=M5，公称长度 l=12mm，性能等级为 14H 级，表面氧化的开槽锥端紧定螺钉

螺钉 GB/T 71　M5×12

（单位：mm）

螺纹规格 d		M1.2	M1.6	M2	M2.5	M3	M4	M5	M6	M8	M10	M12
n　公称		0.2	0.25	0.25	0.4	0.4	0.6	0.8	1	1.2	1.6	2
t　max		0.5	0.7	0.8	1	1.1	1.4	1.6	2	2.5	3	3.6
d_z　max			0.8	1	1.2	1.4	2	2.5	3	5	6	8
d_t　max		0.1	0.2	0.2	0.3	0.3	0.4	0.5	1.5	2	2.5	3
d_p　max			0.8	1	1.5	2	2.5	3.5	4	5.5	7	8.5
z　max			1.1	1.3	1.5	1.8	2.3	2.8	3.3	4.3	5.3	6.3
公称长度 l	GB/T 71	2~6	2~8	3~10	3~12	4~16	6~20	8~25	8~30	10~40	12~50	14~60
	GB/T 73	2~6	2~8	2~10	2.5~12	3~16	4~20	5~25	6~30	8~40	10~50	12~60
	GB/T 74		2~8	2.5~10	3~12	3~16	4~20	5~25	6~30	8~40	10~50	12~60
	GB/T 75		2.5~8	3~10	4~12	5~16	6~20	8~25	8~30	10~40	12~50	14~60
公称长度 l≤右表内值时，GB/T 71 两端制成 120°，其他为开槽端制成 120° 公称长度 l>右表内值时，GB/T 71 两端制成 90°，其他为开槽端制成 90°	GB/T 71	2	2.5	2.5	3	3	4	5	6	8	10	12
	GB/T 73		2	2.5	3	3	4	5	6	6	8	10
	GB/T 74		2	2.5	3	4	5	5	6	8	10	12
	GB/T 75		2.5	3	4	5	6	8	10	14	16	20
l 系列		2,2.5,3,4,5,6,8,10,12,(14),16,20,25,30,35,40,45,50,55,60										

表 B-6　六角螺母

1型六角螺母—A级和B级 GB/T 6170—2015　　2型六角螺母—A级和B级 GB/T 6175—2016　　六角薄螺母—A级和B级、倒角 GB/T 6172.1—2016

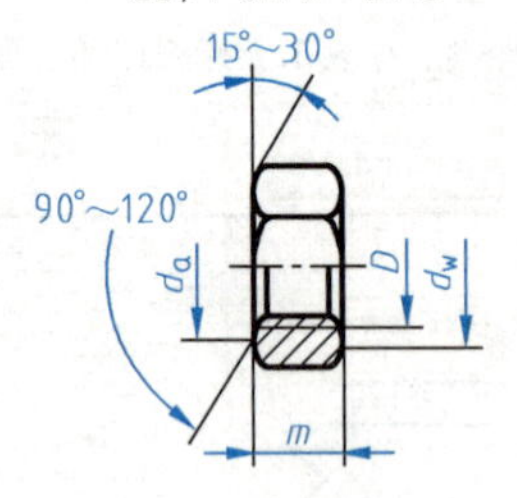

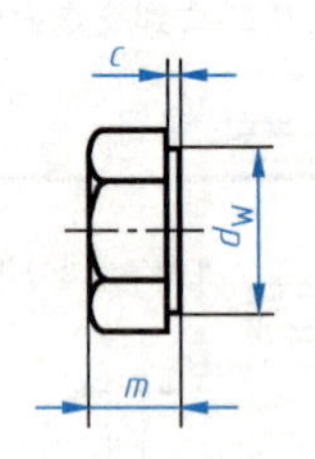

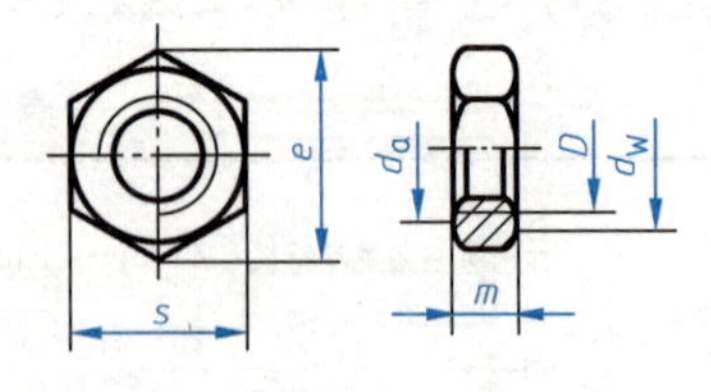

标记示例

螺纹规格 D=M12，性能等级为 10 级，不经表面处理，A 级的六角螺母

1 型　螺母　GB/T 6170　M12

2 型　螺母　GB/T 6175　M12

薄螺母、倒角　螺母　GB/T 6172.1　M12

（单位：mm）

（续）

螺纹规格 D		M3	M4	M5	M6	M8	M10	M12	M16	M20	M24	M30	M36
e_{min}		6.01	7.66	8.79	11.05	14.38	17.77	20.03	26.75	32.95	39.95	50.85	60.79
s	max	5.5	7	8	10	13	16	18	24	30	36	46	55
	min	5.32	6.78	7.78	9.78	12.73	15.73	17.73	23.67	29.16	35	45	53.8
c_{max}		0.4	0.4	0.5	0.5	0.6	0.6	0.6	0.8	0.8	0.8	0.8	0.8
d_{wmin}		4.6	5.9	6.9	8.9	11.6	14.6	16.6	22.5	27.7	33.3	42.8	51.1
d_{amax}		3.45	4.6	5.75	6.75	8.75	10.8	13	17.3	21.6	25.9	32.4	38.9
GB/T 6170—2015 m	max	2.4	3.2	4.7	5.2	6.8	8.4	10.8	14.8	18	21.5	25.6	31
	min	2.15	2.9	4.4	4.9	6.44	8.04	10.37	14.1	16.9	20.2	24.3	29.4
GB/T 6172.1—2016 m	max	1.8	2.2	2.7	3.2	4	5	6	8	10	12	15	18
	min	1.55	1.95	2.45	2.9	3.7	4.7	5.7	7.2	9	10.9	13.9	16.9
GB/T 6175—2016 m	max	—	—	5.1	5.7	7.5	9.3	12	16.4	20.3	23.9	28.6	34.7
	min	—	—	4.8	5.4	7.14	8.94	11.57	15.7	19	22.6	27.3	33.1

表 B-7　垫圈

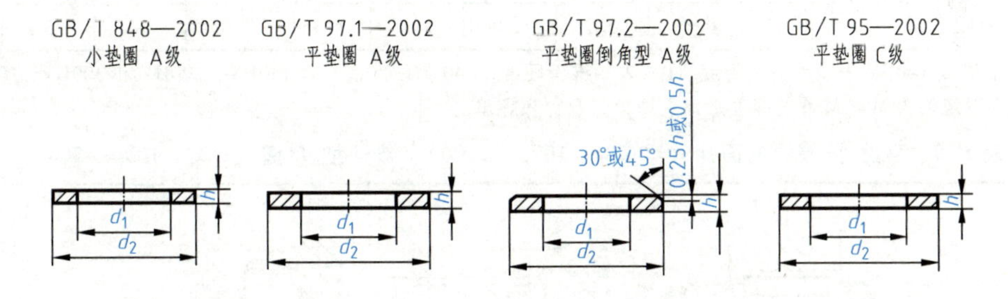

标记示例

公称尺寸 d=8mm，性能等级为 140HV 级，倒角型，不经表面处理的平垫圈：

垫圈　GB/T 97.2—8　（其余标记相仿）

（单位：mm）

公称尺寸（螺纹规格 d）			3	4	5	6	8	10	12	14	16	20	24	30	36
内径 d_1	产品等级	A	3.2	4.3	5.3	6.4	8.4	10.5	13	15	17	21	25	31	37
		C	3.4	4.5	5.5	6.6	9	11	13.5	15.5	17.5	22	26	33	39
GB/T 848—2002	外径 d_2		6	8	9	11	15	18	20	24	28	34	39	50	60
	厚度 h		0.5	0.5	1	1.6	1.6	1.6	2	2.5	2.5	3	4	4	5
GB/T 97.1—2002 GB/T 97.2—2002* GB/T 95—2002*	外径 d_2		7	9	10	12	16	20	24	28	30	37	44	56	66
	厚度 h		0.5	0.8	1	1.6	1.6	2	2.5	2.5	3	3	4	4	5

（续）

标准型弹簧垫圈（摘自GB/T 93—1987）

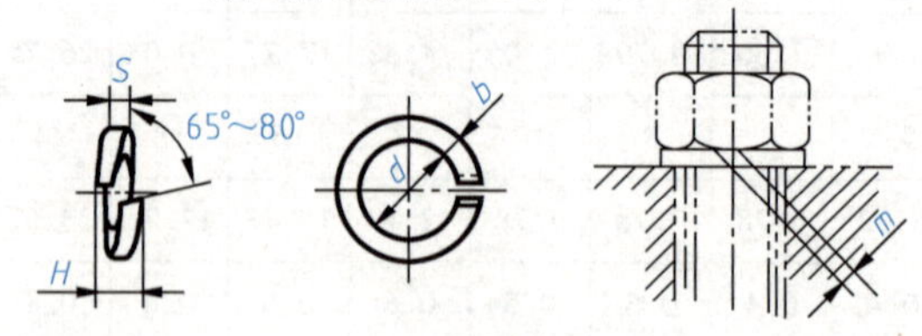

标记示例

规格 16mm、材料为 65Mn、表面氧化的标准型弹簧垫圈：

垫圈　GB/T 93—1987　16

（单位：mm）

规格（螺纹大径）		4	5	6	8	10	12	16	20	24	30
d	min	4.1	5.1	6.1	8.1	10.2	12.2	16.2	20.2	24.5	30.5
	max	4.4	5.4	6.68	8.68	10.9	12.9	16.9	21.04	25.5	31.5
$S(b)$	公称	1.1	1.3	1.6	2.1	2.6	3.1	4.1	5	6	7.5
	min	1	1.2	1.5	2	2.45	2.95	3.9	4.8	5.8	7.2
	max	1.2	1.4	1.7	2.2	2.75	3.25	4.3	5.2	6.2	7.8
H	min	2.2	2.6	3.2	4.2	5.2	6.2	8.2	10	12	15
	max	2.75	3.25	4	5.25	6.5	7.75	10.25	12.5	15	18.75
$m \leqslant$		0.55	0.65	0.8	1.05	1.3	1.55	2.05	2.5	3	3.75

注：性能等级 140HV 表示材料的硬度、HV 表示维氏硬度，140 为硬度值。有 140HV、200HV 和 300HV 三种。

* 主要用于规格为 M5～M36 的标准六角头螺栓、螺钉和螺母。

表 B-8　平键 键槽的剖面尺寸（GB/T 1095—2003）、普通型 平键（GB/T 1096—2003）

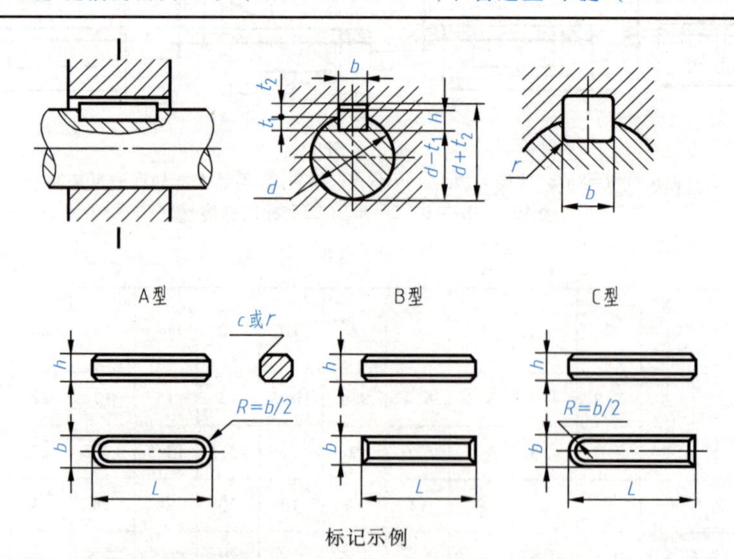

标记示例

圆头普通平键 A 型，b=16mm，h=10mm，L=100mm；GB/T 1096　键 16×10×100

平头普通平键 B 型，b=16mm，h=10mm，L=100mm；GB/T 1096　键 B16×10×100

单圆头普通平键 C 型，b=16mm，h=10mm，L=100mm；GB/T 1096　键 C16×10×100

（单位：mm）

（续）

轴	键		键槽											
			宽度 b						深度				半径 r	
				偏差					轴 t_1		毂 t_2			
				松连接		正常连接		紧密连接						
公称直径 d	公称尺寸 $b×h$	长度 L	公称尺寸	轴 H9	毂 D10	轴 N9	毂 JS9	轴和毂 P9	公称尺寸	极限偏差	公称尺寸	极限偏差	最小	最大
>10~12	4×4	8~45	4	+0.030 0	+0.078 +0.030	0 -0.030	±0.015	-0.012 -0.042	2.5	+0.1 0	1.8	+0.1 0	0.08	0.16
>12~17	5×5	10~56	5						3.0		2.3		0.16	0.25
>17~22	6×6	14~70	6						3.5		2.8			
>22~30	8×7	18~90	8	+0.036 0	+0.098 +0.040	0 -0.036	±0.018	-0.015 -0.051	4.0	+0.2 0	3.3	+0.2 0		
>30~38	10×8	22~110	10						5.0		3.3		0.25	0.40
>38~44	12×8	28~140	12	+0.043 0	+0.120 +0.050	0 -0.043	±0.0215	-0.018 -0.061	5.0		3.3			
>44~50	14×9	36~160	14						5.5		3.8			
>50~58	16×10	45~180	16						6.0		4.3			
>58~65	18×11	50~200	18						7.0		4.4			
>65~75	20×12	56~220	20	+0.052 0	+0.149 +0.065	0 -0.052	±0.026	-0.022 -0.074	7.5		4.9		0.40	0.60
>75~85	22×14	63~250	22						9.0		5.4			
>85~95	25×14	70~280	25						9.0		5.4			
>95~110	28×16	80~320	28						10.0		6.4			

注：1. （$d-t_1$）和（$d+t_2$）两组组合尺寸的偏差按相应的 t_1 和 t_2 的偏差选取，但（$d-t_1$）偏差的值应取负号（-）。

2. L 系列：6~22（2 进位）、25、28、32、36、40、45、50、56、63、70、80、90、100、110、125、140、160、180、200、220、250、280、320、360、400、450、500。

表 B-9 半圆键 键槽的剖面尺寸（GB/T 1098—2003）、普通型 半圆键（GB/T 1099.1—2003）

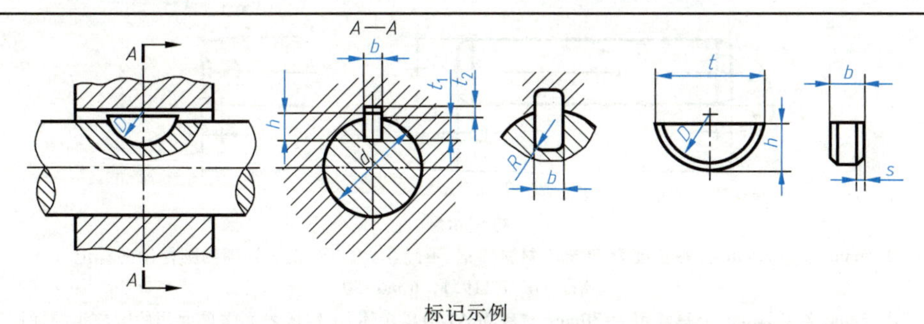

标记示例

半圆键 $b=6$mm，$h=10$mm，$D=25$mm，$L=24.5$mm 的标记：

GB/T 1099.1 键 6×10×25

（单位：mm）

轴颈 d		普通半圆键的尺寸				键槽深		倒角或圆角 s		半径 R	
						轴	轮毂				
键传递转矩用	键传动定位用	b	h	D	$L≈$	t_1	t_2	min	max	min	max
自 3~4	自 3~4	1.0	1.4	4	3.9	1.0	0.6	0.16	0.25	0.08	0.16
>4~5	>4~6	1.5	2.6	7	6.8	2.0	0.8				

（续）

轴颈 d		普通半圆键的尺寸				键槽深		倒角或圆角 s		半径 R	
键传递转矩用	键传动定位用	b	h	D	$L\approx$	轴 t_1	轮毂 t_2	min	max	min	max
>5~6	>6~8	2.0	2.6	7	6.8	1.8	1.0	0.16	0.25	0.08	0.16
>6~7	>8~10		3.7	10	9.7	2.9					
>7~8	>10~12	2.5	3.7	10	9.7	2.7	1.2				
>8~10	>12~15	3.0	5.0	13	12.7	3.8	1.4				
>10~12	>15~18		6.5	16	15.7	5.3				0.16	0.25
>12~14	>18~20	4.0	6.5	16	15.7	5.0	1.8	0.25	0.4		
>14~16	>20~22		7.5	19	18.6	6.0					
>16~18	>22~25	5.0	6.5	16	15.7	4.5	2.3				
>18~20	>25~28		7.5	19	18.6	5.5					
>20~22	>28~32		9	22	21.6	7.0					
>22~25	>32~36	6	9	22	21.6	6.5	2.8				
>25~28	>36~40		10	25	24.5	7.5				0.25	0.40
>28~32	40	8	11	28	27.4	8.0	3.3	0.4	0.6		
>32~38	—	10	13	32	31.4	10.0					

注：在工作图中，轴槽深用（$d-t_1$）或 t_1 标注，轮毂槽深用（$d+t_2$）标注。

表 B-10　圆柱销（GB/T 119.1—2000、GB/T 119.2—2000）

GB/T 119.1 规定了公称直径 d=0.6~50mm、公差为 m6 和 h8、材料为不淬硬钢和奥氏体不锈钢的圆柱销

GB/T 119.2 规定了公称直径 d=1~20mm、公差为 m6、材料为 A 型钢（普通淬火）和 B 型钢（表面淬火）、以及马氏体不锈钢的圆柱销

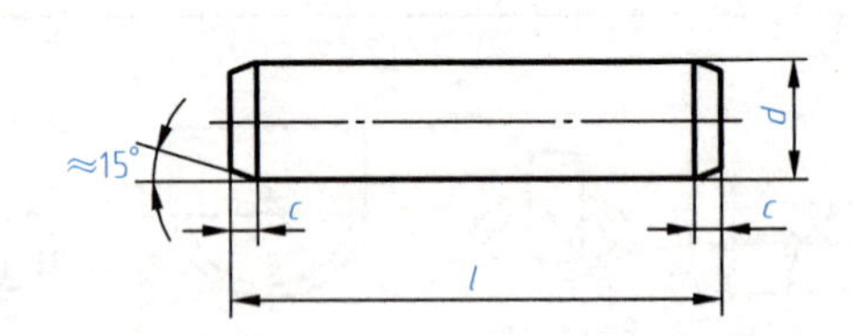

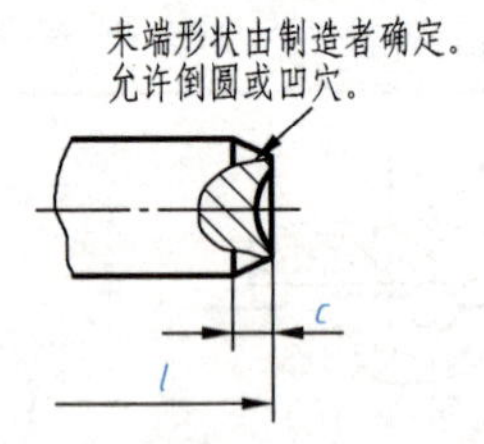

标记示例

公称直径 d=6mm、公差为 m6、公称长度 l=30mm、材料为钢、不经淬火、不经表面处理的圆柱销的标记：

销　GB/T 119.1　6 m6×30

公称直径 d=6mm、公差为 m6、公称长度 l=30mm、材料为 A1 组奥氏体、不锈钢表面简单处理的圆柱销的标记：

销　GB/T 119.1　6 m6×30-Al

（单位：mm）

d	4	5	6	8	10	12	16	20	25	30	40	50
$c\approx$	0.63	0.80	1.2	1.6	2	2.5	3	3.5	4	5	6.3	8
长度范围 l	8~40	10~50	12~60	14~80	18~95	22~140	26~180	35~200	50~200	60~200	80~200	95~200
l(系列)	6、8、10、12、14、16、18、20、22、24、26、28、30、32、35、40、45、50、55、60、65、70、75、80、85、90、95、100、120、140、160、180、200											

表 B-11　圆锥销（GB/T 117—2000）

A 型（磨削）：锥面表面粗糙度 $Ra=0.8\mu m$　B 型（切削或冷镦）：锥面表面粗糙度 $Ra=3.2\mu m$

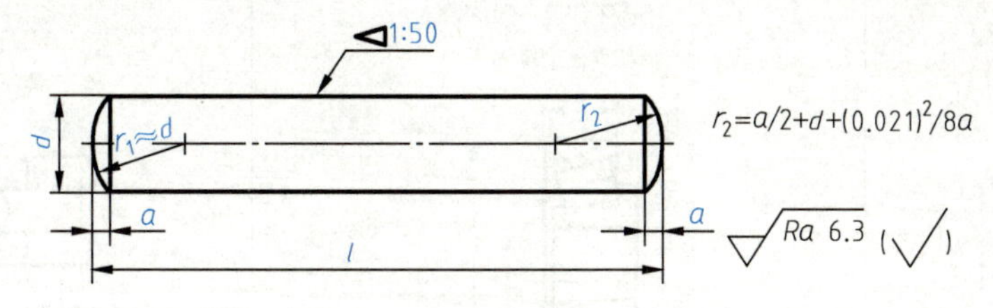

标记示例

公称直径 $d=6mm$、公称长度 $l=30mm$、材料为 35 钢、热处理硬度 28~38HRC、表面氧化处理的 A 型圆锥销的标记：

销　GB/T 117　6×30

（单位：mm）

d	4	5	6	8	10	12	16	20	25	30	40	50
a≈	0.50	0.63	0.8	1	1.2	1.6	2	2.5	3	4	5	6.3
长度范围 *l*	14~55	18~60	22~90	22~120	26~160	32~180	40~200	45~200	50~200	55~200	60~200	65~200
l（系列）	14、16、18、20、22、24、26、28、30、32、35、40、45、50、55、60、65、70、75、80、85、90、95、100、120、140、160、180、200											

表 B-12　开口销（GB/T 91—2000）

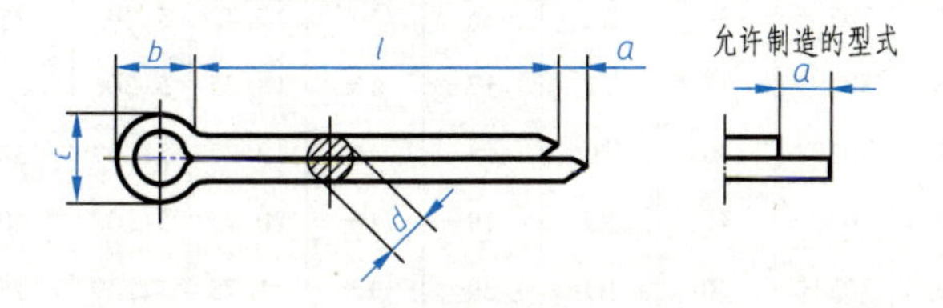

标记示例

公称规格为 5mm、公称长度 $l=50mm$、材料为 Q215 或 Q235、不经表面处理的开口销的标记：

销　GB/T 91　5×50

（单位：mm）

d	公称	0.6	0.8	1	1.2	1.6	2	2.5	3.2	4	5	6.3	8	10	13
	min	0.4	0.6	0.8	0.9	1.3	1.7	2.1	2.7	3.5	4.4	5.7	7.3	9.3	12.4
	max	0.5	0.7	0.9	1	1.4	1.8	2.3	2.9	3.7	4.6	5.9	7.5	9.5	12.4
c	max	1	1.4	1.8	2	2.8	3.6	4.6	5.8	7.4	9.2	11.8	15	19	24.8
	min	0.9	1.2	1.6	1.7	2.4	3.2	4	5.1	6.5	8	10.3	13.1	16.6	21.7
b≈		2	2.4	3	3	3.2	4	5	6.4	8	10	12.6	16	20	26
a_{max}		1.6			2.5				3.2	4				6.3	
l（公称）		4~12	5~16	6~20	8~25	8~32	10~40	12~50	14~63	18~80	22~100	32~125	40~160	45~200	71~250
长度 *l* 的系列		4,5,6,8,10,12,14,16,18,20,22,25,28,32,36,40,45,50,56,63,71,80,90,100,112,125,140,160,180,200,224,250													

注：1. 销孔的公称直径等于 $d_{公称}$。

2. 开口销的材料用碳素钢 Q215、Q235，不锈钢 06Cr18Ni11Ti、12Cr17Ni7，铜锌合金 H63。

表 B-13　滚动轴承　　（单位：mm）

GB/T 276—2013
深沟球轴承

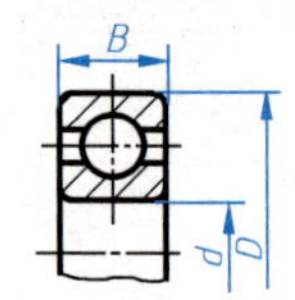

标记示例

滚动轴承　6308　GB/T 276—2013

GB/T 297—2015
圆锥滚子轴承

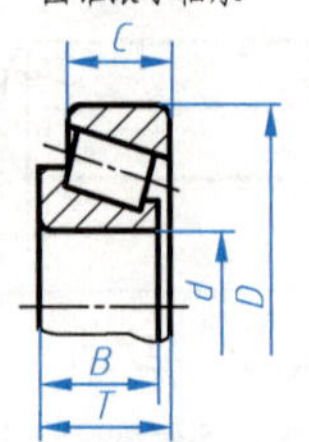

标记示例

滚动轴承　30209　GB/T 297—2015

GB/T 301—2015
推力球轴承

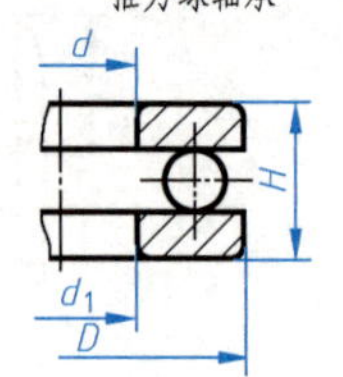

标记示例

滚动轴承　51205　GB/T 301—2015

轴承型号	d	D	B	轴承型号	d	D	B	C	T	轴承型号	d	D	H	$d_{1\min}$
尺寸系列(02)				尺寸系列(02)						尺寸系列(12)				
6202	15	35	11	30203	17	40	12	11	13.25	51202	15	32	12	17
6203	17	40	12	30204	20	47	14	12	15.25	51203	17	35	12	19
6204	20	47	14	30205	25	52	15	13	16.25	51204	20	40	14	22
6205	25	52	15	30206	30	62	16	14	17.25	51205	25	47	15	27
6206	30	62	16	30207	35	72	17	15	18.25	51206	30	52	16	32
6207	35	72	17	30208	40	80	18	16	19.75	51207	35	62	18	37
6208	40	80	18	30209	45	85	19	16	20.75	51208	40	68	19	42
6209	45	85	19	30210	50	90	20	17	21.75	51209	45	73	20	47
6210	50	90	20	30211	55	100	21	18	22.75	51210	50	78	22	52
6211	55	100	21	30212	60	110	22	19	23.75	51211	55	90	25	57
6212	60	110	22	30213	65	120	23	20	24.75	51212	60	95	26	62
尺寸系列(03)				尺寸系列(03)						尺寸系列(13)				
6302	15	42	13	30302	15	42	13	11	14.25	51304	20	47	18	22
6303	17	47	14	30303	17	47	14	12	15.25	51305	25	52	18	27
6304	20	52	15	30304	20	52	15	13	16.25	51306	30	60	21	32
6305	25	62	17	30305	25	62	17	15	18.25	51307	35	68	24	37
6306	30	72	19	30306	30	72	19	16	20.75	51308	40	78	26	42
6307	35	80	21	30307	35	80	21	18	22.75	51309	45	85	28	47
6308	40	90	23	30308	40	90	23	20	25.25	51310	50	95	31	52
6309	45	100	25	30309	45	100	25	22	27.25	51311	55	105	35	57
6310	50	110	27	30310	50	110	27	23	29.25	51312	60	110	35	62
6311	55	120	29	30311	55	120	29	25	31.5	51313	65	115	36	67
6312	60	130	31	30312	60	130	31	26	33.5	51314	70	125	40	72
6313	65	140	33	30313	65	140	33	28	36.0	51315	75	135	44	77

附录 C 常用材料与热处理

表 C-1 钢铁材料

<table>
<tr><th>名称</th><th>标准</th><th>牌号</th><th>应用举例</th><th>说明</th></tr>
<tr><td rowspan="4">灰铸铁</td><td rowspan="4">GB/T 9439—2010</td><td>HT100</td><td>属低强度铸铁。用于手轮、盖、油盘、支架等非重要零件</td><td rowspan="4">HT——灰铸铁代号
200——最小抗拉强度(MPa)</td></tr>
<tr><td>HT150</td><td>属中等强度铸铁。通常用于制造端盖、轴承座、阀壳、机床座、床身、带轮、箱体等</td></tr>
<tr><td>HT200</td><td>属高强度铸铁。用于气缸、齿轮、凸轮、衬套、轴承座、齿轮箱、飞轮等</td></tr>
<tr><td>HT250</td><td>承受较大载荷和较重要的零件,如油缸、联轴器、凸轮、齿轮等</td></tr>
<tr><td rowspan="2">球墨铸铁</td><td rowspan="2">GB/T 1348—2009</td><td>QT400-18
QT400-15
QT500-7</td><td>有焊接性及切削加工性能好、韧性高等特性。用于犁铧、犁柱、收割机、差速器壳、护刃器、离合器壳、拨叉、阀体、阀盖、油泵齿轮、传动轴、飞轮等</td><td rowspan="2">QT——球墨铸铁代号
400——抗拉强度(MPa)
18——伸长率(%)</td></tr>
<tr><td>QT600-3
QT700-2
QT800-2</td><td>具有中、高强度,低塑性,耐磨性较好。用于曲轴、凸轮轴、连杆、进排气门座、机床主轴、缸体、缸套、球磨机齿轴等</td></tr>
<tr><td rowspan="4">优质碳素结构钢</td><td rowspan="4">GB/T 699—2015</td><td>15、20</td><td>有良好冲压、焊接性能,塑性、韧性较高,用于焊接容器、螺钉、螺母、法兰盘、杆件、轴套等</td><td rowspan="3">20——平均碳含量(万分之几)</td></tr>
<tr><td>35</td><td>用于中等载荷的零件,如连杆、套筒、钩环、圆盘、垫圈、螺钉、螺母、轴类零件</td></tr>
<tr><td>40、45</td><td>具有良好的力学性能,主要用来制造齿轮、齿条、连接杆、蜗杆、活塞销、销子、机床主轴、花键轴等,但需表面淬火处理</td></tr>
<tr><td>60Mn、65Mn</td><td>具有较高的耐磨性、弹性。用于制造弹簧、农机耐磨件、弹簧垫圈,也可作机床主轴、弹簧卡头、机床丝杠等</td><td>60——平均碳含量(万分之几)
Mn——锰含量</td></tr>
<tr><td rowspan="3">铸钢</td><td rowspan="3">GB/T 5613—2014</td><td>ZG200-400</td><td>有良好的塑性、韧性,用于各种机械零件,如轴承座、连杆、缸体等</td><td rowspan="3">ZG——铸钢代号
200——屈服强度(MPa)
400——抗拉强度(MPa)</td></tr>
<tr><td>ZG230-450</td><td>有一定的强度,较好的塑性、韧性、焊接性,用于各种机械零件,如砧座、外壳、底板、阀体、犁柱等</td></tr>
<tr><td>ZG270-500</td><td>有较高的强度和较好的塑性、铸造性能,用于轧钢机机架、连杆、箱体、曲拐、缸体等</td></tr>
<tr><td rowspan="3">碳素结构钢</td><td rowspan="3">GB/T 700—2006</td><td>Q195</td><td>具有较高的塑性和韧性,用于制造铆钉、地脚螺栓、开口销、拉杆、冲压等</td><td rowspan="3">Q——屈服强度(“屈”字汉语拼音首位字母)
275——屈服强度数值(MPa)
A——质量等级</td></tr>
<tr><td>Q235A</td><td>具有一定的强度和塑性、韧性和焊接性。用于制造齿轮、拉杆、螺栓、钩子、套环、销钉等</td></tr>
<tr><td>Q275</td><td>具有较高的强度、塑性,焊接性较差。用于农机型钢、螺栓、连杆、吊钩、工具、轴、齿轮、键等</td></tr>
</table>

表 C-2　非铁金属材料

名称	标准	牌号	应用举例	说明
铸造铝合金	GB/T 1173—2013	ZAlSi7Mg	用于形状复杂的砂型、金属型和压力铸造零件，如铝合金活塞、仪器零件、水泵壳体等	Z——铸造代号 Al——基体金属铝元素符号 Si7、Mg、Zn11——硅镁锌元素符号及名义含量(%)
		ZAlSi9Mg	用于砂型、金属型和压力铸造的形状复杂、在200℃以下工作的零件，如发动机壳体、气缸体等	
		ZAlZn11Si7	用于铸造零件，工作温度不超过200℃、结构形状复杂的汽车、飞机零件	
铸造铜及铜合金	GB/T 1176—2013	ZCuSn10Zn2	用于中等负荷及在1.5MPa以上工作的重要管配件、阀、泵、齿轮和轴套等	Z——铸造代号 Cu——基体金属铜元素符号 Sn10、Pb1——锡、铅元素符号及名义含量(%)
		ZCuSn10Pb1	重要用途的轴承、齿轮、套圈和轴套等	
		ZCuSn5Pb5Zn5	用于离合器、轴瓦、缸套、蜗轮、油塞等耐磨和耐腐蚀零件	

表 C-3　非金属材料

名称	标准	牌号	应用举例	说明
工业用平面毛毡	FJ 314	T112-32-44 T122-30-38 T132-32-36	用于密封、防振缓冲衬垫	T112——细毛 T122——半粗毛 T132——粗毛 后两个数是密度值(g/cm^3)×100，如T112-32-44是指密度为0.32~0.44g/cm^3
尼龙		尼龙6、 尼龙66	韧性好，耐磨、耐水、耐油，用于一般机械零件、传动件及减磨、耐磨件，如齿轮轴承、螺母、凸轮、螺钉、垫圈等。其特点是运输时噪声小	6、66——序号，数字大，力学性能、线膨胀系数高
软钢纸板	QB/T 365		规格：4000×300，650×400	用于密封连接处垫片

表 C-4　常用热处理和表面处理（GB/T 7232—2012、GB/T 12603—2005、JB/T 8555—2008）

名称	代号示例	说明	目的
退火	5111	加热—保温—随炉冷却	用来消除铸、锻、焊零件的内应力，降低硬度，以利切削加工，细化晶粒，改善组织，增加韧性
正火	5121	加热—保温—空气冷却	用于处理低碳钢，中碳结构钢及渗碳零件，细化晶粒，增加强度与韧性，减少内应力，改善切削性能
淬火	5131	加热—保温—急冷	提高机件强度及耐磨性，但淬火后会引起内应力，使钢变脆，所以淬火后必须回火
调质	5151	淬火—高温回火	提高韧性及强度。重要的齿轮、轴及丝杠等零件需调质
渗碳淬火	5311	将零件在渗碳剂中加热，使碳原子渗入钢的表面后，再淬火回火，渗碳深度0.5~2mm	提高机件表面的硬度、耐磨性、抗拉强度等，适用于低碳，中碳($w(C)<0.40\%$)结构钢的中小型零件
渗氮	5330	将零件放入氨气内加热，使氮原子渗入钢表面，渗氮层0.025~0.8mm，渗氮时间40~50h	提高机件的表面硬度、耐磨性、疲劳强度和抗蚀能力，适用于合金钢、碳钢、铸钢件，如机床主轴、丝杠、重要液压元件中的零件
时效	—	机件精加工前，加热到100~150℃后，保温5~20h，空气冷却，铸件可天然时效(露天放一年以上)	消除内应力，稳定机件形状和尺寸，常用于处理精密机件，如精密轴承、精密丝杠等
发蓝处理、发黑	—	将零件置于氧化剂内加热氧化，使表面形成一层氧化铁保护膜	防腐蚀、美化，如用于螺纹连接件
硬度	HBW(布氏) HRC(洛氏) HV(维氏)	材料抵抗硬物压入其表面的能力，依测定方法不同而有布氏、洛氏、维氏等几种	布氏硬度用于退火、正火、调质的零件及铸件；洛氏硬度用于经淬火、回火及表面渗碳、渗氮等处理的零件；维氏硬度用于薄层硬化零件

附录 D 常用标准结构

表 D-1 普通螺纹收尾、肩距、退刀槽和倒角（摘自 GB/T 3—1997）

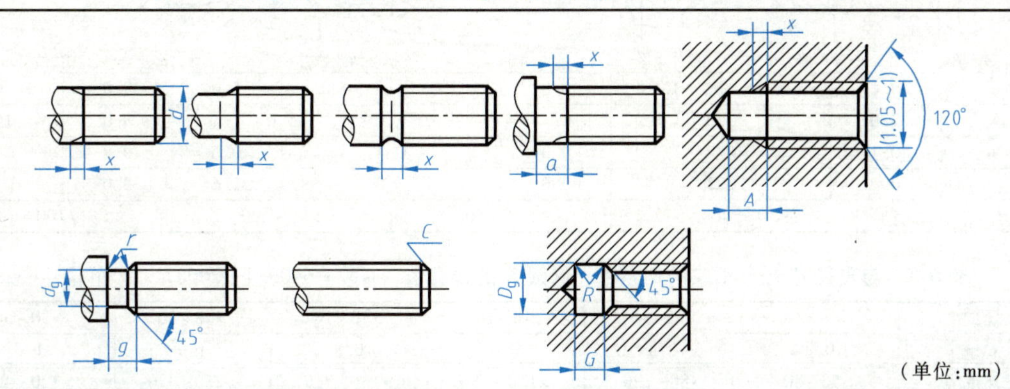

（单位:mm）

螺距 P	粗牙螺纹大径 d	外螺纹						内螺纹				
		螺纹收尾 x	肩距 a	退刀槽			倒角 C	螺纹收尾 x	肩距 A	退刀槽		
				g	$r\approx$	d_g				G	R	D_g
0.2	—	0.5	0.6	—	—		0.2	0.8	1.2	—	—	—
0.25	1,1.2	0.6	0.75	0.75	0.12	d-0.4		1	1.5			
0.3	1.4	0.75	0.9	0.9	0.16	d-0.5	0.3	1.2	1.8			
0.35	1.6,1.8	0.9	1.05	1.05	0.16	d-0.6		1.4	2.2			
0.4	2	1	1.2	1.2	0.2	d-0.7	0.4	1.6	2.5			
0.45	2.2,2.5	1.1	1.35	1.35	0.2	d-0.7		1.8	2.8			
0.5	3	1.25	1.5	1.5	0.2	d-0.8	0.5	2	3	2	0.2	d+0.3
0.6	3.5	1.5	1.8	1.8	0.4	d-1		2.4	3.2	2.4	0.3	
0.7	4	1.75	2.1	2.1	0.4	d-1.1	0.6	2.8	3.5	2.8	0.4	
0.75	4.5	1.9	2.25	2.25	0.4	d-1.2		3	3.8	3	0.4	
0.8	5	2	2.4	2.4	0.4	d-1.3	0.8	3.2	4	3.2	0.4	
1	6,7	2.5	3	3	0.6	d-1.6	1	4	5	4	0.5	d+0.5
1.25	8	3.2	4	3.75	0.6	d-2	1.2	5	6	5	0.6	
1.5	10	3.8	4.5	4.5	0.8	d-2.3	1.5	6	7	6	0.8	
1.75	12	4.3	5.3	5.25	1	d-2.6	2	7	9	7	0.9	
2	14,16	5	6	6	1	d-3		8	10	8	1	
2.5	18,20,22	6.3	7.5	7.5	1.2	d-3.6	2.5	10	12	10	1.2	
3	24,27	7.5	9	9	1.6	d-4.4		12	14	12	1.5	
3.5	30,33	9	10.5	10.5	1.6	d-5	3	14	16	14	1.8	
4	36,39	10	12	12	2	d-5.7		16	18	16	2	
4.5	42,45	11	13.5	13.5	2.5	d-6.4	4	18	21	18	2.2	
5	48,52	12.5	15	15	2.5	d-7		20	23	20	2.5	
5.5	56,60	14	16.5	17.5	3.2	d-7.7	6	22	25	22	2.8	
6	64,68	15	18	18	3.2	d-8.3		24	28	24	3	

注：1. 本表只列入 x、a、g、G、A 的一般值；长的、短的和窄的数值未列入。

2. 肩距 a（A）是螺纹收尾 x 加螺纹空白的总长。

3. 外螺纹倒角和退刀槽过渡角一般按 45°，也可按 60°或 30°，当螺纹按 60°或 30°倒角时，倒角深度约等于螺纹深度。内螺纹倒角一般是 120°圆锥角，也可以是 90°圆锥角。

4. 细牙螺纹按本表螺距 P 选用。

表 D-2 砂轮越程槽（GB/T 6403.5—2008）

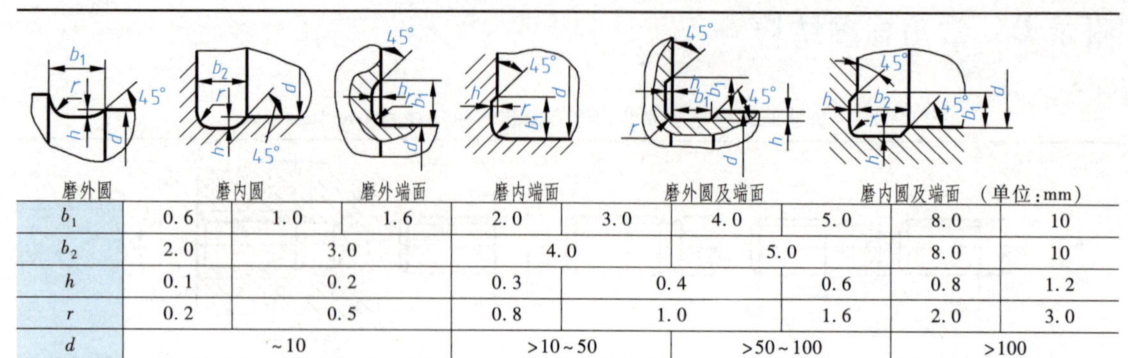

b_1	0.6	1.0	1.6	2.0	3.0	4.0	5.0	8.0	10
b_2	2.0	3.0		4.0		5.0		8.0	10
h	0.1	0.2		0.3	0.4		0.6	0.8	1.2
r	0.2	0.5		0.8	1.0		1.6	2.0	3.0
d	~10			>10~50		>50~100		>100	

表 D-3 与直径 d 或 D 相应的倒角 C、倒圆 R 的推荐值（GB/T 6403.4—2008） （单位：mm）

d 或 D	~3	>3~6	>6~10	>10~18	>18~30	>30~50
C 或 R	0.2	0.4	0.6	0.8	1.0	1.6
d 或 D	>50~80	>80~120	>120~180	>180~250	>250~320	>320~400
C 或 R	2.0	2.5	3.0	4.0	5.0	6.0
d 或 D	>400~500	>500~630	>630~800	>800~1000	>1000~1250	>1250~1600
C 或 R	8.0	10	12	16	20	25

附录 E 公差与配合

表 E-1 标准公差数值（GB/T 1800.1—2020）

公称尺寸/mm		标准公差等级																			
		IT01	IT0	IT1	IT2	IT3	IT4	IT5	IT6	IT7	IT8	IT9	IT10	IT11	IT12	IT13	IT14	IT15	IT16	IT17	IT18
大于	至	标准公差值																			
		μm													mm						
—	3	0.3	0.5	0.8	1.2	2	3	4	6	10	14	25	40	60	0.1	0.14	0.25	0.4	0.6	1	1.4
3	6	0.4	0.6	1	1.5	2.5	4	5	8	12	18	30	48	75	0.12	0.18	0.3	0.48	0.75	1.2	1.8
6	10	0.4	0.6	1	1.5	2.5	4	6	9	15	22	36	58	90	0.15	0.22	0.36	0.58	0.9	1.5	2.2
10	18	0.5	0.8	1.2	2	3	5	8	11	18	27	43	70	110	0.18	0.27	0.43	0.7	1.1	1.8	2.7
18	30	0.6	1	1.5	2.5	4	6	9	13	21	33	52	84	130	0.21	0.33	0.52	0.84	1.3	2.1	3.3
30	50	0.6	1	1.5	2.5	4	7	11	16	25	39	62	100	160	0.25	0.39	0.62	1	1.6	2.5	3.9
50	80	0.8	1.2	2	3	5	8	13	19	30	46	74	120	190	0.3	0.46	0.74	1.2	1.9	3	4.6
80	120	1	1.5	2.5	4	6	10	15	22	35	54	87	140	220	0.35	0.54	0.87	1.4	2.2	3.5	5.4
120	180	1.2	2	3.5	5	8	12	18	25	40	63	100	160	250	0.4	0.63	1	1.6	2.5	4	6.3
180	250	2	3	4.5	7	10	14	20	29	46	72	115	185	290	0.46	0.72	1.15	1.85	2.9	4.6	7.2
250	315	2.5	4	6	8	12	16	23	32	52	81	130	210	320	0.52	0.81	1.3	2.1	3.2	5.2	8.1
315	400	3	5	7	9	13	18	25	36	57	89	140	230	360	0.57	0.89	1.4	2.3	3.6	5.7	8.9
400	500	4	6	8	10	15	20	27	40	63	97	155	250	400	0.63	0.97	1.55	2.5	4	6.3	9.7
500	630			9	11	16	22	32	44	70	110	175	280	440	0.7	1.1	1.75	2.8	4.4	7	11
630	800			10	13	18	25	36	50	80	125	200	320	500	0.8	1.25	2	3.2	5	8	12.5
800	1000			11	15	21	28	40	56	90	140	230	360	560	0.9	1.4	2.3	3.6	5.6	9	14
1000	1250			13	18	24	33	47	66	105	165	260	420	660	1.05	1.65	2.6	4.2	6.6	10.5	16.5
1250	1600			15	21	29	39	55	78	125	195	310	500	780	1.25	1.95	3.1	5	7.8	12.5	19.5
1600	2000			18	25	35	46	65	92	150	230	370	600	920	1.5	2.3	3.7	6	9.2	15	23
2000	2500			22	30	41	55	78	110	175	280	440	700	1100	1.75	2.8	4.4	7	11	17.5	28
2500	3150			26	36	50	68	96	135	210	330	540	860	1350	2.1	3.3	5.4	8.6	13.5	21	33

表 E-2　孔的极限偏差（摘自 GB/T 1800.2—2020）　（单位：μm）

公称尺寸/mm		常用公差带													
		A	B		C	D				E		F			
大于	至	11	11	12	11	8	9	10	11	8	9	6	7	8	9
—	3	+330 +270	+200 +140	+240 +140	+120 +60	+34 +20	+45 +20	+60 +20	+80 +20	+28 +14	+39 +14	+12 +6	+16 +6	+20 +6	+31 +6
3	6	+345 +270	+215 +140	+260 +140	+145 +70	+48 +30	+60 +30	+78 +30	+105 +30	+38 +20	+50 +20	+18 +10	+22 +10	+28 +10	+40 +10
6	10	+370 +280	+240 +150	+300 +150	+170 +80	+62 +40	+76 +40	+98 +40	+130 +40	+47 +25	+61 +25	+22 +13	+28 +13	+35 +13	+49 +13
10	14	+400 +290	+260 +150	+330 +150	+205 +95	+77 +50	+93 +50	+120 +50	+160 +50	+59 +32	+75 +32	+27 +16	+34 +16	+43 +16	+59 +16
14	18														
18	24	+430 +300	+290 +160	+370 +160	+240 +110	+98 +65	+117 +65	+149 +65	+195 +65	+73 +40	+92 +40	+33 +20	+41 +20	+53 +20	+72 +20
24	30														
30	40	+470 +310	+330 +170	+420 +170	+280 +120	+119 +80	+142 +80	+180 +80	+240 +80	+89 +50	+112 +50	+41 +25	+50 +25	+64 +25	+87 +25
40	50	+480 +320	+340 +180	+430 +180	+290 +130										
50	65	+530 +340	+380 +190	+490 +190	+330 +140	+146 +100	+174 +100	+220 +100	+290 +100	+106 +60	+134 +60	+49 +30	+60 +30	+76 +30	+104 +30
65	80	+550 +360	+390 +200	+500 +200	+340 +150										
80	100	+600 +380	+440 +220	+570 +220	+390 +170	+174 +120	+207 +120	+260 +120	+340 +120	+126 +72	+159 +72	+58 +36	+71 +36	+90 +36	+123 +36
100	120	+630 +410	+460 +240	+590 +240	+400 +180										
120	140	+710 +460	+510 +260	+660 +260	+450 +200										
140	160	+770 +520	+530 +280	+680 +280	+460 +210	+208 +145	+245 +145	+305 +145	+395 +145	+148 +85	+185 +85	+68 +43	+83 +43	+106 +43	+143 +43
160	180	+830 +580	+560 +310	+710 +310	+480 +230										
180	200	+950 +660	+630 +340	+800 +340	+530 +240										
200	225	+1030 +740	+670 +380	+840 +380	+550 +260	+242 +170	+285 +170	+355 +170	+460 +170	+172 +100	+215 +100	+79 +50	+96 +50	+122 +50	+165 +50
225	250	+1110 +820	+710 +420	+880 +420	+570 +280										
250	280	+1240 +920	+800 +480	+1000 +480	+620 +300	+271 +190	+320 +190	+400 +190	+510 +190	+191 +110	+240 +110	+88 +56	+108 +56	+137 +56	+186 +56
280	315	+1370 +1050	+860 +540	+1060 +540	+650 +330										
315	355	+1560 +1200	+960 +600	+1170 +600	+720 +360	+299 +210	+350 +210	+440 +210	+570 +210	+214 +125	+265 +125	+98 +62	+119 +62	+151 +62	+202 +62
355	400	+1710 +1350	+1040 +680	+1250 +680	+760 +400										

公称尺寸/mm		常用																	
		G		H							JS			K			M		
大于	至	6	7	6	7	8	9	10	11	12	6	7	8	6	7	8	6	7	8
—	3	+8 +2	+12 +2	+6 0	+10 0	+14 0	+25 0	+40 0	+60 0	+100 0	±3	±5	±7	0 -6	0 -10	0 -14	-2 -8	-2 -12	-2 -16
3	6	+12 +4	+16 +4	+8 0	+12 0	+18 0	+30 0	+48 0	+75 0	+120 0	±4	±6	±9	+2 -6	+3 -9	+5 -13	-1 -9	0 -12	+2 -16
6	10	+14 +5	+20 +5	+9 0	+15 0	+22 0	+36 0	+58 0	+90 0	+150 0	±4.5	±7.5	±11	+2 -7	+5 -10	+6 -16	-3 -12	0 -15	+1 -21
10	14	+17 +6	+24 +6	+11 0	+18 0	+27 0	+43 0	+70 0	+110 0	+180 0	±5.5	±9	±13.5	+2 -9	+6 -12	+8 -19	-4 -15	0 -18	+2 -25
14	18																		
18	24	+20 +7	+28 +7	+13 0	+21 0	+33 0	+52 0	+84 0	+130 0	+210 0	±6.5	±10.5	±16.5	+2 -11	+6 -15	+10 -23	-4 -17	0 -21	+4 -29
24	30																		
30	40	+25 +9	+34 +9	+16 0	+25 0	+39 0	+62 0	+100 0	+160 0	+250 0	±8	±12.5	±19.5	+3 -13	+7 -18	+12 -27	-4 -20	0 -25	+5 -34
40	50																		
50	65	+29 +10	+40 +10	+19 0	+30 0	+46 0	+74 0	+120 0	+190 0	+300 0	±9.5	±15	±23	+4 -15	+9 -21	+14 -32	-5 -24	0 -30	+5 -41
65	80																		
80	100	+34 +12	+47 +12	+22 0	+35 0	+54 0	+87 0	+140 0	+220 0	+350 0	±11	±17.5	±27	+4 -18	+10 -25	+16 -38	-6 -28	0 -35	+6 -48
100	120																		
120	140	+39 +14	+54 +14	+25 0	+40 0	+63 0	+100 0	+160 0	+250 0	+400 0	±12.5	±20	±31.5	+4 -21	+12 -28	+20 -43	-8 -33	0 -40	+8 -55
140	160																		
160	180																		
180	200	+44 +15	+61 +15	+29 0	+46 0	+72 0	+115 0	+185 0	+290 0	+460 0	±14.5	±23	±36	+5 -24	+13 -33	+22 -50	-8 -37	0 -46	+9 -63
200	225																		
225	250																		
250	280	+49 +17	+69 +17	+32 0	+52 0	+81 0	+130 0	+210 0	+320 0	+520 0	±16	±26	±40.5	+5 -27	+16 -36	+25 -56	-9 -41	0 -52	+9 -72
280	315																		
315	355	+54 +18	+75 +18	+36 0	+57 0	+89 0	+140 0	+230 0	+360 0	+570 0	±18	±28.5	±44.5	+7 -29	+17 -40	+28 -61	-10 -46	0 -57	+11 -78
355	400																		

（续）

公差带											
N			P		R		S		T		U
6	7	8	6	7	6	7	6	7	6	7	7
-4 -10	-4 -14	-4 -18	-6 -12	-6 -16	-10 -16	-10 -20	-14 -20	-14 -24	—	—	-18 -28
-5 -13	-4 -16	-2 -20	-9 -17	-8 -20	-12 -20	-11 -23	-16 -24	-15 -27	—	—	-19 -31
-7 -16	-4 -19	-3 -25	-12 -21	-9 -24	-16 -25	-13 -28	-20 -29	-17 -32	—	—	-22 -37
-9 -20	-5 -23	-3 -30	-15 -26	-11 -29	-20 -31	-16 -34	-25 -36	-21 -39	—	—	-26 -44
-11 -24	-7 -28	-3 -36	-18 -31	-14 -35	-24 -37	-20 -41	-31 -44	-27 -48	—	—	-33 -54
									-37 -50	-33 -54	-40 -61
-12 -28	-8 -33	-3 -42	-21 -37	-17 -42	-29 -45	-25 -50	-38 -54	-34 -59	-43 -59	-39 -64	-51 -76
									-49 -65	-45 -70	-61 -86
-14 -33	-9 -39	-4 -50	-26 -45	-21 -51	-35 -54	-30 -60	-47 -66	-42 -72	-60 -79	-55 -85	-76 -106
					-37 -56	-32 -62	-53 -72	-48 -78	-69 -88	-64 -94	-91 -121
-16 -38	-10 -45	-4 -58	-30 -52	-24 -59	-44 -66	-38 -73	-64 -86	-58 -93	-84 -106	-78 -113	-111 -146
					-47 -69	-41 -76	-72 -94	-66 -101	-97 -119	-91 -126	-131 -166
-20 -45	-12 -52	-4 -67	-36 -61	-28 -68	-56 -81	-48 -88	-85 -110	-77 -117	-115 -140	-107 -147	-155 -195
					-58 -83	-50 -90	-93 -118	-85 -125	-127 -152	-119 -159	-175 -215
					-61 -86	-53 -93	-101 -126	-93 -133	-139 -164	-131 -171	-195 -235
-22 -51	-14 -60	-5 -77	-41 -70	-33 -79	-68 -97	-60 -106	-113 -142	-105 -151	-157 -186	-149 -195	-219 -265
					-71 -100	-63 -109	-121 -150	-113 -159	-171 -200	-163 -209	-241 -287
					-75 -104	-67 -113	-131 -160	-123 -169	-187 -216	-179 -225	-267 -313
-25 -57	-14 -66	-5 -86	-47 -79	-36 -88	-85 -117	-74 -126	-149 -181	-138 -190	-209 -241	-198 -250	-295 -347
					-89 -121	-78 -130	-161 -193	-150 -202	-231 -263	-220 -272	-330 -382
-26 -62	-16 -73	-5 -94	-51 -87	-41 -98	-97 -133	-87 -144	-179 -215	-169 -226	-257 -293	-247 -304	-369 -426
					-103 -139	-93 -150	-197 -233	-187 -244	-283 -319	-273 -330	-414 -471

表 E-3 轴的极限偏差（摘自

公称尺寸/mm		常用												
		a	b		c			d				e		
大于	至	11	11	12	9	10	11	8	9	10	11	7	8	9
—	3	-270 -330	-140 -200	-140 -240	-60 -85	-60 -100	-60 -120	-20 -34	-20 -45	-20 -60	-20 -80	-14 -24	-14 -28	-14 -39
3	6	-270 -345	-140 -215	-140 -260	-70 -100	-70 -118	-70 -145	-30 -48	-30 -60	-30 -78	-30 -105	-20 -32	-20 -38	-20 -50
6	10	-280 -370	-150 -240	-150 -300	-80 -116	-80 -138	-80 -170	-40 -62	-40 -76	-40 -98	-40 -130	-25 -40	-25 -47	-25 -61
10	14	-290 -400	-150 -260	-150 -330	-95 -138	-95 -165	-95 -205	-50 -77	-50 -93	-50 -120	-50 -160	-32 -50	-32 -59	-32 -75
14	18													
18	24	-300 -430	-160 -290	-160 -370	-110 -162	-110 -194	-110 -240	-65 -98	-65 -117	-65 -149	-65 -195	-40 -61	-40 -73	-40 -92
24	30													
30	40	-310 -470	-170 -330	-170 -420	-120 -182	-120 -220	-120 -280	-80 -119	-80 -142	-80 -180	-80 -240	-50 -75	-50 -89	-50 -112
40	50	-320 -480	-180 -340	-180 -430	-130 -192	-130 -230	-130 -290							
50	65	-340 -530	-190 -380	-190 -490	-140 -214	-140 -260	-140 -330	-100 -146	-100 -174	-100 -220	-100 -290	-60 -90	-60 -106	-60 -134
65	80	-360 -550	-200 -390	-200 -500	-150 -224	-150 -270	-150 -340							
80	100	-380 -600	-220 -440	-220 -570	-170 -257	-170 -310	-170 -390	-120 -174	-120 -207	-120 -260	-120 -340	-72 -107	-72 -126	-72 -159
100	120	-410 -630	-240 -460	-240 -590	-180 -267	-180 -320	-180 -400							
120	140	-460 -710	-260 -510	-260 -660	-200 -300	-200 -360	-200 -450	-145 -208	-145 -245	-145 -305	-145 -395	-85 -125	-85 -148	-85 -185
140	160	-520 -770	-280 -530	-280 -680	-210 -310	-210 -370	-210 -460							
160	180	-580 -830	-310 -560	-310 -710	-230 -330	-230 -390	-230 -480							
180	200	-660 -950	-340 -630	-340 -800	-240 -355	-240 -425	-240 -530	-170 -242	-170 -285	-170 -355	-170 -460	-100 -146	-100 -172	-100 -215
200	225	-740 -1030	-380 -670	-380 -840	-260 -375	-260 -445	-260 -550							
225	250	-820 -1110	-420 -710	-420 -880	-280 -395	-280 -465	-280 -570							
250	280	-920 -1240	-480 -800	-480 -1000	-300 -430	-300 -510	-300 -620	-190 -271	-190 -320	-190 -400	-190 -510	-110 -162	-110 -191	-110 -240
280	315	-1050 -1370	-540 -860	-540 -1060	-330 -460	-330 -540	-330 -650							
315	355	-1200 -1560	-600 -960	-600 -1170	-360 -500	-360 -590	-360 -720	-210 -299	-210 -350	-210 -440	-210 -570	-125 -182	-125 -214	-125 -265
355	400	-1350 -1710	-680 -1040	-680 -1250	-400 -540	-400 -630	-400 -760							

GB/T 1800.2—2020）（单位：μm）

公差带															
f					g			h							
5	6	7	8	9	5	6	7	5	6	7	8	9	10	11	12
-6 -10	-6 -12	-6 -16	-6 -20	-6 -31	-2 -6	-2 -8	-2 -12	0 -4	0 -6	0 -10	0 -14	0 -25	0 -40	0 -60	0 -100
-10 -15	-10 -18	-10 -22	-10 -28	-10 -40	-4 -9	-4 -12	-4 -16	0 -5	0 -8	0 -12	0 -18	0 -30	0 -48	0 -75	0 -120
-13 -19	-13 -22	-13 -28	-13 -35	-13 -49	-5 -11	-5 -14	-5 -20	0 -6	0 -9	0 -15	0 -22	0 -36	0 -58	0 -90	0 -150
-16 -24	-16 -27	-16 -34	-16 -43	-16 -59	-6 -14	-6 -17	-6 -24	0 -8	0 -11	0 -18	0 -27	0 -43	0 -70	0 -110	0 -180
-20 -29	-20 -33	-20 -41	-20 -53	-20 -72	-7 -16	-7 -20	-7 -28	0 -9	0 -13	0 -21	0 -33	0 -52	0 -84	0 -130	0 -210
-25 -36	-25 -41	-25 -50	-25 -64	-25 -87	-9 -20	-9 -25	-9 -34	0 -11	0 -16	0 -25	0 -39	0 -62	0 -100	0 -160	0 -250
-30 -43	-30 -49	-30 -60	-30 -76	-30 -104	-10 -23	-10 -29	-10 -40	0 -13	0 -19	0 -30	0 -46	0 -74	0 -120	0 -190	0 -300
-36 -51	-36 -58	-36 -71	-36 -90	-36 -123	-12 -27	-12 -34	-12 -47	0 -15	0 -22	0 -35	0 -54	0 -87	0 -140	0 -220	0 -350
-43 -61	-43 -68	-43 -83	-43 -106	-43 -143	-14 -32	-14 -39	-14 -54	0 -18	0 -25	0 -40	0 -63	0 -100	0 -160	0 -250	0 -400
-50 -70	-50 -79	-50 -96	-50 -122	-50 -165	-15 -35	-15 -44	-15 -61	0 -20	0 -29	0 -46	0 -72	0 -115	0 -185	0 -290	0 -460
-56 -79	-56 -88	-56 -108	-56 -137	-56 -186	-17 -40	-17 -49	-17 -69	0 -23	0 -32	0 -52	0 -81	0 -130	0 -210	0 -320	0 -520
-62 -87	-62 -98	-62 -119	-62 -151	-62 -202	-18 -43	-18 -54	-18 -75	0 -25	0 -36	0 -57	0 -89	0 -140	0 -230	0 -360	0 -570

（续）

公称尺寸/mm		常用公差带														
		js			k			m			n			p		
大于	至	5	6	7	5	6	7	5	6	7	5	6	7	5	6	7
—	3	±2	±3	±5	+4 0	+6 0	+10 0	+6 +2	+8 +2	+12 +2	+8 +4	+10 +4	+14 +4	+10 +6	+12 +6	+16 +6
3	6	±2.5	±4	±6	+6 +1	+9 +1	+13 +1	+9 +4	+12 +4	+16 +4	+13 +8	+16 +8	+20 +8	+17 +12	+20 +12	+24 +12
6	10	±3	±4.5	±7.5	+7 +1	+10 +1	+16 +1	+12 +6	+15 +6	+21 +6	+16 +10	+19 +10	+25 +10	+21 +15	+24 +15	+30 +15
10	14	±4	±5.5	±9	+9 +1	+12 +1	+19 +1	+15 +7	+18 +7	+25 +7	+20 +12	+23 +12	+30 +12	+26 +18	+29 +18	+36 +18
14	18															
18	24	±4.5	±6.5	±10.5	+11 +2	+15 +2	+23 +2	+17 +8	+21 +8	+29 +8	+24 +15	+28 +15	+36 +15	+31 +22	+35 +22	+43 +22
24	30															
30	40	±5.5	±8	±12.5	+13 +2	+18 +2	+27 +2	+20 +9	+25 +9	+34 +9	+28 +17	+33 +17	+42 +17	+37 +26	+42 +26	+51 +26
40	50															
50	65	±6.5	±9.5	±15	+15 +2	+21 +2	+32 +2	+24 +11	+30 +11	+41 +11	+33 +20	+39 +20	+50 +20	+45 +32	+51 +32	+62 +32
65	80															
80	100	±7.5	±11	±17.5	+18 +3	+25 +3	+38 +3	+28 +13	+35 +13	+48 +13	+38 +23	+45 +23	+58 +23	+52 +37	+59 +37	+72 +37
100	120															
120	140	±9	±12.5	±20	+21 +3	+28 +3	+43 +3	+33 +15	+40 +15	+55 +15	+45 +27	+52 +27	+67 +27	+61 +43	+68 +43	+83 +43
140	160															
160	180															
180	200	±10	±14.5	±23	+24 +4	+33 +4	+50 +4	+37 +17	+46 +17	+63 +17	+51 +31	+60 +31	+77 +31	+70 +50	+79 +50	+96 +50
200	225															
225	250															
250	280	±11.5	±16	±26	+27 +4	+36 +4	+56 +4	+43 +20	+52 +20	+72 +20	+57 +34	+66 +34	+86 +34	+79 +56	+88 +56	+108 +56
280	315															
315	355	±12.5	±18	±28.5	+29 +4	+40 +4	+61 +4	+46 +21	+57 +21	+78 +21	+62 +37	+73 +37	+94 +37	+87 +62	+98 +62	+119 +62
355	400															

表 E-4　基孔制优先配合（摘自 GB/T 1800.1—2020）

基准孔	轴公差带代号																	
	间隙配合							过渡配合				过盈配合						
H6						g5	h5	js5	k5	m5		n5	p5					
H7					f6	g6	h6	js6	k6	m6	n6		p6	r6	s6	t6	u6	x6
H8				e7	f7		h7	js7	k7	m7					s7		u7	
			d8	e8	f8		h8											
H9			d8	e8	f8		h8											
H10	b9	c9	d9	e9			h9											
H11	b11	c11	d10				h10											

表 E-5　基轴制优先配合（摘自 GB/T 1800.1—2020）

基准轴	孔公差带代号																	
	间隙配合							过渡配合				过盈配合						
h5						G6	H6	JS6	K6	M6		N6	P6					
h6					F7	G7	H7	JS7	K7	M7	N7		P7	R7	S7	T7	U7	X7
h7				E8	F8		H8											
h8			D9	E9	F9		H9											
h9				E8	F8		H8											
			D9	E9	F9		H9											
	B11	C10	D10				H10											

注：配合应优先选择框中所示的公差带代号。

参考文献

[1] 陶冶，张洪军. 现代机械制图［M］. 北京：机械工业出版社，2020.

[2] 赵大兴. 工程制图［M］. 2 版. 北京：高等教育出版社，2009.

[3] 张彤，刘斌，焦永和. 工程制图［M］. 3 版. 北京：高等教育出版社，2020.

[4] 宗荣珍. 工程制图案例教程［M］. 北京：北京大学出版社，2009.

[5] 曾红. 工程制图［M］. 北京：北京理工大学出版社，2021.

[6] 段辉，管殿柱. 现代工程图学基础［M］. 北京：机械工业出版社，2010.

[7] 廖希亮，张莹，姚俊红，等. 画法几何及机械制图：3D 版［M］. 北京：机械工业出版社，2018.

[8] 刘鸿莉，宋丕伟. SolidWorks 机械设计简明实用基础教程［M］. 2 版. 北京：北京理工大学出版社，2022.

[9] 贾春玉，董志奎. 机械制图［M］. 北京：中国标准出版社，2016.

[10] 仝基斌. 工程图学基础［M］. 北京：高等教育出版社，2014.

[11] 邱龙辉，叶琳. 工程图学基础教程［M］. 4 版. 北京：机械工业出版社，2018.

[12] 赵勇. 工程制图基础［M］. 北京：清华大学出版社，北京交通大学出版社，2005.

[13] 董国耀，李梅红，万春芬，等. 机械制图［M］. 2 版. 北京：高等教育出版社，2019.

[14] 赵炳利，郭长虹. 工程制图［M］. 北京：中国标准出版社，2017.

[15] 谭建荣，张树有. 图学基础教程［M］. 3 版. 北京：高等教育出版社，2019.

[16] 张敏，廖希亮. 计算机绘图与三维造型［M］. 3 版. 北京：机械工业出版社，2020.

[17] 唐克中，郑镁. 画法几何及工程制图［M］. 5 版. 北京：高等教育出版社，2017.